AF564241

DES CANAUX
D'IRRIGATION.

PARIS — IMPRIMERIE DE FAIN ET THUNOT,
RUE RACINE, 28, PRÈS DE L'ODÉON

DES CANAUX D'ARROSAGE

DE

L'ITALIE SEPTENTRIONALE

DANS LEURS RAPPORTS AVEC CEUX

DU MIDI DE LA FRANCE.

TRAITÉ

THÉORIQUE ET PRATIQUE

DES

IRRIGATIONS

ENVISAGÉES SOUS LES DIVERS POINTS DE VUE
DE LA PRODUCTION AGRICOLE, DE LA SCIENCE HYDRAULIQUE
ET DE LA LÉGISLATION;

PAR M. NADAULT DE BUFFON,

INGÉNIEUR EN CHEF DES PONTS ET CHAUSSÉES,

CHEF DE LA DIVISION DES COURS D'EAU, USINES, DESSÈCHEMENTS, IRRIGATIONS ET SERVICES DIVERS, AU MINISTÈRE DES TRAVAUX PUBLICS; ASSOCIÉ ÉTRANGER DE L'ACADÉMIE ROYALE DES SCIENCES DE TURIN.

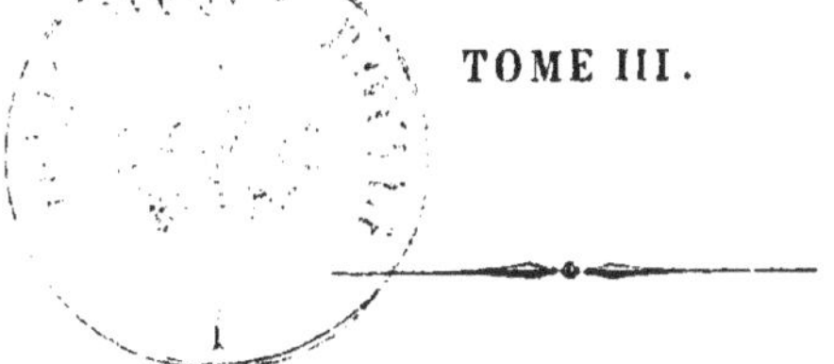

TOME III.

PARIS.

CARILIAN-GŒURY ET V[or] DALMONT,

LIBRAIRES DES CORPS ROYAUX DES PONTS ET CHAUSSÉES ET DES MINES,

Quai des Augustins, n°s 39 et 41.

1844

LIVRE SEPTIÈME.

DE LA

LÉGISLATION

LA PLUS FAVORABLE AUX PROGRÈS DES IRRIGATIONS,

ET EN PARTICULIER DU DROIT D'AQUEDUC.

DES CANAUX
D'IRRIGATION.

CHAPITRE TRENTIÈME.

PRINCIPES GÉNÉRAUX DE LA LÉGISLATION SUR LES EAUX. DU DROIT D'AQUEDUC EN MATIÈRE D'IRRIGATION.

Les principes développés dans les chapitres précédents, font ressortir les caractères distinctifs des canaux d'irrigation, en même temps qu'ils déterminent les règles à suivre dans leur établissement. Mais que pourraient les ressources de l'art, que pourraient les efforts de toutes les personnes qui sont disposées à consacrer leurs lumières, leur activité, leurs capitaux, à accroître ce moyen si puissant de prospérité pour leur pays, si l'obstacle était dans la législation? C'est donc à la législation qu'il faut s'adresser d'abord pour voir si tous ses principes sont conformes aux intérêts actuels, s'ils ont complétement pourvu à ce qui peut faciliter l'extension des usages utiles de l'eau courante, source précieuse des principales améliorations agricoles et industrielles; ou bien, si elle est susceptible d'admettre les modifications progressives qui, avec de sages réserves, doivent y être introduites pour répondre à des vœux légitimes, à des besoins vivement sentis.

Les dispositions législatives que nous possédons sur les cours d'eau présentent, il est vrai, quelques lacunes importantes à remplir; mais, envisagées dans leur ensemble, elles sont moins incomplètes qu'on ne le pense généralement. Quant à l'esprit de ces lois françaises, on doit croire qu'il est éclairé et sage, puisque les meilleurs législateurs modernes sur la matière, notamment celles du nord de l'Italie, sont venus s'y rattacher entièrement. Voici, en tant qu'ils ont rapport avec l'irrigation, les plus importants de ces principes, que j'ai présentés, avec les développements nécessaires, dans les divers chapitres de mon précédent ouvrage, qui traite des établissements hydrauliques en général.

§ I. *Principes généraux de la législation française sur les eaux courantes.*

En ce qui concerne les rivières navigables.— Dans tous les pays et dans toutes les législations, c'est un principe généralement admis que les fleuves et rivières navigables font partie du domaine public; et qu'en conséquence nul n'y doit prétendre aucun droit privé ou usage quelconque, pouvant préjudicier à leur emploi fondamental pour la navigation. Car le transport économique des marchandises, par eau, a une si puissante influence sur l'activité des relations commerciales et sur la richesse des nations, qu'on a regardé, à juste titre, cette destination naturelle des fleuves et rivières comme tout à fait prépondérante; encore bien que plusieurs autres usages des mêmes eaux puissent aussi réaliser de grands avantages, notamment pour l'irrigation et les usines.

Dans l'ancienne monarchie, le domaine public se trouvait à peu près confondu avec le domaine de la couronne; il résulta de là que, dans maintes circonstances, les rois de France crurent pouvoir concéder à perpétuité, sur ces rivières, à des particuliers, à des seigneurs, à des communautés, à titre gratuit ou onéreux, certains droits ou priviléges qui tendaient à constituer de véritables aliénations du domaine public, lequel cependant, de sa nature, a de tout temps été reconnu comme inaliénable et imprescriptible. De telles concessions ont donc toujours eu le caractère d'un abus de pouvoir, de la part des souverains; et l'on hésitera de moins en moins à les apprécier à leur juste valeur.

C'était même une doctrine consacrée par la plus ancienne jurisprudence, ainsi que par les premiers commentateurs de la loi romaine, que personne ne peut aliéner valablement ce qui, de droit public, est inaliénable. « *Aqua publica nullo modo retineri potest* (1). » Et comme il arrivait, dans le plus grand nombre de cas, que ces

(1) Ulp., *ad leg.* ff. *de fluminib.*

concessions abusives étaient faites, par les anciens souverains, pour satisfaire à leurs obligations privées, la loi, et les publicistes les plus accrédités leur disaient encore nettement qu'ils avaient tort. « *Rei publicæ quisque, ad usus publicos, magis obligatur quam creditori* (1). » Dans mon ouvrage sur les usines (2), j'ai montré que cette même manière de voir se trouvait appuyée sur les opinions d'auteurs anciens et sur des décisions de la jurisprudence moderne.

Le payement d'une redevance modérée, imposée annuellement aux permissionnaires, pour prix des avantages que leur confère la faculté de se servir des eaux du domaine public, mesure que le gouvernement et les chambres ont récemment consacrée, est une chose juste et convenable, qui n'a pas le caractère abusif des payements effectués en capital, en échange d'une concession, soi-disant faite à titre perpétuel.

Tout dérive donc du principe qui veut qu'un établissement d'intérêt privé ne puisse exister, sur les rivières navigables, que d'une manière précaire, c'est-à-dire à titre de simple tolérance ; et, par la même raison, les infractions aux dispositions obligatoires des permissions ou autorisations de cette nature, ont généralement le caractère d'une contra-

(1) Grotius, lib. I, cap. 1.

(2) *Des Usines sur les Cours d'eau*, appendice, p. 558.

vention de grande voirie, justiciable des conseils de préfecture, indépendamment d'ailleurs de la révocabilité desdites permissions, laquelle peut toujours être appliquée par la même autorité qui a été compétente pour les accorder.

Les chômages, dépréciations, ou dommages quelconques, occasionnés, par suite de travaux publics, aux établissements existant sur les rivières navigables, ne peuvent généralement pas motiver des demandes valables d'indemnité envers l'État; car il est admis partout que les autorisations accordées administrativement pour des établissements de cette espèce, ne peuvent jamais conférer un droit réel de propriété. Ils sont, par leur nature, essentiellement subordonnés à l'intérêt général de la navigation. Ces permissions sont donc, non-seulement révocables par suite de l'inexécution des conditions prescrites, mais la clause résolutoire, qu'il est d'usage d'insérer dans lesdites permissions, lors même qu'elle n'y serait pas exprimée, y existe virtuellement, et peut toujours être invoquée quand l'intérêt public le réclame.

En principe, les ouvrages d'art établis ou tolérés sur les rivières navigables, sont à la charge de ceux à qui ils profitent; ce qui donne lieu de distinguer trois classes différentes desdits ouvrages, savoir : ceux qui profitent à la navigation seule; ceux qui servent exclusivement aux usagers, et enfin ceux qui profitent simultanément, dans des proportions variables, à l'un et à l'autre de ces deux intérêts distincts. Les frais d'entretien, ainsi que les frais de curage des portions de rivière qui en sont voisines, suivent, pour l'attribution qu'on doit en faire, les distinctions qui viennent d'être établies. Les parts contributives des divers intéressés dans ces dépenses, sont réglées d'après les formes prescrites par la loi du 16 septembre 1807, c'est-à-dire que les contestations qui s'y rattachent sont soumises à la juridiction de commissions spéciales, ayant seules qualité pour vérifier et homologuer les résultats des expertises ordonnées en cette matière.

D'après les règles de notre droit public, les délits et contraventions commis sur les rivières navigables, ont toujours été poursuivis et réprimés par la voie administrative; en vertu des lois actuelles, les conseils de préfecture sont seuls investis de ce pouvoir. Quand il existe des règlements locaux, les dispositions qu'ils prescrivent, et la pénalité qu'ils comportent, doivent être appliqués, de préférence aux dispositions générales.

L'attribution conférée aux tribunaux administratifs, pour la répression des contraventions qui se commettent sur les rivières du domaine public, est exclusivement relative à celles qui concernent l'intérêt général de la navigation, ou celui du libre écoulement des eaux. Elle ne met donc nullement obstacle à ce que l'on porte devant les tribunaux ordinaires, les questions débattues entre particuliers, et devant se résoudre en dommages-intérêts, par l'appréciation des titres privés et les règles du droit commun.

En ce qui touche les cours d'eau non navigables. — Ces cours d'eau ne sont pas soumis aux mêmes conditions que ceux qui sont classés, comme faisant partie du domaine public. Mais il est un point de vue auquel ils en diffèrent bien moins qu'on ne pourrait le croire; c'est celui de la police. En effet, il est établi, par les lois anciennes et modernes, que, de droit naturel, les eaux courantes sont dans la classe des choses communes; qu'elles ne peuvent, en conséquence, appartenir privativement à personne, et que des lois de police règlent la manière d'en jouir.

Il résulte de là que la surveillance de l'autorité administrative doit être aussi active sur tous les cours d'eau en général, qu'elle l'est sur ceux qui sont consacrés à l'usage de la navigation. Elle devrait même, sous quelques rapports, l'être davantage; car l'exclusion des usages privés sur les cours d'eau du domaine public, est un principe sur lequel il n'y a rien de contestable, tandis que la préférence que la loi attribue spécialement aux riverains, pour certains usages ou profits des cours d'eau non classés, à titre de compensation des charges que ces mêmes cours d'eau peuvent leur occasionner, a fait naître fréquemment, parmi ces propriétaires, des prétentions mal fondées et exorbitantes, qui ne sont pas susceptibles d'être admises.

Examen spécial du principe de la non-propriété. — La plus exagérée, comme la plus inadmissible des prétentions auxquelles aient pu donner lieu les cours d'eau non classés dans le domaine public, est sans contredit celle d'un droit de propriété, soit sur ces cours d'eau eux-mêmes, soit seulement sur leur lit. Je crois avoir démontré dans mon précédent ouvrage (1), contrairement à l'opinion de la majorité des auteurs, que cette prétendue propriété était impossible, et que si jamais une telle doctrine venait à prévaloir, elle serait subversive de tous les principes si sagement admis dans les textes les plus formels de la loi et de la jurisprudence.

Ces principes sont fondés sur le meilleur ordre des choses; notamment dans le cas actuel il est permis de douter que les plus chauds partisans de cette opinion voudraient y persister, en reconnaissant que le triomphe de leur doctrine serait un coup mortel porté aux progrès, si désirables, non-seulement de l'industrie manufacturière, mais surtout de l'irrigation, qui, plus encore que tous les autres usages des eaux courantes, réclame impérieusement le secours d'une bonne et forte réglementation.

N'est-il pas évident, qu'à part un seul cas d'ex-

(1) *Des Usines sur les Cours d'eau*, tome II, chap. 1.

ception, celui d'une source, la loi ne parle en aucune manière de la propriété des eaux courantes? Et, en laissant à la jouissance privée tout ce qui pouvait y être laissé sans inconvénient, en attribuant équitablement, d'une part, l'usage et les profits, de l'autre, l'entretien ou les charges des petits cours d'eau aux riverains, seule classe d'individus qui soit apte à recevoir cette double attribution, la loi a-t-elle compromis en rien le principe de la non-propriété, qui est inhérent à la nature même de ces cours d'eau?

Ces maximes fondamentales ont été posées par les plus anciens législateurs. La loi romaine a nettement reconnu ce caractère essentiellement *commun* de toutes les eaux courantes. « *Naturali jure communia sunt : aer, aqua profluens*, etc. (1). C'est pourquoi on y rencontre, indistinctement, ces deux désignations fréquentes : *flumen publicum*, *rivus publicus* (2). En un mot, on y voit de la manière la moins équivoque la preuve de l'existence de ce principe que, sauf la seule exception d'une eau de source, toute eau courante était réputée être une *eau publique*.

De là résultait nécessairement cette conséquence que toute permission à donner, pour un usage quelconque, et spécialement pour la dérivation d'une eau courante, devait émaner de l'autorité publique;

(1) Cod., lib. I, tit. VIII, l. 2.

(2) Dig., lib. XLIII, tit. XX, l. 3., etc.

et en second lieu, qu'au souverain seul appartenait cette faculté. *Permittitur autem aquam ex castello, vel ex rivo, vel ex quo alio loco publico ducere. Idque a principe conceditur. Alii nulli competit jus aquæ dandæ* (1).

Deux seuls cas d'exception étaient admis à ce principe fondamental, savoir, celui d'une source, tant qu'elle coulait sur le fonds même où elle avait pris naissance; et celui d'une eau dormante, recueillie par la main de l'homme.

Ces sages dispositions ont toutes passé dans nos lois fondamentales de 1790 et de 1791, sur la matière des eaux; et surtout dans le Code Napoléon, si haut placé dans l'estime des nations voisines, que la plupart de celles qui, après avoir cessé de vivre sous nos lois, ne l'ont pas formellement maintenu en vigueur, l'ont pris fidèlement pour type, dans la refonte des leurs, s'accordant toutes à le regarder comme le modèle le plus parfait d'une bonne législation civile.

Mais, attendu que les meilleures choses rencontrent des détracteurs, les dispositions dont il s'agit en ont eu, et en ont encore. Des jurisconsultes distingués pensent qu'on devrait admettre en principe que les riverains peuvent avoir un véritable droit de propriété, sinon sur les eaux courantes, du moins sur leur lit. On avait même inséré un article dans

(1) Dig., lib. XLIII, tit. VIII, l. 1.

ce sens, dans un projet de code rural étudié en 1810, lequel portait, par conséquent, « que la ligne de démarcation des lits, entre héritages riverains, serait tracée au milieu du courant, d'après les règles ordinaires du bornage. »

Or dans la majeure partie des commissions qui furent appelées à se prononcer sur une si grande innovation, on s'empressa unanimement d'en démontrer les graves inconvénients. De toutes parts on fit sentir :

Que la nature des choses et l'impossibilité de fixer d'autres bornes, obligeaient d'adopter l'eau pour limite des propriétés riveraines, eu égard surtout aux embarras et aux perpétuelles chicanes qui naîtraient d'une autre législation ;

Qu'un tel système entraînait des idées de disposition absolue qui auraient les conséquences les plus abusives;

Que la propriété du lit, qu'on voudrait attribuer aux riverains, ne leur serait utile que pour en abuser, et serait, entre eux, un sujet continuel de discorde ; qu'en effet, donner le lit des eaux courantes aux riverains, c'était établir en leur faveur une propriété inutile et vaine, ou encourager les particuliers à forcer les eaux courantes d'abandonner leur lit; car ce lit est inséparable des eaux qui le couvrent, et ils forment ensemble un tout qui est hors de la disposition et du commerce des hommes.

La majorité de ces commissions consultatives,

qui s'est montrée très-éclairée, a donc professé un respect religieux pour le Code Napoléon, en déclarant qu'il n'était pas possible d'adopter le nouvel ordre de choses qu'on tendait à introduire, attendu qu'il serait en opposition évidente avec ce Code, plein de sagesse, dont les dispositions sont conformes aux principes admis par les lois anciennes et modernes ; que l'intention des législateurs n'avait jamais été de donner aux riverains la propriété des cours d'eau ; et qu'il y avait lieu de repousser, comme imprudente et dangereuse, une innovation qui viendrait, après tant de siècles, déplacer les limites de la propriété, en donnant lieu à des contestations et à des procès toujours renaissants.

Enfin, plusieurs des commissions, les plus compétentes, appuyèrent sur ce point : que les eaux courantes influant singulièrement sur la prospérité de l'agriculture et de l'industrie, leur jouissance devait rester, d'une manière toute spéciale, subordonnée à l'autorité administrative supérieure qui a à sa disposition les ingénieurs compétents, et qui seule est en état de faire des règlements entre les particuliers prétendant à l'usage et notamment au partage des eaux. Qu'on devait donc bien se garder d'entraver le droit de police que l'administration exerce sur les cours d'eau, tandis que, dans le système proposé, elle aurait les mains liées, toutes les fois qu'elle voudrait s'opposer à un abus ou réaliser la moindre amélioration sur une rivière.

Je dis que ces dernières considérations émanent des commissions les plus compétentes, parce qu'en effet elles vinrent principalement de celles qui furent instituées dans les départements du Bas-Rhin, du Calvados, de la Seine-Inférieure, où soit pour l'industrie, soit pour l'agriculture, les usages des eaux courantes sont arrivés à un développement tel qu'ils y sont classés, à juste raison, au premier rang parmi les intérêts locaux, et que les deux tiers des causes civiles portées habituellement devant les tribunaux roulent sur cet objet.

C'est surtout par une appréciation très-juste de la nature des choses que, dans le sein de plusieurs de ces assemblées, on a fait ressortir ce principe, savoir : que dans la plupart des affaires relatives aux cours d'eau, c'est par forme de règlement qu'il s'agit de prononcer, et qu'en conséquence la juridiction administrative est celle qui est véritablement compétente, puisqu'à l'administration seule appartient le droit de rendre des décisions sous cette forme. Ainsi ce n'est point légèrement, c'est au contraire sur les motifs les mieux fondés que ces commissions consultatives se déterminèrent à rejeter comme inadmissible de tous points, une innovation qui, sans être réellement profitable aux intérêts privés, aurait les plus fâcheuses conséquences au point de vue de l'intérêt public.

Jurisprudence de l'autorité judiciaire (1). — Il y a quelque chose de plus sérieux encore que l'opinion de ces commissions; c'est la jurisprudence, bien fixée, de l'autorité judiciaire. J'indique ci-après l'ensemble des décisions qui doivent faire autorité sur le point dont il s'agit :

1° Dans une espèce où l'on prétendait que celui qui a la possession annale d'un fonds riverain d'une rivière non navigable doit être réputé, par cela seul, possesseur du lit de la rivière, le tribunal civil de Largentière (Ardèche), ayant eu à se prononcer sur la question de savoir si le lit des petites rivières appartient aux propriétaires riverains, en cette qualité, ou si, au contraire, il ne veut pas être mis au nombre des choses qui n'appartiennent à personne et dont l'usage est commun à tous, s'appuya sur les considérations suivantes :

« *Attendu qu'il ne s'agit point dans l'espèce d'un cours d'eau qui coule et se dessèche alternativement, et dont la propriété a toujours appartenu au propriétaire du terrain sur lequel il passe; qu'il s'agit d'une rivière non navigable, ni flottable, dont le cours est habituel et dont l'usage était public, suivant la législation romaine* (L. 1, § 3, ff. de fluminibus);

(1) On pourrait citer ici un grand nombre d'arrêts du conseil d'État, qui, en se fondant sur des considérations d'intérêt public, viennent journellement statuer d'une manière tout à fait conforme à la jurisprudence de la cour de cassation.

» *Attendu que sous le régime féodal la police de ces rivières appartenait aux seigneurs ; que l'attribution leur en était faite, dans le ressort du parlement de Toulouse, à titre de chose commune et publique ; — Que cet ordre de choses ayant été aboli, la conservation des rivières et autres choses communes, fut placée dans les attributions de l'autorité administrative* (lois du 22 déc. 1789 et 3 janv. 1790) ; *que la propriété des cours d'eau, dans laquelle on doit nécessairement comprendre leur lit, ne doit donc pas être attribuée aux propriétaires riverains puisque cela résulte clairement de la législation ancienne qui vient d'être rappelée ; — Que la loi ne fait concession du lit des rivières que dans le cas prévu par l'art.* 563 *du Code civil; ce qui justifie le silence du législateur sur la propriété des cours d'eau et repousse toute idée d'une propriété privée et exclusive, antérieurement concédée sur leur lit ; qu'il serait d'ailleurs injuste que le propriétaire dans le fonds duquel la rivière se serait ouvert un nouveau cours, pût réclamer à la fois le lit abandonné à titre d'indemnité, et conserver la propriété de celui qui serait nouvellement occupé ; — Que l'on cherche en vain à établir le droit de propriété des riverains par les dispositions de l'avis du conseil d'État approuvé le* 30 *pluviôse an VIII ; que cet avis est étranger à la question de propriété dont il s'agit ; qu'au surplus, si le lit des rivières eût appartenu aux propriétaires riverains, le droit de pêche eût été la conséquence du droit de propriété de ces derniers, tandis que ce n'est point sous ce rapport qu'il leur est accordé; — Que l'on doit donc tenir pour constant que le lit des petites rivières n'appartient pas aux propriétaires riverains, en cette seule qualité; que par suite, l'appelant n'est pas recevable, sous ce rapport, à se faire maintenir dans la possession du lit de la rivière; qu'il eût dû, en supposant cet objet prescriptible, se prévaloir d'une possession utile sur cet objet même, et en justifier, ce qui n'a pas eu lieu;*

» *Attendu, d'une autre part, que l'eau courante doit être mise au nombre des choses qui n'appartiennent à personne et dont l'usage est commun à tous; — Que la raison indique qu'il doit en être de même du limon, du gravier, des pierres qu'elle entraîne, et du lit sur lequel elle coule; — Que nul ne peut avoir un droit permanent de propriété ou de possession sur les choses qui n'appartiennent à personne et dont l'usage est commun à tous; — Que la manière d'en jouir est déterminée par des lois de police (article 714) et que chacun doit s'y conformer;* — Par ces motifs, etc. »

Ce jugement, en date du 4 septembre 1829, ayant été déféré à la cour de cassation, fut confirmé par arrêt de cette cour en date du 11 février 1834 (Sr *Pavin*).

2° A l'occasion d'une contestation élevée entre

deux usiniers, et dans laquelle l'un d'eux revendiquait la propriété, sinon du cours d'eau, du moins de la pente existant le long de sa propriété, le tribunal de Rouen, saisi de cette prétention, rendit le 16 janvier 1830 un jugement motivé en ces termes :

« *Attendu que le volume et la pente des eaux d'une rivière ne paraissent susceptibles d'aucune propriété ou copropriété privée; que d'abord cette attribution ne pourrait résulter que de la loi, qui ne la consacre dans aucun texte; que ce qui se conçoit seulement, c'est l'usage des eaux, le droit acquis à cet usage, dans ses rapports avec un service, une utilité quelconque, positive ou spéciale, tels qu'une usine ou l'intérêt de l'irrigation; — Attendu que les tribunaux apprécieront bien ce droit, réprimeront, comme doit le faire particulièrement le juge de paix, l'entreprise nouvelle dont se plaindrait un riverain, parce qu'il s'agit évidemment du préjudice porté, par ce nouvel œuvre, à un objet d'intérêt privé, et encore, ainsi que s'en explique l'art.* 645 *du Code civil, sous la condition de respecter les règlements, s'il en existe, toutes choses inconciliables avec l'idée d'une propriété vague et arbitraire de telle ou telle pente de ces eaux;*

» *Attendu que ce qui démontre de plus en plus l'inadmissibilité de la prétention du sieur Martin, c'est la législation sur les pouvoirs de l'autorité administrative en matière de jouissance des cours d'eau, puisqu'à cette autorité seule appartient formellement la haute police de ces eaux, leur direction, la fixation de leur hauteur, l'autorisation des usines nouvelles, avec concession de tout ce qui est nécessaire à leur mise en activité; que s'il en est ainsi, aucun propriétaire ne peut se dire maître de la hauteur des eaux; ces eaux ne sont donc, sous quelque rapport que ce soit, dans le domaine privé; s'il en était autrement, l'administration serait affranchie de toute surveillance, de tout pouvoir de s'immiscer dans la conduite des eaux, et de faire les règlements dont parle l'art. 645, parce que tel est le caractère essentiel et invariable du droit de propriété; — Attendu que les attributions données à l'autorité administrative, le sont par des motifs faciles à saisir, et déduits nettement par le législateur lui-même, c'est-à-dire par l'importance dont il est, pour l'utilité générale, de favoriser les établissements industriels, pour le plus grand développement des richesses territoriales; d'où résulte que rien ne peut neutraliser ces considérations; et c'est ce qui arriverait, et toute l'économie de la loi deviendrait illusoire, dans l'hypothèse d'une reconnaissance de vraie propriété, ou de copropriété privée de la hauteur actuelle d'une rivière;*

» *Attendu que le sieur Martin n'a aucune apparence de griefs à proposer, puisqu'il s'agira toujours pour lui, uniquement, de se préserver d'un dommage, d'une lésion de droit acquis, et que les mêmes lois qui ont investi l'autorité administrative des attributions qui viennent d'être rappelées, commandent tous les préalables, toutes les vérifications propres à s'assurer qu'aucun préjudice réel pour un tiers, n'a été, ne sera encouru, et lui ouvre une telle série de recours, qu'après les avoir épuisés, on ne peut plus faire admettre encore l'existence d'un tort méconnu ;*

» *Attendu qu'aucune législation n'a jamais établi deux juridictions distinctes, indépendantes l'une de l'autre, avec le moyen cependant de faire annuler par celle-ci, la décision rendue par celle-là ; qu'en supposant pour un moment la demande du sieur Martin admise et exempte de tout pourvoi, elle ferait infirmer tous les arrêtés pris par l'autorité administrative, puisque telle deviendrait la conséquence de la déclaration de copropriété, qu'elle rendrait le tribunal juge supérieur de l'administration dans son plus haut degré ; que ce serait là un véritable chaos, d'où sortirait le défaut absolu de stabilité dans les actes d'un pouvoir régulier, stabilité nécessaire aux citoyens et à l'ordre public* ; — Par ces motifs, etc. »

3° En appel, la cour royale de Caen a confirmé pleinement cette doctrine, et a principalement fondé son arrêt, qui est du 15 mars 1831, sur cette considération : « Que chaque riverain n'a que l'usage des eaux, en se conformant aux règlements de l'administration publique, à qui appartiennent la surveillance, la police, et la direction des rivières dans un but d'utilité générale. »

4° La même affaire étant arrivée devant la cour de cassation, et ayant donné lieu de renouveler, dans les plaidoiries, cette opinion, déjà bien des fois réfutée, que le lit des cours d'eau ne peut appartenir qu'aux riverains, la cour suprême n'a pas hésité un instant à maintenir dans toute leur intégrité les vrais principes si clairement développés dans le jugement du tribunal de Rouen, et maintenus par la cour d'appel. Son arrêt, en date du 14 février 1833 (Sr *Martin*), est ainsi motivé :

« *Attendu que la pente des cours d'eau non navigables doit être rangée dans la classe des choses qui, suivant l'art.* 714 *du Cod. civ., n'appartiennent privativement à personne, dont l'usage est commun à tous et réglé par des lois de police; — Attendu que la prétention du demandeur, d'une propriété absolue sur la pente du cours d'eau dont il s'agit, n'est appuyée sur aucune concession spéciale, ou possession ancienne, ce qui pourrait seul modifier l'application de l'art.* 714; *— Attendu, d'ailleurs, qu'aux termes des lois de* 1790 *et* 1791, *sur la matière, l'administration a droit d'autoriser les établissements d'usines sur les rivières navigables et non navigables et de fixer la hauteur des eaux ; que si, par* *suite des mesures autorisées par l'administration, les riverains éprouvent quelque dommage, ils peuvent, même sans attaquer cet acte, réclamer des dommages-intérêts et les réclamer devant les tribunaux; mais que s'ils se plaignent que les établissements autorisés par l'administration ont modifié la hauteur des eaux qui traversent leurs propriétés, ou en ont rendu la pente plus ou moins rapide, cette réclamation qui tend à faire révoquer ou modifier l'acte administratif doit être portée devant l'autorité administrative;* — Rejette, etc. »

5° L'année précédente, la cour royale de Toulouse ayant eu à statuer sur une espèce dans laquelle un riverain se prévalait d'un droit de propriété sur la moitié du lit d'une rivière non navigable, contiguë à son terrain, avait également donné la sanction la plus formelle à ces principes conservateurs, en rendant, le 6 juin 1832 (Sr *Ferrage*), un arrêt motivé en ces termes :

« *Attendu que si, aux termes de l'art.* 538 *du Code civ., les fleuves et rivières navigables ou flottables sont considérés comme des dépendances du domaine public, aucune disposition législative ne considère le lit des autres rivières comme une dépendance du domaine privé des propriétaires riverains.*

» *Attendu que les lois ne leur attribuent que les îles et atterrissements formés dans ces rivières, comme juste indemnité de la perte à laquelle sont exposées leurs propriétés riveraines, par le fait même de ces atterrissements; qu'elles leur accordent aussi certains droits d'usage sur lesdites rivières, et notamment le droit de pêche, mais par le motif que les propriétaires riverains étant exposés à tous les inconvénients attachés au voisinage des rivières non navigables et assujettis d'ailleurs à la dépense du curage, ainsi qu'à l'entretien de ces rivières, il est dans les principes de l'équité naturelle que celui qui supporte les charges doive jouir aussi du bénéfice, comme s'en explique formellement, à ce sujet, l'avis du conseil d'État, approuvé par le chef du gouvernement le 27 pluviôse an XIII; et qu'enfin les riverains de ces rivières sont si peu propriétaires du lit sur lequel elles coulent, que d'un côté, dans le cas où elles changent leur cours, le lit abandonné est attribué, non aux riverains, mais bien aux propriétaires des fonds nouvellement occupés; et que de l'autre, il dépend du gouvernement, s'il le juge possible et convenable, de faire des travaux pour rendre ces rivières navigables, sans être tenu d'en payer aucune indemnité aux propriétaires riverains;* — Par ces motifs, met à néant, etc. »

6° Enfin un arrêt de la cour royale de Caen, en date du 19 août 1837 (D[e] *de Ponthaud*), confirme encore la même doctrine, en reproduisant cette vérité fondamentale, qu'un cours d'eau en lui-même, c'est-à-dire envisagé en ce qui concerne son volume, sa pente, ou son lit, n'est pas susceptible de propriété privée; mais qu'il ne peut procurer que des droits d'usage, dont l'exercice est réglé par l'autorité administrative. Cet arrêt est ainsi motivé :

« *Considérant que le courant d'eau, en tant qu'on l'envisage dans sa marche fugitive et quant à la force motrice qu'il peut procurer, n'est pas une chose dont chaque individu, riverain, ou traversé, puisse rigoureusement se prétendre propriétaire, par droit d'accession à son héritage; qu'il faut inévitablement admettre ici, lorsqu'il s'agit de l'application de la force motrice aux usines, le pouvoir dispensateur de l'administration, organe de la puissance publique, dans le règlement de la jouissance des choses qui échappent, par leur nature, à l'appropriation exclusive du domaine privé; qu'ainsi, c'est à l'administration, en vertu de son droit de police sur les eaux, qu'il appartient de conférer, en se déterminant principalement par des raisons d'utilité publique et par la considération des droits des riverains en général, l'autorisation d'établir des usines et de s'en servir conformément à ce qu'elle prescrit.* »

A part quelques contestations relatives à des eaux de source, la question de propriété des cours d'eau n'a plus été agitée jusqu'à ce jour devant la cour de cassation. Il est donc permis de regarder sa jurisprudence comme bien fixée.

Assurément si des principes aussi justes en eux-mêmes, et appuyés sur un ensemble de décisions aussi unanimes et aussi fortement motivées, que celles qui viennent d'être citées, pouvaient se trouver sérieusement remis en question, il faudrait désespérer de la conscience humaine, et s'attendre dès lors à voir, dans telle autre matière que ce soit, les efforts de l'intérêt privé amener aussi le renversement des doctrines basées sur les plus graves considérations d'ordre public, appuyées sur l'autorité des législations anciennes et modernes, et sur lesquelles notre magistrature, à son degré le plus élevé, semblait avoir apposé pour toujours le sceau de ses convictions (1).

(1) Un arrêt de la cour royale d'Amiens, en date du 28 janv. 1843, semblerait donner à ces observations un intérêt actuel. Mais il est très à présumer que cet arrêt, actuellement déféré à la cour suprême, comme faisant une appréciation inexacte des principes sur la matière, ne sera pas confirmé.

Cet arrêt, qui s'est attaché surtout au fond de l'affaire, c'est-à-dire à la question de principe en elle-même, a considéré que les rivières non navigables étaient dans le *domaine privé*, et pour cela, ses rédacteurs se sont appuyés principalement :

Sur l'abolition de la féodalité ;

Sur ce que la question de propriété dont il s'agit serait tranchée par l'art 538 du Code civil, qui ne range dans le domaine public que les rivières navigables et flottables, dispositions qu'on regarde comme étant d'accord avec les autres articles du même code ;

Sur ce que les droits conférés aux riverains par l'art. 644 seraient inconciliables avec une autre doctrine ;

Sur ce que l'art. 661 attribuerait les îlots et atterrissements qui se forment dans le lit des rivières non navigables, aux riverains, par droit d'accession, non aux rives, mais au lit de la rivière ;

Sur ce que l'art. 563, en accordant le lit abandonné aux proprié-

Au surplus, ces principes sont posés d'une manière plus ou moins explicite dans toutes les légis-

taires du lit envahi, ne ferait que consacrer une exception aux règles, en matière d'accession;

Sur ce que si la loi du 3 frimaire an VII a déclaré le lit des rivières non cotisable, c'est seulement parce qu'il n'est pas susceptible de produire un revenu appréciable, etc.;

En ce qui touche ces divers motifs, je ne puis que me référer à l'ouvrage précité (1), dans lequel, en suivant une à une toutes ces objections, qui sont du reste fort anciennes, j'ai discuté séparément les arguments fondés 1° sur le prétendu droit de propriété des seigneurs durant le régime féodal; 2° sur l'opinion des auteurs anciens et sur la législation étrangère; 3° sur les articles 638 et 644 du Code civil; 4° sur l'incompatibilité de la doctrine combattue avec la législation actuelle; 5° sur le projet de Code rural de 1810.

Quelle que soit la valeur des réfutations mises en regard des allégations sus-relatées, il est permis, dans l'espèce actuelle, de voir, avec surprise, que la cour royale d'Amiens a compté parmi les considérants, à l'appui de la décision attaquée, ce motif:

Que la loi n'a attribué à personne la propriété de ces cours d'eau qui sont rangés par la loi du 27 déc. 1789 dans la classe des choses communes, dont la conservation est attribuée à l'autorité administrative.

Il est en effet bien difficile de rester toujours d'accord avec soi-même, lorsqu'au point de départ on a pris pour guide un principe qui n'est pas juste. Cela n'arrive pas ainsi quand, dans la question actuelle, on reste dans la voie des bonnes doctrines. Car ces doctrines établissent de la manière la plus claire que, conformément aux lois anciennes et à l'art. 714 du Code civil, les eaux courantes sont dans la classe des choses communes qui n'appartiennent privativement à personne; que le lit est inséparable du cours d'eau, tant que celui-ci existe; mais que si par une cause quelconque il vient à se retirer, le lit abandonné retombe, par le fait, dans la classe des biens vacants et sans maître qui, aux termes de l'art. 639 du Code civil, font partie du domaine aliénable de l'État.

C'est pour cela même que ce lit abandonné peut être attribué purement et simplement, par mesure d'équité, comme le consacre l'ar-

(1) *Des Usines*, t. II, p. 14 et suiv.

lations existantes ; et attendu qu'ils résultent de la nature même des eaux courantes, celles qui ne les admettent pas encore entièrement tendent sans cesse à s'en rapprocher ; de sorte qu'à une époque plus ou moins prochaine, elles finiront par s'y rattacher complétement.

Ce sont là, il est vrai de le dire, les principes conservateurs sur la matière ; mais une fois qu'ils sont admis, tout marche avec ordre et régularité ; tandis que si l'on voulait s'en affranchir, les difficultés seraient bientôt insurmontables.

Ces considérations fondamentales se trouvent complétées par celles qui sont données, plus loin, dans le chapitre qui traite de la nature des concessions, ou permissions administratives, sur les cours d'eau en matière d'irrigation.

ticle 563 en faveur des propriétaires d'un terrain nouvellement envahi par un cours d'eau qui se déplace ; ou être conféré, parmi d'autres modes de dédommagement, à un entrepreneur de travaux publics, comme l'a fait l'édit du roi de France du 5 nov. 1776, rendu au sujet de la canalisation de la Dive, dont l'art. 12 porte spécialement : « que les lits des anciens cours d'eau desséchés appartiendront aux concessionnaires des travaux ; » ou enfin être vendu aux enchères publiques, s'il a une importance assez grande, comme cela a eu lieu en 1825 pour les parties du lit de l'Armançon délaissées par suite des prises d'eau du canal de Bourgogne, dans le département de l'Yonne.

Sur plus de cinquante lois rendues depuis 1790 jusqu'à nos jours dans des questions de canalisation nouvelle, on ne trouve pas un seul cas où il ait été le moindrement question de baser une indemnité quelconque sur la dépossession du lit d'un cours d'eau.

§ II. *Définition du droit d'aqueduc.—Examen de ce droit dans la législation romaine.*

Le droit d'aqueduc consiste dans la faculté légale de conduire sur le terrain d'autrui des eaux que l'on a le droit de dériver des sources, canaux ou rivières. De toutes les industries, l'irrigation est celle qui est la plus intéressée au libre exercice de cette faculté. Or, les pays qui, par leur situation et leur climat, se trouvent naturellement appelés à réaliser par elle de grands avantages, offrent, sous ce rapport, deux catégories distinctes, savoir : ceux où depuis très-longtemps on a mis en vigueur ce droit, ainsi que quelques autres dispositions favorables à l'accroissement des arrosages, et ceux pour lesquels on n'a encore rien fait.

La France, ainsi que plusieurs pays voisins, se trouvent dans cette seconde catégorie. Rien n'est donc plus désirable que de voir admettre dans leurs législations ce régime si propice à l'accroissement des produits de la terre qui, en matière d'améliorations, nous rend toujours avec usure ce que nous faisons pour elle.

C'est une chose difficile et délicate à traiter que cette question, qui touche d'une part à l'intérêt général, de l'autre au droit de propriété, parce que le degré variable auquel l'utilité publique entre dans les entreprises de conduite d'eau pouvant être très-diversement apprécié suivant le climat, les nécessités ou les habitudes locales, cette circonstance vient compliquer son étude.

Il est donc nécessaire, pour bien s'éclairer sur ce point important, de procéder à un examen complet des législations des contrées dans lesquelles le droit d'aqueduc est en vigueur; car en se bornant à n'en citer que quelques dispositions isolées, on pourrait en donner une idée très-peu juste. J'ai réuni, dans les chapitres suivants, tous les détails nécessaires sur les lois de la Lombardie et du Piémont, qui sont, comme chacun le sait, les deux pays où depuis des siècles l'irrigation produit les meilleurs résultats; mais je crois utile de les faire précéder de quelques observations sur ce qu'était le droit d'aqueduc admis dans la législation romaine.

Dans le livre VIII, titre III, du Digeste, qui traite des servitudes rurales, cette faculté est classée comme constituant la quatrième des servitudes de cette espèce admises chez les Romains; savoir: *iter*, *actus*, *via*, *aquæductus* (1). *Iter* représentait un simple droit de passage, à pied ou à cheval, par un sentier d'une largeur convenue, sur l'héritage d'autrui; *actus* comportait celui d'y conduire des voitures et des troupeaux; enfin *via* représentait la réunion de l'une et l'autre de ces deux premières servitudes, c'est-à-dire la faculté de passer de sa personne sur la propriété d'autrui, et en

(1) D., l. I, § 2.

outre celle d'y faire conduire du bétail ou d'y effectuer des transports. Lorsqu'il n'y avait pas de convention particulière à cet égard, la chaussée ou la voie correspondante à cette espèce de servitude, devait, d'après la loi des Douze Tables, avoir une largeur de huit pieds ($2^m,40$), et une largeur double dans les tournants; le caractère distinctif de ce chemin était d'être à l'usage des voitures. D'autres servitudes rurales, d'un usage moins fréquent, furent encore reconnues comme telles et classées successivement dans la même législation. Tels sont le droit de puisage et d'abreuvage des bestiaux, celui de pâturage, celui de tirer du sable ou de la pierre, etc. Mais elles sont en dehors de notre sujet.

Quant à la quatrième espèce des servitudes rurales, constituant le *droit d'aqueduc*, elle est nettement définie dans la loi précitée : *Aquæductus est jus aquam ducendi per fundum alienum* (1). Les développements donnés, dans cet endroit du Digeste, immédiatement après cette définition, manquent de clarté et de précision ; attendu qu'au lieu d'entrer, comme il eût convenu, dans l'examen du principe lui-même ou du moins de la nature de cette espèce de servitude, on y tombe tout de suite dans des détails qui n'auraient dû venir que secondairement. Ainsi, on commence par exa-

(1) *Ibid.*

miner si l'on peut concéder un droit d'aqueduc sur les eaux qui ne sont pas encore découvertes, et cette question est posée sans être clairement résolue.

Dans le numéro suivant, le rédacteur du Code romain sort entièrement de son sujet, en traitant de la servitude, exercée par un propriétaire inférieur, qui acquiert un certain droit sur les eaux d'une source, née dans un terrain supérieur. Cet objet, dont je me propose de parler en son lieu et place, n'a plus aucun rapport avec la servitude du droit d'aqueduc, qui consiste, comme on vient de le voir, dans le droit de conduire une dérivation sur le terrain d'autrui.

On établit, dans le même paragraphe, des distinctions inutiles sur la quantité d'eau à admettre dans la conduite, ou sur les matières dont celle-ci est construite. Au milieu de ces observations sans valeur, on trouve cependant deux dispositions intéressantes, savoir : 1° que la servitude d'aqueduc donnait ordinairement au propriétaire à qui elle était due, le droit de faire, dans le fonds qui y était soumis, tous les ouvrages nécessaires à son établissement; 2° que quant à la partie du fonds servant, dans laquelle devaient s'exercer, soit la servitude en question, soit les droits de passage dont il est parlé plus haut, c'était, à moins de titre ou stipulation contraire, l'endroit le moins dommageable pour ce fonds; qu'en outre, en cette matière, il y avait des choses toujours tacitement réservées, telles que les maisons, bâtiments, etc. On examine néanmoins les cas divers qui peuvent se présenter à ce sujet, selon la nature du titre en vertu duquel s'exerce la servitude.

Dans cette première partie du texte de la loi romaine, les dispositions utiles et qui seraient applicables de nos jours sont, comme l'on voit, clairsemées au milieu de beaucoup de détails d'un faible intérêt.

Mais le titre xx du livre XLIII du même code, intitulé : *de aquâ quotidianâ et æstivâ*, renferme sur le même objet des dispositions plus essentielles. Je ferai d'abord remarquer que l'intitulé de cet article, ainsi que les distinctions qu'il renferme, démontrent, à quiconque voudra y réfléchir, que l'espèce de servitude dont il s'agit, a nécessairement pris son origine dans la pratique des irrigations.

En effet, la distinction entre l'*eau d'été*, l'*eau continue* et l'*eau d'hiver*, est caractéristique dans cette industrie et n'est faite dans aucune autre. On pourrait même avancer sans crainte qu'elle n'a jamais appartenu qu'à l'irrigation privilégiée du nord de l'Italie, car elle est à peu près sans application, partout ailleurs. Tout nous prouve donc qu'au VIe siècle, sous l'empereur Justinien, aussi bien que de nos jours, sous l'empereur Ferdinand, le Milanais était déjà la terre classique des grandes irrigations; et que l'abondance des eaux, dont ce pays est si richement doté, y avait fait entreprendre, dès les temps les plus reculés, des travaux assez remarquables pour que les premiers législateurs aient été y étudier les règles de la matière.

Le principal but du titre xx, précité, est d'indiquer les cas dans lesquels il est interdit, à qui que ce soit, par l'édit du préteur, de troubler dans leur usage ceux qui ont joui valablement (1), pendant une année, d'une servitude de conduite d'eau. Après des répétitions multipliées sur la distinction à faire entre l'eau continue, l'eau d'été et l'eau d'hiver, on pose ce principe que le droit d'aqueduc consiste moins dans le fait même que dans la faculté que l'on a de l'exercer ; ce qui paraît être en opposition avec les idées actuelles, d'après lesquelles il est admis que les servitudes s'éteignent par le seul fait d'un non usage, pendant un certain temps.

Les autres points qu'on voit ressortir du texte de ce même titre xx sont les suivants :

1° Que le droit dont il s'agit porte seulement sur des eaux pérennes et non sur celles qui n'ont qu'un cours irrégulier ou accidentel ; qu'il ne s'applique pas non plus aux eaux qui, bien que dans cette classe, coulent à un niveau trop bas pour être naturellement dérivées sur le sol et sur lesquelles on ne pourrait prétendre qu'un droit de puisage.

2° Que bien que le préteur n'ait eu en vue que

(1) *Nec vi, nec clam, nec precario.*

les eaux ordinaires, les prohibitions qu'il établit, pour qu'on ne trouble pas dans leur usage ceux qui jouissent de conduites d'eau, s'appliquent également aux eaux chaudes, qui sont elles-mêmes également utiles pour l'arrosement des terres, sauf à les laisser refroidir, comme cela se pratiquait dans diverses contrées de l'Asie (1).

3° Que les principes établis sur cette matière sont applicables indistinctement dans les villes et dans les campagnes.

4° Qu'ils ont principalement pour objet les eaux dérivées en faveur de l'irrigation des terres, mais ne concernent pas moins les eaux que l'on a le droit de conduire pour un autre usage quelconque.

5° Enfin que la prohibition de ne troubler en rien celui qui jouit d'une conduite d'eau s'adresse, de quelque manière que la servitude soit constituée, non-seulement au propriétaire du fonds sur lequel elle est établie, mais à toute autre personne quelconque.

Il résulte de l'analyse qui vient d'être donnée des textes précités du Code de Justinien, que les dispositions prescrites sous le titre *du droit d'aqueduc* s'appliquaient principalement au maintien de la servitude de conduite des eaux, dérivées des sources

(1) Vitruve, liv. VIII, chap. III, parle effectivement, dans ce sens, des habitants d'Hyéropolis, qui avaient sur leur territoire beaucoup de sources d'eaux chaudes, qu'on faisait circuler par des rigoles dans les jardins et dans les champs.

ou canaux particuliers, et avaient surtout pour objet de garantir provisoirement au conducteur de ces eaux de jouir comme il avait joui dans l'année où il éprouvait du trouble.

On voit que le demandeur, en s'adressant aux juges, était obligé de déposer une certaine somme (*cautio*) qui, en cas de succès, lui était rendue, à la fin de l'instance, avec tels dommages-intérêts que de droit, de la part de son adversaire; et qui, dans le cas contraire, était conservée, pour faire face aux frais du procès. Il semble, en un mot, que la loi romaine n'ait voulu régler que l'action possessoire en matière de conduite d'eau. On n'y trouve rien sur la manière dont s'établissait cette servitude, quand elle ne résultait pas de titres ou de prescription; rien sur le taux de l'indemnité dont elle devait être l'objet; rien enfin sur ce droit coactif, fondé sur l'utilité générale, et dont il importe surtout de régler aujourd'hui l'exercice.

Mais, à défaut de pouvoir suivre ses traces jusque dans la législation romaine, nous allons voir ce droit se constituer sur ses véritables bases, d'abord dans les anciennes coutumes locales, puis dans les législations modernes du Piémont et du Milanais.

CHAPITRE TRENTE ET UNIÈME.

DU DROIT D'AQUEDUC DANS LES LÉGISLATIONS MODERNES.

§ I. *Son origine dans le Milanais.*

J'ai montré précédemment qu'il fallait remonter jusqu'au XII° siècle pour trouver l'époque de la fondation du Naviglio-Grande ; immense artère, dans laquelle circule aujourd'hui la fécondité de cinquante mille hectares. A partir de son ouvertur , la constitution agricole de la partie orientale du Milanais fut profondément modifiée. Avoir de l'eau, avec laquelle on doublait, on triplait, la valeur du sol, était le but universel de quiconque possédait des terrains irrigables. Cependant, quoique le territoire traversé par ce vaste canal fût, à cette époque, constitué féodalement, et partagé en un petit nombre de grands fiefs, on reconnut bientôt que le besoin d'arrosage se faisait sentir sur beaucoup de domaines, qui étaient privés d'en jouir, par cela seul qu'ils se trouvaient situés à une assez grande distance de la dérivation principale. Dès lors, la chose ne fut pas un instant douteuse ; et l'intérêt public le réclamant, on n'hésita point à inscrire dans la coutume, que nul ne pourrait s'opposer à laisser passer sur son fief les eaux qui, dérivées du Grand-Canal, seraient destinées à l'irrigation des terres favorablement situées pour la recevoir, sauf au conducteur de ces eaux à payer tout le dommage qu'il aurait ainsi causé.

Dans les premiers temps qui suivirent l'ouverture du Naviglio, la faveur publique, dont cette belle entreprise fut, bien légitimement, l'objet, était telle, que personne n'aurait osé contrevenir aux prescriptions tendant à étendre le plus possible le bienfait des eaux. Quoiqu'il ne s'agît alors que d'une indemnité représentant simplement la valeur du terrain occupé et les dommages accessoires, personne ne réclamait contre cette disposition. D'ailleurs un grand nombre d'opérations de ce genre eurent lieu entièrement à l'amiable; car, tout se passant dans une région irrigable, beaucoup de propriétaires des terrains traversés firent des accords avec les conducteurs des eaux, pour profiter eux-mêmes, dans de certaines limites, des avantages d'une rigole ouverte, en échange du terrain qu'ils délaissaient pour son emplacement. Plus tard, notamment vers le milieu du XIVe siècle, il y eut des résistances très-vives. Et bien qu'il s'agît d'un principe qui se rattachait évidemment aux intérêts les plus réels du pays, comme il était d'une application récente, on en contesta l'opportunité.

Il est à remarquer que l'on avait, il y a six siècles,

tout autant que nous l'avons aujourd'hui, le sentiment du droit de propriété. On objectait effectivement, dans le Milanais, contre les premières applications du droit de conduite d'eau sur le terrain d'autrui : qu'en règle générale on ne pouvait pas réclamer d'expropriation en faveur d'entreprises ayant principalement pour but l'avantage d'un ou de quelques particuliers; qu'en conséquence, en vertu du droit naturel, il était permis de s'opposer à celles de ces entreprises qui entraînaient une occupation quelconque de la propriété d'autrui.

A cette époque, qu'on peut assigner au commencement du XVe siècle, les propriétés commençaient à se subdiviser d'une manière sensible. Les possesseurs du sol, plus nombreux, étaient aussi plus éclairés sur leurs intérêts. Et enfin ceux qui, ayant leurs fiefs situés à proximité du canal, voyaient, quant à l'irrigation, leurs besoins complétement satisfaits, n'avaient qu'un médiocre empressement de contribuer à mettre leurs voisins en possession des mêmes avantages.

Dès lors les administrateurs, ainsi que les juges civils du pays, reconnurent que les premières prescriptions sur cet objet devenaient insuffisantes ; qu'il fallait en conséquence réviser et mettre plus en harmonie avec les idées actuelles, l'exercice d'une faculté dont, au fond, on appréciait d'autant mieux la nécessité que la majeure partie des améliorations, obtenues depuis environ un siècle, n'avaient pu se réaliser qu'en y ayant recours.

On se trouva donc ainsi dans le cas de procéder aux modifications reconnues nécessaires dans l'exercice du droit d'aqueduc. Et en examinant attentivement la nature de ce droit, on reconnut que bien qu'il y eût, au point de vue de l'intérêt général, une incontestable utilité attachée à la conduite des eaux, destinées surtout à l'important objet de l'irrigation des terres, néanmoins l'utilité publique, invoquée pour des travaux entrepris dans le but de l'avantage immédiat d'un particulier, et à ses frais, n'était pas identique avec la véritable utilité publique, réclamée dans l'intérêt de tous, en faveur d'entreprises exécutées avec les fonds de l'État.

Il résulta de cette considération, qu'à côté du droit qu'on reconnaissait nécessaire d'accorder à un arrosant, pour faire traverser, par sa conduite d'eau, la propriété de son voisin, on stipula, en faveur de ce dernier, une disposition équitable, ayant pour but d'accuser la différence qui vient d'être signalée, entre l'utilité publique proprement dite, et une entreprise où cette utilité n'entre, véritablement, que d'une manière secondaire.

Cette disposition consiste dans le payement d'une certaine somme, en sus de la valeur estimative du terrain occupé, et de la réparation de tous les dommages accessoires.

Le chiffre de cette indemnité supplémentaire, qui est caractéristique du droit d'aqueduc chez les nations modernes, est variable de sa nature, et s'est successivement modifié, depuis son origine vers le milieu du XVe siècle, jusqu'à sa valeur actuelle, qui va de 0,20 et 0,25 de l'indemnité principale. C'est-à-dire qu'en Lombardie on paye un quart en sus, et dans le Piémont, seulement un cinquième en sus de l'indemnité, estimée à l'amiable ou à dire d'experts.

Dans l'une et l'autre de ces contrées, le droit primitif de conduite d'eau comportait, moyennant le payement d'une certaine indemnité, non-seulement le droit de traverser des propriétés quelconques, mais même celui d'introduire, dans les canaux existants, des eaux nouvelles, sauf à les retirer ensuite, en égale quantité.

Sur ces deux points il a été admis ultérieurement d'importantes modifications dans l'intérêt des propriétaires du sol, et surtout dans celui des propriétaires d'anciens canaux. Ainsi l'on a reconnu très-anciennement et sans difficulté, que les propriétés closes devaient généralement être exemptes de cette servitude. Quant au second cas, ce n'est que très-tard que l'on est arrivé à une appréciation juste de ses conséquences; et comme il s'y rattache des considérations importantes, cela m'a déterminé à consacrer spécialement à son examen le paragraphe suivant.

La loi romaine et ses premiers commentateurs ont présenté le droit d'aqueduc comme une simple servitude; c'est ainsi qu'il est également considéré dans le cas dont il s'agit ici. De là résulte un avantage de plus en faveur du propriétaire du sol, puisque tout en lui payant la valeur capitale de l'emplacement occupé par la conduite d'eau, ainsi que les dommages accessoires, plus le quart ou le cinquième en sus de cette indemnité, on lui laisse encore la chance de rentrer, purement et simplement, dans la possession de ce terrain, s'il arrivait que l'exercice de la servitude vînt à être interrompu, pendant un temps suffisant pour opérer la prescription.

Cependant cela n'a pas laissé que de donner lieu à des contestations, en ce qui touche le règlement de l'indemnité; car elle peut être, dans ce système, d'une appréciation difficile, notamment au sujet de l'impôt, qui, d'après les principes en matière de servitude, doit continuer de rester à la charge du propriétaire de l'héritage traversé. Ce genre de difficulté s'est présenté, comme je le fais remarquer plus loin, à l'occasion d'un des canaux du midi de la France, celui des Alpines, dont les concessionnaires n'entendaient réclamer et payer, pour la conduite et la distribution des eaux, qu'un simple droit de servitude, tandis que les propriétaires des fonds traversés se déclaraient expropriés.

Le fait est que l'ouverture des canaux et rigoles d'arrosage, donne lieu véritablement à envisager ces deux modes. Mais il n'est pas nécessaire d'entrer ici dans plus de détails sur ce point, attendu que l'on va voir, dans un des chapitres suivants, les dispositions les plus récentes de la loi piémontaise définir très-clairement les cas dans lesquels les travaux dont il s'agit s'exécutent, en suivant les règles ordinaires de l'expropriation pour cause d'utilité publique, et ceux où ils ne réclament que l'application de la servitude spéciale, instituée pour cet objet; servitude dont l'exercice est également bien réglé par ladite loi.

§ II. *De l'introduction des conduites d'eau dans un canal appartenant à autrui.*

L'utilité publique réclame que celui qui dérive une conduite d'eau, notamment d'un canal principal destiné à cet usage, puisse toujours obtenir, à des conditions équitables, le passage de ces eaux sur l'héritage de son voisin. C'est là un principe simple en lui-même; mais son application a présenté des cas particuliers que les législations nouvelles n'avaient pas envisagés d'abord de la manière la plus juste, et à la véritable appréciation desquels on est revenu plus tard, lorsqu'on a eu la sanction de l'expérience, qui est le meilleur de tous les juges. La principale question de cette espèce s'est présentée en ces termes : puisque partout où le droit existe de réclamer, en faveur des héritages enclavés, le droit de passage soit pour les eaux, soit pour les récoltes ou engrais, la première condition mise à son exercice est de l'établir de la manière la moins dommageable pour l'héritage traversé, le particulier qui a des eaux à conduire, sur un terrain où il existe déjà un canal dans une direction convenable, ne peut-il pas prétendre que l'introduction des eaux nouvelles dans ce canal offrirait à la fois économie pour lui, et avantage pour le propriétaire du sol, plutôt que d'ouvrir un nouveau lit à côté de celui qui existe déjà ?

Cette prétention n'est pas seulement spécieuse, elle est évidemment fondée sur des motifs que la raison et l'équité admettent. Elle n'est donc pas de celles que l'on peut écarter sommairement, et si, en définitive, elle doit être rejetée, ce ne doit être qu'après un examen approfondi, ou mieux encore, d'après l'expérience décisive des inconvénients qu'elle présente.

L'usage dont il s'agit s'était établi, bien anciennement, dans le Milanais ; il est à présumer que sa première application remonte à la fondation du Naviglio-Grande, c'est-à-dire à la fin du XIIe siècle. A cette époque, l'architecture hydraulique était encore dans l'enfance; et certains ouvrages d'art, qui ne sont rien pour les ingénieurs d'aujourd'hui, pouvaient paraître une chose difficile et chanceuse à ceux d'il y a six cents ans.

La ligne de ce grand canal ayant eu à traverser quelques dérivations plus anciennes, alimentées principalement par des eaux de source, au lieu d'établir des ponts-aqueducs et des siphons, on trouva plus commode d'introduire ces eaux dans son lit, par de simples coupures dans la berge, et de les rendre ensuite, après un trajet commun plus ou moins long, à leur destination, au moyen d'une ouverture équivalente faite dans la rive opposée.

Cela se pratiqua ainsi, dans cette localité, pendant très-longtemps, à la grande satisfaction des usagers des petites déviations, anciennes ou nouvelles, qui furent admises dans le grand canal. Mais on ne tarda pas à s'apercevoir que cela se passait au préjudice des légitimes possesseurs des eaux de ce dernier; et que des soustractions notables avaient lieu journellement, sur ces eaux, par le fait des propriétaires des déviations momentanément confondues dans la portée totale du Naviglio; attendu qu'ils parvenaient presque toujours à s'en faire rendre beaucoup plus qu'ils n'en avaient fourni.

Il est bien aisé de concevoir que si, dans ces temps reculés, on n'était point familiarisé avec la construction des siphons, on devait l'être moins encore avec celle des modules qui sont, et seront toujours, ce qu'il y a de plus difficile à amener à l'état de perfection, parmi tous les ouvrages dépendant de l'architecture hydraulique. C'est à la faveur de cette circonstance que les particuliers qui obtenaient de se mettre ainsi momentanément en communauté avec la riche dotation du Grand-Canal, s'arrangeaient ordinairement de manière à ne lui prêter qu'à usure. Après la manifestation la plus évidente des inconvénients résultant d'un tel abus, il fut décidé que l'on n'accorderait plus à personne de semblables tolérances, et que désormais on aurait recours à des ouvrages d'art pour opérer le croisement des eaux sans les confondre. Effectivement les traditions locales font remonter à peu près à ce temps-là l'adoption des ponts-aqueducs et des siphons.

A des époques bien postérieures, c'est-à-dire dans le cours des XVIIe et XVIIIe siècles, on continua néanmoins de solliciter du gouvernement la permission d'introduire des eaux privées dans les canaux publics de la Lombardie, à la charge de les reprendre en égale quantité, à une certaine distance. Plusieurs propriétaires abusèrent ainsi de la bonté bien connue des souverains de la maison d'Autriche en s'adressant directement à eux pour obtenir cette faveur qui, je le répète, tout en ayant les apparences d'une concession très-équitable, n'a presque jamais eu lieu sans dégénérer immédiatement en abus.

Il est vrai que toutes les permissions ainsi obtenues de l'autorité royale n'étaient données qu'à la charge par les impétrants de se conformer strictement à ce qui serait ordonné par l'administration, pour régulariser le mode d'introduction et de reprise des eaux. Mais cela voulait dire : à la charge par l'administration des travaux publics d'être assez éclairée pour avoir à sa disposition un appareil parfaitement exact, propre à mesurer, à leur entrée comme à leur sortie, le débit de ces eaux étrangères. Or, nous avons vu précédemment que cet appareil parfaitement exact n'existe encore nulle part. Chacun concevra d'ailleurs que, s'il eût existé à l'époque dont il s'agit, les demandes d'introduction des eaux privées dans le grand canal eussent été infiniment moins nombreuses.

L'équité et le plus simple bon sens s'accordent d'ailleurs à repousser toute assimilation que l'on pourrait faire entre le droit de conduire des eaux, simplement sur l'héritage de son voisin, ou bien dans une dérivation déjà existante. En effet, le dommage que l'on cause à une propriété en y creusant un fossé, une rigole, est un dommage exactement appréciable, qui peut être bien évalué à l'amiable ou à dire d'experts. On ne prend sur cette propriété que ce qu'on y paye, et si la loi a sagement pourvu à un mode convenable de dédommagement, pour ce genre de préjudice, en tenant d'ailleurs tel compte que de droit du degré d'intérêt public qui peut exister dans l'opération, tout se passera régulièrement, puisque les deux intérêts distincts du propriétaire du sol et du conducteur des eaux auront reçu chacun leur satisfaction légitime, mais sans être nullement confondus.

Au contraire, lorsqu'il s'agit de réclamer, par voie coercitive, le droit d'introduire des eaux nouvelles dans un canal déjà existant, le propriétaire de ce canal est évidemment en droit d'opposer les objections suivantes : nos eaux vont être entièrement confondues; de sorte qu'indépendamment du préjudice principal que vous pouvez me causer, en retirant, de la dérivation, plus d'eau que vous n'y en avez introduit, vous m'imposez l'obligation de surveiller votre usage, et celle de m'entendre avec vous pour l'entretien, pour le curage, pour les chômages de ce canal, rendu commun, dans des proportions sur lesquelles nous pouvons n'être pas d'accord; vous m'imposez, en un mot, une communauté perpétuelle qu'il n'est pas dans mes intentions d'accepter.

On voit, d'après les observations précédentes, que c'est tout autre chose d'introduire une conduite d'eau dans la propriété d'autrui, suivant que cette propriété est un champ ou un canal. Dans cette dernière hypothèse, ce serait, en tous cas, imposer au propriétaire une aggravation très-notable d'une servitude, que l'intérêt général peut réclamer, qu'en conséquence la loi peut établir, comme une exception au droit commun, mais pour laquelle on ne doit exiger que ce qui est strictement nécessaire. Un gouvernement sage ne doit dès lors l'autoriser que dans les limites où elle peut être admise sans blesser des droits légitimes.

Malgré cela, l'idée spécieuse d'utiliser, toutes les fois qu'on le pouvait, un canal existant, prévalut encore longtemps après l'époque où l'on put s'éclairer par le nombre des abus qu'on en voyait naître.

Et il est de fait que cette idée doit, au premier abord, réunir le suffrage du conducteur des eaux, qui s'épargne ainsi la dépense plus grande d'un nouveau canal; celui du propriétaire du sol, qui évite le morcellement de son héritage; et enfin celui de l'administration publique, qui doit voir avec faveur tout ce qui tend à ménager des terrains à la culture.

Tel est sans doute le motif pour lequel cette disposition, tout abusive qu'elle était, ne fut supprimée que très-tard dans les lois rurales du nord de l'Italie. En Lombardie, ce fut en 1816 que le nouveau code autrichien, quoique maintenant en vigueur le principe du droit d'aqueduc sanctionné, en dernier lieu, par une loi de Napoléon, rapporta la disposition spéciale de l'un des deux décrets de 1806 qui autorisait l'introduction des eaux étrangères dans les canaux publics.

En Piémont, c'est tout récemment, lors de la publication du Code civil, qu'il a été dérogé, de la même manière, au texte positif des anciens édits, qui accordaient la même faculté.

Seulement, dans l'une et l'autre de ces contrées, qui sont en position de faire règle partout ailleurs, en matière d'irrigation, il est resté établi, comme on va le voir plus loin, que l'admission des conduites d'eau dans les rigoles, fossés ou canaux, n'aurait lieu désormais qu'avec le consentement formel des propriétaires de ces derniers; mais que, moyennant ce consentement et l'indemnité correspondante, réglée à l'amiable ou à dire d'experts, lesdits propriétaires pourraient s'opposer à l'ouverture d'un nouveau lit, pour les eaux qu'on demanderait à conduire sur leur propriété.

On pourrait examiner le cas, assez rare, où, pour réaliser une importante entreprise de conduite d'eau, il n'y aurait d'autre moyen à employer que de se servir des travaux d'un canal déjà existant. Alors il est évident qu'on ne pourrait réclamer ce droit qu'en faveur d'un intérêt tout à fait prépondérant sur celui du canal susdit, et après une déclaration, en bonne forme, d'utilité publique, précédée de l'accomplissement de toutes les formalités préalables.

CHAPITRE TRENTE-DEUXIÈME.

DU DROIT D'AQUEDUC D'APRÈS LA LÉGISLATION ANCIENNE ET MODERNE DE LA LOMBARDIE.

§ I. *Observations sommaires sur la législation des eaux dans ce pays.*

Considérations générales. — Les eaux courantes, dans la Lombardie, sont une des principales bases de la fortune publique. Aussi furent-elles successivement l'objet de la sollicitude des divers gouvernements qui, depuis trois ou quatre siècles, se succédèrent dans la possession de cette riche contrée. Les premiers édits qui vinrent réglementer cette matière, ne faisaient que reproduire le texte des anciennes coutumes, publiées sous les ducs de Milan. Lors de la conquête de Louis XII, l'administration française se montra très-éclairée sur ce point, et quelques-unes des bonnes dispositions encore en vigueur sur les canaux d'arrosage, remontent à cette époque. Sous le gouvernement espagnol, qui, à d'autres égards, paraissait faire assez peu de cas des suffrages du peuple milanais, il y eut encore, dans la législation et la police des eaux, des améliorations importantes. Cela tenait à ce que ce peuple, initié depuis des siècles au succès des grandes irrigations, sur des territoires aussi heureusement situés que ceux de Valence, de Grenade, etc., ne pouvait voir d'un œil indifférent ce qui concernait une source de richesse aussi importante pour sa nouvelle conquête.

Au commencement du XVIIIe siècle, avec le retour de la monarchie autrichienne, des améliorations non moins réelles vinrent compléter et consolider les principes déjà établis sur cette matière. On reconnut notamment que les questions d'art et les questions d'administration étaient presque toujours connexes dans la matière des eaux, et dès lors on institua des commissions, composées d'ingénieurs et d'administrateurs, dont chacune avait pour mission de présider, avec une grande liberté d'action, au bon régime de telle ou telle rivière, de tel ou tel canal. Ces commissions qui, ainsi que le conseil supérieur dont elles dépendaient, prirent naissance sous le glorieux règne de Marie-Thérèse, non-seulement rendirent des services, mais on y compta, en assez grand nombre, des hommes remarquables, qui, comme les Lecchi et les Beccaria, s'acquirent par leurs talents et leurs lumières des droits réels à la reconnaissance publique. En 1771 le conseil supérieur fut remplacé par un surintendant général des eaux.

Il est à remarquer que, même aux époques anciennes, où l'on avait, ailleurs, les plus grands préjugés sur le même objet, les lois de ce pays, relativement aux eaux courantes, se sont maintenues généralement dans le sens des plus saines doctrines. Il était dans l'ordre qu'il en fût ainsi dans une contrée dont les savants ont rendu, sous d'autres rapports, tant de services à la science hydraulique. Plus on réfléchit sur la destination des eaux courantes, plus on se pénètre de cette idée que la première garantie d'ordre et de succès, dans leurs emplois divers, consiste en ce que les attributions qui en sont faites, pour des usages privés, ne soient point affranchies des garanties et des restrictions que réclame l'intérêt général.

Il n'est donc pas étonnant de voir le Milanais être en même temps le pays dans lequel les usages productifs de l'eau courante sont arrivés à un degré de développement inconnu partout ailleurs, et celui où la police administrative, sur cette matière, s'exerce le plus efficacement et rencontre le moins d'entraves. C'est qu'il y a longtemps que, dans cette contrée, les particuliers ont cessé d'être hostiles au pouvoir régulateur de l'administration, dont ils reconnaissent toute la nécessité.

Dès avant les premiers statuts du Milanais, les riverains de la rivière d'Olone étaient organisés en société, sous le nom d'usagers de l'Olone. Cette société s'administrait elle-même, et vu l'antique origine de sa concession, faite aux premiers successeurs de Saint-Bernard, concession qui, suivant l'usage du temps, avait tous les caractères d'un afféagement, ou d'une véritable donation, il fut, dans plusieurs occasions, excipé de ce titre, pour revendiquer des droits et priviléges plus exclusifs qu'on ne peut les admettre en matière de cours d'eau. D'anciens jugements avaient même admis cette doctrine, et reconnu aux usagers de l'Olone, sur les eaux de cette rivière, ou de ce canal, un véritable droit de propriété; ce qui tendait, par conséquent, à amoindrir pour le pouvoir administratif, la faculté de réglementation. Mais ce système n'a pas prévalu, et, depuis lors, la société des usagers de l'Olone s'est toujours soumise, de bonne grâce, à la juridiction de la commission spéciale qui la concernait, et qui, sous le titre de *conservation de l'Olone*, présidait à toutes les mesures d'ordre relatives à l'emploi commun de ces eaux. Un édit impérial du 27 juillet 1734 prescrivit même, que tous ceux qui jouissaient des eaux de cette rivière, en vertu des anciens titres, seraient tenus de les faire vérifier et homologuer par le directeur de la commission, à peine d'interdiction de leur jouissance. En 1795, de nouvelles prétentions de quelques usagers, donnèrent lieu à une nouvelle manifestation des mêmes principes.

De nos jours, les usagers de la rivière d'Olone continuent d'être maîtres de leur administration intérieure, comme cela a lieu du reste pour tous les syndicats; mais ils sont entièrement soumis au contrôle et à la police de l'administration supérieure, notamment pour tout ce qui est construction et réparation des ouvrages d'art. C'est-à-dire qu'ils ne pourraient faire procéder à l'établissement d'un simple ponteeau ou aqueduc, sans que le projet eût été visé, et je crois même rédigé, par l'ingénieur du gouvernement, que délègue la direction générale des travaux publics de Milan. Les particuliers ne se plaignent point de cette dépendance, parce qu'ils savent qu'elle est toute dans leur intérêt.

En général, dans le nord de l'Italie, contrée destinée par sa situation à recueillir, dans toute leur plénitude, les avantages des eaux, on a très-rarement méconnu leur caractère distinctif. On vit toujours en elles une source féconde de richesse; mais qui, pour rester telle, avait besoin d'être sagement administrée, qui surtout devait, en principe, être soustraite à toute prétention d'occupation exclusive ou individuelle, pour pouvoir rester toujours profitable aux intérêts collectifs de ceux que leur position appelle à en jouir, ensemble ou successivement.

Tels sont les motifs pour lesquels les grands et nombreux intérêts qui se rattachent à l'usage des canaux d'irrigation en Italie, sont venus d'eux-mêmes se ranger sous la tutelle de l'administration publique, comme étant la seule autorité qui puisse, par la nature de ses attributions, bien remplir le but qu'il est si important d'atteindre.

Lois et règlements en vigueur. — De toutes les époques d'organisation administrative, ce fut celle de Napoléon qui, en Italie comme ailleurs, laissa les traces les plus profondes dans la législation du pays. En ce qui touche la matière des eaux, le plus grand nombre de lois et règlements maintenus en vigueur, remontent au régime français. On doit citer, en première ligne, une loi du 20 avril 1804, rendue avec la sanction du corps législatif, dans le but de pourvoir aux travaux, à l'administration et à la police des eaux publiques. Dans le titre I, qui traite des dépenses relatives à cette nature de travaux, on met à la charge du trésor: 1° tous les ouvrages relatifs à la navigation intérieure; 2° tous ceux qui peuvent être réclamés dans l'intérêt de la défense du territoire, sur les fleuves ou torrents, déjà endigués et navigables. Quant aux travaux de même nature, réclamés pour la conservation des terrains qui avoisinent les rivières et torrents dépourvus de digues, lors même qu'ils seraient navigables, ils sont, en principe, à la charge des riverains et autres intéressés.

Mais comme en cette matière il serait très-difficile de tracer, d'une manière absolue, des lignes de démarcation, la loi susdite se rattache complétement à l'esprit de celles des 14 floréal an XI, et 16 septembre 1807, en déclarant que les travaux de cette nature seront, dans le plus grand nombre de cas, exécutés collectivement aux frais de l'État et des propriétaires, dans la proportion de leurs intérêts respectifs.

Le cours du Pô, qui, à partir surtout des environs de Rovere et de Mantoue, menace depuis longtemps, lors de ses crues, les plaines voisines, des plus sérieux désastres, a donné lieu, dans la Lombardie, de porter une très-grande attention sur l'objet, si important, de la défense des terrains. Aussi les règlements relatifs à l'organisation et aux attributions des syndicats, qui fonctionnent sous la direction de l'administration publique, sont-ils, dans ce pays, aussi exempts d'imperfections qu'il est permis de l'espérer dans cette matière. Les choses en sont au même degré d'avancement dans l'État romain, qui a les mêmes dangers à courir et les mêmes intérêts à défendre, sur l'autre rive du fleuve, notamment aux abords de Ferrare.

Le titre II de la loi du 20 avril 1804, rappelle qu'au gouvernement seul appartient la haute direction des travaux à faire sur les cours d'eau. L'organisation du personnel des ingénieurs hydrauliciens qui eut lieu à cette époque, a subi depuis quelques modifications; mais les principes sont toujours restés les mêmes.

Deux décrets en date du 20 mai 1806, dont il est question plus loin, ont également pourvu, l'un à ce qui concerne les dérivations et conduites d'eau, l'autre à l'organisation des sociétés syndicales. Sous le même gouvernement, d'autres dispositions qui datent des années 1807 et 1808, ont statué en ce qui touche les empêchements divers apportés au libre cours des eaux, les concessions, etc.

L'introduction dans la Lombardie du nouveau code autrichien, publié en 1816, n'a point abrogé ces lois et règlements, non plus que la plupart de ceux qui avaient été rendus sur d'autres matières spéciales. Il n'a fait que les modifier, là où l'utilité des modifications était bien reconnue.

§ II. *Du droit d'aqueduc en Lombardie.*

Législation anciennement en vigueur sur le territoire véronais. — J'ai dit, dans le chapitre précédent, que tout tendait à établir l'origine du droit d'aqueduc dans la province de Milan au commencement du XIIIe siècle. Mais les traditions qui remontent à une époque aussi ancienne comportent avec elles d'inévitables incertitudes; surtout si l'on réfléchit que les dispositions dont il est question ont pu rester longtemps à l'état de coutume proprement dite, avant de passer à l'état de droit écrit.

Il est à remarquer d'ailleurs que des canaux d'arrosage d'une ancienneté presque aussi grande que le Naviglio-Grande lui-même, existaient dans d'autres provinces de la Lombardie, et principalement sur le territoire véronais.

Quoi qu'il en soit, c'est en faveur de ce dernier territoire, dépendant ci-devant de la république de Venise, qu'on trouve complétement formulées, dès le milieu du XVe siècle, des dispositions détaillées sur la manière de procéder dans l'exercice du droit d'aqueduc. Je donne ci-dessous le texte de ce statut, en quatorze articles, approuvé par le sénat vénitien, le 27 août 1455, mais qui avait cessé d'être en vigueur, même avant la réunion de la province de Vérone aux possessions de la monarchie autrichienne en Italie (1).

(1) Art. 1er. — Il sera permis à tout habitant du territoire véronais de dériver des rivières publiques les eaux dont il aura besoin pour l'irrigation de ses propriétés, en obtenant l'autorisation nécessaire des magistrats compétents ; et à la charge de ne porter aucun préjudice à ceux qui ont des droits anciens sur ces mêmes eaux.

Art. 2. — Celui qui aura le droit d'établir une conduite d'eau pourra réclamer le passage de cette eau sur le terrain d'autrui, mais en payant au propriétaire du terrain occupé le *double* de la valeur de ce terrain.

Art. 3. — Cette valeur sera fixée par des experts, que choisiront respectivement les parties intéressées.

Art. 4. — L'indemnité devra être préalable, sauf le cas où le propriétaire consentira à accorder un délai.

Art. 5. — Moyennant l'accomplissement des conditions ci-dessus, la vente du terrain réclamé sera obligatoire, et elle devra se faire par acte authentique.

Art. 6. — En cas de refus du propriétaire d'acquiescer auxdites conditions, l'autorité administrative (*il podestà*) serait tenue de prêter main-forte, pour que la prise de possession du terrain ait lieu, sans aucun égard à la qualité des personnes, corporations ou communautés.

Art. 7. — Toute possession opérée en exécution du présent statut sera réputée bonne et valable entre les mains du concessionnaire.

Art. 8. — Dans le cas ou le propriétaire, éloigné de tout acquies

Eu égard surtout à sa grande ancienneté, les dispositions de ce nouveau statut sont fort remarquables. En effet, la limitation du droit à la seule conduite des eaux qu'on peut légalement dériver; le choix de l'endroit le moins dommageable de la propriété à traverser; la faculté de commencer les travaux, nonobstant le refus du propriétaire, moyennant la

cement à la possession effectuée par voie coercitive, refuserait de recevoir le prix de la vente, réglée comme il est dit plus haut, alors ce prix en serait déposé entre les mains de qui de droit, et aussitôt après cette formalité le conducteur des eaux pourrait commencer ses ouvrages.

Art. 9. — En cas que les parties ne soient pas d'accord sur l'emplacement de la conduite, les experts, nommés à la diligence du réclamant, devront toujours préférer l'endroit le moins dommageable pour le fonds traversé.

Art. 10. — Cette règle devra également être observée dans les contestations qui seraient relatives à des conduites d'eau entreprises avant la promulgation du présent statut.

Art. 11. — Lorsqu'une conduite devra traverser un canal ou un cours d'eau quelconque, le passage aura lieu *en dessus ou en dessous* au moyen d'ouvrages d'art appropriés à cette destination. Le propriétaire réclamant le passage sera tenu de fournir caution pour tous les dommages que pourraient causer lesdits travaux aux conduites d'eau ou aux canaux préexistants.

Art. 12. — Moyennant cette précaution, le propriétaire ne pourra empêcher lesdits travaux et devra se prêter à tout ce qui sera nécessaire pendant le temps de leur construction, sauf le règlement définitif de l'indemnité, qui aura lieu après leur achèvement.

Art. 13. — Dans le cas où l'établissement d'une conduite d'eau apporterait une diminution notable dans la contenance et dans la valeur d'un héritage, celui qui réclame le passage serait tenu non seulement de payer la totalité des dommages estimés à dire d'experts, mais même d'acquérir cet héritage en totalité, au choix du propriétaire.

Art. 14. — Le présent statut n'est applicable qu'aux canaux et conduites d'eau à établir sur le territoire véronais.

consignation préalable de l'indemnité estimée; l'obligation de respecter tous les droits acquis ; celle de ne traverser les canaux existants qu'en dessus ou en dessous, c'est-à-dire sans mélange des eaux ; celle d'acquérir la totalité de l'immeuble quand il éprouverait une trop grande dépréciation, sont autant de dispositions remarquables par leur justesse, puisque à près de quatre siècles d'intervalle on a trouvé bon de les rajeunir en faveur des lois les plus modernes, tant sur l'expropriation que sur les conduites d'eau.

On voit donc que tout était prévu, que tout était réglé dans cette ancienne législation, encore bien qu'elle ne s'appliquât qu'à un petit territoire.

Quant à la disposition fondamentale de l'art. 2, fixant la somme à payer par le conducteur des eaux au *double* de la valeur réelle du sol, elle doit paraître exagérée. Cependant remarquons que ce que l'on réclamait du propriétaire traversé, sous le régime de cette primitive institution du droit d'aqueduc, était une véritable expropriation, exempte de toutes autres formalités conservatrices que celles qui étaient prescrites par le statut lui-même.

On peut considérer d'ailleurs que c'était là le premier jet de cette pensée féconde d'après laquelle on reconnut qu'il existait un moyen de concilier les principes de l'équité avec l'occupation d'une propriété particulière, pour une cause qui n'était pas tout à fait l'utilité publique.

Législation ancienne et moderne dans le Milanais et le reste de la Lombardie. — Quelles que soient les incertitudes qui peuvent exister sur les conditions auxquelles le droit d'aqueduc fut institué dans la province de Milan, dans les premiers temps de la création du grand canal du Tessin, il est constant qu'il fut mis en application à l'ouverture du canal de la Martesana, exécuté en 1457, sous le duc François Ier Sforce. Quelques années plus tard, un décret de la duchesse de Milan, Blanche-Marie Visconti, en date du 11 septembre 1465, régla de nouveau l'exercice de ce droit, et établit notamment que les experts chargés de l'évaluation des indemnités seraient nommés, en nombre égal, tant par le conducteur de l'eau que par le propriétaire du terrain occupé; ce qui, par parenthèse, était une disposition incomplète, puisqu'en cas de partage des voix on ne désignait pas le tiers arbitre.

Mais une des époques les plus authentiques de la mise en vigueur de cette disposition est celle des *Statuts du Milanais*, publiés par ordre de Louis XII, roi de France, en date de l'année 1502.

Le même principe se trouva encore consigné dans les nouvelles constitutions octroyées par l'empereur Charles-Quint, en faveur du duché de Milan, en 1541. Et le droit d'aqueduc occupe, dans lesdites constitutions, une grande partie du livre IV, sous le titre : *De aquis et fluminibus*. Je donne ci-dessous le texte original de ce statut (1), qui n'est qu'une reproduction plus ou moins modifiée des dispositions antérieures sur le même objet; il est caractérisé par les principes suivants : admission du droit d'aqueduc dans une acception très-générale; préférence à donner toujours à l'endroit le moins dommageable de la propriété traversée; fixation de l'indemnité du terrain occupé au *quart en sus* de la valeur estimative; mais payement très-large des dommages accessoires, pouvant aller jusqu'au double de leur valeur réelle; obligation, en cas de traversée des canaux existants, de passer en

(1) « Omnibus habentibus jus et facultatem aquæ ducendæ tam ex fontanilibus quam ex fluminibus et aliter, quomodocumque, liceat aquam ducere per agros et possessiones cujuslibet personæ, communis vel universitatis hujus dominii ; etiam secus vias publicas, fossas, clusas et alia ; necessaria faciendo ad minus damnum et incommodum partium ; ipsis tamen aquam ducentibus per prius solventibus pretium terræ quæ in his occupanda erit, *quartamque partem* ultra æstimationem veri pretii ; et damnum si quod inferri contingat, arbitrio duorum virorum in similibus peritorum, qui tamen respectu damni illud plusquam in duplum veræ æstimationis æstimare non possunt.

Eoque amplius præmissi aquam ducentes facere et manu tenere pontes tenentur aggeresque et alia necessaria, prout expediens fuerit. Ita quod ex aquâ ducendâ prædia aliorum, maxime pluviarum tempore, non incendent, nec ex inde aliquod damnum privatis vel viis publicis inferatur.

Possuntque duci aquæ et subtus et supra rugias aliorum ; modo tamen fiant ædificia de lapidibus et cemento, et modo quod ducentes aquas sub alienis aquis ita fistulas struxerant ne aquæ superiores in inferiores decidant, aquæductumque firmum et stabilem manteneant ita quod superius ducens nullum damnum sentiat nec ultra solitum alveum elevetur, sed aquis consuetum decursum habeant. »

dessus ou en dessous, de manière à éviter tout mélange et toute influence nuisible sur l'écoulement des eaux.

Enfin une sanction plus solennelle encore fut donnée au principe du droit d'aqueduc, par le décret précité de l'empereur Napoléon, en date du 20 avril 1804, promulgué sous forme de loi générale sur la police et l'administration des eaux pour l'usage du royaume lombardo-vénitien. Les articles 52 et 53 de ce décret, encore en vigueur, sont ainsi conçus :

« Art. 52. *Celui qui veut dériver, pour l'avantage de l'agriculture, ou pour mettre en mouvement des usines, des eaux publiques ou privées, légitimement possédées, peut conduire ces eaux à travers le fonds d'autrui, en payant la valeur du terrain occupé par l'aqueduc, ou le canal, en raison de l'estimation qui en est faite*, plus le quart en sus. *Il est tenu également de supporter tous les frais d'entretien de cette conduite d'eau, comprenant les berges ou talus, ouvrages d'art, etc., ainsi que d'indemniser le possesseur du fonds de tout dommage quelconque pouvant résulter de l'établissement de ladite conduite.*

» Art. 53. *Les canaux ou aqueducs, ayant cette destination, doivent toujours être établis autant que possible dans la partie du fonds traversé, où, d'après l'appréciation des experts, ils sont le moins dommageables au propriétaire;*

sauf toujours la conservation des niveaux convenables pour l'établissement de la dérivation. »

L'article 54 du décret précité reproduit les dispositions des deux articles précédents, en rappelant : 1° que les terrains inférieurs sont assujettis à donner passage aux eaux supérieures ; 2° que le propriétaire supérieur, ou le conducteur des eaux, a pour obligation de supporter toute la dépense nécessaire à la fouille du canal, et à la défense des rives, sur le terrain traversé, ainsi que celle qui est nécessaire pour réparer les dommages qui, à une époque quelconque, peuvent, par son fait, être occasionnés audit terrain. Seulement le même article annonce que ces dispositions ne détruisent pas l'effet des conventions particulières, des possessions anciennes, et des servitudes légitimement acquises.

En 1816 on publia, dans la Lombardie, le nouveau Code civil autrichien, qui, tout en modifiant quelques dispositions essentielles du Code Napoléon, sur la matière des eaux, ne dit rien de la faculté susmentionnée, de faire traverser l'héritage d'autrui par celles qui sont dérivées, dans l'intérêt de l'agriculture ou de l'industrie. Alors il arriva dans ce pays ce qui, à un degré plus ou moins marqué, eut lieu aussi dans les autres États d'Italie, en Hollande, en Suisse, dans les provinces rhénanes, et dans tout le reste de nos conquêtes, du temps de la république et de l'empire ; il y eut un moment de réaction contre les institutions françaises. Et, dans le cas actuel, on se demanda si les dispositions du décret du 20 avril 1804, sur le droit d'aqueduc, étaient maintenues depuis la publication du nouveau Code civil.

Dans deux ou trois occasions, au sujet de l'ouverture de canaux ou rigoles, il y eut des résistances sérieuses au droit de passage; et, dès lors, contestations et procès. Les propriétaires récalcitrants prétendaient que cette mesure, étant une exception au droit commun, ne pouvait résulter que d'une disposition obligatoire de la loi en vigueur; que par conséquent si cette loi n'existait pas, ils étaient libres de refuser l'accès de leur propriété, sauf le cas d'expropriation, réclamée pour une utilité publique, régulièrement constatée.

Parmi les résistances isolées auxquelles donnèrent lieu soit le principe même du droit d'aqueduc, soit des contestations sur le choix du tracé des canaux et rigoles, il y en eut une qui fit plus de bruit que les autres, et qui amena une manifestation solennelle des principes du gouvernement sur cet objet.

Elle eut lieu dans la cause des frères Sormani contre le marquis Cagnola. Il s'agissait de reconnaître aux demandeurs la faculté de faire traverser un terrain enclavé, appartenant à ce propriétaire, par des eaux de sources, dérivées d'une tête de fontaine établie sur leur propriété, territoire de Cernusco, province de Milan. A la suite d'une longue controverse, engagée sur la direction à faire suivre à la dérivation, on finit par contester la faculté elle-même du droit de passage, prétendant que la loi du 20 avril 1804, rendue sous le règne de Napoléon, n'était plus en vigueur, depuis la promulgation, en Lombardie, du nouveau code autrichien.

Le tribunal civil de Milan, saisi de l'affaire, déclara, par jugement du 11 juin 1819, que les lois et décrets du 20 avril 1804 et 20 mai 1806 continuaient d'être en vigueur. Par sentence du 3 novembre de la même année, le tribunal général d'appel avait réformé ce jugement et admis que les lois susdites devaient être regardées comme abrogées. Elle se fondait principalement : sur ce que les lettres patentes, servant de préambule au nouveau Code civil, déclaraient qu'à partir du 1er juin 1816, il tiendrait généralement lieu, dans les diverses provinces du gouvernement de la Lombardie, de règle unique, au lieu et place de tous autres statuts ou coutumes ayant rapport à des objets relatifs au droit commun; sur ce que le paragraphe 10 dudit Code porte qu'on ne pourra recourir aux coutumes que quand la loi elle-même s'y réfère, etc.

L'administration, consultée sur ce différend, sans être encore à même de se prononcer positivement sur la question de savoir quelles étaient celles des institutions françaises qui étaient, ou n'étaient pas, maintenues depuis la promulgation des lois autrichiennes, n'hésita pas à faire valoir que la disposition attaquée, conforme d'ailleurs à celle qui se trouvait écrite dans les plus anciens statuts du Milanais, avait eu, de tout temps, pour objet de favoriser l'établissement et le maintien de l'irrigation et de protéger l'industrie manufacturière; l'une et l'autre si intimement liées aux progrès de la richesse publique; qu'il avait été pourvu aussi complétement et aussi équitablement que possible aux garanties réclamées par le droit de propriété; qu'enfin, remettre en question ces dispositions fondamentales, ce serait compromettre totalement l'existence de nombreuses dérivations, qui font notoirement la richesse des contrées où elles ont été ouvertes, sous le régime du décret de 1804.

Enfin, la question ayant été portée devant le conseil aulique de Vienne, l'arrêt du tribunal d'appel fut cassé, devant ce conseil supérieur, par décret impérial du 17 août 1820; et cette décision souveraine leva désormais toutes les incertitudes sur ce point. La délibération dn Conseil aulique, remarquable par la justesse autant que par l'élévation des vues, renferme, entre autres motifs, les considérations suivantes :

« Les eaux courantes sont, dans ces contrées, l'aliment nécessaire de la terre; elles en augmentent la fertilité et en assurent les produits. On leur doit des récoltes dont, en l'absence des eaux pluviales, l'agriculture serait entièrement privée. Quand l'eau est si utile et contribue si puissamment à l'accroissement des produits du sol, on ne saurait élever aucun doute relativement à l'influence que son emploi exerce sur le bien public. Le nouveau Code civil ne s'oppose nullement à ce que l'on recoure, pour les matières spéciales, aux règlements administratifs préexistants. Or, d'une part l'agriculture, et de l'autre les usages des eaux courantes, tiennent une place importante dans ces spécialités; dès lors la promulgation de la loi nouvelle n'a pu nullement abroger les lois et statuts dont il s'agit, qui doivent, aux termes mêmes du code autrichien, rester en vigueur, à moins qu'ils ne soient formellement abrogés. »

Ainsi donc, c'est du commencement du XVIe au commencement du XIXe siècle, entre Louis XII et Napoléon, entre deux grands monarques français, l'un et l'autre législateurs et conquérants de l'Italie, que se trouve la période dans laquelle le droit important dont il s'agit, fut principalement consolidé, sur le territoire auquel il était appelé à rendre les plus éminents services.

Depuis lors, ce droit si essentiel a toujours été en vigueur dans la Lombardie; il y reçoit journellement son application sans rencontrer aucune difficulté sérieuse; il ne peut même pas en rencontrer de semblables, puisqu'il se trouve ainsi sanctionné par des lois aussi claires que formelles. Les contestations, lorsqu'il s'en présente, ne portent que sur des objets accessoires, tels que le choix de telle ou telle direction à préférer, pour établir le tracé du canal, dans la situation la moins dommageable au fonds traversé; le système de construction, ou le degré de solidité des ouvrages d'art, etc. Ces contestations sont portées, si cela est nécessaire, devant les juges civils, qui délèguent des ingénieurs et experts, pour les éclairer sur tout ce qui touche à des questions d'art.

Du reste, à part les dispositions énoncées dans le texte même des articles 52 et 53 de la loi du 20 avril 1804, aucune procédure, aucunes formalités préalables ne sont imposées à l'exercice du droit d'aqueduc. L'usage seul a établi pour règle, dans le Milanais, que celui qui veut réclamer le droit dont il s'agit, adresse au propriétaire du fonds à traverser une demande accompagnée d'un plan indiquant exactement la direction que l'on se propose de faire suivre à la conduite d'eau, sur ladite propriété. S'il y a désaccord entre le conducteur des eaux et le propriétaire du terrain, au sujet soit de la direction du canal, soit du nombre, ou de la nature, des ouvrages d'art, les experts, nommés en justice, et toujours choisis dans la classe des ingénieurs, interviennent et cherchent à concilier la situation convenable de la conduite d'eau avec le minimum du dommage à causer à l'héritage qu'elle doit traverser.

Quant à la nature du droit d'aqueduc, tel qu'il

vient d'être défini, et tel qu'il s'exerce depuis un temps immémorial, dans les provinces arrosées de la Lombardie, elle rentre tout à fait dans les conditions énoncées dans le chapitre précédent. C'est-à-dire que ce droit n'a nullement le caractère d'une expropriation, imposée à un particulier en faveur des travaux d'un autre particulier; il n'est qu'une simple servitude, autorisée, comme le seul moyen légal qui existait de vaincre les résistances individuelles, pouvant paralyser, au préjudice de tous, l'exercice d'une grande industrie, au développement de laquelle était positivement attachée la prospérité agricole du pays.

Ainsi, le possesseur des eaux, tout en payant intégralement la valeur du terrain occupé, plus le quart en sus, plus tous les dommages accessoires, n'acquiert pas effectivement la propriété de ce terrain; il n'y acquiert qu'un droit d'usage spécial, qui lui confère : en ce qui touche le canal, le droit d'y conduire les eaux, à perpétuité; sauf conventions et stipulations contraires; en ce qui touche les francs-bords, le droit d'y circuler librement, et d'y déposer les terres du curage; opération qu'il peut d'ailleurs effectuer quand bon lui semble.

La conséquence de ce principe est, que si par une cause quelconque, dépendante ou non de la volonté du conducteur des eaux, il arrive que le canal établi sur le terrain d'un tiers, en vertu du droit d'aqueduc, vienne à changer de destination, ou à rester à sec, pendant le temps nécessaire pour opérer la prescription, l'emplacement qu'il occupe retombe de droit dans la libre jouissance du propriétaire du sol, encore bien qu'il ait été indemnisé pour le fonds. Ces divers cas se sont présentés dans le Milanais, où l'excessif développement des canaux d'arrosage a fait naître, depuis longtemps, entre leurs propriétaires, tous les genres de contestation qui peuvent se rattacher à ce genre d'industrie.

Indépendamment de cette considération fondamentale, sur la nature du droit dont il s'agit, l'économie des articles précités est la même que celles des dispositions antérieures, anciennement en vigueur dans la même contrée. Ainsi, par la réserve : *Acque legittimamente possedute*, la loi a bien fait entendre qu'on ne pouvait réclamer cette faculté exceptionnelle qu'en faveur des dérivations pour lesquelles on a obtenu, soit une concession ou permission régulière, de l'administration supérieure, soit une délégation, partielle ou totale, des droits d'un premier concessionnaire. L'industrie manufacturière hydraulique est d'ailleurs mise sur la même ligne que l'irrigation ; ce qui est juste, puisque ces deux emplois de l'eau courante peuvent être également profitables à la richesse publique. Et enfin on y voit reproduite la prescription principale qui fut toujours adoptée sur cet objet. Cette disposition, que l'on retrouve jusque dans les textes primitifs de la loi romaine, traitant de la servitude de passage et d'aqueduc, est celle qui veut que ce passage soit réclamé dans l'endroit le moins dommageable de la propriété traversée.

La loi du 20 avail 1804 ne parle point de l'introduction des eaux étrangères dans les canaux existants. L'un des décrets du 20 mai 1806, portait seulement, dans son article 16, que celui qui voudra introduire dans un canal public une dérivation pour la reprendre inférieurement, n'aura qu'à en adresser la demande à la direction générale, qui la fera instruire suivant les règles d'usage, pour s'assurer que l'opération ne doit pas causer de préjudice aux usagers anciens. Mais cette faculté, même restreinte aux canaux publics, était encore, comme je l'ai montré précédemment, très-abusive de sa nature, puisque dès l'année 1662 le sénat de Milan l'avait déclarée inadmissible. Aussi, à la publication du nouveau code, la disposition dont il s'agit ne fut pas maintenue, et il demeure établi, dans la Lombardie, que nul n'a le droit de réclamer l'introduction de nouvelles conduites d'eau dans les canaux appartenant à autrui; sauf le cas où les propriétaires y donnent leur consentement formel.

Le terrain à payer intégralement, avec le quart en sus, par le conducteur des eaux, comprend la superficie occupée par la section, proprement dite, du canal, et par ses francs-bords, dont la largeur est fixée par les règlements ou usages locaux. Dans le Milanais, la largeur légale de ces francs-bords est d'un pieds du pays, ou de $0^{m},45$, sur chaque rive ; et il est admis que le propriétaire du sol est libre de faire, sur son terrain, des plantations arrivant jusqu'au bord extérieur de ce sentier ; sans toutefois que ces plantations puissent y gêner ni la circulation, ni le dépôt et l'enlèvement des produits du curage.

Les emplacements qui peuvent être réclamés, en sus, par l'usager, pour y effectuer d'une manière définitive, soit le dépôt des excédants de déblai, soit des excavations ou chambres d'emprunt pour les remblais, devaient, d'après les anciens usages du Milanais, être payés moitié en sus, quelquefois même le double, du prix principal, fixé à dire d'experts. Mais ce taux exceptionnel de l'indemnité, par suite d'un fait ordinairement indépendant de la volonté de ceux qui ont à ouvrir des canaux ou rigoles de dérivation, ne paraît pas être d'une application générale, et la jurisprudence moderne du pays tend avec raison à comprendre dans une seule et même estimation tout le terrain nécessaire à la complète exécution de ces canaux ou rigoles, dans l'emplacement qui a été contradictoirement fixé.

Quelques autres dispositions, puisées dans le droit coutumier du pays, et bien que non écrites dans la législation moderne, que je viens d'examiner, sont restées longtemps en vigueur dans les provinces du Milanais. L'une d'elles consistait à ne payer d'abord au propriétaire du terrain traversé par une rigole ou canal de dérivation, que les deux tiers ou les trois quarts de l'indemnité présumée; ajournant le règlement définitif de celle-ci à un délai de trois ans, eu égard aux corrosions qui sont assez fréquentes dans les premiers temps de l'établissement des canaux à eau courante ; et afin que l'on n'eût à faire qu'une seule et même estimation. Cette précaution pouvait être utile d'après l'usage que l'on avait généralement autrefois d'établir pour l'irrigation des canaux à grande vitesse. Aujourd'hui elle le serait moins, et d'ailleurs la science hydraulique a fait assez de progrès pour que les ingénieurs puissent éviter, dans leur tracé, les incertitudes et l'inconvénient dont il s'agit.

Je passe brièvement sur ce point, ainsi que sur quelques autres considérations relatives au régime usuel du droit d'aqueduc en Lombardie; cela a d'autant moins d'inconvénient, que, dans le chapitre suivant, j'entre, avec de nouveaux détails, dans l'examen des principes analogues, tels qu'ils s'observent dans le Piémont, pays qui jouit actuellement, sur cet objet, de la législation la plus récente et la plus complète.

CHAPITRE TRENTE-TROISIÈME.

DU DROIT D'AQUEDUC, D'APRÈS LA LÉGISLATION ANCIENNE ET LA LÉGISLATION ACTUELLE DU PIÉMONT.

§ I. *Observations sommaires sur la législation des eaux dans ce pays.*

Dans toutes les contrées qui avoisinent les Alpes, les eaux courantes se rattachent, sous le rapport de l'agriculture, à des intérêts majeurs. Ensuite, la plupart de ces cours d'eau, par cela seul qu'ils ont le caractère de torrents, se trouvent placés d'une manière toute spéciale sous la main de l'administration supérieure, qui doit veiller non-seulement à prévenir les dommages qu'ils peuvent occasionner, étant abandonnés à eux-mêmes, mais encore à les utiliser pour le bien général.

Avant la révolution, des règlements anciens, de différentes époques, pourvoyaient, d'une manière assez incomplète, aux prescriptions les plus essentielles. Sous le gouvernement de Napoléon, l'influence des lois nouvelles se manifesta par les plus heureux résultats; et depuis lors, soit pour les rivières navigables, soit pour les cours d'eau non classés dans le domaine public, les principes de la législation française restèrent ceux de la législation piémontaise.

A la restauration, le roi Victor-Emmanuel, considérant que dans ses États, plus que partout ailleurs, une bonne police des eaux intéressait surtout la prospérité publique, et attendu qu'il existait alors un assez grand nombre de règlements, tant anciens que modernes, ordonna, dès l'année 1816, que ceux qui existaient fussent rassemblés, refondus, en un mot, codifiés, de manière à ne plus présenter ni difficultés ni incertitudes dans leur application. Ce travail fut achevé en 1817, et le règlement général approuvé le 29 mai de ladite année, n'a subi, depuis cette époque, que de très-légères modifications. J'indique ci-après les principales dispositions de ce règlement, qui sont toutes corroborées par une pénalité proportionnée à la gravité des infractions commises.

En ce qui touche les rivières navigables et les torrents. — De tout temps les torrents, aussi bien que les rivières navigables, qui coulent sur le territoire sarde, ont été classés parmi les dépendances du domaine public. Il est en conséquence interdit, à qui que ce soit, d'entreprendre aucun ouvrage dans leur lit, sous peine d'une amende de 10 à 150 francs, et du rétablissement des lieux dans leur état primitif. Ainsi que cela est établi par la jurisprudence française, les bras non navigables de ces cours d'eau sont compris dans les mêmes prohibitions.

Les barrages anciennement existants, soit pour le roulement des moulins et usines, soit pour d'autres usages des eaux, ne doivent éprouver aucun changement ni modification quelconque, sans une permission de l'intendant de la province, sous peine de l'amende mentionnée plus haut.

Il est défendu d'arracher ou de casser les branches des arbres qui soutiennent les berges des fleuves et torrents. Ces arbres ne peuvent être élagués ni taillés, qu'autant qu'ils conservent toujours plus de 2 mètres de hauteur au-dessus du sol. Les terrains boisés le long des rives, ne peuvent être défrichés et mis en culture, sur une largeur de 150 mètres, à partir de chaque berge; le tout à peine d'une amende de 10 à 100 francs.

Les possesseurs d'alluvions le long des fleuves et torrents, doivent observer dans leurs plantations les distances prescrites par les coutumes ou règlements locaux; ils doivent, dans tous les cas, se pourvoir, avant de planter, d'une permission de l'intendant de la province, qui statue, d'après l'avis du conseil communal et celui de l'ingénieur de la localité. Les contraventions sont punies de 30 à 200 francs d'amende, outre la destruction des arbres plantés sans autorisation.

Il est interdit d'établir, dans le voisinage des fleuves et torrents, des puits, fontaines, ou excavations quelconques, pouvant contribuer à favoriser les débordements dans le temps des crues. L'amende, en cas de contravention, est de 100 à 300 francs.

Les revêtements en maçonnerie, fascinages, ou autres ouvrages de cette nature, destinés à protéger les propriétés riveraines contre l'effet des eaux courantes, ne peuvent, dans aucun cas, avoir la forme d'épis, ni présenter aucune saillie, sur le lit des torrents. S'il s'élève une contestation relativement à un ouvrage de ce genre, pour savoir s'il est, ou n'est pas offensif pour l'autre rive, ou bien s'il gêne le cours des eaux, l'intendant de la province, après avoir fait visiter les lieux par l'ingénieur, décide si l'ouvrage peut être conservé tel qu'il est, ou prescrit les modifications à y apporter. Sa décision peut être attaquée devant l'intendant général, qui, sous le rapport de l'art, s'éclaire de l'avis du conseil permanent des ponts et chaussées. Le délit résultant de l'établissement, sans autorisation, d'ouvrages qui sont déclarés nuisibles, est puni d'une amende de 100 à 200 francs.

En ce qui touche les cours d'eau non navigables. — Le même règlement général du 27 mai 1817, pourvoit à la police des petits cours d'eau, en ce qui concerne notamment : la prohibition d'apporter aucun obstacle à leur libre écoulement ; les permissions d'y établir des barrages ; les pré- a utions à observer dans les plantations riveraines, pour ne point rétrécir les lits naturels et donner lieu à des corrosions.

Tout ouvrage quelconque, établi dans le lit, ou sur les bords, d'un cours d'eau naturel, et pouvant produire le moindre obstacle au libre écoulement des eaux, ou devenir nuisible, soit au public, soit aux particuliers, dans le temps des crues et débordements, est interdit, sous peine d'une amende de 10 à 100 francs, outre le rétablissement des lieux dans leur premier état, et la réparation des dommages aux frais de qui de droit.

Les propriétaires riverains ont la faculté de défendre leur terrain, contre l'action corrosive des eaux, par des revêtements, fascinages, etc.; mais dès que ces ouvrages, par leur disposition, ou leur saillie, sur le lit naturel, cessent d'être seulement conservateurs, et peuvent devenir offensifs, pour d'autres propriétés, alors ils rentrent dans la classe des ouvrages signalés plus haut, et constituent des contraventions punissables.

Lorsque les particuliers sont dans l'intention de construire une usine, un barrage, ou un ouvrage important, pour la défense de leur propriété, ou bien d'ouvrir un canal, ou rigole d'irrigation, ils doivent préalablement obtenir une permission de l'intendant de la province.

Les anciens barrages, servant soit à l'irrigation, soit au roulement des moulins et usines, ont été maintenus, dans l'état où ils se trouvaient, par le règlement de 1817, mais à la charge de n'y apporter aucun changement, sans autorisation préalable, délivrée par l'intendant, dans la même forme que pour un nouvel établissement. Les contraventions à cette règle sont punies d'une amende de 50 à 200 francs.

Lorsqu'une demande de cette nature est adressée à l'intendant, il la renvoie à l'ingénieur de la province, qui doit visiter les lieux en présence des parties intéressées; puis il statue d'après le rapport dudit ingénieur. La seule différence entre les cours d'eau du domaine public et les simples rivières ou ruisseaux, pour ce genre d'autorisations, consiste dans la rédaction de l'acte de permission ; car, dans tous les cas contentieux, les intendants ne prennent qu'une décision provisoire, ou préparatoire, et l'autorisation définitive émane de l'autorité royale.

Une clause fondamentale, insérée dans tous ces actes de concession, prescrit aux propriétaires et fermiers des moulins, usines, et barrages de dérivation, d'avoir constamment le soin de tenir levées les vannes de décharge, aux approches des crues, afin d'éviter les inondations.

Le lit des rivières et ruisseaux doit être maintenu par les propriétaires riverains, ou par leurs fermiers, avec une largeur convenable, qui est généralement fixée pour les divers cours d'eau de chaque commune.

Les plantations sont permises jusque sur les berges de ces cours d'eau, mais à la condition que ni les branches ni les racines n'empiétent en aucune manière sur le lit naturel. Les îlots et alluvions, quoique profitant, comme dans la législation française, aux riverains qui sont seuls en position d'en jouir, ne peuvent être plantés. C'est à cette salutaire défense qu'on doit la conservation de la largeur des petits cours d'eau. Sans elle, l'esprit d'envahissement des propriétaires ne connaît plus de limites, et bientôt leurs entreprises apportent une véritable perturbation dans le régime des rivières. C'est malheureusement le cas où l'on se trouve dans la plupart de nos départements.

Toutes les fois que les cours d'eau sont peu encaissés, ou sujets à exhausser graduellement leur lit par des atterrissements, les propriétaires riverains sont dans l'obligation de les faire curer, toutes les fois qu'il est nécessaire, pour les maintenir dans leur direction et prévenir les inondations. Les usagers, propriétaires d'usines et de dérivations, sont tenus de concourir à la dépense de ces curages, dans la proportion des avantages qu'ils en retirent. La répartition des dépenses s'opère comme lorsqu'il s'agit de la construction et de l'entretien des digues à établir pour la défense des terrains contre les fleuves et torrents; c'est-à-dire par l'intermédiaire de syndicats, et sous l'empire d'une juridiction analogue à celle qui résulte de nos lois des 14 floréal an XI, et 16 septembre 1807.

D'autres dispositions, concernant spécialement la pêche, les bacs, etc., sont sans rapport avec l'objet dont il s'agit ici.

§ II. *Du droit d'aqueduc.*

Législation ancienne. — Avant la publication du Code Charles-Albert, le principe du droit de conduite d'eau sur le terrain d'autrui, existait dans les anciennes coutumes des provinces d'Ivrée et de Novare. Il fut ensuite maintenu, par plusieurs constitutions émanées des ducs de Savoie. On peut citer, entre autres, un édit du duc Charles-Émanuel Ier, de l'année 1584.

D'après les premières coutumes, le droit de passage des eaux était rendu obligatoire, en vue de l'intérêt général, moyennant le payement d'une indemnité équivalente seulement à la valeur du terrain occupé, et aux dommages causés à la propriété traversée; sans rien en sus.

Mais le véritable état de la législation ancienne du Piémont, sur cet objet, était fixé par le livre V, titre XIX, des Constitutions, publiées en 1770 par ordre du roi Charles-Émanuel III (1).

(1) Voici quelles étaient les dispositions de cet édit, spécialement applicables au droit d'aqueduc.

« ART. 6. Toute commune, communauté, ou personne quelconque sera tenue de donner passage sur ses fonds aux eaux que voudront conduire ceux qui auront le droit de les dériver des rivières, sources, etc., soit pour l'irrigation, soit pour mettre en

Cet édit, quoique ne faisant que reproduire un principe déjà admis, et pratiqué depuis très-longtemps dans le pays, renfermait cependant quelques dispositions remarquables par l'extension qu'elles donnent à ce principe. Ainsi on voit qu'il stipulait formellement le droit d'introduire les nouvelles conduites d'eau dans les canaux existants; en y ajoutant, il est vrai, la réserve que cela devra se faire sans préjudice pour les possesseurs de ces derniers.

Il mentionnait indistinctement l'irrigation et les

mouvement des usines. Ce passage devra également être donné dans les canaux et béalières, pourvu que cette opération ne préjudicie pas aux possesseurs de ces canaux et n'apporte aucun empêchement à l'écoulement de leurs propres eaux.

« Art. 7. Lorsqu'il s'agira de donner passage à une conduite d'eau, sur les possessions d'autrui, ce qui devra se faire avec le moindre dommage possible, le conducteur des eaux devra payer, suivant l'estimation des experts, la valeur du sol occupé, plus *le huitième en sus ;* et cela indépendamment de la réparation ou du payement de tous les dommages qu'aura pu éprouver le propriétaire du sol.

« Art. 8. Ceux qui auront le droit de dériver des eaux soit directement des fleuves, rivières et torrents, soit des canaux ou rigoles, devront faire en sorte de ne jamais porter préjudice aux propriétaires ou usagers, soit supérieurs, soit inférieurs, par le refoulement ou la stagnation des eaux. Ceux qui, par leur faute, transgresseraient cette recommandation et causeraient préjudice à autrui, outre la réparation des dommages, seraient passibles d'une amende de dix écus.

« Art. 9. Si les eaux, coulant ainsi au profit des particuliers, empêchent les propriétaires de se transporter librement d'un point à un autre de leurs héritages, ceux qui les ont dérivées, et qui en ont le bénéfice, seront obligés de construire et entretenir des ponts partout où cela sera nécessaire pour rétablir les communications : à moins toutefois qu'il n'y ait, entre les parties, possession, convention ou titre contraire. »

usines, et conservait d'ailleurs l'ancienne disposition puisée dans le droit romain, et exigeant que la conduite fût établie dans l'endroit le moins dommageable de la propriété d'autrui.

Sa disposition caractéristique est celle que renferme l'article 7, et d'après laquelle il était dit, que le conducteur des eaux serait tenu de payer, en échange de la faculté qu'il avait droit de réclamer : 1° l'indemnité de terrain proprement dite, ou la valeur du sol occupé par les travaux; 2° tous les dommages accessoires; 3° le huitième en sus de ladite indemnité. Je crois que dans les provinces du Piémont ce fut là la première application de ce principe qui y est resté en vigueur, sauf un certain accroissement du chiffre de cette indemnité supplémentaire, réservée en faveur du propriétaire du sol, en compensation de ce qu'on lui impose le sacrifice d'une partie de sa propriété, pour un motif dans lequel l'utilité publique n'entre que d'une manière secondaire.

Enfin l'article 8 établissait une sage pénalité contre ceux qui en réclamant le bénéfice des dispositions précédentes, négligeaient d'en remplir les charges, et portaient ainsi préjudice à autrui.

Cet ancien édit s'est trouvé abrogé par la publication récente du Code Charles-Albert, qui, comme on va le voir, a pourvu d'une manière complète à tout ce qui concerne cet important objet.

Législation actuelle. — Le droit d'aqueduc,

dans la législation piémontaise, fait l'objet de plusieurs articles importants du nouveau Code civil, publié dans ce pays en 1837. Ces articles sont les suivants :

« Art. 622. Toute commune, tout corps, tous particuliers sont tenus de donner passage, sur leurs fonds, aux eaux que veulent conduire ceux qui ont le droit de les dériver des fleuves, rivières, fontaines, ou d'autres eaux, pour l'irrigation des terres ou pour l'usage de quelque usine. Les maisons, ainsi que les cours, aires et jardins qui en dépendent, sont cependant exceptés de la disposition du présent article.

» Art. 623. Celui qui demande un passage pour les eaux, est tenu de faire construire le canal nécessaire à cet effet, sans pouvoir prétendre les faire passer dans les canaux déjà établis pour le cours d'autres eaux. Cependant celui qui, ayant un canal sur son fonds, est en même temps propriétaire des eaux qui y coulent, peut, en offrant de donner passage aux eaux par ce canal, empêcher qu'on n'en établisse un autre sur sa propriété, pourvu qu'en usant de cette faculté, il ne cause pas un préjudice notable à celui qui demande le passage.

» Art. 624. On devra également permettre le passage des eaux à travers les canaux et aqueducs, de la manière la plus convenable et la mieux adaptée aux localités et à l'état de ces canaux et aqueducs, pourvu que le cours de leurs eaux ne soit ni gêné, ni retardé, ni accéléré, et qu'il n'en résulte aucun changement dans le volume de ces mêmes eaux.

» Art. 625. Lorsque, pour la conduite des eaux, on sera obligé de traverser des chemins publics ou communaux, ou des fleuves, rivières et torrents, on devra se conformer aux lois et aux règlements spéciaux sur les eaux et les chemins.

» Art. 626. Celui qui veut faire passer des eaux sur le fonds d'autrui, doit justifier que l'eau dont il peut disposer suffit à l'usage auquel elle est destinée, et que le passage qu'il demande est, eu égard à l'état des fonds voisins, à la pente et aux autres conditions requises pour la conduite, le cours et la décharge des eaux, le plus convenable, et celui qui causera le moins de dommages aux biens.

» Art. 627. Celui qui veut conduire des eaux sur l'héritage d'autrui, doit, avant d'entreprendre la construction d'un aqueduc, payer la valeur du sol à occuper, suivant l'estimation qui en aura été faite, sans déduction des impositions et des autres charges qui seraient inhérentes au fonds, et avec l'augmentation *du cinquième en sus*. Il sera en outre tenu compte des dommages immédiats, dans lesquels on comprendra ceux résultant de la séparation en deux ou plusieurs parties du fonds à traverser, ou de toute autre détérioration.

» Si la demande pour le passage des eaux est limitée à un temps qui n'excède pas neuf ans, l'obligation de payer la valeur du sol occupé par le canal, avec le cinquième en sus, et les dommages résultant du morcellement et de la détérioration du fonds, sera réduite à la moitié de ce qui serait dû, s'il n'y avait pas limitation de temps; mais à la charge de rétablir, à l'expiration du terme, les choses dans leur premier état. Dans le cas où celui qui a demandé le passage temporaire des eaux, veut ensuite le rendre perpétuel, il ne pourra imputer les sommes payées pour la moitié de la valeur du sol et des dommages causés par le morcellement et la détérioration du fonds.

» Art. 628. Celui qui voudra profiter de l'offre que le propriétaire du fonds aurait faite, en conformité de l'art. 623, de donner passage aux eaux, au moyen du canal qui lui appartient, sera pareillement tenu de payer, en proportion du volume d'eau qu'il y introduira, la valeur du sol occupé par ce canal. Il devra en outre rembourser, dans la même proportion, les dépenses faites pour l'établissement du canal; sans préjudice de l'indemnité due pour toute plus ample occupation de terrain, et pour les autres dépenses que le passage des eaux aurait rendues nécessaires.

» Art. 629. Lorsque celui qui a établi un aqueduc sur la propriété d'autrui, veut s'en servir pour y introduire une plus grande quantité d'eau, il ne pourra l'y faire venir qu'après qu'il aura été vérifié que l'aqueduc peut la contenir, et qu'on aura reconnu qu'il n'en peut résulter aucun préjudice pour le fonds servant. Si l'introduction d'une plus grande quantité d'eau exige la construction de nouveaux ouvrages, cette construction ne pourra avoir lieu que lorsqu'on aura préalablement déterminé la nature et la quantité de ces ouvrages, et qu'on aura payé la somme due pour le sol à occuper et pour les dommages, conformément à ce qui est prescrit par l'art. 627.

» Art. 630. Les dispositions énoncées dans les articles précédents, concernant le passage des eaux, sont applicables au cas où le possesseur d'un fonds marécageux veut le bonifier ou le dessécher par *colmates* ou atterrissements, ou en creusant un ou plusieurs canaux d'écoulement.

» Si les personnes qui ont droit aux eaux du marais, ou à celles qui en proviennent et en sont dérivées, forment opposition au desséchement, les tribunaux, en prononçant, doivent concilier l'intérêt de la salubrité de l'air avec celui de l'agriculture, et avoir en même temps égard aux droits de l'opposant et à l'usage auquel il emploie ces eaux.

» Art. 631. Les concessions d'usage d'eau, obtenues du domaine royal, sont toujours réputées faites sans préjudice des droits antérieurs d'usage, qui peuvent être légitimement acquis sur cette même eau.

» Art. 632. Les usagers, tant supérieurs qu'inférieurs, ayant droit de dériver des eaux des rivières, torrents, ruisseaux, canaux, lacs ou réservoirs, auront toujours soin de ne pas se nuire entre eux par l'effet de la stagnation, du refoulement ou de la déviation de ces mêmes eaux. Ceux qui y auront donné lieu, seront tenus des dommages, et encourront les peines portées par les règlements de police rurale.

» Art. 633. Si les eaux qui coulent au bénéfice des particuliers, empêchent les propriétaires voisins de pouvoir se transporter sur leurs fonds, d'en continuer l'arrosement, ou d'y faire écouler l'eau, ceux qui tirent avantage des eaux doivent construire et entretenir des ponts, auxquels ils donneront l'accès nécessaire et suffisant pour maintenir des passages commodes et sûrs. Ils doivent aussi construire et entretenir les aqueducs souterrains, les ponts-aqueducs, et faire tous autres ouvrages semblables pour la continuation de l'arrosement ou de l'écoulement; sauf convention ou possession légitime au contraire. »

§ III. *Observations et développements.*

Ces douze articles du Code civil piémontais définissent bien l'exercice du droit d'aqueduc, tel qu'il doit être entendu aujourd'hui. Ces articles font partie du titre IV, intitulé : *Des servitudes foncières*, et ils occupent la plus grande partie de la section v, qui traite *du droit de passage et d'aque-*

duc. Cette seule circonstance suffirait pour montrer que le droit dont il s'agit est généralement considéré, dans le Piémont, comme une simple servitude, et non comme une prise de possession complète, sur le terrain d'autrui. Il y a néanmoins, sur ce point, d'importantes distinctions, qui sont indiquées à la fin de ce paragraphe.

En ce qui touche les petites conduites d'eau, ou dérivations secondaires, entreprises généralement par des particuliers, nulle incertitude ne peut avoir lieu sur ce point, car le législateur a levé tous les doutes par les deux articles suivants :

« Art. 640. *La servitude de prise d'eau au moyen d'un canal ou de tout autre ouvrage extérieur et permanent, est mise au rang des servitudes continues et apparentes.*

» Art. 663. *Le droit de conduire l'eau n'attribue à celui qui l'exerce ni la propriété du terrain latéral, ni celle du terrain existant au-dessous du canal de dérivation. Les contributions foncières et les autres charges inhérentes au fonds, sont supportées par le propriétaire de ce terrain.* »

La réserve faite par l'article 622 du droit de conduite des eaux, exclusivement en faveur de ceux qui ont le droit de les dériver, est identique avec celle que je viens de faire remarquer dans la loi lombarde, laquelle n'étend cette faculté qu'aux eaux légitimement possédées. Cela montre évidemment que la faculté dont il s'agit, étant considérée comme une exception au droit commun, ne peut être accordée qu'à ceux qui, pour opérer des conduites d'eau, se sont mis parfaitement en règle, soit en obtenant des concessions ou permissions de l'administration compétente, soit en traitant avec les concessionnaires. Toute entreprise de ce genre, faite sans l'accomplissement des formalités prescrites par les lois et règlements, non-seulement ne pourrait conférer aucun droit quelconque sur le terrain d'autrui, mais elle aurait le caractère d'une voie de fait, punissable en elle-même, indépendamment des dommages qu'elle pourrait causer à des tiers.

Dans ce même article 622 on voit reproduite la disposition, déjà signalée dans la loi de la Lombardie, sur l'assimilation complète, que l'on fait, entre les intérêts de l'industrie manufacturière et ceux de l'agriculture, quand il s'agit de favoriser et d'étendre les usages de l'eau courante.

Enfin l'exemption de la servitude en faveur des maisons, cours et jardins qui en dépendent, satisfait aux lois de l'équité et de la convenance; de sorte que c'est là un point entièrement hors de discussion.

L'article 623 est consacré à l'examen du cas où il s'agirait d'introduire une conduite d'eau, non pas seulement sur l'héritage, mais dans un canal déjà ouvert, appartenant à autrui. Cette faculté, dont j'ai déjà démontré les dangers, était, comme on vient de le voir, formellement réservée par la législation ancienne du Piémont. Mais elle est mise ici, à bien juste raison, tout à fait en dehors du droit légal, consacré par l'art. 622 du Code sarde. C'est-à-dire que celui qui réclame, en vertu de cet article, le droit de passage pour une conduite d'eau sur un terrain qui ne lui appartient pas, ne peut, sous quelque prétexte que ce soit, se prévaloir de ce qu'un canal, d'une direction convenable, existant déjà sur ce terrain, il y aurait économie pour lui à y introduire sa dérivation, sauf à indemniser convenablement le propriétaire de l'ancien canal.

Les rédacteurs du nouveau Code ont trouvé avec raison qu'il eût été beaucoup trop rigoureux d'imposer aux propriétaires l'obligation de recevoir des eaux étrangères, même dans leurs propres canaux, biefs ou rigoles, puisque l'expérience a prouvé que le mélange qui en résulte manque rarement d'amener des contestations, basées sur le préjudice ainsi causé aux possesseurs des canaux anciens.

Cependant la seconde partie du même article réserve au propriétaire de l'héritage traversé, dans lequel il existe déjà un canal à lui appartenant, le droit d'offrir le passage aux eaux nouvelles, par leur introduction dans ce canal, et d'empêcher ainsi qu'on n'en établisse un autre sur sa propriété. Car, cette permission une fois offerte, celui qui réclame le passage ne peut plus prétendre ouvrir, dans le même fonds, une nouvelle conduite. La seule réserve faite, dans ce cas, par l'art. 623, est, qu'en usant de cette faculté, le propriétaire du fonds ne cause pas un préjudice notable à celui qui demande le passage. Or, il est de fait qu'il doit toujours y avoir une certaine économie à introduire, quand cela peut se faire ainsi, dans un canal préexistant, des eaux pour lesquelles il s'agirait d'en ouvrir un nouveau. Et le propriétaire du sol ne pourrait raisonnablement demander au conducteur de ces eaux, pour leur admission dans un lit déjà ouvert, la même indemnité que pour l'occupation d'un emplacement nouveau, dont le principal inconvénient est de diviser et de morceler les héritages. Mais, je le répète, le véritable obstacle à l'adoption de ce système consiste dans les difficultés inhérentes à la communauté, presque toujours litigieuse, qui s'établit ainsi entre les anciens et les nouveaux possesseurs des eaux.

Au reste, l'art. 628 détermine les bases de l'indemnité à régler pour ce cas, en disant que celui qui profite de la faculté à lui offerte par un propriétaire, de donner passage aux eaux au moyen d'un canal déjà existant, doit payer, en proportion du volume d'eau qu'il y introduit, la valeur du sol occupé par le canal, et rembourser, dans le même rapport, sa part contributive dans les dépenses totales, faites pour son établissement ; indépendamment d'ailleurs de telles autres indemnités que de droit, pour tout préjudice que le passage des eaux, de cette manière, aurait occasionné au propriétaire du fonds.

L'article 624 n'est qu'un complément des dispositions du précédent, sur l'admission des dérivations nouvelles dans les canaux existants. Les réserves qu'il renferme, sur l'obligation d'effectuer cette immission de la manière la plus convenable, la mieux adaptée à l'état des canaux ou aqueducs, sont celles qui, en principe, doivent présider constamment à l'exercice de la faculté dont il s'agit. Car on doit toujours avoir en vue l'opération la moins dommageable pour le fonds asservi, surtout quand elle est, comme dans le cas dont il s'agit, d'une nature exceptionnelle.

Quant à prétendre, comme le porte l'article précité, qu'on pourra introduire des eaux nouvelles dans un canal, « sans que le cours des eaux anciennes en soit ni gêné, ni retardé, ni accéléré, et qu'il n'en résulte aucun changement dans le volume de ces mêmes eaux, » il est de fait que cela est impossible; et c'est précisément là que réside toute la difficulté.

L'article 626, en exigeant que celui qui veut faire passer une conduite d'eau sur le terrain d'autrui, justifie préalablement de la légalité et de la convenance de son opération, est une nouvelle et salutaire garantie offerte à la propriété foncière.

L'article 627 renferme, en ce qui touche le taux de l'indemnité, la disposition caractéristique du droit d'aqueduc, actuellement en vigueur dans les provinces du Piémont. Il établit que celui qui veut conduire des eaux sur le terrain d'autrui, doit préalablement payer, non-seulement la valeur, en capital, du sol à occuper, réglée d'après l'estimation des experts, mais encore *un cinquième en sus* de ladite indemnité; et cela indépendamment de la réparation de tous dommages directs ou indirects, causés à la propriété traversée par le fait ou à l'occasion de la conduite d'eau. Dans la Lombardie, ce supplément d'indemnité est un peu plus élevé; il est du quart, au lieu du cinquième de l'estimation.

D'après la seconde partie de l'article 627, si la demande de passage des eaux est limitée à un temps qui n'excède pas neuf années, l'indemnité totale, composée de la valeur principale du sol, du cinquième en sus, et des dédommagements de toute nature, dus par suite du morcellement, ou d'une détérioration quelconque du fonds, doit être réduite à la moitié de ce qu'elle serait s'il n'y avait pas limitation de temps; mais à la charge de rétablir, à l'expiration du terme, les choses dans leur premier état.

Pour bien comprendre l'utilité de cette disposition, il faut savoir que, dans le Piémont, la durée normale des baux est de neuf ans; de sorte que le

Code Charles-Albert a eu pour but de faciliter ainsi, aux simples fermiers, le moyen de se procurer, pour leur propre compte, des eaux d'irrigation, qui, sans cela, n'eussent été à la disposition que des seuls propriétaires, souvent peu disposés à faire des dépenses, dont le plus grand avantage peut revenir aux amodiateurs de leurs terres.

C'est là une de ces vues parfaitement sages qui, lorsqu'elles trouvent accès dans une législation, ne manquent jamais d'exercer la plus heureuse influence. Celle dont il s'agit était d'autant mieux adaptée aux habitudes du Piémont, qu'indépendamment de la durée ordinaire des baux, dont je viens de parler, les assolements les plus profitables, obtenus par l'emploi des arrosages, occupent généralement aussi la même période ; et qu'en outre on rencontre, en grand nombre, dans ce pays, de vastes domaines exploités par des fermiers riches et intelligents, qui ont les moyens et la volonté de faire de grandes avances pour améliorer leurs cultures.

On voit par l'article 630 que le Code Charles-Albert a étendu, non-seulement aux irrigations proprement dites, mais encore aux desséchements et bonifications, et notamment à celles de ces opérations faites par voie de colmatage, le bénéfice de ses dispositions libérales en faveur de l'agriculture. Cet article, en prévoyant le cas d'opposition de la part des intéressés, ayant des droits d'usage ou de propriété, soit sur les eaux des marais, soit sur celles qui en découlent, établit, comme il convenait de le faire, que l'appréciation de ces droits appartient aux tribunaux ordinaires.

Enfin les articles 631, 632 et 633, mentionnent la réserve des droits des tiers, et les obligations des concessionnaires pour la réparation de tous dommages accessoires, résultant de l'établissement des conduites d'eau.

§ IV. *Distinction à faire entre les cas dans lesquels les conduites d'eau réclament une véritable expropriation, et ceux où elles s'établissent seulement d'après un droit de servitude.*

Rien n'est plus propre à fixer les idées sur cet objet, que les dispositions récentes de la législation piémontaise, qui sont venues compléter celles du Code civil de ce pays, sur l'importante question du droit d'aqueduc, en montrant de quelles circonstances résulte la différence que j'ai pour objet de faire ressortir ici.

Le Code susdit, rédigé d'après le plan du Code Napoléon, renferme sur la matière de l'expropriation pour cause d'utilité publique, les deux dispositions essentielles ci-après :

« Art. 441. Nul ne peut être contraint de céder la propriété ou l'usage de la chose qui lui appartient, si ce n'est pour cause d'utilité publique, et moyennant une juste et préalable indemnité.

» Les travaux d'utilité publique sont déterminés, et les propriétés dont l'occupation est nécessaire pour l'exécution de ces travaux, sont désignées par une disposition émanée du roi.

» Des lois et des règlements particuliers prescrivent les règles à observer en ce cas.

» Art. 442. Quand les parties n'auront pu s'accorder, devant l'autorité administrative, sur le montant de l'indemnité, la contestation sera portée devant les tribunaux. »

Les dispositions particulières annoncées par le premier des articles qui précèdent, ne se firent pas longtemps attendre, et une loi nouvelle, sur des bases analogues à celles de la loi française du 17 juillet 1833, vint régler, avec les détails nécessaires, les conditions et les formes de l'expropriation pour cause d'utilité publique. Cette loi résulte des lettres patentes du 6 avril 1839, entérinées, dans le mois suivant, par la chambre royale des comptes et par tous les sénats du royaume.

L'article 1 donne la définition des travaux d'utilité publique; l'article 2 désigne quelles sont les entreprises particulières qui peuvent être assimilées à cette classe de travaux. Ces deux articles principaux sont rédigés dans les termes suivants :

« Art. 1er. Sont d'utilité publique les travaux qui s'exécutent pour le compte de l'État, des administrations, des provinces et des communes. Ces travaux, ainsi que les propriétés à occuper pour leur exécution, seront, aux termes de l'article 441 du Code civil, déterminés par ordonnances royales, rendues sur l'avis du conseil d'État, lorsque nous jugerons convenable de les autoriser.

» Art. 2. Les travaux exécutés par des compagnies ou par de simples particuliers, pourront néanmoins, aux termes du § Ier, art. 4, de l'ordonnance royale du 13 septembre 1831, être, par une ordonnance spéciale, déclarés aussi d'utilité publique, *toutes les fois que leur importance ou que leur influence sur le développement de la richesse publique rendront utile de leur attribuer ce caractère.* »

Une instruction ministérielle, en date du 12 juin 1839, est venue développer, d'une manière très-complète, les dispositions déjà bien détaillées de la loi précédente; on y trouve sur l'objet qui nous occupe, les observations importantes que voici :

« De ce que la loi, dans son article 1er, déclare d'utilité publique les ouvrages qui s'exécutent pour le compte de l'État, des administrations publiques, des provinces et des communes, cette définition ne doit pas être entendue dans un sens tellement absolu qu'on puisse en conclure que tout travail doit être nécessairement classé comme étant d'utilité publique, par cela seul qu'il s'exécute pour le compte des administrations susdites.

» Par exemple, qu'une commune ait à construire simplement une maison, un moulin, un bâtiment quelconque destiné à un usage agricole ou industriel; dans ce cas, elle n'agira que comme un propriétaire ordinaire, parce que l'exécution d'un tel travail n'emporte pas avec elle l'idée d'utilité publique proprement dite.

» Les canaux et conduites d'eau, du moment que leur construction doit tourner à l'avantage du pays, rentrent évidemment dans la classe des travaux en faveur desquels il y a lieu d'obtenir la déclaration d'utilité publique. Et, en effet, de ce que le Code civil a établi, sur cet objet, quelques règles spéciales, destinées à faciliter aux particuliers l'exécution desdits ouvrages, il ne s'ensuit certainement pas que, lorsqu'ils réunissent tous les caractères qui suffiraient pour faire attribuer à d'autres constructions la qualité de travaux d'utilité publique, on doive leur refuser la faveur que la loi accorde à celles-ci.

» D'après ces observations, toutes les fois que les canaux qu'il s'agit d'ouvrir, auront les conditions qui distinguent un ouvrage d'utilité publique, ils devront être déclarés tels, afin qu'on puisse leur appliquer les dispositions de la loi sur l'expropriation. Mais si, au contraire, ces canaux, rigoles, ou conduites d'eau, ne sortent pas de la classe des ouvrages principalement entrepris dans un intérêt privé, ce sera le cas de leur appliquer les art. 626 et 627 du Code civil. »

Après les textes des lois et instructions relatés

dans ce chapitre, il n'est plus besoin de réflexions pour établir que la législation moderne du Piémont, sur l'objet dont il s'agit, est aussi complète et aussi satisfaisante qu'on pouvait le désirer. D'ailleurs les résultats, qui sont plus concluants que tous les raisonnements, sont là, pour en faire foi. On peut donc dire que l'agriculture ne peut espérer, nulle part, d'être plus véritablement, plus efficacement protégée qu'elle l'est dans ce pays, notamment par les facilités que la législation actuelle donne à l'extension des arrosages.

CHAPITRE TRENTE-QUATRIÈME.

DU DROIT D'AQUEDUC, TEL QU'IL A ÉTÉ ANCIENNEMENT PRATIQUÉ DANS LE MIDI DE LA FRANCE. — RÉSUMÉ DU LIVRE VII.

§ I. *Édits et arrêts.*

Dans la Provence et les contrées voisines. — Les dérivations ouvertes en Provence, dès les XIIIe et XIVe siècles, avaient donné lieu de constater, ainsi qu'on le reconnaissait, en même temps, dans le nord de l'Italie, que l'ouverture d'un canal d'arrosage était une mesure incomplète et insuffisante si l'on ne pourvoyait pas, en même temps, au moyen d'assurer aux propriétaires intéressés la possibilité d'en jouir, nonobstant les résistances individuelles qui pouvaient entraver la conduite et la distribution des eaux.

On peut relater un assez grand nombre de décisions diverses, d'où il résulte que dans plusieurs provinces et territoires faisant aujourd'hui partie du midi de la France, il était dérogé au droit commun en faveur des conduites d'eau, opérées soit pour les usines, soit pour l'irrigation, mais surtout pour ce dernier usage. Ces provinces étaient principalement le Lyonnais, le Forez, le Vivarais, le Roussillon, l'Avignonais et la Provence.

On doit citer comme la plus ancienne loi spéciale, applicable à ce dernier pays, un statut de la reine Isabelle de Lorraine, épouse de Réné d'Anjou, roi de Provence, en date de l'année 1440. Ce statut, qui cadre, par sa date, avec les premières dispositions connues sur le droit d'aqueduc, dans le nord de l'Italie, n'établissait que très-timidement un droit, d'une portée fort restreinte, en faveur de ceux qui effectuaient des dérivations destinées à l'arrosage. Ce droit consistait à pouvoir conduire, *par les chemins publics*, les eaux destinées à l'irrigation des prés et des jardins, pourvu que ces chemins n'en soient pas fort endommagés, et qu'il ne soit pas porté de préjudice aux voisins. « Soit fait, dit cet édit, sans grand dommage, toutefois, des chemins publics, et sans préjudice aux voisins (1). »

Environ un siècle après, un édit de Henri II, roi de France, en date du 26 mai 1547, conforme à une ordonnance antérieure de Réné d'Anjou, statuait d'une manière plus explicite. Il était ainsi conçu :

« Permet à chacun ayant droit et faculté de moulins, et engins d'en conduire les eaux, faire fossées et récluses par les propriétés de ses voisins, et où sera convenable ; en payant toutefois l'intérêt des parties ès fonds et propriétés desquelles se fairont les dites levées et fossées ; et ce non seulement pour moulins à blé, mais aussi pour tous autres engins. »

(1) Recueil de Bomy, p. 12 ; cité par le président Cappeau, Recueil, p. 85.

Quoique cet édit semblât ne s'appliquer spécialement qu'aux moulins et usines, il était invoqué indistinctement pour les entreprises d'irrigation. On voit qu'il prescrit seulement de payer *l'intérêt des parties*, c'est-à-dire une indemnité simple, représentant de la valeur du terrain occupé et les dommages accessoires.

On trouve dans le recueil d'arrêts de Papon (1) quelques espèces qui font connaître les principes admis, sur la matière, par la jurisprudence française aux XVIe et XVIIe siècles. Dans l'une d'elles il s'agissait d'un pré marécageux, dit les Mouilles, appartenant au demandeur, et dont les eaux étaient dirigées sur un pré inférieur, dit de l'Hôpital, appartenant aux défendeurs. Par sentence du bailli de Forez, celui-ci fut maintenu en possession de conduire lesdites eaux, encore bien qu'il n'eût pas, pour cela, de titre formel; et, sur l'appel de cette sentence, le parlement de Paris rendit, le 11 mai 1554, un arrêt confirmatif.

En 1580, dans une autre espèce, citée par le même auteur, il s'agissait positivement de faire arriver, sur un pré, des eaux d'irrigation, en traversant le terrain d'autrui. En première instance, le propriétaire du sol traversé avait eu gain de cause; mais le jugement fut réformé en ces termes : « Le juge d'appel dit qu'il a été mal jugé, et maintient

(1) Liv. XIII, n°s 8 et 9.

l'opposant en possession de conduire les eaux dont est question, par le pré du complaignant, ès biefs accoutumés, jusqu'au pré de l'opposant, pour l'abreuver; et de contraindre le complaignant à lui prêter patience d'entrer au dit pré supérieur, afin de curer les biefs servant à ladite conduite d'eau, en la manière accoutumée, sans toutefois que ledit opposant ou ses commis puissent, en ce faisant, empescher les fruits du dit pré, etc.;

» Qu'ainsi soit supposé qu'un pré ne peut fructifier sans eaux, chacun sait bien que tout ainsi qu'il la faut faire fluire et conduire d'ailleurs, et de plus haut. Aussi, par nécessité, faut-il qu'elle vuide par le bas, sans la retenir, car tel séjour serait corruption du fruict. Et se comportent ensemble telles choses par servitudes de deux sortes : l'une de faire conduire ladite eau par le fonds d'autruy au sien, dont parle Pomponius (1); l'autre est de faire couler l'eau ainsi conduite après l'avoir reçue en son fonds et s'en être servi, dont parle Ulpianus (2). Et est notable que la loi parlant de telles servitudes, les a favorablement reçues comme nécessaires, et a notamment déclaré, que sans titre exprès l'usance et possession suffisent. *Sanè in servitutibus, hoc item sequitur, ut ibi servitus non invenitur imposita qui diu usus est servitute nec*

(1) *In L. refectionibus, § si per tuum fundum jus est mihi aquam rivo ducere, ff. comm. prœd.*

(2) *In L. 1, § denique, ff. de aq. pluv. ascend.*

vi, nec clam, nec precario, habuisse longa consuetudine vel ut impositam servitutem jure videatur. »

Dans l'espèce citée, le conducteur des eaux, qui a eu gain de cause, ne pouvait invoquer qu'une possession incomplète d'environ dix ans.

Un arrêt rendu en la grand-chambre du parlement, le 7 septembre 1696 (1), a jugé formellement que le propriétaire d'un pré a droit de conduire l'eau nécessaire pour l'arroser, et de la faire passer sur les héritages de ses voisins, sans avoir besoin de titre. « C'est là, dit cet arrêt, une servitude naturelle pour l'établissement de laquelle les titres ne sont pas nécessaires, parce que sans le secours de l'irrigation les prés seraient stériles, surtout dans les pays qui sont secs, soit à raison de leur climat, soit pour raison de leur situation naturelle. »

Ces arrêts confirment le principe établi par les anciens édits qui viennent d'être cités, et témoignent que l'autorité judiciaire admettait bien qu'il y avait lieu d'entourer d'une faveur exceptionnelle les entreprises de conduites d'eau destinées aux améliorations agricoles; soit qu'il s'agisse de faire arriver des eaux, pour l'irrigation, soit qu'il s'agisse de les faire évacuer, pour l'assainissement des propriétés marécageuses. Du reste on doit reconnaître que les

(1) Bretonnier, sur Henrys, tome II, liv. 14, quest. 149.

arrêts, comme les édits de cette époque, laissent subsister beaucoup de vague.

La citation la plus remarquable que j'aie à faire dans ce chapitre, est celle d'un chirographe de la cour de Rome, donné par le pape Pie VI, le 23 février 1781, en faveur du canal de Crillon, et mettant en application, sur le territoire d'Avignon, le principe du droit d'aqueduc, tel qu'il se trouve formulé dans les législations et coutumes du nord de l'Italie. Il était ainsi conçu :

« En 1778, Louis Baldis de Berton, duc de Crillon, nous représenta que notre très-chère ville d'Avignon, pour améliorer, au moyen des arrosages, la partie de son territoire appelée la Garrigue, projetta, depuis 1751, de dériver un canal des eaux de la Durance ; et ayant ensuite obtenu de notre prédécesseur Benoît XIV, par chirographe du 23 septembre 1754, la faculté et grâce d'être autorisé à pouvoir forcer les propriétaires des fonds, tant dedans que hors la ville, de les lui vendre, *avec le quint en sus* de l'estime que les experts en auraient faite, elle pensa encore plus de faire le canal projeté. A cet effet elle s'en occupa sérieusement, et prit les délibérations opportunes dans les conseils du 15 octobre 1757, du 4 décembre 1761, et des 22 avril et 28 mai 1762. Mais le défaut de moyens, pour la dépense à faire, en avait toujours empêché l'exécution. En conséquence ledit duc, animé de zèle et d'amour pour sa patrie et ses concitoyens, offrit d'exécuter ledit projet à ses propres frais et dépens; et la ville, correspondant à son offre, délibéra dans le conseil tenu le 7 août 1769, d'accorder audit duc l'entreprise dudit canal, et de lui céder, conformément au chirographe de Benoît XIV, le droit et privilége d'acquérir le terrain nécessaire pour former et conduire ledit canal dans les endroits désignés sur le plan établi à cet effet ; etc. »

J'ai cité tout ce passage, parce qu'il forme le

complément de l'historique du canal de Crillon, donné dans le tome Ier, pages 167 et 168.

Les lettres patentes, délivrées par le roi de France, le 7 août 1769, et qui sont devenues le titre définitif dudit canal, n'ont pas reproduit cette disposition spéciale sur le payement, du cinquième en sus de l'indemnité; elles conféraient seulement au duc de Crillon la faculté d'acquérir les terrains qui étaient nécessaires à l'exécution de son canal.

Le chiffre du cinquième en sus, prescrit dans le chirographe de 1754, a cela de remarquable, qu'il semble avoir été adopté, d'une manière spéciale, pour les convenances du territoire avignonais à l'époque dont il s'agit. En effet, ce chiffre n'était pas encore en usage en Italie; car nous avons vu, dans les chapitres précédents, qu'en Piémont, on était alors sous le régime des constitutions publiées en 1770 par le roi Charles-Emmanuel III, lesquelles prescrivaient seulement un huitième en sus de la valeur du terrain occupé, tandis que dans la Lombardie les statuts de Louis XII et de Charles-Quint portaient cette indemnité supplémentaire à un quart en sus de la valeur estimative. Et l'on doit remarquer que le taux d'un cinquième en sus de ladite valeur est, à très-peu de chose près, la moyenne exacte entre ces deux estimations.

Pour compléter ce qui concerne l'ancien régime des conduites d'eau, sur le territoire français, il me reste à parler de quelques difficultés qui eurent lieu sur ce point au sujet du canal de Boisgelin ou des Alpines. On a vu, dans le livre Ier, chapitre III, que ce canal fut ouvert par les états de Provence, en vertu d'un arrêt du conseil du roi, du 3 avril 1773. D'après cet arrêt, les procureurs du pays étaient autorisés à vendre les eaux aux communautés riveraines, et celles-ci à les distribuer entre les divers usagers.

Comme toute distribution d'eau d'arrosage, faite sur une échelle un peu étendue, exige la faculté de passage sur les terres voisines, et qu'ici on commença tout d'abord à élever des doutes sur la légalité de cette disposition, qui n'était pas formellement écrite dans l'arrêt précité, un nouvel arrêt, en date du 20 février 1783, vint dissiper toutes les incertitudes, en approuvant et validant les concessions déjà faites, par les procureurs du pays de Provence, et en les autorisant à conduire les dérivations du canal Boisgelin *sur tous les terrains pour ce nécessaires*; et également au travers du canal de Crapone, pourvu qu'on passe, soit *en dessus*, soit *en dessous*. Ledit arrêt soumettait en même temps la compagnie concessionnaire à payer aux propriétaires des fonds ainsi traversés tous les dommages qui leur seraient causés, soit par la construction du canal, soit pour le passage, les curages, et autres servitudes auxquelles leurs terres se trouveraient assujetties.

Depuis lors il a été bien établi que les concessionnaires du canal des Alpines avaient le droit de traverser les fonds nécessaires à la conduite et à la distribution des eaux de ce canal. Néanmoins plusieurs propriétaires, se prétendant lésés par ces dispositions, élevèrent des difficultés, soit sur le montant des indemnités, soit sur la nature de l'occupation qui était faite de leur terrain. M. de Grignan, puis l'œuvre de Crapone, voulurent s'opposer à ce qu'une des branches du canal des Alpines longeât et traversât celui de Crapone, mais ils furent repoussés, tant devant l'autorité administrative que devant l'autorité judiciaire. En 1812, des particuliers d'Istres élevaient la même prétention pour empêcher une autre branche du même canal de traverser des terrains communaux, mais leurs démarches furent mises à néant par un arrêté du préfet, basé sur l'arrêt du 20 février 1783. Quelques autres contestations analogues n'eurent pas un résultat différent.

Cependant un procès plus sérieux fut intenté à la compagnie en 1789, par le sieur de Panisse, ancien seigneur de Lamanon, au sujet de l'occupation d'une étendue considérable de ses terres; la contestation portait sur ce que le propriétaire prétendait avoir subi une expropriation, tandis que les actionnaires ne reconnaissaient que l'exercice d'une servitude, pour laquelle ils ne voulaient payer qu'une indemnité moindre que celle d'expropriation, tout en laissant l'impôt à la charge du propriétaire des héritages traversés. Évidemment il y avait là une situation fausse, et il n'est pas étonnant que le procès dont il s'agit, et qui a été repris après la révolution, ait duré pendant plus de vingt ans. J'en dis quelques mots dans le livre suivant, qui traite du contentieux des irrigations.

Dispositions analogues dans la région des Pyrénées. — Les anciennes constitutions de la Catalogne, qui remontent au delà du XIIe siècle, et ont régi pendant longtemps la province de Roussillon, avaient établi le principe du droit d'aqueduc. Le livre IV, titre VIII, de la huitième de ces constitutions a établi la faculté de faire traverser les fonds des tiers par les conduites d'eau, moyennant le payement de la simple valeur du sol et de la réparation des dommages. En cas de contestation, il était statué par deux experts, dont l'un était nommé par les jurats, ou syndics, du territoire sur lequel on se trouvait, et l'autre par le propriétaire de l'héritage qui devait être traversé. En cas de désaccord, le troisième expert était le juge ordinaire du lieu de l'habitation de ce propriétaire.

C'est d'ailleurs à titre de servitude et non à titre d'expropriation que le terrain nécessaire à l'établissement, tant des canaux et rigoles que de leurs francs-bords, était réclamé du propriétaire des héritages intermédiaires.

On voit que tout était convenablement prévu

réglé dans ces lois coutumières, sous le régime desquelles l'agriculture du Roussillon est devenue florissante. En l'absence de dispositions équivalentes dans le droit commun de la France, et attendu que l'article 645 de notre Code civil autorise le maintien des anciens usages et règlements, qui ont régi la matière des cours d'eau, celles-là sont restées en vigueur sur le territoire qui correspond à cette ancienne province. Ou du moins l'intérêt mutuel des propriétaires leur a fait sentir qu'ils auraient grand tort d'apporter de la résistence à des entreprises qui, en définitive, tournent toujours à l'avantage du pays. Ainsi, dans le département des Pyrénées-Orientales, qui, hors ligne, est à la tête des départements irrigués de cette région du midi de la France, on ne regarde pas comme une difficulté sérieuse, lorsqu'on crée un canal nouveau, d'avoir à réclamer des droits de passage qui, ailleurs, dans l'état actuel des choses, seraient peut-être impossibles à obtenir.

Les propriétaires traversés, même dans les parties supérieures, c'est-à-dire lors même qu'ils n'ont pas de chances de profiter, pour leur propre compte, des avantages de l'irrigation, se contentent de l'indemnité pure et simple, représentant la valeur du terrain occupé, au moment de l'établissement de la conduite d'eau. Et quant à la traversée de terrains qui doivent avoir part à l'arrosage, la dite indemnité est réglée de la même manière, c'est-à-dire avant la plus value qu'ils doivent acquérir. Il était bien important de s'entendre sur ce point, car dans la localité dont il s'agit, cette plus-valeur n'est rien moins que le triple de la valeur primitive du sol.

Il y a plus; car, dans ce département, la plupart des grands propriétaires cèdent ordinairement, sans aucune indemnité, en faveur des nouvelles conduites d'eau, la faculté de traverser leurs domaines. Cela se conçoit; en ce que, dans un climat aussi chaud que celui des Pyrénées-Orientales, une conduite d'eau, amenée dans un terrain, porte avec elle, et par sa seule présence, des chances d'une plus-value presque toujours supérieure à la valeur du terrain qu'elle occupe, et à la servitude qu'elle représente. J'aurai plus loin l'occasion de revenir sur cette considération.

Un autre usage très-bon se pratique encore dans la même localité. Dans le cas où l'on prévoit des difficultés réelles, en matière de conduites d'eau, les propriétaires, intéressés à une opération d'arrosage, s'engagent à des concessions mutuelles, et font ce qu'ils nomment, avec raison, des *traités de passage*. A cet effet, avec telle autorisation que de droit, tous les intéressés sont réunis en assemblée générale, sous la présidence du maire de la commune, s'il n'y en a qu'une, ou du maire de la commune la plus intéressée, s'il y en a plusieurs; et le principe dont il s'agit se vote, à la majorité des voix. Ces assemblées sont annoncées à l'avance par affiches et publications ; et cette publicité est d'autant plus utile qu'elle est la seule mise en demeure à l'égard des propriétaires non comparants, lesquels, d'après les us et coutumes du pays, sont liés par le vote des membres présents ; ainsi qu'on a d'ailleurs bien soin de le rappeler, soit dans les affiches, soit dans les avertissements individuels, lorsqu'on y a recours.

Cette clause se réduit à ce peu de mots : « Les propriétaires dont le fonds sera traversé pour l'établissement du canal et de ses francs-bords, s'obligent à céder la contenance de terrain nécessaire, dont l'estimation sera faite à dire d'experts. »

Nous avons donc en France une localité dans laquelle la servitude dont il s'agit se montre avec des avantages assez grands pour être librement consentie par les intéressés, et où leur mutuel intérêt, suppléant au silence de la loi, leur a fait trouver une marche qui assure efficacement le but important qu'il faut atteindre.

Mais ce n'est là qu'un point sur toute la surface du vaste territoire de la France ; et, à part cette localité, dans laquelle les avantages de l'irrigation se sont trouvés plus en évidence qu'ailleurs, combien n'en est-il pas d'autres où ces mêmes avantages, quoique n'étant pas moins réels, réclament pour se réaliser l'appui de la législation.

§ II. *Résumé du livre VII. — Utilité générale du droit d'aqueduc.*

Si l'on jette les yeux sur l'ensemble des considérations qui viennent d'être développées dans les trois chapitres qui précèdent on voit le droit d'aqueduc mentionné, dans les lois romaines, en des termes qui prouvent qu'il tenait, dès cette époque, une place importante parmi les servitudes rurales, et que les premières conduites d'eau avaient eu pour objet l'irrigation. Mais lesdites lois paraissent toutes supposer que celui qui jouissait d'une dérivation effectuée sur le fonds de son voisin, en avait acquis le droit par titre ou prescription. « *Aquam ita demùm permittitur duci, si sine injuriâ alterius it fiat* (1). »

Ainsi, quoique tout nous montre qu'à cette époque les dérivations, effectuées dans l'intérêt de l'agriculture, étaient entourées, de la part de l'autorité publique, de protection et d'appui, il est permis de douter que la faveur accordée à ces sortes d'entreprises ait jamais été jusqu'à autoriser une exception, ou modification quelconque, au droit de propriété.

La conséquence à tirer de ce fait c'est que, sous la domination des derniers empereurs romains, il n'existait pas de grands canaux d'arrosage, et que

(1) *L. imperatores, 19, de servit. præd. rustic.*

les irrigations qu'on pratiquait alors s'effectuaient principalement sur une petite échelle. En effet, jamais un canal important de cette espèce n'a pu, et ne pourra, exister, d'une manière profitable à la contrée où il se trouve, sans que la faculté exceptionnelle de faire traverser, à ses dérivations, les héritages interposés, soit accordée en principe. Cette faculté est indispensable pour le but que l'on doit atteindre, qui est d'assurer, le plus complétement possible, la distribution de la totalité des eaux, pouvant être utilisées.

Pour établir ce fait, qui est bien incontestable, je ne me bornerai pas à faire remarquer que dès qu'on eut achevé, dans les XIIIe et XIVe siècles, les plus anciens des grands canaux que nous voyons encore enrichir aujourd'hui les provinces supérieures du Piémont, le Milanais, le Mantouan, le Véronais, etc., les populations intelligentes de ces contrées s'empressèrent d'enregistrer le droit d'aqueduc, d'abord dans leurs coutumes locales, puis, bientôt après, dans des constitutions spéciales. Je démontrerai qu'il était presque impossible qu'on agît autrement.

Nous nous trouvons ici dans un des cas, assez nombreux du reste, où l'étude préalable d'une question d'art doit nécessairement venir en aide à celle d'une question de législation. Qu'on veuille donc bien se reporter aux considérations préliminaires développées dans le paragraphe 1er du chapitre xx, qui traite du tracé des canaux d'arrosage; on y verra : que les cours d'eau naturels occupent, à très-peu d'exceptions près, le fond ou le thalweg de leur vallée; que par conséquent ces cours d'eau, à l'exception toutefois des simples ruisseaux, qui ont généralement beaucoup de pente, ne se prêtent pas naturellement aux arrosages, par dérivation directe, c'est-à-dire à l'irrigation des propriétés immédiatement riveraines; que l'obligation d'avoir un canal d'amenée, fait que l'emplacement de la prise d'eau diffère toujours de celui de l'irrigation; qu'en un mot la zone formée par les propriétés immédiatement riveraines des cours d'eau naturels, non-seulement n'est pas la partie la plus intéressante de la région irrigable au moyen de ces cours d'eau, mais, souvent même, d'après sa situation défavorable, ne peut y être comprise.

Cette région irrigable se trouvant donc habituellement située à une distance plus ou moins grande des bords des cours d'eau naturels, il faut nécessairement recourir, pour une irrigation effectuée sur une échelle un peu étendue, à des canaux principaux, dont le tracé se détache notablement de celui de la rivière, ou du torrent, où ils s'alimentent; et la condition fondamentale de ce tracé est que le plan d'eau de la dérivation règne toujours à une certaine hauteur au-dessus du niveau des terrains qui peuvent profiter de l'arrosage, afin qu'on puisse y opérer, avec une entière facilité, en faveur de ces terrains, de simples dérivations sans barrage.

Les canaux principaux de cette espèce s'établissent, ou sur des terrains acquis en totalité, à l'avance, par ceux qui les entreprennent, ou en vertu d'une déclaration préalable d'utilité publique, qui ne peut guère leur être contestée. En ce qui les concerne, il y a peu de difficultés. Mais, en matière d'irrigation, un canal principal ne réalise pas, de lui-même, son utilité, comme cela a lieu en matière de navigation ; il ne peut presque rien sans le secours de ses rigoles, dont le plus grand nombre vont opérer leurs dernières distributions à d'assez grandes distances, et dont l'ensemble représente un développement qui, bien rarement, se trouve au-dessous de deux ou trois fois celui du canal lui-même.

C'est ainsi que, dans l'économie animale, nous voyons des artères qui ne serviraient à rien, s'il n'en dérivait un système de vaisseaux secondaires, décroissant jusqu'à la capillarité, et ayant pour objet de faire arriver le bienfait de la circulation, non-seulement aux masses, mais jusqu'aux extrémités qu'elle doit vivifier et nourrir.

Étant donc posé ce principe : qu'un canal d'arrosage ne peut fonctionner que par ses rigoles, qu'on doit d'ailleurs regarder comme ses dépendances immédiates, on pourrait établir que la même faveur qu'il convient d'accorder à l'établissement du canal principal doit être également acquise à ses moindres ramifications. On pourrait dire : qui veut la fin veut les moyens : *Concessâ facultate, concessa omnia censentur sine quibus facultas exerceri non potest.*

Dès lors s'il était toujours possible de comprendre dans les premiers projets d'un canal d'arrosage toutes les rigoles et ramifications qui doivent en dépendre, rien ne s'opposerait à ce que les terrains nécessaires à leur établissement, fussent, à défaut de cession amiable, compris, comme les autres, dans la déclaration d'utilité publique, et acquis par voie d'expropriation. Mais ce cas se présente très-rarement, et, au contraire, il advient, la plupart du temps, que ces rigoles ne s'ouvrent que successivement ; au fur et à mesure des demandes d'arrosage, qui sont faites par les propriétaires, selon qu'ils en éprouvent un besoin plus ou moins pressant ; suivant qu'ils prennent plus ou moins de confiance dans le succès de l'entreprise, etc.

Ces rigoles, ouvertes après coup, ne peuvent guère faire l'objet d'une déclaration spéciale d'utilité publique, ni être exécutées par voie d'expropriation. Quand on entre dans cette voie, il faut subir des procédures et des formalités qui sont trop longues, et trop dispendieuses, pour être à la portée de particuliers isolés, surtout s'ils n'ont en vue qu'une irrigation de peu d'importance. En effet, lorsqu'une compagnie, opérant sur une assez grande masse de travaux, dont l'utilité est d'ailleurs préalablement constatée, se fait substituer aux droits de l'État, dans la faculté d'acquérir des terrains, pour voie d'expropriation, faculté qui ne peut dériver que de la puissance publique, il faut qu'elle ait à sa solde des ingénieurs, des notaires, des avoués, des avocats plaidants, des conseils judiciaires, etc., toutes choses qui ne sont point à la portée d'un particulier disposé à consacrer une petite somme à l'amélioration de son domaine.

D'un autre côté, les difficultés de cette nature et la non-probabilité d'obtenir amiablement le passage des conduits d'eau, se son accrus rapidement avec le morcellement de la propriété foncière, porté aujourd'hui à un point extrême, surtout dans les pays riches et populeux, où le besoin d'irrigation se fait le plus vivement sentir. La difficulté de pouvoir garantir la distribution des eaux d'arrosage serait donc infiniment plus grande, aujourd'hui, qu'aux époques féodales, où le sol ne comptait qu'un petit nombre de possesseurs, et où cependant on a jugé indispensable de recourir sur ce point à un régime protecteur pouvant concilier, aussi équitablement que possible, les besoins de l'agriculture avec le respect dû au droit de propriété.

Aujourd'hui, dans la plupart des localités où l'on est à même de projeter des canaux, on ne doit pas compter moyennement sur moins de huit ou dix parcelles à l'hectare. De sorte que dans ces circonstances, le plan terrier d'une région irrigable représente véritablement un réseau à petites mailles, dont le tracé du canal ne touche qu'un très-petit nombre.

Refuser le régime protecteur à l'aide duquel un semblable canal peut se compléter par un vaste système de dérivations secondaires, ce serait créer un monopole aussi injuste qu'inexplicable en faveur du petit nombre des propriétaires auxquels le hasard aura permis de s'arroser sans intermédiaire.

C'est donc surtout en faveur des dérivations secondaires, qui sont une question vitale en fait d'irrigation, qu'il a été nécessaire d'établir ce régime protecteur; et l'on a vu par les détails donnés dans les chapitres précédents qu'il est aussi ancien que les premiers grands canaux d'arrosage, c'est-à-dire que très-peu de temps après l'ouverture de ces canaux, on a reconnu indispensable de pourvoir, d'une manière assurée, à la distribution de leurs eaux.

Comment aurait-on pu admettre, en effet, que le mauvais vouloir d'un petit nombre d'individus, ennemis du bien général de la contrée, pût entraver cette distribution, de telle sorte que tous les propriétaires qui n'auraient pu faire connaître leurs besoins d'arrosage dès l'époque même de l'ouverture de la dérivation principale, en eussent été, par cela seul, à jamais privés? Et, s'il en était ainsi, quelles compagnies ou quels particuliers voudraient jamais courir les chances de la création dispendieuse d'un semblable canal, si la seule présence de quelques parcelles de terrain interposé suffisait pour empêcher la répartition des eaux disponibles en interceptant leur libre transmission du concessionnaire aux usagers ?

Dans tous les pays où l'irrigation joue un rôle important, cet obstacle a été promptement levé, et, dans les premiers temps qui suivirent l'ouverture du Naviglio-Grande et de la Muzza, les plus considérables de tous les canaux d'arrosage qui paraissent avoir existé en Europe, on avait même assimilé totalement l'ouverture des simples rigoles aux opérations de pur intérêt public, puisque l'on exigeait, des propriétaires, la cession du terrain nécessaire à leur ouverture, moyennant le payement de sa seule valeur estimative.

Mais, plus tard, on revint sur cette manière de voir, et l'on reconnut, en faveur de la propriété foncière, que si l'intérêt général existait toujours, à un certain degré, dans les entreprises d'irrigation, l'intérêt particulier, surtout en ce qui touche l'ouverture des rigoles, y avait aussi une grande place. Dès lors pour concilier, autant que possible, la nécessité en face de laquelle on se trouvait, avec le respect dû au droit de propriété, respect qu'on a reconnu, de plus en plus, devoir être le principe fondamental des législations modernes, on a pris le parti de créer un régime à part pour le cas dont il s'agit; et, en partant de cette idée que l'on devait faire une condition moins bonne à une entreprise offrant un mélange d'intérêt privé et d'intérêt général qu'on ne le ferait à une entreprise d'utilité publique, proprement dite, il fut décidé que les cessions de terrain réclamées pour l'exécution de conduites d'eau, en faveur desquelles on n'aurait pas obtenu une déclaration préalable d'utilité publique, auraient lieu, relativement à celles de cette dernière espèce, avec cette différence : 1° que le conducteur des eaux n'acquerrait, sur l'héritage traversé, qu'un simple droit de servitude, subordonnée au maintien du canal, ou de la rigole, avec leur destination primitive; 2° que malgré cela ils payeraient non-seulement la valeur réelle et estimative du terrain occupé, plus tous les dommages accessoires, mais encore quelque chose en sus.

A part un seul cas d'exception, applicable à un territoire restreint, et remontant jusqu'au milieu du XVe siècle, ce quelque chose en sus n'a jamais été fixé qu'à une fraction de la valeur vénale du sol; et ladite fraction n'a varié qu'entre les chiffres suivants : $\frac{1}{8}$; $\frac{1}{5}$; $\frac{1}{4}$. C'est à ces deux derniers qu'on s'est tenu, dans le Piémont et la Lombardie; c'est-à-dire dans les deux contrées qui, de nos jours, présentent, en fait d'irrigations, les plus beaux résultats qui aient jamais été obtenus.

Ce régime particulier, dont les bases sont d'ailleurs parfaitement convenables, s'est maintenu depuis des siècles, et s'applique encore journellement, sans soulever de difficultés sérieuses.

Au dire de tous les hommes éclairés et compétents, c'est à lui que l'on doit attribuer l'étonnante fécondité des campagnes, dans le nord de l'Italie, ainsi que l'état avancé et prospère des diverses industries qui y tirent parti de la force motrice des eaux.

En ce qui touche le taux, ou le montant, des indemnités, réglées, comme il vient d'être dit, sur le pied du quart ou du cinquième en sus de la valeur estimative du terrain occupé, quoique ces bases remontent à une ancienneté qui ne va rien moins que jusqu'à la fin du moyen âge, il est facile de démontrer qu'elles sont telles qu'on pourrait les établir aujourd'hui, et se trouvent parfaitement en rapport avec nos institutions modernes sur la propriété foncière.

J'ai dit précédemment que l'on avait établi, comme première condition en faveur du propriétaire du sol, que l'occupation qui en serait faite pour les conduites d'eau n'aurait que le caractère d'une servitude. Cette restriction, on ne saurait le contester, a une certaine valeur, puisqu'on peut citer des exemples dans lesquels les cessionnaires d'un droit d'aqueduc sont, par l'interruption de son exercice, rentrés purement et simplement dans la possession de leur terrain, dont ils avaient cependant été complétement indemnisés. Mais néanmoins, la plupart du temps, ce cas ne se réalise point; et l'on ne doit même jamais y compter, puisque toutes les dérivations sont généralement entreprises dans le but d'un usage perpétuel. D'un autre côté, il est admis, dans toutes les législations, que les servitudes et autres droits incorporels ne peuvent servir d'assiette à un impôt quelconque ; il résulte de là que le propriétaire de l'héritage traversé, pour pouvoir conserver ses droits éventuels sur le terrain occupé par une conduite d'eau, doit continuer d'en payer l'impôt comme si cette conduite n'existait pas, et comme s'il continuait de recueillir les fruits de son terrain, encore bien qu'il ait changé de nature et qu'il ait passé au service d'autrui.

Dès lors, il est nécessaire, en restant dans cette voie, d'allouer au propriétaire, en sus de l'indemnité réelle, quelque chose qui lui représente le capital de cette rente perpétuelle qu'à titre d'impôt il doit continuer de payer à l'État, pour un terrain dont il ne jouit plus.

Sur quel pied doit être réglé ce capital? A cela il faut répondre que, pour éviter les objections, on doit admettre toutes les hypothèses qui sont en faveur du droit de propriété. Il faut donc prendre pour base le cas où le particulier, grevé de la servitude dont il s'agit, ne voudra pas se déclasser, ne consentira pas à courir les risques des placements en capitaux. C'est donc un placement foncier qu'on doit lui fournir; et cela simplifie l'appréciation dont il s'agit; puisqu'on voit clairement alors qu'on doit allouer, à ce titre, la même fraction de la valeur du sol que l'impôt prélève sur le revenu brut.

Ainsi, si l'impôt se tient, par exemple, un peu au-dessous du huitième de ce revenu, eu égard à quelques frais, cette première partie de l'indemnité supplémentaire, aura pour expression approximative cette même fraction de la valeur principale du terrain ci. . . . . $\frac{1}{8}$.

La seconde partie, non moins importante, de ladite indemnité résulte de l'obligation où l'on est de fournir, au propriétaire du terrain traversé, un moyen de remploi de ses fonds; c'est-à-dire de lui allouer la totalité des frais de mutation portant également sur la valeur principale de ce terrain. Le maximum de ces frais tels, par exemple, qu'ils sont réglés en France, dans les ventes judiciaires, peut aller jusqu'à $12\frac{1}{2}$ pour 100, ou à $\frac{1}{8}$ de la valeur de l'immeuble; soit donc encore, pour cette deuxième partie de l'indemnité supplémentaire, $\frac{1}{8}$, ci. . . . . $\frac{1}{8}$.

Total. . . . . . . $\frac{1}{4}$.

Dans les pays où le capital foncier, représentatif de l'impôt, et les droits de mutation, atteignent exactement ce chiffre, l'allocation du quart en sus de la valeur principale de l'indemnité en matière de conduite d'eau, se compose du strict nécessaire; puisque le propriétaire dépossédé n'est que rigoureusement désintéressé. Dans les localités où l'impôt et les mutations sont moins élevés et où néanmoins on alloue également le quart en sus, il y a en faveur de ce propriétaire, une certaine prime, ou bonification. C'est ce qui a lieu dans la Lombardie où l'impôt foncier, et surtout les droits de mutation, sont très-minimes.

En Piémont le chiffre actuel du cinquième en sus paraît être parfaitement en rapport avec celui des charges publiques et avec toutes les circonstances locales.

Il était nécessaire d'entrer dans ce détail pour montrer de quelle manière judicieuse a été réglé anciennement le taux de cette *indemnité supplémentaire* qui, comme je l'ai déjà remarqué, est caractéristique du droit d'aqueduc, admis dans les législations actuelles; et pour faire remarquer que, malgré son antique origine, l'exercice de ce droit, qui a maintenant la sanction de plusieurs siècles d'expérience, se trouve encore placé dans les plus justes conditions possibles, pour les nations modernes qui reconnaîtront l'utilité de recourir à son usage.

On doit concevoir maintenant pourquoi le droit dont il s'agit n'a pas jeté de racines en France, et comment il n'a pu, malgré le besoin qu'on en avait, s'y maintenir, après y avoir été anciennement en vigueur. Il résulte, en effet, des détails donnés dans le commencement du présent chapitre, qu'on a toujours prétendu l'exercer moyennant le payement d'une indemnité basée sur la seule valeur du terrain occupé, c'est-à-dire avec une indemnité insuffisante. Et cependant soit en France, soit dans les pays voisins, situés aussi d'une manière favorable pour les irrigations, si ce même droit eût été établi sur les bases équitables qui viennent d'être examinées, nul doute qu'il n'y eût produit, et qu'il n'y produirait encore, des résultats aussi avantageux que ceux dont on lui est redevable, en Italie.

On voit par les détails qui précèdent qu'il est permis de regarder le droit d'aqueduc comme l'âme des irrigations, et, en conséquence, de conseiller partout son adoption ; sinon pour les dérivations directes, du moins pour les dérivations secondaires des canaux, surtout lorsque ceux-ci ont été, dans le principe, déclarés d'utilité publique.

On pourrait faire l'objection suivante, et dire : Si un droit exceptionnel, comme le droit d'aqueduc, peut être convenablement introduit dans des contrées telles que l'Espagne, le Piémont, le nord de l'Italie, etc., dans lesquelles, outre les avantages du climat, la nature avait tout préparé pour le succès des irrigations, serait-il également convenable de le mettre en vigueur dans des États comme la France, l'Autriche, la Russie, etc., comprenant de vastes territoires qui ne sont homogènes ni quant à leur climat, ni quant aux circonstances locales desquelles paraît généralement dépendre le succès de cette industrie ?

Mais pour combattre cette objection il suffit de

remarquer que de ce qu'un régime particulier, reconnu nécessaire à la prospérité des localités irrigables d'un grand royaume, aura été admis dans sa législation, il n'en résulte pas que l'on se trouve obligé d'en faire de fausses applications, sur les points où il n'y aurait ni utilité ni convenance à y recourir. On ne doit pas perdre de vue que partout il y a une administration publique chargée de veiller à la bonne direction des cours d'eau, et que son droit de contrôle préalable, sur tous les usages qu'on veut en faire, offre les garanties nécessaires, à cet égard.

Les contrées où l'on tire aujourd'hui le parti le plus remarquable des irrigations, ne sont que des portions, plus ou moins restreintes, des circonscriptions politiques auxquelles elles appartiennent. En Piémont des provinces entières ne sont pas aptes à profiter des arrosages. Dans la Lombardie, les magnifiques cultures obtenues, par ce moyen, sur la rive gauche du Pô, contrastent, d'une manière frappante, avec les plaines desséchées et presque stériles de la rive droite.

Une dernière observation qui me semble très-importante, vient encore militer en faveur de la même doctrine. En effet, s'il y a un climat particulier pour l'irrigation estivale, celle qui s'effectue principalement au moyen des eaux claires, et qui réclame conséquemment le secours des engrais, il n'en est pas de même pour la seconde espèce d'irrigation, celle qui consiste dans un emploi intelligent des eaux troubles, offrant un si admirable moyen de porter, presque sans frais, de riches amendements sur des terres pauvres ou fatiguées. Celle-là est de tous les temps et de tous les climats, et parmi les diverses mesures que l'on pourra adopter en faveur des progrès de l'agriculture, il n'en sera jamais de plus efficaces que celles qui tendront à propager son usage.

Ces considérations, relatives à l'utilité générale du droit d'aqueduc, sans acception de pays, se trouvent complétées par celles qui, dans une note finale de ce volume, sont consacrées à l'examen des propositions faites à plusieurs époques pour le rétablir en France.

LIVRE HUITIÈME.

ADMINISTRATION

ENTRETIEN ET CURAGE

DES CANAUX.

CHAPITRE TRENTE-CINQUIÈME.

CONCESSIONS. — ASSOCIATIONS. — FORMALITÉS.

§ I. *De la nature des concessions.*

Principes généraux. — Des principes très-importants se rattachent à la nature des permissions administratives, ou des concessions, en vertu desquelles les eaux publiques sont introduites dans des canaux principaux de dérivation; et, de là, distribuées, pour le compte des entrepreneurs de ces canaux, aux particuliers qui les emploient en irrigations. Je vais examiner rapidement ce qui concerne les divers modes de concéder l'usage des eaux courantes pour des dérivations, en rappelant d'abord ici quelques-uns des principes généraux auxquels, en cas de doute, on doit toujours remonter pour y trouver les règles de la matière.

Un de ces principes, indépendant des époques et des institutions, veut que les eaux courantes soient soustraites aux entreprises arbitraires des individus qui ont une tendance invincible à les approprier à leur usage exclusif. C'est pour cela que dans les anciens gouvernements, et spécialement chez les

Grecs et chez les Romains, toutes les eaux courantes étaient appelées des *eaux publiques*. D'après cela, aucun particulier ne pouvait en faire un usage quelconque, sauf toutefois ceux de droit naturel, sans que cet usage eût été régulièrement reconnu, et ratifié par une permission spéciale, qui ne pouvait émaner que du chef même du gouvernement : « *Idque à principe conceditur: alii nulli competit jus aquæ dandæ* (1). »

Partout cette manière de voir a été dictée par un même besoin, celui de conserver aux eaux courantes, nonobstant les entreprises des riverains, leur destination d'intérêt général, qui doit prédominer sur toutes les autres.

Eaux du domaine public. — Chez les Romains les eaux, quoique désignées indistinctement sous le nom d'eaux publiques, étaient cependant partagées en deux catégories distinctes; savoir : 1° Celles qui se trouvaient spécialement consacrées à un usage ou à un besoin public, tels que la navigation, la salubrité, etc. 2° Celles qui pouvaient être laissées principalement à la jouissance des particuliers.

Les eaux de la première catégorie étaient plus particulièrement que les autres *juris publici*. Elles rentraient donc, comme de nos jours, dans le domaine public proprement dit. C'est à ce titre qu'elles étaient formellement déclarées imprescriptibles

(1) Dig., lib. XLIII, tit. XII, l. 1.

et inaliénables, c'est-à-dire que si, par exception, les particuliers étaient admis à y exercer quelques droits d'usage, ce n'était jamais qu'à titre précaire, ou de simple tolérance; et de manière à ne pouvoir préjudicier en rien à la destination fondamentale des cours d'eau de cette classe.

L'incapacité des particuliers, pour conserver sur les cours d'eau du domaine public des droits quelconques, qui ne soient pas essentiellement révocables, est même écrite dans la loi romaine, en termes plus formels que dans aucune des législations modernes. En effet, il y est dit que ces eaux sont inaliénables, nonobstant toutes autorisations ou possessions contraires ; et en comprenant dans cette interdiction même une autorisation souveraine « parce que, dit cette loi, un rescrit contraire au droit public doit être réputé illégal et obtenu subrepticement. » *Quia rescriptum contra jus et publicam utilitatem elicitum præsumitur et subreptitiè obtenutum* (1).

On doit donc regarder comme bien démontré que toute permission ou concession faite, soi-disant à perpétuité, sur les rivières dépendant du domaine public, établit un fait inadmissible et constitue, de la part du pouvoir dont elle émane, un abus d'autorité.

J'ai fait remarquer précédemment que les clauses

(1) Cod., l. II, tit. XLII, § 2, *de aquæductu*.

résolutoires, notamment celle qui exige la suppression sans indemnité des prises d'eau, permises ou tolérées, sur les rivières navigables, existent virtuellement dans tous les actes de permission, ou de concession; de sorte qu'on doit toujours les regarder comme applicables, qu'elles y soient ou n'y soient pas explicitement insérées. Si, sous le régime actuel des règlements d'administration publique, par lesquels sont octroyées ces permissions, on a soin d'exprimer la clause susdite, c'est seulement dans la crainte que des particuliers ne soient induits en erreur, dans l'ignorance où ils pourraient se trouver, sur l'étendue de leurs droits et obligations. Je ne parle ici que des permissions ou concessions ayant pour objet de satisfaire des intérêts privés.

Il est dans l'ordre que toutes permissions quelconques, sur l'usage des eaux qui sont dans le domaine public, quoique essentiellement faites à titre précaire, n'aient lieu que moyennant une certaine redevance annuelle acquittée au profit du trésor.

Les dernières lois de finance ont autorisé le gouvernement à percevoir ces redevances, et l'on s'occupe d'un règlement à cet égard. Le ministère des travaux publics appelé à y concourir a produit, dans l'intérêt de l'industrie et de l'agriculture, des observations tendant : 1° à ce que, pour les usines, le taux de la redevance fût réglé sur une base très-modérée, et même minime, vu le caractère essentiellement précaire de ces concessions, qui doivent être toujours essentiellement révocables, sans indemnité, dès qu'un intérêt public le réclamerait; 2° à ce que, pour les entreprises d'irrigation, touchant immédiatement à la prospérité agricole du pays, et exigeant en outre de très-grandes dépenses dans leur exécution, les redevances fussent nulles; attendu que les eaux doivent être concédées gratuitement, toutes les fois que leur usage comporte en lui-même un certain degré d'utilité publique.

Cours d'eau non navigables. — De tous les usages de l'eau courante, l'irrigation représente celui où l'attribution administrative a la plus grande importance.

En matière d'usines il s'agit principalement de régler la hauteur et les dispositions des retenues, de manière qu'elles ne nuisent ni par inondation, ni par filtration, ni par corrosion des rives; mais attendu que, dans ce genre d'établissements, les eaux employées sont généralement rendues, sans déperdition sensible, à leur cours ordinaire, après avoir produit leur effet utile, on a rarement à s'occuper du volume effectif de celles qui sont employées par l'industrie. Si on l'observe, c'est seulement dans le but de mettre les débouchés effectifs de l'usine dans un rapport convenable avec le débit de la rivière. En un mot, il n'y a pas de consommation.

Il en est tout autrement en matière d'arrosage. C'est pour consommer l'eau qu'on la dérive dans ce but. Et, je le répète, le pouvoir dispensateur, qu'exerce l'autorité administrative, rencontre ici sa mission la plus essentielle.

Le caractère public qui nécessite ce genre d'intervention résulte, pour les eaux courantes en général, de cela seul qu'un nombre plus ou moins grand d'individus prétendent ordinairement à leur usage, dans la même localité. Quoique à un degré moins marqué que la navigation, les usines, ainsi que l'irrigation, appartiennent également aux usages généraux des eaux courantes, puisqu'un nombre illimité de personnes peuvent se présenter pour en jouir simultanément, soit sur un même point, soit sur des points très-voisins; or, de l'obligation, où l'on est alors, de statuer par voie réglementaire, dérive nécessairement la compétence administrative.

C'est ce qui explique comment les autorisations en matière d'usage des eaux ne diffèrent pas beaucoup entre elles, soit qu'il s'agisse de rivières navigables, soit qu'il s'agisse de cours d'eau non classés. Ce principe, qui doit être reconnu en matière d'usines, où l'on n'a cependant pour but qu'un usage passager, se montre dans toute son évidence en matière d'irrigations, où il ne s'agit rien moins que de disposer, pour un emploi spécial, des eaux courantes qui doivent avant tout être dirigées vers le bien général des localités qu'elles parcourent.

Appauvrir, par des saignées, le volume d'une

rivière, dans sa partie navigable, est une de ces opérations que réprouve le bon sens. Mais il n'est guère moins évident que le résultat fâcheux serait le même, si des prises d'eau, trop abondantes, étaient pratiquées, en amont du point navigable, soit sur le cours d'eau principal, soit sur ses divers affluents.

Cette considération n'avait pas échappé aux législateurs romains; car ils avaient très-nettement motivé la surveillance et les restrictions nécessaires en matière de prises d'eau, en proscrivant, en principe, toute entreprise qui tendrait à diminuer la navigabilité des rivières. « *Omne opus per quod flumen minùs navigabile fiat* (1). »

C'est dans cette législation que l'on trouve le principe de la révocabilité des concessions, lorsqu'il est nécessaire de recourir à ce moyen pour restituer au service public la jouissance des eaux qui n'ont pu en être que temporairement détournées. C'est en l'étudiant à fond que l'on se pénètre de plus en plus de cette vérité : que les eaux courantes, en général, doivent être essentiellement considérées comme étant : *res universitatis, non singulorum*.

§ II. *Des divers modes de concession.*

Restrictions et nature exceptionnelle des concessions d'eau. — On a vu, dans plusieurs chapi-

(1) L. 2, § 3, ff. *de fluminib.*

tres du livre premier, que dans les pays où l'irrigation a atteint à un grand développement, les eaux se concèdent à des conditions assez variées. On distingue, en effet, l'eau continue d'avec l'eau d'été et l'eau d'hiver; les concessions annuelles, mais assurées, d'avec les concessions purement éventuelles, basées sur un excédant qu'on n'est pas toujours sûr d'avoir dans le débit des eaux. Mais ces distinctions, qui résultent des usages locaux, sont d'une importance secondaire, relativement à la question de savoir s'il est convenable de concéder indistinctement les eaux d'arrosage moyennant des redevances annuelles, ou moyennant un capital une fois payé.

Cela se fait ainsi en Italie; et d'après les tableaux donnés dans les chapitres du livre III, pour les prix régulateurs servant aux adjudications, qui ont lieu sur l'usage des eaux des canaux royaux de la Lombardie, on voit que, conformément à ce qui s'est pratiqué, très-anciennement, dans le Milanais, le gouvernement de ce pays continue d'admettre l'aliénation, aussi bien que la location annuelle, des eaux. Je ne saurais dire jusqu'à quel point ce système peut être un encouragement réel pour les entreprises d'arrosage; mais ce dont je suis bien certain, c'est que, dans un grand nombre de cas, il est une cause de difficultés et de procès.

Je ne prétends pas qu'une concession d'eau, pour l'irrigation ou autres usages, ne puisse jamais être l'objet d'un payement en capital; toute chose qui a une valeur peut être acquise, soit par une rente, soit par un capital. Mes observations portent seulement sur les concessions dans lesquelles le taux de ce capital est basé sur l'aliénation définitive d'un volume d'eau, faite dans les mêmes termes que s'il s'agissait d'une propriété ordinaire.

Tous les emplois de l'eau courante semblent se refuser à ce genre de contrat; car il impose au vendeur, ou au bailleur, des obligations de garantie absolue qu'il peut être dans l'impossibilité de remplir.

L'une des chances de cette impossibilité réside dans la nature même de la chose concédée; chose essentiellement mobile, et bien souvent instable, sur laquelle il n'est permis à personne de fournir des garanties de perpétuité.

Les cours d'eau, à fortes pentes, auxquels on est obligé de recourir, afin d'y chercher une alimentation convenable pour les canaux d'arrosage, sont souvent d'un régime tout à fait torrentiel, qui peut amener soit des changements de lit, soit des ensablements, soit enfin la destruction totale des embouchures, ou autres grands ouvrages d'art, indispensables à la mise en activité de ces canaux. Il peut arriver que les frais nécessaires à la réparation de ces désastres soient tellement élevés, qu'il y ait avantage à abandonner l'entreprise, plutôt que d'en continuer la gestion, dans des circonstances trop onéreuses. Sur une rivière telle que la Durance, par exemple, qui oserait répondre que, dans un siècle d'ici, les prises d'eau et autres principaux ouvrages des dérivations actuelles seront encore en état de service? Or, combien n'est-il pas de localités dans lesquelles le doute à cet égard est également permis?

En première ligne, c'est donc la nature même des cours d'eau qui se refuse à ce qu'il en soit fait des attributions exclusives. Mais d'autres causes tendent encore à faire adopter le même principe. Ainsi, partout, ces eaux sont placées sous la direction immédiate de l'autorité administrative qui doit pouvoir, sans entraves, les diriger vers le bien général. Or, il arrive très-souvent que, d'après ses plans d'utilité publique, l'administration ne peut concéder l'usage des eaux, en vue d'avantages particuliers, qu'avec des restrictions qui s'opposent à ce que cet usage soit transmissible comme une propriété ordinaire, comme le commun des choses qui sont dans le commerce.

Bien d'autres circonstances prouveraient encore que cette manière de voir est celle qui a prévalu, dans tous les temps. S'agit-il, par exemple, d'un contrat, entre particuliers, portant acte de vente d'une propriété, favorisée par la présence des eaux courantes, serait-ce même par celle des eaux de source, les seules cependant qu'il soit permis de considérer comme une annexe définitive de la propriété foncière, on a toujours soin d'y mentionner des réserves telles que le vendeur ne puisse jamais être appelé en garantie pour toutes les éventualités qui surviendraient dans le régime, ou même dans l'existence, des eaux.

Lorsqu'on s'est écarté de ces principes, tôt ou tard on a été obligé d'y revenir. Ainsi, la plupart des villes qui ont exécuté anciennement des travaux de conduite d'eau et qui, parmi les concessions annuelles et temporaires, avaient cru pouvoir faire également, soit des donations, soit des ventes, dites à perpétuité, reconnaissent maintenant leur erreur, et contestent aujourd'hui la validité de pareilles aliénations qui, si elles étaient maintenues, seraient autant d'obstacles aux améliorations que réclame l'intérêt général.

La ville de Paris est dans ce cas (1).

(1) J'ai eu sous les yeux une savante consultation, rédigée sur cet objet, en 1835, par Me Latruffe-Montmeylian, avocat aux conseils du roi et à la cour de cassation. Ce jurisconsulte, se fondant sur ce que, bien qu'affectées aux usages de la capitale, les eaux des fontaines avaient toujours été régies comme le domaine public; sur ce que l'imprescriptibilité de ces eaux publiques a été établie par les plus anciennes lois du royaume;

Conclut : Que l'attribution des eaux de cette espèce étant précaire, par la nature même des titres qui la constituent, leur possession ne peut servir de base à une prescription; que les concessionnaires, même à titre onéreux, ne pourront se prévaloir de la prescription, parce que l'objet de leur concession n'était pas de nature à être transformé en propriété privée; qu'enfin toutes les concessions particulières, faites à perpétuité, étant également abusives et dommageables au public, doivent être également révocables; et cela par la voie administrative, attendu qu'un débat judiciaire ne pourrait être régulièrement engagé qu'autant qu'il aurait pour

Suite des considérations contre l'aliénation des eaux, ou les concessions à perpétuité.— Il est plusieurs manières de transgresser le principe qui veut que les concessions sur l'usage des eaux courantes ne soient pas irrévocables. Ainsi, une donation, si elle est pure et simple, c'est-à-dire sans réserves, donnera lieu à des contestations, en cas qu'un intérêt public exige qu'on vienne en modifier les conditions.

Il est arrivé quelquefois que le cessionnaire d'un canal, au moment de traiter avec les propriétaires des terrains arrosables, s'est refusé à recevoir des redevances annuelles; voulant, pour être plus sûr de rentrer intégralement dans ses avances, n'aliéner les eaux, aux usagers, que moyennant le payement d'un capital proportionné au volume concédé à chacun d'eux.

objet une question de propriété; mais qu'il ne suffit pas, pour constituer un litige civil, que le mot de *propriété* soit articulé par l'une des parties, puisque autrement la solution des questions de compétence serait subordonnée à la forme et au libellé d'un exploit de demande; qu'il faut encore qu'il y ait probabilité de l'existence du droit de propriété allégué, ou, tout au moins, possibilité d'un doute à cet égard; que, soit qu'on interroge les titres des anciennes concessions, soit qu'on en fasse abstraction, il est de toute évidence que les ayants-droit des anciens concessionnaires seraient, comme l'ont été leurs auteurs, dans l'impossibilité absolue d'exciper sérieusement de la qualité de *propriétaires*; qu'en supposant (ce qui paraît du reste à peu près certain) que les possesseurs actuels des eaux publiques déférent aux tribunaux civils les arrêtés révocatoires qui les auront atteints, il y aura lieu d'user de la ressource toute-puissante du *conflit d'attribution*, pour faire maintenir la compétence de l'autorité administrative.

S'il s'agit d'un canal exécuté, la chose a peu d'inconvénients, et l'on ne peut empêcher celui qui l'a construit d'en transmettre la possession soit aux usagers, réunis préalablement en société syndicale, soit à telle autre personne. Mais s'il s'agit d'un canal encore en projet, l'administration agit avec sagesse en refusant d'adhérer à ce genre de transaction qui peut compromettre beaucoup d'intérêts.

En effet, si le cessionnaire n'a pour but que d'exécuter le canal en question, puis de se retirer immédiatement, en réalisant un bénéfice plus ou moins grand, il n'est évidemment qu'un entrepreneur de travaux, et non le fondateur d'une entreprise d'irrigation, puisqu'il prétend se décharger, à l'avance, sur les usagers, de toutes les obligations inhérentes à une telle entreprise; c'est-à-dire, de la surveillance et de l'entretien du canal, de son administration, de la distribution des eaux, etc. Il ne peut donc prétendre alors qu'aux avantages d'un simple entrepreneur.

Le créateur d'un canal, qui, pressé de rentrer dans ses avances, se retire ainsi, même avant l'exécution des travaux, rend, par le fait, un mauvais service aux propriétaires arrosants, qui avaient cru pouvoir traiter avec lui. Il les laisse sans organisation et sans lien; obligés de faire, d'urgence et sous l'empire de la nécessité, ce qu'ils n'avaient pas cru devoir faire de leur plein gré, et avec le temps nécessaire, préalablement à tout autre engagement; c'est-à-dire de se constituer en société d'arrosants pour administrer et gérer, par eux-mêmes, le canal commun. Si, dans cette circonstance, les dissidences d'opinion qui avaient pu empêcher d'abord l'association de se former, viennent à être maintenues, alors une entreprise d'utilité publique se trouve entièrement compromise.

C'est avec le produit des redevances annuelles qu'il doit être pourvu aux dépenses d'entretien des canaux de cette espèce. Et là où sont les charges, là aussi se trouvent les ressources destinées à y pourvoir. La location des eaux moyennant des redevances est donc un gage de sécurité pour les usagers; car ils sont ainsi assurés qu'il se trouvera toujours quelqu'un à qui ils puissent s'adresser, pour réclamer le maintien des conditions qui ont été souscrites. Le payement partiel, en forme de capital du volume d'eau concédé aux divers usagers, ôterait au contraire à ceux-ci toute garantie d'avenir, en annihilant l'intérêt que doit avoir le concessionnaire du canal, de le maintenir toujours en bon état et d'en assurer le service.

Pour entrer dans ce système il faudrait que dès l'origine même de l'opération et avant tout commencement des travaux l'association des propriétaires arrosants fût régulièrement constituée et qu'elle acceptât formellement la charge de la gestion commune et de l'entretien du canal, c'est-à-dire, qu'il faudrait que cette association se mît, tout d'abord, en position d'être elle-même concessionnaire.

Il est donc aisé de concevoir pourquoi l'on ne peut accueillir avec faveur un tel système ; puisque le concessionnaire ne se présente réellement que comme un spéculateur, dont l'intervention est toujours plus ou moins préjudiciable à la localité.

Les hommes véritablement dévoués à l'intérêt de leur pays, et surtout à sa prospérité agricole, qui est la base de toutes les autres, sont ceux qui lui confient leurs capitaux, à titre de placement définitif, et non pour réaliser une spéculation passagère. Ce sont ceux qui, sauf des éventualités imprévues, restent attachés pour toujours à l'entreprise qu'ils ont fondée, et non ceux-là qui, en se hâtant d'en retirer leurs fonds, et de se décharger sur d'autres de toute responsabilité, deviennent, par le fait, totalement étrangers à son avenir, à sa bonne ou à sa mauvaise fortune.

La conclusion à tirer des considérations qui précèdent est que l'on doit se tenir toujours en garde contre ce qui tend à attribuer aux concessions, sur l'usage des eaux, un caractère de perpétuité qu'elles ne comportent pas. Dans tous les cas, il est incontestable que ces concessions, là où elles existent, sont nuisibles à l'intérêt général et, de plus, éminemment litigieuses.

Si quelque mauvais génie, jaloux de la propriété d'une contrée enrichie par l'irrigation, voulait y semer la discorde et les procès, il pourrait se contenter d'y faire mettre en pratique cette seule recommandation : Ayez des eaux concédées à perpétuité, et des canaux communs.

Il est des points du midi de la France sur lesquels on fait, depuis longtemps, une cruelle expérience de cette vérité. On peut s'en assurer, dans le cours de ce volume, au livre IX, qui traite du contentieux en matière d'arrosages.

Résumé sur les concessions. — Il résulte des considérations développées ci-dessus que l'usage des eaux, pour l'irrigation, se concède de trois manières différentes : 1° Dérivations entreprises en vertu d'une déclaration préalable d'utilité publique, entraînant la faculté d'expropriation, pour les terrains qui ne peuvent point être acquis à l'amiable. La loi française, actuellement en vigueur, celle du 3 mai 1841, établit, à cet égard, par son art. 3, une distinction fondée sur l'importance et le développement des canaux, routes, etc. ; elle porte qu'une ordonnance royale suffira pour autoriser l'exécution des canaux ayant moins de 20 kil. de longueur ; tandis qu'une loi est nécessaire pour tous les autres. L'ordonnance et la loi sont d'ailleurs précédées des mêmes enquêtes, ayant pour objet de constater régulièrement l'utilité publique.

Il serait à désirer que les entreprises de cette espèce pussent toujours être exécutées aux frais de l'État ; elles conserveraient alors, tout à fait, le caractère qui leur est propre. Mais il est important de remarquer qu'elles ne le perdent pas, lorsqu'elles s'exécutent aux frais des compagnies, ou même des particuliers. En effet, du moment que, pour ouvrir un canal de cette espèce, ces compagnies, ou ces particuliers, sont obligés de se faire déléguer, pour l'expropriation, une faculté qui réside essentiellement dans les mains de l'État, ils ne peuvent plus prétendre exercer, sur les ouvrages établis dans de telles conditions, un droit identique à un droit absolu de propriété.

Les constitutions de tous les États modernes se refusent à ce que l'on puisse admettre une expropriation quelconque, au profit d'une utilité prisée. Il faut donc admettre que les particuliers dont il s'agit sont en quelque sorte usagers ou usufruitiers perpétuels, mais que, dans tous les cas, leur dépendance du pouvoir réglementaire pour les mesures d'ordre et d'intérêt général, ne peut être contestée. Il faut, en un mot, que si l'on reconnaît, aux particuliers ou aux associations, le *dominium directum* sur la chose concédée, il soit toujours fait réserve d'un *dominium eminens* en faveur de l'intérêt public.

Ce mode d'exécution a ses avantages; il appelle le concours de l'industrie et des capitaux privés sur des entreprises productives d'une haute utilité; il permet, en même temps, aux fonds de l'État de se porter sur des travaux plus importants. Mais il aurait de très-graves inconvénients si l'on en faussait le principe au point de prétendre que les canaux, ouverts de cette manière, peuvent être soustraits à la surveillance de l'administration. Il est, en effet, indispensable que celle-ci veille continuellement, dans l'intérêt général des usagers, sur tout ce qui touche la bonne distribution des eaux, les tarifs des droits d'arrosages, les travaux d'entretien et de curage, etc.

2° Dérivations entreprises par des associations de propriétaires et dans un intérêt collectif, mais n'étant pas assez importantes pour motiver une déclaration spéciale d'utilité publique. Celles-ci sont dans une classe intermédiaire, entre les grands canaux dont il vient d'être question, et les petites dérivations dont il va être parlé. L'intérêt public y existe, mais partiellement; et c'est d'après cela, qu'en ayant judicieusement égard à cette circonstance, on a créé pour elles, dans les pays d'irrigation, le régime exceptionnel du droit d'aqueduc, qui correspond parfaitement à ce caractère mixte.

3° Dérivations opérées, dans un intérêt privé, et autorisées au profit des seuls héritages riverains, aux termes de l'art. 644 du Code civil français, de l'art. 558 du Code sarde, et de dispositions analogues, dans les autres législations. Dans cette classe se placent les dérivations les moins importantes, en faveur desquelles on ne pourrait pas invoquer le caractère d'utilité publique qui peut appartenir aux dérivations plus considérables. Cette préférence, accordée aux riverains, est fondée, comme je l'ai plusieurs fois fait remarquer, sur ce motif qu'ayant à supporter les charges et les inconvénients attachés au voisinage des cours d'eau, ils doivent aussi être ceux qui sont appelés, en première ligne, à jouir de leurs avantages. Voilà pourquoi les autorisations de cette espèce sont essentiellement restreintes aux seuls impétrants, c'est-à-dire négatives de l'extension de l'arrosage, par la transmission des eaux à des héritages non riverains. Quelques arrêts de la cour de cassation et de nombreuses décisions administratives confirment ce principe.

C'est une erreur assez répandue de croire que d'après les termes de l'art. 644 précité, il suffit d'avoir sa propriété bordée ou traversée par une rivière non navigable pour y opérer, arbitrairement et sans contrôle, des saignées destinées à l'irrigation. Or, cette faculté ne saurait exister, sans dégénérer immédiatement en abus; et l'on ne peut admettre que les intéressés, généralement très-nombreux, soient libres de faire eux-mêmes le règlement de l'usage des eaux; vu qu'ils auraient individuellement une tendance insurmontable à s'attribuer la part du lion; sauf aux autres intéressés à s'arranger comme ils le pourraient, sauf aux besoins généraux de la contrée à en pâtir même, s'il le fallait.

Une telle doctrine ne pourrait être soutenue, car puisque l'art. 554 du Code civil assujettit le droit de propriété lui-même à ne pouvoir s'exercer qu'à la charge de se conformer aux lois et règlements, à plus forte raison doit-il en être de même dans la faculté de se servir d'une chose commune, qui ne comporte que de simples droits d'usage. Et, comme je l'ai déjà fait remarquer plusieurs fois, de tous les emplois de l'eau courante, l'irrigation, qui consomme effectivement celle qui est dérivée, réclame, plus particulièrement, la surveillance de l'administration.

§ III. *Associations. — Formalités.*

Associations. —Lorsqu'une entreprise d'irrigation sort des proportions restreintes de celles qui sont exécutables par les simples riverains, elle prend, par cela seul, un caractère d'intérêt général qui peut être plus ou moins important, et, dans ce cas, l'association est le seul mode qui puisse être suivi, pour mettre les intéressés à même de jouir des avantages que leur situation comporte.

On doit, dans le cas actuel, en distinguer de deux espèces; savoir : 1° Les associations facultatives, ayant pour objet de faire souscrire par les parties intéressées, dans la forme ordinaire des actes de société, un titre conventionnel, dans lequel ils stipulent, les uns envers les autres, telles dispositions qu'ils jugent convenables. Ces contrats se passent par-devant notaire, et les contestations qui s'y rapportent sont justiciables des tribunaux ordinaires.

2° Les associations administratives ou syndicales, dans lesquelles tous les intéressés à une entreprise d'arrosage sont constitués, de fait, en une société qui élit, en assemblée générale, un certain nombre de représentants, ou syndics, présidés par un directeur que choisit, parmi eux, l'administration locale.

Cette organisation, qui, depuis les temps les plus reculés, est en usage, dans toutes les localités où il s'agit de gérer des intérêts communs, en matière d'usage des eaux, a pour objet d'établir la facilité des relations, entre les sociétés d'arrosants et l'administration publique, qui doit avoir la haute main sur toutes leurs opérations.

Les sociétés devant notaire sont à peu près facultatives, entre les intéressés. Les sociétés syndicales sont, au contraire, obligatoires, afin que l'autorité administrative puisse exercer efficacement sa surveillance sur les opérations auxquelles il est utile de procéder, et afin qu'elle soit à même de donner son appui aux mesures d'ordre d'après lesquelles chaque partie intéressée doit concourir aux charges de l'entreprise, dans la proportion des avantages qu'elle en retire.

Le premier acte des associations dont il s'agit consiste toujours dans la rédaction d'un règlement spécial dans lequel sont développées les conditions générales et particulières qui caractérisent telle ou telle entreprise. Et cela, indépendamment des mesures de police, qui appartiennent toujours à l'autorité. Ce sont les clauses de ces règlements locaux qui, en cas de contestation, sont la loi des parties.

Il est inutile d'entrer ici dans plus de détails, à cet égard, attendu que, dans les chapitres suivants, je donne, en substance, un assez grand nombre de cas de ces règlements, qui régissent les principales sociétés d'arrosants, tant dans le midi de la France, que dans le Piémont et la Lombardie.

Formalités. — La marche à suivre par les propriétaires qui, étant intéressés à une entreprise d'irrigation, veulent se pourvoir d'une autorisation régulière, est extrêmement simple, car elle se réduit à adresser au préfet une pétition dans laquelle ils font connaître leur projet.

S'il ne s'agit que d'un riverain, voulant effectuer dans son intérêt personnel, et sur son terrain, une prise d'eau pour l'irrigation, telle qu'elle est définie par l'art. 644 du Code civil, les formalités à observer se réduisent à celles qui concernent le règlement d'eau, délivré sous la forme d'un règlement d'administration publique. J'en ai donné les détails dans le livre IV de mon Traité sur la législation des établissements hydrauliques; il serait inutile de parler de nouveau ici de ces formalités, dont l'observation est confiée à la diligence des agents de l'administration, tandis que les particuliers intéressés n'ont qu'à émettre leurs avis, dans les enquêtes auxquelles ils sont appelés à prendre part.

Dans le cas où l'entreprise projetée par une association d'individus intéresse un grand nombre d'héritages et comporte surtout la faculté de transmettre, à prix d'argent, l'usage des eaux, à ceux qui seront dans le cas de réclamer, il peut se présenter deux cas : ou l'entreprise est assez importante pour être assimilée aux opérations d'intérêt public, et pour justifier le droit d'expropriation, ou elle n'est de nature à réclamer que des droits de servitude.

Dans le premier cas, on doit observer les formalités, et la procédure, en usage, sur cette matière, dans tel ou tel pays. En France, les règles à suivre sont tracées par l'ordonnance réglementaire du 18 février 1834, intervenue à la suite de la loi du 7 juillet 1833, remplacée aujourd'hui par celle du 3 mai 1841 ; en Piémont, elles le sont par les lettres-patentes de S. M. le roi Charles-Albert, promulguées comme loi du royaume, le 6 avril 1839, et par l'instruction spéciale émanée du ministre de l'intérieur, le 12 juin de la même année.

Des dispositions législatives accompagnées d'instructions analogues existent aujourd'hui dans la plupart des états modernes, sur l'important objet de l'expropriation, pour cause d'utilité publique.

Les personnes qui désireraient se rendre compte, en détail, de l'accomplissement de ces diverses formalités, relatives à l'autorisation des canaux d'arrosage, d'intérêt général, peuvent en suivre les différentes phases dans les chapitres du livre I où se trouve l'historique des canaux récemment ouverts dans le midi de la France; notamment en ce qui concerne le canal de la plaine du Bazer, dans le département de la Haute-Garonne, ceux de Marseille du Peyrolles, de Pierrelatte, etc.

Dans le second cas, celui où une entreprise d'arrosage dûment autorisée par l'administration publique doit réclamer l'application du droit d'aqueduc, tel qu'il a été précédemment défini, on ne peut mieux faire, dans les pays qui jugeront convenable d'adopter ce régime, que de se rattacher, le plus possible, aux formalités tout à fait simples, qui s'observent dans la Lombardie et dans le Piémont.

Une simple notification faite par le conducteur des eaux au propriétaire de l'héritage à traverser indique, à l'aide d'un extrait de plan, et de quelques profils, dressés par un ingénieur, la situation de la conduite d'eau projetée, relativement à cet héritage. En cas de désaccord, soit sur l'emplacement préféré, soit sur le montant de l'indemnité, l'affaire est remise immédiatement à la décision de deux experts, choisis respectivement par les parties; et, en cas que ceux-ci ne puissent, eux-mêmes, arriver à une détermination, la question est tranchée, en dernier ressort, par le tiers arbitre, que désigne le juge civil de la localité.

CHAPITRE TRENTE-SIXIÈME.

PRIX DES EAUX DÉRIVÉES POUR LES USAGES DE L'AGRICULTURE ET DE L'INDUSTRIE.

Observations générales. — Fixer le prix, ou la redevance, à payer par les particuliers, pour les eaux d'un canal nouvellement établi, c'est faire la répartition des bénéfices de l'entreprise, entre le fondateur de ce canal et les usagers, entre l'intérêt industriel et l'intérêt agricole ; c'est donc faire un acte de haute administration. Aussi cette disposition fondamentale se trouve-t-elle toujours comprise parmi les bases mêmes des concessions, et réglée par l'autorité souveraine.

La redevance à payer en échange d'un emploi quelconque des eaux courantes résulte 1° des frais qu'il a fallu faire pour le procurer et le maintenir ; 2° du prix, plus ou moins élevé, que les usagers peuvent y mettre, en raison des avantages réels qu'ils doivent en retirer.

Ces deux conditions sont aussi importantes l'une que l'autre ; avec cette différence, cependant, que lorsqu'un canal est exécuté, il faut bien que celui qui l'a entrepris en concède les eaux à un prix quelconque, tandis que les propriétaires arrosants, en ce qui concerne l'acceptation de ce prix, ne se trouvent pas dans une nécessité aussi absolue.

On voit, par cette observation, qu'il est essentiel, pour ceux qui entreprennent des canaux d'arrosage, de se rendre préalablement un compte très-exact des frais, de toute nature, qu'ils auront à supporter, du taux de la redevance qui doit leur procurer un intérêt convenable de leurs capitaux, et enfin du taux de celle qui peut être payée, sans désavantage, par la masse des propriétaires intéressés. Car il y aurait mauvaise spéculation du moment que ce dernier prix serait inférieur au premier.

Il est bien entendu qu'il ne s'agit que des canaux à créer, car sur tous les canaux anciens ce prix unique dont je parle ici serait une pure abstraction. En effet, l'expérience prouve que rien n'est plus variable que le taux auquel se trouve réglé, au bout d'un certain temps, le prix des eaux d'un seul et même canal. Un fait qu'il est essentiel de remarquer ici, tout d'abord, c'est que la plupart des entrepreneurs de ces grands ouvrages s'étant trouvés, après leur achèvement, plus ou moins gênés, plus ou moins obérés, ont été obligés de passer par des conditions très-dures, dans les premiers marchés qu'ils ont faits sur l'usage des eaux.

De là les aliénations en capital, moyennant des sommes inférieures à la valeur réelle des eaux, les donations ou concessions faites à des particuliers qui avaient cédé des terrains ou procuré quelque autre ressource à l'entreprise. Telle est l'histoire d'Adam de Crapone et celle de plusieurs autres fondateurs de canaux. Dans tous les cas, le besoin de faire succéder, le plus tôt possible, la période des revenus à celle des dépenses, a engagé les propriétaires de ces canaux à mettre une prime sur les premières concessions, en accordant un taux de faveur aux usagers qui soumissionnaient, à long terme, des eaux, dans les premiers temps qui suivaient l'achèvement des travaux, par exemple pendant les deux ou trois premières années.

Voilà déjà une première cause de l'inégalité qui se remarque dans les prix établis sur le plus grand nombre de canaux, dans le midi de la France et en Italie. Une autre cause provient de l'absence ou de l'imperfection des modules de distribution; ce qui a obligé de livrer les eaux, à tant, pour une superficie donnée de terrain. Et alors, comme la diversité des cultures établissait, pour un même prix, des consommations très-différentes, sans entrer exactement dans des distinctions qui eussent été nécessaires, on a ordinairement, dans ce cas, admis deux catégories; c'est-à-dire un prix fort et un prix faible, répondant aux cultures le plus en usage dans la localité.

Ces distinctions sont rendues sensibles dans les tableaux et résumés que je donne, ci-après, des prix usuels de l'arrosage, tel qu'il se pratique dans le midi de la France, et aussi dans le nord de l'Itaie.

Il y a lieu de faire ici une observation très-importante, qui s'applique non-seulement aux redevances d'arrosage, mais à tous les baux à long terme, dont on ne veut pas voir modifier complétement les conditions premières. Elle consiste à remarquer que la monnaie, ou le numéraire, subissant, avec la suite des temps, une dépréciation graduée et inévitable, une quantité nominale de monnaie finit, après un assez grand nombre d'années, par ne plus représenter qu'une fraction minime de la valeur qu'elle représentait auparavant.

Ainsi, il y a trois siècles, une livre ou un franc avait une valeur intrinsèque plus de quatre fois aussi grande que celle qu'elle a aujourd'hui. Dès lors, pour éviter les perturbations que de telles modifications peuvent amener dans les locations faites, soit à perpétuité, soit à très-long terme, la prudence conseille de choisir un autre gage que le numéraire, et le blé, par exemple, est, pour cela, une valeur des plus convenables. Aussi, voit-on que les concessions d'eau faites, même très-anciennement, moyennant des redevances à payer en blé, se sont maintenues jusqu'à présent dans des conditions bonnes et équitables, tandis que celles qui ont été stipulées en argent se trouvent aujourd'hui entièrement dénaturées, au grand préjudice des propriétaires de canaux.

On ne peut donc mieux faire, dans toutes les concessions nouvelles, que de se rattacher au système des redevances payables en blé. Le taux qui paraît le plus convenable, pour la plus grande partie du midi et de l'est de la France, est celui de 1 litre $\frac{1}{2}$ de blé de première qualité pour la jouissance de 1 litre d'eau continue, ce qui correspond à un peu plus de 1 litre de blé par hectare, eu égard à la consommation moyenne d'eau d'arrosage, faite sur cette superficie de terrain, laquelle est généralement au-dessous de 1 litre par hectare.

Tableau des prix de l'arrosage et des superficies arrosables, sur les territoires des principales communes qui usent des eaux des canaux de Crapone et des Alpines (département des Bouches-du-Rhône).

NOM des communes.	PRIX MOYEN actuel de l'arrosage, par hectare.	VARIATIONS du prix de l'arrosage pendant les 40 dernières années.	SUPERFICIE arrosable.
			hectares.
Saint Chamas.	36 fr.	de 36 à 72 fr.	550
Cornillon. . .	9 fr.	de 9 à 12 fr.	57
Grans.	3 fr.	de 3 à 4 fr.	915
Istres.	4 fr. 50.	N'a pas varié.	»
Lançon. . . .	Ne paye pas.	»	75
Mallemort. . .	*Id.*	»	»
Miramas. . . .	12 fr. et 36 fr.	de 9 à 12 fr. de 36 à 72 fr.	287
Salon.	2 fr. 50.	N'a pas varié.	1100

Pour la plupart de ces communes, les prix sont restés à leur ancien taux, ou n'ont éprouvé que des variations minimes; au contraire, pour celles de

Miramas et de Saint-Chamas, ces prix ont varié dans le rapport de 1 à 2. Mais ce résultat est dû à la situation compliquée qui a été faite à ces deux communes, par les entreprises de l'une d'elles, pour le prolongement d'anciens canaux, en partie communs; entreprise dont les conséquences sont examinées avec détail dans le livre suivant.

Les prix ci-dessus dont la moyenne, pour les six communes qui acquittent des redevances sur les eaux de Crapone et de Boisgelin, n'est que d'environ 12 francs par hectare, sont des prix très-faibles, et même trop faibles; en ce sens qu'ils ne sont que l'énonciation en francs des anciens prix fixés en livres tournois dans les concessions originaires, remontant à près de trois cents ans.

Prix de l'arrosage sur les canaux du département de Vaucluse. — Nous avons vu précédemment que le territoire d'Avignon est arrosé par quatre canaux, qui sont: celui de Vaucluse, la Durançole, ceux de Crillon et de Cambis; voici ce qui a lieu pour les prix de l'eau de ces divers canaux : sur les canaux de Vaucluse, l'irrigation est à peu près gratuite. Les arrosants, conjointement avec les usiniers, sont soumis, pour l'entretien annuel, à une taxe peu considérable, parce que les eaux de la source qui alimente la Sorgue ne portent avec elles presque aucun sédiment, et que les curages sont, en conséquence, très-peu coûteux. On peut évaluer cette contribution à 0 fr. 20 ou 0 fr. 25 c. par *éminée* (1), ce qui fait moins de 3 francs par hectare. Il est vrai de dire que ces eaux sont réputées crues et froides, parce qu'elles sortent de terre près des points où on les emploie, et qu'elles exigent plus d'engrais que les autres; de sorte qu'elles sont beaucoup moins recherchées pour l'arrosage que celles de la Durance, qui sont d'une nature excellente.

Tous les autres canaux d'arrosage, du département de Vaucluse, dérivent de la Durance; celui de la Durançole a, quant au payement des redevances, deux classes d'usagers : 1° les propriétaires concessionnés avant 1772, qui ne payent que 1 fr. 10 c. par éminée ; soit 12 fr. 90 c. par hectare ; 2° les propriétaires concessionnés depuis cette époque, qui payent, pour la même contenance, 1 fr. 60; soit 18 fr. 75 c. par hectare. Cette différence provient de ce que les premiers usagers ont souscrit à l'époque susdite l'engagement de contribuer, dans une certaine proportion, à l'établissement de la nouvelle prise d'eau, dite de l'Hôpital, ouverte quelques années après, pour ce canal, qui avait fini par être entièrement obstrué vers son origine, par les ensablements de la Durance. Voyez tome I, p. 176.

Dans cette localité, comme dans beaucoup d'autres contrées irrigables du midi de la France, on distingue, quant à la consommation d'eau, deux

(1) L'éminée d'Avignon, mesure agraire, dont l'usage est excessivement ancien en Provence, vaut 0 h 08 a. 54 c.

classes distinctes de culture; la première classe comprend celles qui en exigent le plus, savoir : les jardins, les prairies, les luzernes, etc.; c'est à celles-ci que l'on applique sur le canal de la Durançole le prix qui vient d'être indiqué. Pour la deuxième classe dans laquelle se placent les céréales, les sainfoins, les garances, etc., qui ne réclament par an que deux ou trois arrosages, il y a réduction de 0 fr. 50 c. par éminée, c'est-à-dire de 5 fr. 85 c. par hectare; ce qui réduit les deux prix ci-dessus énoncés à 7 fr. 05 c., et à 12 fr. 90. c. par hectare.

La situation est la même sur le canal Crillon; il y a également deux prix, l'un de 1 franc par éminée ou de 11 fr. 71 c. par hectare, pour les propriétaires qui ont souscrit dès l'époque de son établissement; l'autre de 2 francs par éminée ou de 23 fr. 42 c. par hectare, pour ceux qui n'ont demandé de l'eau que plusieurs années après. Plusieurs propriétaires qui, à l'époque de l'ouverture du canal, ont cédé des terrains ou rendu quelque autre service au duc de Crillon, son fondateur, jouissent gratuitement du droit d'arrosage. Cela se voit presque partout.

Enfin sur le canal de Cambis, le plus récent des quatre canaux qui arrosent le territoire d'Avignon, le prix de l'irrigation est réglé par le décret d'autorisation à 0 fr. 25 c. l'are ou à 25 francs par hectare. Ce prix subit, comme les précédents, la réduction de 5 à 6 francs par hectare quand il s'agit des récoltes qui ne réclament l'eau qu'à de longs intervalles.

L'hospice d'Avignon était propriétaire d'une des branches dù canal de Crapone, arrosant trois communes. Le prix d'arrosage, fixé il y a environ trois cents ans, était de trois sols par éminée, de contenance pareille à celle dont il est question ci-dessus. Cette portion de canal rendait dans les premiers temps de sa construction environ 1.500 livres à son propriétaire. Mais alors le numéraire avait une beaucoup plus grande valeur qu'aujourd'hui; la preuve en est que les journées de manœuvres, qui coûtaient alors huit ou dix sols, coûtent maintenant plus de quatre fois autant, et que l'eygadier, qui avait 150 livres de gages, ne peut pas gagner aujourd'hui moins de 600 à 700 francs.

On voit donc clairement, par ce seul rapprochement, que le numéraire avait à cette époque une valeur plus que quadruple de celle qu'il a aujourd'hui. Cependant, par une erreur très-grande, on se borna, en ce qui concernait le prix d'arrosage, à transformer, au pair, les livres en francs, les sols en centimes, comme s'il s'agissait d'une seule et même chose. Cela mit, au bout d'un certain temps, la disproportion la plus fâcheuse entre les charges et les revenus de ce canal. Il résulta de là que l'hospice d'Avignon non-seulement n'eut plus de revenu net, mais était même obligé d'ajouter chaque année 1.100 ou 1.200 francs au faible produit des redevances pour pouvoir subvenir aux gages de l'eygadier, aux frais de curage et d'entretien du canal.

Cet hospice fut assez heureux pour pouvoir, il y a quelques années, se débarrasser, sans bourse délier, de cette propriété onéreuse. Mais ce résultat n'a tenu qu'à ce que les riverains et usagers du même canal attachaient du prix à en rester seuls les maîtres, et ont fait des sacrifices en conséquence. On doit présumer aussi qu'ils ont pu être influencés par cette considération, qu'il s'agissait de venir en aide à un établissement de bienfaisance. Il n'en est pas moins vrai que le revenu primitif que produisait cette dérivation a été entièrement perdu, ce qui n'eût pas eu lieu si le prix des premières redevances eût été fixé en grains au lieu de l'être en monnaie.

Les prix de l'arrosage tels qu'ils ont été réglés par les dernières ordonnances de concession relatives aux canaux modernes dérivés de la Durance présentent assez d'uniformité. Au canal de la Brillanne, d'après l'art. 4 de l'ordonnance du 12 déc. 1837, ce prix est de 31 fr. 25 c. par hectare. Au canal des Alpines (branche septentrionale), concédé par l'ordonnance du 11 avril 1839, le prix est de 1 $\frac{1}{2}$ litre de blé de première qualité. Ce prix, en moyenne, étant à peu de chose près de 22 francs, le prix susdit au taux actuel de l'argent revient à 33 francs. Au canal de Pierrelatte, autorisé par ordonnance du 8 juin 1841, le prix de l'eau n'a point encore été fixé ; il sera l'objet d'un règlement ultérieur. Au canal de Peyrolles, autorisé par ordonnance du 19 octobre 1843, le prix est de 1 ½ litre de blé, soit 33 francs par hectare. Enfin au canal de Marseille, dont la concession est faite par la loi du 4 juillet 1838, ce prix sera également l'objet d'un règlement ultérieur.

Vu la chaleur du climat et le besoin extrême d'irrigation qui se fait sentir dans tout le bassin de Marseille, le canal principal dont je viens de parler et la branche qu'il est question d'en dériver, pour arroser spécialement le territoire d'Aubagne, se trouvent dans les circonstances où l'eau à distribuer a le plus de valeur; et, dans de telles localités, les propriétaires n'hésitent pas à payer 45 ou 50 francs, celle qui est nécessaire à l'arrosage d'un hectare de terrain. C'est aussi sur cette base que sont entamés les arrangements relatifs à l'irrigation du territoire d'Aubagne, qui recevrait les eaux de la Durance, au moyen d'une dérivation du canal de Marseille.

D'après les traités passés entre la ville d'Aix et l'entrepreneur qui s'engage à exécuter pour elle un canal, alimenté par les eaux des rivières de Cause et du Bayon, ainsi que par des réservoirs artificiels, la redevance annuelle stipulée pour l'arrosage d'un hectare, qu'on suppose irrigué seize fois à $0^{m},04$ de hauteur, pendant la saison fixée à cinq mois, est de 52 francs.

Ce prix élevé, je le répète, est très-admissible

dans le climat de la Provence ou du Roussillon, mais il ne serait pas proposable dans des régions beaucoup plus septentrionales.

Du prix de l'arrosage dans le département des Pyrénées-Orientales (ancienne province du Roussillon). — En général il se vend peu d'eau dans cette localité parce que, indépendamment d'un assez grand nombre de concessions faites directement à des villes ou communautés d'habitants, la plupart des canaux d'arrosage qui y remontent à une origine très-ancienne, ont été ouverts du temps de la féodalité, comme possessions seigneuriales, et sont passés, à ce titre, à l'époque de la révolution, dans les mains des communes, qui les administrent directement. Dès lors les eaux sont réparties entre les propriétaires, ou tenanciers, moyennant la seule obligation de contribuer, proportionnellement, aux frais d'entretien et aux réparations desdits canaux. Les rôles annuels de répartition sont rendus exécutoires par les préfets et recouvrés par les percepteurs des contributions publiques. Pour cela, les sociétés d'arrosants ont besoin d'avoir une organisation régulière; aussi compte-t-on, dans le seul département des Pyrénées-Orientales, plus de cent cinquante syndicats de cette espèce.

Il est cependant quelques points sur lesquels l'usage des eaux se transmet à prix d'argent. On voit, par exemple, dans la vallée du Tech, le petit canal de Nidolères, de 2 kilomètres environ de longueur, dérivé de la rive gauche de cette rivière et portant environ 600 litres par seconde, en temps d'étiage ; il est destiné à l'irrigation de la contrée dite le Salitar de-Benyuls-dels-Aspres, dont l'étendue est de 55 hectares, pour chacun desquels on paye aujourd'hui aux héritiers de M. Gastu, fondateur de cette dérivation, qui lui a été peu profitable, 1° un droit unique de 50 francs, par ayminate de 60 ares, ou de 83 fr. 33 c. par hectare; plus une redevance annuelle de 12 francs par ayminate, ou de 20 francs par hectare. Le droit d'entrée de 83 fr. 33 c. représente, à 5 pour cent, une rente perpétuelle de 4 fr. 16 c.; cela équivaut donc, au total, à une redevance de 24 fr. 16 c. par hectare.

Sur la commune d'Ortaffa, pour l'arrosage de 80 hectares situés près du canal de ce nom, on paye une redevance analogue à la précédente à M. Galangau, acquéreur du fief d'Ortaffa.

Deux ordonnances royales du mois de septembre 1837 ont autorisé la compagnie Vinys, représentée aujourd'hui par M. Guillebout, et MM. Pagès frères, à rouvrir de très-anciennes dérivations, qui ont autrefois existé, sur la rive droite du Tech. L'art. 5 de l'ordonnance du 26 septembre permet à ces derniers de percevoir 10 francs par hectare. Ce prix est très-minime; mais on a eu égar à ce qu'une partie de l'ancien canal, dont il vient d'être question, existe encore, et forme le bief des moulins de Breuil et de Brouilla, de sorte qu'il ne s'agit que d'un prolongement ; ensuite il est hors de doute que MM. Pagès, ainsi que l'ont fait ailleurs d'autres bons citoyens, en se contentant d'un prix si modique, ont eu essentiellement en vue le bien de la contrée.

L'autre ordonnance, celle du 11 septembre 1837, par son art. 7, fixe à 13 fr. 33 c. le prix de la redevance analogue pour le canal Vinys. Ce prix, qu'on a sans doute voulu rendre analogue au précédent, me semble insuffisant, non-seulement pour donner un bénéfice au concessionnaire, mais même pour lui fournir un intérêt modique de ses avances ; car, loin d'avoir, comme dans le cas susdit, un canal en partie existant, celui qu'il doit ouvrir entièrement offre d'assez grandes difficultés d'exécution et exige notamment, dès son origine, à l'entrée du territoire de Montesquieu, un souterrain d'environ 600^{m}.

Pour les canaux de Fonpedrousse et de Formiguières, autorisés également dans le département des Pyrénées-Orientales, par les ordonnances royales des 24 février 1837 et 14 déc. 1839, ce qui concerne la distribution et le prix des eaux doit être l'objet d'un règlement ultérieur. Enfin pour le canal du Bazer, entrepris par le sieur Marc, dans le département de la Haute-Garonne, le prix de l'arrosage, autorisé par l'art. 16 de l'ordonnance royale du 5 février 1843, est de 31 fr. 50 c. par hectare. Eu égard aux circonstances locales ce prix est très-modéré.

Prix de l'arrosage en Piémont. — Les eaux des canaux royaux du Piémont font, comme celles des canaux de même espèce, dans le Milanais, l'objet d'adjudications publiques dans lesquelles elles sont concédées, par baux de neuf années, à des adjudicataires principaux qui les recèdent en détail, mais avec bénéfice, aux particuliers, communes ou associations.

Les eaux du canal d'Ivrée, qui sont ordinairement comprises en un seul lot avec celles des canaux de Cigliano, Camera, del Retto, Saluggia, etc., ont été, dans ces derniers temps, adjugées par bail principal, soit à raison de 4.400 francs à 4.600 francs la roue de 342 litres, soit à raison de 13.000 francs à 13.200 francs le mètre cube par seconde, c'est-à-dire à 13 francs et quelques centimes le litre; ce qui, pour les cultures ordinaires, représenterait moins de 12 francs par hectare. Mais, les particuliers, qui ont l'eau de seconde main, la payent rarement moins de moitié en sus de ce prix, c'est-à-dire de 18 à 20 francs par hectare; et bien souvent ils la payent de 24 à 26 francs.

Au canal de Caluso, les prix d'adjudication n'ont été, jusqu'à présent, que de 12 à 13 francs par litre, et les prix de consommation de 16 à 18 francs, pour la même quantité.

Au canal Charles-Albert, récemment acheté par le gouvernement, le prix de l'arrosage a été d'abord réglé à raison de 26 francs par hectare.

Enfin, sur les nombreux canaux particuliers du Novarais et de la Lumelline, dérivés de la Sezia et de la rive droite du Tessin, les prix sont fort variables. Beaucoup des anciennes concessions sont réglées sur des prix très-minimes, souvent même insuffisants; les nouvelles, là où l'on peut encore en faire, le sont au contraire sur des bases généralement élevées. Au surplus, une partie notable des volumes d'eau que portent ces anciens canaux, a été anciennement aliénée à perpétuité, au grand préjudice de leurs propriétaires actuels.

Prix des eaux dans la Lombardie. — De nombreuses distinctions influent sur la valeur des eaux d'irrigation employées dans la Lombardie, et en particulier dans le Milanais; j'ai donné, dans le tome I, p. 551 et 417, les tableaux des *minima* formant le point de départ, ou les mises à prix, dans les adjudications qui ont lieu pour l'usage des eaux des canaux du gouvernement. Les prix effectifs, résultant surtout de la concurrence dans les demandes, se maintiennent à peu près avec les mêmes différences relatives. On voit donc que leur élévation dépend principalement 1° de la durée plus ou moins longue de la jouissance concédée; 2° de la proximité des centres de population, ou de celle des localités dans lesquelles l'irrigation offre des avantages particuliers. On y fait essentiellement, du reste, la distinction entre l'eau continue ou annuelle, et celle dont on ne peut disposer que pendant l'été ou pendant l'hiver.

Ce qu'il y a lieu de remarquer sur les tableaux susdits, c'est que l'eau y est tarifée en capital aussi bien qu'en redevances. Je ne reproduirai pas ici les réflexions que j'ai faites précédemment sur cette manière de concéder les eaux, et sur les inconvénients qui y sont attachés.

On peut remarquer dans les tableaux précités, par la comparaison des valeurs de l'eau, payée soit en capital, soit en redevance annuelle, que l'intérêt n'est calculé moyennement qu'à raison de 4 $\frac{1}{2}$ pour cent. La raison en est que les capitaux employés aux améliorations de cette nature représentent un placement agricole et foncier, qui, malgré des éventualités, toujours possibles, se trouve néanmoins dans la classe de ceux où l'on trouve les meilleures garanties de stabilité. Voilà pourquoi l'intérêt peut être modique; ou, en d'autres termes, pourquoi l'on n'hésite pas à acquérir, à perpétuité, l'usage d'un volume d'eau, moyennant un capital élevé, quand on pourrait arriver à peu près au même but par le payement d'une simple redevance.

Si les prix effectifs des eaux d'arrosage, dans le Milanais, se trouvaient limités aux chiffres mêmes qui servent de point de départ dans les adjudications, ils seraient extrêmement avantageux pour le cultivateur; car, ainsi que je l'ai fait remarquer dans le tome Ier, à la suite des tableaux susdits, ils ne reviendraient guère, pour les prairies et cultures analogues, qu'à 12 ou 14 francs par hectare. Mais, comme je l'ai dit également, la concurrence les fait monter d'une manière progressive. Depuis longtemps le prix usuel de l'once milanaise, tant sur les canaux royaux que sur les canaux particuliers de la Lombardie, a atteint 1.200 livres d'Autriche ou 1.044 francs, ce qui représente sensiblement 24 francs par litre d'eau continue, prix un peu plus élevé que celui qui se paye, également en moyenne, sur les canaux du Piémont; je ne pense pas qu'il tarde à arriver à 1.200 francs et au delà.

Indépendamment des distinctions ci-dessus indiquées, pour la vente et la location des eaux, dans la Lombardie, il se fait encore dans ce pays d'autres arrangements pour l'usage desdites eaux. Quelquefois, les propriétaires ou amodiateurs principaux d'un canal d'une certaine importance, pour en faciliter l'usage aux particuliers qui craindraient d'entreprendre eux-mêmes des travaux, établissent, à forfait, un prix moyen de l'once d'eau, rendue sur les héritages à arroser, et se chargent conséquemment des frais de canaux et rigoles, de ceux des ouvrage d'art qu'elles exigent ainsi que de toutes les difficultés relatives à la conduite des eaux.

Ailleurs, on est resté dans l'usage de transmettre l'eau à tant par perche, à tant par hectare; mais c'est dans des localités où les cultures usuelles les plus profitables ne subissent plus depuis longtemps de modifications et où l'on sait, au plus juste, d'après cela, quel est le volume correspondant à la consommation d'une superficie donnée de terrain.

Dans quelques contrées, on est encore dans l'usage de payer l'eau en nature, c'est-à-dire avec une certaine portion de la récolte qui lui est due ; c'est tout à fait le principe de la plus-value qui s'applique en matière de desséchement de marais. Mais on conçoit que la portion des produits, allouée à titre de remise ou de redevance, est variable suivant maintes circonstances locales. Ce système ne s'applique pas ordinairement aux prairies; j'en connais quelques exemples pour les jardins; il a, au contraire, dans la Lombardie, une assez grande importance pour les rizières, et la remise d'usage dans ce cas est du quart de la récolte, ou de son produit brut. Les rizières *au quart* tendent surtout à prendre de l'extension dans les provinces où la culture temporaire du riz s'intercale, avec grand avantage, dans des assolements à long terme dont on ne saurait trop conseiller l'adoption.

Résumé sur les prix de l'arrosage.—Si, à l'aide des développements qui précèdent, on désirait se rendre compte, d'après des moyennes générales, des prix usuels de volumes d'eau connus, fournis par les canaux de dérivation et destinés, soit à l'irrigation, soit aux usages industriels, on verrait que ces prix varient à peu près dans les limites de 1 à 2, et que le taux le plus modéré peut être regardé comme étant, à l'époque actuelle, de 24 francs par an, pour chaque litre, par seconde, d'eau continue (environ 20 francs par hectare) (1), tandis que le prix maximum, qui ne peut trouver son application que dans des climats à la fois très-secs et très-chauds, où l'irrigation offre de rares avantages, est du double de cette quantité, ou de 48 francs par litre (environ 40 francs par hectare) (2).

Dans l'hypothèse du prix minimum, on trouve les valeurs suivantes en regard des principaux volumes d'eau, regardés comme unité de distribution, soit en Italie, soit dans le midi de la France :

(1) On voit indiqués, dans le cours de ce chapitre, des cas assez nombreux où le prix de l'arrosage d'un hectare se trouve à un taux beaucoup plus bas ; mais c'est par suite de circonstances particulières et exceptionnelles qui sont en dehors de toutes les règles.

(2) En ce qui touche cette estimation de 0lit.,8 d'eau par seconde, pour l'arrosage, en moyenne, d'un hectare, voir les dernières observations consignées dans l'appendice qui se trouve à la fin de ce volume.

EAU CONTINUE par seconde.	REDEVANCES annuelles.	VALEUR EN CAPITAL à raison de 4 1/2 p. %.
	Francs.	Francs.
1 lit.	24	533
10 lit.	240	5.333
28 lit. 50 (once de Piémont).	684	15.198
44 lit. (once milanaise).	1.056	23.464
50 lit. ½ hect. (mod. franç.).	1.200	26.664
60 lit. (nouveau module de Piémont).	1.140	31.997
264 lit. (roue de 6 onces mil. ou moulan d'eau de Provence).	6.336	140.786
300 lit. (meule d'eau des Pyrénées).	7.200	159.984
342 lit. (roue de Piémont).	8.208	182.375
500 lit. (½ mètre cube.	12.000	266.640
1000 lit. (1 m. c.).	24.000	533.280
2 kilolitres ou 2 m. c.	48.000	1.066.560

En doublant toutes ces valeurs, on aura les chiffres correspondants au prix le plus élevé des eaux d'arrosage (calculé à raison de 48 francs le litre), tel qu'il est en vigueur sur plusieurs canaux du midi de la France.

Ici se présente l'occasion de remarquer que si les canaux de dérivation donnent lieu à de très-grandes dépenses, les eaux qu'ils portent sont aussi susceptibles d'un grand produit; car, dans l'hypothèse dont je parle, qui n'est nullement exagérée, qui est, au contraire, dans la pratique générale, un minimum bien réel, chaque mètre cube d'eau continue, distribuée aux industries agricole ou manufacturière, représente en capital plus de 1 million de francs, et en redevances annuelles, près de 50.000 francs.

Dans l'hypothèse du prix maximum, également usuel, notamment dans le midi de la France, le mètre cube d'eau a une valeur double, c'est-à-dire qu'il représente environ 2 millions en capital et 100.000 francs de revenu. En moyenne, le mètre cube d'eau employée en irrigations représente donc par son produit brut une rente perpétuelle de 75.000 francs correspondante au capital de 1 million 500.000 francs.

Ce chiffre peut paraître élevé; cependant, il est facile de démontrer, en entrant dans l'examen des valeurs effectives, que les prix applicables à l'arrosage ou au roulement des usines se tiennent à une très-grande distance de ceux qui sont payés pour tous les autres usages de l'eau courante.

En effet, puisque pour 24 francs par an l'on a 1 litre par seconde, cela équivaut à 86.400 litres par jour. Dans l'hypothèse d'une saison d'arrosage de six mois, on aura approximativement 150 jours d'écoulement effectif, eu égard aux chômages périodiques que nécessitent les curages et les réparations des canaux; c'est donc un total de 12.960 mètres cubes d'eau, si on n'en fait usage que pendant six mois, comme cela a lieu la plupart du temps dans les pays où l'irrigation et l'industrie manufacturière ne sont pas encore à un état très-avancé ; et du double, si l'on trouve moyen d'en faire usage toute l'année, pour l'une ou l'autre de ces deux industries.

Alors le prix de revient de chaque mètre cube d'eau employé donne les résultats suivants :

Eau livrée.	Pour six mois d'usage.	Pour un an d'usage.
m. c.	fr.	fr.
1	0,00185	0,00092
100	0,185	0,092
1.000	1,85	0,92
10.000	18,50	9,25

Dans l'hypothèse du maximum, les prix, doubles de ceux-ci, sont encore portés à un chiffre très-modéré. Mais nous allons voir, par la note qui termine ce chapitre, à quels prix infiniment plus élevés arrive un même volume d'eau courante, lorsqu'il s'agit de la distribuer dans les villes.

Prix de l'eau distribuée dans les villes. — L'eau distribuée dans les villes, pour les usages domestiques, ainsi que pour ceux de la salubrité et de l'agrément, se calcule au *pouce de fontainier* (1). L'ancien pouce équivaut à 0 lit, 22227 par seconde, ou à 19.200 litres par 24 heures. On adopte de préférence aujourd'hui, pour la simplicité des calculs, un pouce métrique, donnant exactement 20

(1) Pour la définition exacte de cette unité, voir le tableau comparatif des mesures, placé à la fin de ce volume.

kilolitres ou 20 mètres cubes par 24 heures, dont le produit par seconde est, en conséquence, de 0 lit., 2314.

Eaux de Paris. — En 1777, les frères Périer obtinrent un privilége de 15 ans pour la distribution des eaux de Seine au moyen des pompes à feu de Chaillot et du Gros Caillou. Ils formèrent une société, par actions, au capital de 8.800.000 francs. Encore bien qu'il ne s'agît que de fournir 150 pouces anciens par 24 heures, cette entreprise réussit mal, il en résulta des contestations et des procès qui l'avaient amenée à la dure nécessité d'une faillite, lorsque, en 1788, la ville de Paris vint à son secours en rachetant la concession et tout le matériel de la compagnie.

A partir de la remise de cet établissement à la ville, les eaux anciennement dérivées des sources d'Arcueil, de Belleville, des prés Saint-Gervais, et celles de la pompe Notre-Dame furent assimilées à celles des pompes à feu, et concédées sur la même base.

Cette base était, et est encore, excessivement élevée; car ces premières concessions temporaires d'eau de Seine faites par la ville de Paris, l'ont été à raison de 100 fr. l'ancien muid de 8 pieds cubes ou de 268 litres. Plus tard, quand les nouvelles mesures furent adoptées, on substitua 250 litres à l'ancien muid, et le prix des concessions les plus faibles est resté fixé à raison de 100 francs par an, pour 250 litres par jour, ou de 40 francs par hectolitre, ou enfin de 8.000 francs le pouce de 20 mètres cubes, prix onéreux pour les habitants.

Depuis lors, le canal de l'Ourcq, achevé en 1810, fut ouvert aux frais de la ville, dans le double but d'alimenter les canaux de Saint-Denis et Saint-Martin, et de fournir des eaux aux fontaines publiques, ainsi qu'aux particuliers qui en demanderaient. Mais le prix des eaux de cette espèce, qui sont cependant réputées presque aussi bonnes que les eaux de Seine, fut fixé à un taux infiniment moins élevé, c'est-à-dire à 1.000 francs par pouce, avec un minimum de 75 francs par an pour 1.500 litres par jour. Encore a-t on établi, en 1842, en faveur des établissements industriels et des casernes, une échelle décroissante qui favorise des concessions de plus d'un pouce d'eau. Voici cette échelle :

Le premier pouce. .	1.000 fr.,				
Le second.	900 fr.,	ce qui donne	pour	2 p. .	1.900 fr.;
Le troisième.. . . .	800 fr.,	—	—	3 p. .	2.700 fr.;
Le quatrième. . . .	700 fr.,	—	—	4 p. .	3.400 fr.;
Le cinquième. . . .	600 fr.,	—	—	5 p. .	4.000 fr.,
Le sixième.	500 fr.,	—	—	6 p. .	4.500 fr.
Tous les autres. . .	500 fr.				

Ainsi, l'on voit, d'après cela, quelle disproportion il existe entre le prix des eaux de l'Ourcq et celui des eaux de Seine. Tout le monde reconnaît que ces dernières sont taxées à un chiffre trop élevé, et il est fort probable que la ville consentira, avant peu, à le réduire, encore bien que cela doive apporter une diminution de 48 ou 50 mille francs dans ses revenus.

Depuis le beau succès du forage du puits de Grenelle, qu'on n'a pas craint de pousser jusqu'à 548 mètres de profondeur, la ville se trouve avoir à sa disposition, en sus des ressources déjà existantes, 60 pouces d'eau de bonne qualité, pouvant être distribuée sur les points les plus élevés des quartiers qui jusqu'alors en avaient été privés. Sur la proposition de M. Mary, ingénieur en chef des eaux de Paris, le prix des eaux de Grenelle a été fixé récemment à 2.000 francs le pouce, et à 100 francs pour 1.000 litres par jour, le minimum des concessions. Déjà quelques-unes ont été faites sur cette base.

Les concessions d'eau de Seine, d'Arcueil et de Belleville sont généralement servies par des robinets de jauge qui fournissent, en 24 heures, le volume fixé par l'acte de concession. Cependant les plus anciennes partent des cuvettes établies *ad hoc* dans les fontaines publiques, et sont versées par un orifice jaugé dans une case où aboutit la conduite du concessionnaire.

Pour les concessions d'eau de l'Ourcq et du puits de Grenelle, les abonnés ont à leur disposition un robinet, toujours en charge, et puisent à discrétion; on estime contradictoirement la dépense d'eau, soit par expérience, soit d'après des bases fixes; ces bases sont :

Une personne.	20 litres,
Un cheval.	75 litres,
Une voiture.	75 litres,
Un mètre carré de jardin.	1 lit. 25 c.

Toutes les concessions, actuellement accordées par la ville de Paris, sont temporaires. Elles sont faites par actes timbrés et enregistrés, pour une année seulement. Elles peuvent être résiliées, en prévenant trois mois d'avance; mais, le plus souvent, elles se continuent indéfiniment par tacite reconduction, aussi longtemps que l'abonné est disposé à payer la redevance annuelle mise à sa charge.

Une ordonnance royale du 23 décembre 1829 avait autorisé la ville à concéder à l'industrie privée le service général des eaux. D'après le cahier des charges, la compagnie adjudicataire devait s'engager à distribuer au moins 6 075 pouces d'eau, savoir : 4 000 pouces de l'Ourcq; 75 pouces environ provenant des sources d'Arcueil, des prés Saint-Gervais, de Belleville et de Ménilmontant; 2.000 pouces, au minimum, qui seraient élevés de la Seine. Sur cette quantité totale, 3.800 pouces destinés aux fontaines de toute espèce devaient être livres gratuitement à la ville. Le prix des eaux aux fontaines marchandes était limité à 9 centimes par hectolitre. Le *bas service* consistant à fournir des eaux de la Seine sur tous les points de la capitale, jusqu'à 3 mètres au-dessus du sol, était seul obligatoire pour la compagnie. Le haut service (au delà de 3 mètres de hauteur) était facultatif pour elle. Le prix des eaux du bas service ne pouvait excéder 5.000 francs par pouce et par année (0 fr. 714 par mètre cube). Toutefois, pendant les douze premières années de sa concession, la compagnie aurait eu le droit de maintenir les prix existants de 8.000 francs le pouce, pour les eaux de la Seine, et de 1.000 francs le pouce, pour les eaux de l'Ourcq. L'adjudicataire était tenu de satisfaire complétement a toutes les concessions gratuites accordées précédemment par la ville, et de faire, à ses frais, le service des bornes-fontaines et des bouches d'eau. La durée de la concession était fixée à 99 ans. La ville devait prélever une part proportionnelle de 10 centièmes au moins du produit brut général de toutes les ventes d'eau. L'adjudication devait être tranchée en faveur de la compagnie qui aurait offert le plus de centièmes, au-dessus de ce minimum.

Malgré la grande publicité donnée à ce projet d'adjudication, il ne se présenta aucun soumissionnaire. Les personnes qui étaient disposées à prendre cette entreprise prétendirent qu'on y imposait des conditions inabordables. Le fait est que l'on imposait à la compagnie l'obligation de fournir *gratuitement* pour le service des fontaines publiques de Paris un volume d'eau presque égal au volume total qui se distribue aujourd'hui dans cette capitale.

La ville de Paris n'a pas moins de 1.350 rues, formant un développement de 275.000 mètres, dont 250.000 sont susceptibles d'être arrosés par les eaux de ses fontaines. Le développement total des tuyaux en fonte destinés à la conduite des eaux est d'environ 200 kilomètres, dont 3.000 mètres, environ, ont un diamètre de $0^m,50$. Les autres ont de 40 à 25 centimètres, et la majeure partie a moins de $0^m,25$.

Les eaux publiques de Paris se composent : 1° des fontaines banales dont l'usage est permis à tout le monde, même aux porteurs d'eau, au seau ; 2° des bornes-fontaines, dont le puisage est gratuit, mais réservé aux habitants du quartier, pour les seuls usages domestiques ; 3° des fontaines marchandes, où la vente de l'eau se fait en détail, au tonneau et à la voie.

Dans l'état actuel des choses, et dans l'hypothèse que la ville de Paris tire effectivement du canal de l'Ourcq les 4.000 pouces d'eau auxquels elle a droit, le volume total consacré aux différentes parties de ce service, dépasse aujourd'hui 1 mètre cube par seconde.

La répartition en est faite ainsi qu'il suit :

	Pouces d'eau.	Lit. par seconde.	Kilolit. par jour.
		m. c.	
Eau de Seine des pompes à feu (élevée à 30 mètr. de hauteur)......	400	0.093	8.000
Eaux dites d'Arcueil. .	80	0.018	1.600
Sources de Belleville, etc.	20	0.004	400
Canal de l'Ourcq. . . .	4.000	0.926	76.800
Puits de Grenelle (à 32 mètres du sol). . .	60	0.014	1.200
	4.560	1.055	88 000

Ce volume d'eau est principalement affecté au service public, car il n'en est guère attribué qu'un huitième aux besoins des particuliers.

On compte, à Paris, 84 fontaines, dotées de 4.000 kilolitres, ou de 200 pouces; et 16 fontaines à grands effets d'eau, dotées de 1.200 pouces. (Les deux fontaines de la place de la Concorde débitent ensemble 700 pouces ou 8.750 kilolitres par 24 heures; elles ne fonctionnent que pendant 15 heures.) 130 établissements publics alimentés gratuitement, reçoivent 6.000 kilolitres d'eau par jour; le nombre des bornes-fontaines doit être porté à 2.000, chacune de ces bouches d'eau est placée à un faîte de pavage pour laver les deux versants du même ruisseau et débite un pouce d'eau ancien (19.200 mètres cubes en 24 heures). Ce pouce d'eau doit être versé en 3 heures, et le lavage est fait à trois reprises différentes, en été. — Les 13 fontaines *marchandes*, dont une seule est alimentée par l'Ourcq, fournissent aux porteurs d'eau 1.320 kilolitres par jour, terme moyen (66 pouces). On compte 135 jours d'arrosement par an, à 1 litre par mètre carré et par service. Sur la route de Neuilly, avec des accotements en terre, on a dépensé jusqu'à 1,60 litre. Les arrosements doivent se faire au tonneau.

La capitale de la France est déjà bien partagée en eaux cou rantes ; elle le sera encore mieux après les améliorations qu'une administration éclairée se propose d'apporter à ce service. Il est néanmoins regrettable de voir que Paris n'ait pas été anciennement doté, comme le sont beaucoup de villes d'Italie, d'un système général d'égouts mis en communication avec les maisons et nettoyés à l'aide de courants d'eau. Sous ce rapport, l'effet utile de nos égouts actuels et des bornes-fontaines, tels qu'ils fonctionnent simultanément, laisse beaucoup à désirer.

Un inconvénient plus grave encore pour la population de Paris, consiste dans le prix, vraiment exorbitant, de l'eau livrée à domicile, par les porteurs d'eau, à raison de 0 fr. 10 c. la voie, qui varie de 20 à 23 litres ; car cela représente 28.810 francs le pouce, dont 7.300 francs sont perçus par la ville de Paris. L'eau payée de cette manière revient à Paris à plus de 5 millions par an.

Prix des eaux dans quelques autres villes de France. — A Versailles il se fait des concessions particulières à raison de 4.000 francs le pouce métrique.

— A Nevers, le prix usuel est de 30 francs par an pour 2 hectolitres par jour. C'est 3.000 francs le pouce.

— A Clermont-Ferrand, le pouce d'eau se vend, en capital, 36.000 fr. ; ce qui représente pour sa jouissance, à raison de 5 pour 100, une rente perpétuelle de 1.800 francs.

— A Toulon, il y a des concessions, en assez grand nombre. Elles ont lieu d'après un tarif récent, en date du 8 août 1836, dont je ne saisis pas bien la valeur, d'après les termes dans lesquels il est exprimé :

Pour une prise circulaire de 4 lignes d'eau formant 16 lignes de surface, à 1 fr. 25 c. la ligne. . . . . 20 francs.

Pour	6 lignes	de prise,	36 lignes	de surface.		45 francs.
Pour	8	*id.*	*id.*	49	*id.* *id.*	61 fr. 25 c.
Pour	9	*id.*	*id.*	81	*id.* *id.*	101 fr. 25 c.
Pour	10	*id.*	*id.*	100	*id.* *id.*	125 francs.
Pour	12	*id.*	*id.*	144	*id.* *id.*	180 francs.

— A Toulouse, on distingue les concessions de jour et les concessions de nuit. Les premières sont d'au moins 2 hectolitres et se payent 20 francs par an, c'est-à-dire 2.000 francs le pouce. Les concessions de nuit ne peuvent être moindres de 15 hectolitres, et le prix en est de 10 francs l'un. Les concessions mensuelles ne durent que 1 ou 2 mois. Elles sont de 50 hectolitres au moins. On les paye à raison de 1 franc par hectolitre et par mois (ordonnance royale du 5 avril 1827). La vente des eaux, d'après M. d'Aubuisson, ne produit, à Toulouse, que 7.400 francs par an. La dépense d'établissement, pour distribuer 200 pouces, a été de 1.083.648 francs.

— Au Havre, la ville a acheté 50 pouces d'eau de source au prix de 500 francs par an le pouce; 2° 24 pouces au prix de 500 francs par an et par pouce. La ville possédait déjà 38 pouces; total, 118 pouces. La société des eaux du Pont-Rouge, qui a vendu 50 pouces à la ville, a fait quelques concessions d'eau au prix de 30 francs la ligne; soit 4.320 francs le pouce.

— A Lyon, d'après le cahier des charges adopté en 1838, par le conseil municipal pour la nouvelle entreprise, 6.000 kilolitres d'eau par jour doivent être distribués, dont 3.000 au moins seront mis à la disposition des particuliers aux prix suivants :

Pour	20 litres par jour,	2 centimes par jour,	soit par pouce	7.300 francs.
Pour	150	—	4	—	—	5.840 —
Pour	100	—	7	—	—	5.110 —
Pour	1.000	—	50	—	—	3.650 —

— A Dijon, il a été établi récemment, sur les projets et sous la direction de M. l'ingénieur en chef Darcy, une belle dérivation de la source dite *du Rosoir*, existant à 17 kilomètres de distance. Cette dérivation, effectuée dans un aqueduc en maçonnerie, débite, suivant les variations de volume amenées par les saisons, de 1 à 10 hectolitres par seconde, ce qui est une large dotation pour une ville de 27.000 habitants. Les concessions à faire aux particuliers seront réglées à raison de 10 francs par an pour 1 hectolitre par jour, ou de 2.000 fr. le pouce.

— A Amiens, depuis les derniers travaux de conduite et de distribution exécutés sur les plans de M. l'ingénieur en chef Mary, les concessions particulières sont faites également au prix susdit de 2.000 francs le pouce.

— A Marseille, où l'on va s'occuper incessamment de la distribution des eaux dérivées de la Durance, ce prix sera sans doute plus élevé, vu les grandes dépenses supportées par la ville.

Je pourrais encore citer quelques autres villes de France qui cèdent ou qui se proposent de céder des eaux aux particuliers à des prix rentrant tous dans les limites de ceux qui viennent d'être examinés. Un assez grand nombre d'autres villes jouissent de très-belles fontaines qui sont réparties assez abondamment dans tous les quartiers, pour qu'on n'ait pas demandé de distribution à domicile.

Enfin, beaucoup d'autres ont, en ce moment, en projet ou à l'étude des améliorations très-importantes dans ce genre, attendu que, malgré des accroissements notables de population, on y est encore misérablement réduit aux seules ressources résultant des eaux de puits ou de citerne.

Mode de concession et prix des eaux dans les principales villes d'Angleterre et des États-Unis. — En Angleterre et en Amérique, on ne conçoit pas plus la distribution gratuite des eaux destinées à l'économie domestique, que nous ne concevrions en France la distribution gratuite du gaz qui nous éclaire. Aussi, dans ces deux pays, la consommation des eaux à domicile se fait en vertu d'abonnements, obligatoires pour les habitants. Ces abonnements sont ordinairement réglés à tant pour cent du loyer, ou à tant par maison. A Londres, il y a plusieurs grandes compagnies qui exploitent la vaste entreprise des eaux distribuées à domicile. Chacune d'elle ne dessert pas moins de 60, 80, ou 100 mille maisons, et plus. On distingue un haut et un bas service, dont les prix sont différents.

La plus ancienne de ces compagnies, celle de *New-River*, qui remonte au commencement du XVIIe siècle, distribue 52.500 kilolitres d'eau par jour. Indépendamment de 7.859 mètres cubes, qui sont élevés de la Tamise, à l'aide de machines à vapeur, à environ 44 mètres de hauteur, tout le reste du volume total est amené par un canal de dérivation, de 64 kilomètres de longueur, dérivé de la *Lea*. Quatre bassins ayant ensemble une superficie de 2 hectares et une profondeur de 3 mètres, forment un puissant régulateur pour assurer l'égal écoulement des eaux de ce service, qui comprend aujourd'hui près de 67.000 maisons. Sur ce nombre, 1.943 sont approvisionnées par le haut service, dont le tarif est de 50 pour 100 plus élevé que celui du bas service. Ce dernier est de 12 fr. 10 c. pour une maison de 2 pièces; de 25 francs pour 4 pièces; de 40 à 50 francs pour les maisons de 10 pièces et au-dessus. Les grands hôtels situés dans les principales rues ou sur les places de Londres, payent environ 100 francs, ce que l'on peut regarder comme un maximum pour les eaux de cette compagnie.

Celle de *Chelsea* élève de la Tamise, à une hauteur moyenne de 28 mètres, 8.723 mètres cubes, qui alimentent 12.316 maisons particulières et 93 édifices publics. Le prix ordinaire est de 33 fr. 20 c. par maison.

La compagnie de *Grande-Jonction* élève de la Tamise, à l'aide de machines à vapeur, un volume de 12.700 mètres cubes par jour, à des hauteurs variables de 27 mètres à 46 mètres. Le haut service, qui est facultatif et non quotidien, comprend 2.041 maisons assu jetties à une redevance annuelle de 433 francs. 7.809 maisons jouissent des eaux du bas service à raison de 66 francs par an.

La compagnie de *West-Middlesex* fournit journellement pour les maisons, ainsi que pour l'arrosage des rues et des jardins, environ 13.629 mètres cubes d'eau de la Tamise, élevés moyennement à 42 mètres de hauteur. Le bas service qui alimente tous les réservoirs particuliers dont le niveau ne dépasse pas plus de 2 mètres, au-dessus de la voie publique, comprend 11.500 maisons, taxées de 18 fr. 75 c. à 37 fr. 50 c. Le haut service, qui dessert plus de 4.000 maisons, se paye de 25 à 62 fr. 50 c. lorsque l'eau est élevée à la hauteur du premier étage, et de 50 francs à 75 francs quand elle est conduite aux étages supérieurs. La consommation moyenne des eaux de cette entreprise est de 681 litres par jour et par maison.

La compagnie de l'*Est*, qui est une des plus importantes et reçoit plus de 1 million de francs, contribue, avec les quatre autres qui viennent d'être mentionnées, à l'approvisionnement en eau de la partie de la ville de Londres qui se trouve au nord du fleuve.

La quantité d'eau distribuée par ces cinq établissements dépasse aujourd'hui plus de 119.000 kilolitres par jour. Pour environ 144.000 maisons desservies, les recettes brutes de ces cinq compagnies sont de plus de 5 millions et demi de francs, tandis que le chiffre des bénéfices, qui est sensiblement égal à celui des dépenses annuelles, approche de 2.800.000 francs.

Ces compagnies sont aussi chargées des arrosages des rues. Celle de New-River retire de ce seul objet un revenu de 27.587 francs, et celle de Chelsea, un revenu de 14.904 francs.

Trois autres établissements qui desservent le sud de Londres distribuent en outre plus de 15.000 mètres cubes d'eau par jour. Enfin, le service des eaux dans la capitale de l'Angleterre reçoit encore de continuels accroissements. D'après un document fourni par M. J. Mills, ingénieur attaché à ce service, la population de Londres paye annuellement 7.104.700 francs pour l'alimentation en eau de 191.066 maisons, occupées par 1.146.396 personnes. C'est, moyennement, 37 fr. 19 c. par maison. La consommation de la ville entière, qui est de 168.826 kilolitres d'eau par jour, donne 884 litres par maison ou par 6 personnes. Cette consommation, par maison, s'élèverait à 1 kilolitre, si l'on tenait compte des eaux dépensées dans les manufactures, établissements de bains, etc.

A Liverpool, la quantité d'eau distribuée est de 680 pouces, mais 90.000 habitants seulement, sur 150.000, participent à cette distribution. La redevance payée par les propriétaires de maisons est de

5 à 5 1/2 pour 100 du loyer. Un cheval paye 5 shellings ; une vache, 3 shellings.

A Glascow, 160.000 habitants reçoivent par jour 16.170 mètres cubes d'eau. Le tarif moyen est de 5 pour 100 du loyer. Ce tarif est moindre pour les établissements publics.

A Greenock, ville approvisionnée au moyen de réservoirs, le prix de l'eau n'est que de 2 1/2 pour 100 du loyer.

A Philadelphie, on a dépensé plus de 6 millions de francs pour amener dans la ville les eaux dont elle avait besoin. Celles de la rivière de Schuylkill, qui coule à 2.400 mètres de distance, sont élevées à 28 mètres de hauteur, à l'aide de six roues hydrauliques et de six pompes, qui fournissent ensemble 14.186 kilolitres, à répartir entre 19.678 abonnés, à l'aide de 157 kilomètres de tuyaux de fonte, dont le diamètre varie de 0^{m},56 à 0^{m},076. Les quatre réservoirs, qui ont coûté près d'un million, contiennent un peu moins de 100.000 mètres cubes d'eau ; leur superficie est de 2 hectares et demi. L'eau passe d'un réservoir à l'autre par des filtres d'où elle sort parfaitement épurée. Indépendamment de 3.000 familles qui continuent de recevoir l'eau nécessaire à leur consommation des anciennes pompes publiques de Philadelphie, 16.678 autres familles profitent des distributions à domicile. Aujourd'hui les sommes payées pour les eaux de cette dernière espèce, dépassent 6 millions de francs. Le volume d'eau distribué par personne et par maison est, relativement, le même que dans les villes d'Angleterre.

A Richemond, une dérivation des eaux élevées de la rivière de James opère un système complet de distribution analogue à celui de Philadelphie ; beaucoup d'autres villes des États-Unis jouissent ou vont jouir du même avantage.

J'ai donné ces détails, qu'on ne trouvera pas superflus ici, pour montrer quelle importance on attache avec raison aujourd'hui aux distributions d'eau *à domicile*, qui offrent le meilleur moyen de pourvoir d'une manière à la fois commode et économique aux besoins des particuliers et à la salubrité publique. Dans un grand nombre de cas, les dérivations effectuées pour cet objet peuvent se combiner avec de belles entreprises d'irrigation, et déjà, en ce moment, plusieurs villes du midi de la France ont entamé des études dans cette vue.

Au prix élevé de 4.000 francs le pouce, on peut se rendre compte de la valeur des eaux amenées dans les villes, en grand volume, d'après le tableau ci-après :

VOLUMES D'EAU par seconde.	REDEVANCES annuelles.	VALEUR CAPITALE à raison de 4 1/2 p. c.
	Francs.	Francs.
1 pouce ou 0 lit. 2314.	4.000	88.889
1 litre.	17.284	384.052
10 litres.	172.840	3.840.520
1 hectolitre.	1.728.400	38.405.200
1 kilolitre..	17.284.000	384.052.000

Au prix de 2.000 francs le pouce, qui est plus usuel que le précédent, le litre par seconde revient à 8.642 francs en redevance, et représente un capital de 192.026 francs; le kilolitre correspond à 8.642.000 francs de redevance, à 192.026.000 francs de capital.

Si dans cette industrie on veut faire ressortir les prix de revient de tel ou tel volume d'eau, comme je l'ai fait à la fin du précédent chapitre, en matière d'irrigation, on trouve les résultats suivants :

1° A 2,000 francs le pouce; — 1 kilolitre, 0fr.,295; — 1 hectolitre, 0fr.,03; — 10 litres, 0fr.,009; — 20 litres (voie d'eau de Paris), 0fr.,006.

2° A 4.000 francs le pouce, ces prix sont doubles, et les 20 litres, ou la voie d'eau marchande de Paris, ne reviennent cependant qu'à 0fr.,012, au lieu de 0fr.,10, prix courant actuel. C'est-à-dire que l'eau amenée par les distributions à domicile, même à un prix double de celui des eaux de Grenelle, n'est encore que la 19e partie de l'impôt que la majeure partie des habitants de Paris supportent aujourd'hui pour cet objet.

On ne pourrait faire des rapprochements entre les prix, si dissemblables, d'un même volume d'eau distribué soit pour l'agriculture ou l'industrie manufacturière, à l'aide de simples canaux de dérivation, soit dans l'intérieur des maisons d'une grande cité : car, dans ce dernier cas, les frais d'élévation et de filtrage des eaux, les réservoirs, les conduites, etc., représentent, à la charge des compagnies, des dépenses énormes qui n'ont rien d'analogue dans la matière des arrosages. Une telle compagnie peut gagner plus en vendant de l'eau à l'agriculture, moyennant une modeste redevance de 30 à 35 francs par litre, qu'en en distribuant la même quantité, dans les maisons d'une ville, au prix élevé de 12 à 15 mille francs.

Cependant, je pense qu'il y aura de grands avantages à attendre de la réunion de ces deux industries, toutes les fois que les circonstances locales permettront de les associer, et que des canaux de dérivation qui auraient pu n'être qu'onéreux avec une seule des deux destinations, seront au contraire profitables si l'on peut les réunir.

Le canal de Marseille doit être cité comme étant dans ce cas. Le chiffre élevé de ses frais de construction ne serait qu'insuffisamment couvert par les seuls produits de ses irrigations; mais au point de vue de l'utilité dont il est pour la ville de Marseille, et d'après la valeur incalculable des eaux qu'il doit y amener, nul n'oserait contester que ce canal, tel prix qu'il coûte, ne représentera une très-belle opération.

CHAPITRE TRENTE-SEPTIÈME.

DE L'ADMINISTRATION DES CANAUX D'ARROSAGE EN FRANCE. CLAUSES DES ORDONNANCES DE CONCESSION.

§ I. *Clauses générales des concessions.*

Les clauses et conditions générales, que l'on insère dans les ordonnances autorisant des canaux d'irrigation, ont pour objet de régler les obligations des concessionnaires vis-à-vis de l'intérêt public, et vis-à-vis des tiers. Les principales de ces conditions sont celles qui concernent : 1° la limitation du volume d'eau à dériver, au profit d'un canal projeté, de manière à concilier cette nouvelle attribution avec les usages antérieurement acquis, et surtout avec les besoins de la navigation ; 2° la limitation de la redevance ou du prix à percevoir pour la livraison, aux agriculteurs, d'un certain volume d'eau pris pour module, ou pour unité.

Dans les pays où l'on n'a pas encore adopté un module d'eau, on est obligé de fixer le maximum de la redevance à tant par hectare, ce qui est inexact et peut prêter à des abus.

Les autres dispositions des clauses générales des

ordonnances autorisant des prises d'eau, d'une certaine importance, portent sur la nécessité de n'opérer que d'après des projets approuvés par l'administration supérieure, et exécutés sous la surveillance des ingénieurs; sur les délais dans lesquels, sous peine de déchéance, l'entreprise doit être terminée et les eaux mises à profit, etc. Elles ont toutes leur utilité spéciale et tendent vers le but, si important, qui consiste à faire servir la plus grande quantité possible des eaux courantes à l'accroissement de la richesse publique.

Un certain nombre des clauses dont il s'agit contiennent des réserves d'intérêt local, mais qui ne doivent pas moins trouver place parmi les obligations fondamentales de ceux qui ouvrent des canaux de dérivation. Ainsi, dans cette classe, se place l'obligation de construire, partout où cela sera nécessaire, des ponts ou autres ouvrages d'art, pour rétablir, soit les voies de communication, soit le cours des eaux qui se trouveraient interceptées, par la ligne des travaux. Il en est de même de plusieurs autres.

Voici le texte ordinaire de ces clauses générales, telles qu'il convient de les insérer dans les ordonnances de concession. Si, au lieu d'un canal d'une certaine importance, comme ceux que j'ai en vue en ce moment, il ne s'agissait que d'une autorisation individuelle, il y aurait beaucoup de simplifications à y faire; mais il ne serait question, dans ce cas, que d'un simple règlement d'eau ; matière sur laquelle j'ai donné précédemment tous les détails nécessaires, dans mon traité sur la législation qui régit les établissements hydrauliques en général.

Art. ..... Le volume d'eau à dériver est fixé à.... mètres cubes par seconde. Les dimensions de la prise d'eau, la section et la pente du canal à son origine, seront déterminées de manière que cette quantité d'eau ne soit pas dépassée, en temps d'étiage ordinaire de la rivière. ... profils en maçonnerie, répartis sur une longueur convenable, seront établis à l'origine de la dérivation, et serviront, en même temps que la prise d'eau elle-même, à régulariser et à vérifier le volume d'eau de cette dérivation.

Art. ..... Le concessionnaire sera tenu, dans le délai de......, à dater de la notification de la présente ordonnance, de soumettre à l'administration le projet général des travaux (1).

Art. ..... Sous peine de déchéance de tous droits, les travaux seront exécutés dans un délai de..... années, à dater de l'approbation définitive du projet. La déchéance sera également encourue, sans qu'il soit besoin d'aucune mise en demeure, si les travaux n'étaient pas commencés dans un délai

(1) Cet article des conditions générales est applicable aux cas où l'ordonnance d'autorisation intervient sur un simple avant projet. Il est clair qu'il ne doit pas être conservé si cette ordonnance est rendue sur un projet définitif, et dûment approuvé.

de..... mois, à dater de l'approbation mentionnée à l'article précédent.

Art. ..... La partie des eaux dérivées qui, dans un délai de....., à partir de l'achèvement des travaux, ne serait pas utilisée, cessera de faire partie de la concession accordée, et pourra faire partie d'une concession nouvelle.

Art. ..... Le maximum du droit à percevoir pour l'arrosage est fixé à...... (1).

Art. ..... Le concessionnaire sera tenu de rétablir et d'assurer à ses frais le libre écoulement de toutes les eaux naturelles ou artificielles dont le cours serait détourné ou modifié par ses travaux.

Il devra également assurer, en ce qui le concerne, le cours des eaux, désignées sous le nom de *calatures* ou écoulages, qui sont le superflu de celles que l'on emploie en irrigations, c'est-à-dire qu'il devra empêcher qu'elles ne séjournent d'une manière nuisible dans les parties basses des terrains situés dans le voisinage, et il serait responsable des dommages qui résulteraient de l'inobservation de cette obligation, ainsi, d'ailleurs, que de tous ceux qui pourraient être occasionnés par les eaux du nouveau canal.

(1) Jusqu'à présent, dans l'usage adopté en France, ce maximum a été fixé à tant par hectare; mais il sera infiniment plus régulier de le fixer à tant par volume d'eau, aussitôt que l'on aura adopté un module régulateur pour cet important objet. — Voir ci-dessus, p. 162, les considérations tendant à faire fixer ce maximum en blé plutôt qu'en argent.

Art. ..... Le concessionnaire sera tenu de construire et d'entretenir, à ses frais, des ponts dans tous les endroits où, par suite de ses travaux, les communications existantes se trouveraient interceptées.

Les ponts à établir sur les routes royales ou départementales, qui seront coupées, soit par le canal principal, soit par ses diverses branches, ne pourront être exécutés que d'après des projets réguliers, approuvés par l'administration supérieure. Leur largeur est fixée à 10 mètres entre les têtes, pour les routes royales, et à 8 mètres pour les routes départementales. Ils seront construits en bonne maçonnerie de moellons, avec têtes en pierres de taille.

Cette largeur, entre les têtes, sera réduite à 6 mètres, pour les chemins vicinaux, et à 4 mètres pour les chemins de simple exploitation. Les projets de ces ponts et des autres ouvrages d'art qu'il serait nécessaire de construire, sur les chemins vicinaux, seront préalablement approuvés par le préfet, sur l'avis de l'ingénieur en chef du département.

Art. ..... Le concessionnaire sera tenu désormais de concourir, dans la proportion que représente son canal, aux frais généraux des travaux d'entretien et de réparation qu'il sera nécessaire d'exécuter sur la rivière de....., où il s'alimente. Il sera tenu notamment de faire exécuter, toutes les fois qu'il en sera requis par le préfet, le curage de ladite rivière dans toute l'étendue du remous produit par son barrage (1).

Art. ..... Le concessionnaire sera assujetti à tout règlement, général ou local, que l'administration jugerait convenable de faire, soit sur le régime du cours d'eau qui alimente le canal, soit, en cas de contestations, sur la distribution des eaux du canal lui-même, entre les divers usagers, ou entre les diverses parties du territoire qu'il doit desservir.

Art. ..... Les travaux seront exécutés sous la surveillance des ingénieurs des ponts et chaussées du département. Ils en constateront l'achèvement par des procès-verbaux en double expédition; l'une d'elles sera déposée aux archives de la préfecture, et la seconde transmise à notre ministre des travaux publics.

Art. ..... Les frais de surveillance, de visite et de réception seront supportés par le permission-

(1) Il y a ici une distinction à faire sur la nature du cours d'eau; car, s'il n'est pas navigable, c'est à la décharge des riverains et autres usagers que vient cette obligation des nouveaux concessionnaires. S'il s'agit d'une rivière navigable, elle vient à la décharge de l'État et des usagers anciens qui étaient déjà assujettis à la même obligation. Celle du curage, telle qu'elle est formulée ci-dessus, est généralement très-onéreuse pour ceux qui établissent des barrages sur de grandes rivières. Mais il est clair qu'on ne peut mettre à la charge d'aucune autre personne l'enlèvement des dépôts ou encombrements qui sont occasionnés par ces barrages. Sur les rivières torrentielles qui charrient beaucoup de graviers, comme la Durance, on établit les prises d'eau d'irrigation sans barrages fixes, et l'on se borne à de petits bâtardeaux volants qui disparaissent aux premières crues d'automne.

naire. Ces frais seront réglés par notre ministre des travaux publics, sur la proposition du préfet du département. Le recouvrement en sera fait à la diligence des directeurs des domaines, pour être distribué à qui de droit.

Art. ..... Pour la garantie de la bonne et complète exécution des dispositions ci-dessus prescrites, et pour celle des intérêts des tiers, qui sont expressément réservés, la compagnie versera à la caisse des dépôts et consignations, dans les trois mois qui suivront la notification de la présente ordonnance, un cautionnement de..... francs. Ladite somme leur sera rendue, par quart, à mesure que des portions correspondantes du montant total des travaux seront exécutées.

Dans les cas de déchéance prévus par l'art......, les parties non restituées du cautionnement demeureront acquises au trésor public (1).

Telles sont les clauses que, dans l'intérêt commun, il est nécessaire d'insérer dans toutes les ordonnances d'autorisation de prise d'eau.

Quoique figurant parmi les conditions générales, par la raison qu'elles peuvent s'appliquer à un nombre illimité de dérivations, il est cependant un

(1) Cette disposition, qui est bonne en elle-même, ne s'applique cependant que lorsque les prises d'eau autorisées ont lieu sur une rivière du domaine public, et lorsqu'en outre il s'agit d'une entreprise importante exigeant une mise de fonds de plusieurs centaines de mille francs.

certain nombre d'autres clauses qui ne sont pas d'une application indispensable.

Ainsi, quand un canal d'arrosage entrepris par une association, ou même par un seul propriétaire, est assez important pour être déclaré d'utilité publique, et qu'il est effectivement classé comme tel, après l'accomplissement des formalités et enquêtes d'usage, en pareil cas, alors un article de l'ordonnance déclare formellement que les concessionnaires sont subrogés aux droits de l'État, dans la faculté d'acquérir, par voie d'expropriation, d'après les règles tracées par la loi du 3 mai 1841, tous les terrains dont il ne sera pas possible d'obtenir la cession à l'amiable. Il est à remarquer que, dans les localités où les avantages de l'irrigation sont bien compris, des canaux très-importants ont pu s'exécuter en vertu de transactions volontaires, sans recourir à la loi d'expropriation.

La clause résolutoire des concessions, d'après laquelle le gouvernement, qui les accorde, se réserve de disposer, dans l'intérêt de la navigation, de tout le volume d'eau concédé, sans avoir d'indemnité à payer aux permissionnaires évincés, peut s'appliquer toutes les fois que la prise d'eau est faite sur une rivière du domaine public. Mais quand les canaux autorisés ont beaucoup d'importance, quand surtout ils ont été l'objet d'une déclaration préalable d'utilité publique, cette clause, qui est, du reste, inscrite en vertu d'un principe incontestable, doit être regardée comme purement comminatoire. Car c'est seulement dans des cas très-rares que l'administration pourrait s'en prévaloir en pareille circonstance.

Quant aux dérivations faites sur les rivières navigables et concernant, soit un intérêt privé, soit un intérêt collectif très-faible, elles ne peuvent jouir du même privilége, et, pour elles, la clause en question a une portée réelle, que les intéressés ne doivent jamais perdre de vue.

Enfin, en ce qui touche l'insertion de ladite clause dans les ordonnances autorisant des dérivations de toute nature, sur les cours d'eau non classés dans le domaine public, je ne pense pas qu'elle soit convenable. Pour concilier autant que possible mes convictions sur ce point avec les doctrines de l'administration dont je dépends, je serais d'avis que l'on limitât l'emploi de cette grave restriction, apportée aux droits d'usage des riverains sur les petits cours d'eau, aux seuls cas où l'administration des travaux publics a, par devers elle, des projets approuvés, ou tout au moins à l'étude, établissant que les cours d'eau dont il s'agit doivent être prochainement réclamés pour les besoins de la navigation intérieure.

Une dernière considération importante se rattache aux clauses générales des concessions. C'est celle de la redevance qui pourrait être imposée au profit de l'État, comme compensation des avantages accordés à une classe particulière d'individus par la concession, soit d'une force motrice, soit d'un volume d'eau, empruntés à une rivière du domaine public.

Les observations déjà présentées à la page 138 du présent volume font suffisamment connaître ma manière de voir sur ce point ; c'est-à-dire que lors même que l'on en viendrait à reconnaître la possibilité d'imposer une redevance minime aux nouveaux établissements industriels qui sont, exceptionnellement, admis à s'établir sur des rivières navigables, cette redevance ne pourrait être que nulle, en ce qui concerne les canaux d'arrosage, dont l'établissement, si dispendieux, a beaucoup plus besoin de protection que d'entraves.

Il est un fait d'ailleurs qui annule tout à fait l'intérêt que l'on peut, au premier abord, attacher à cette question des redevances ; c'est l'entrée en partage des nouveaux cessionnaires dans les charges d'entretien des fleuves ou rivières, dont ils sont admis à se servir ; c'est l'obligation où ils sont, *ipso facto*, de concourir avec l'État, dans ces dépenses, pour une part contributive proportionnée à l'intérêt que représente leur établissement. Or, ces parts contributives sont, pour les impétrants, une charge infiniment plus élevée que celle qui résulterait de la redevance spéciale, toujours minime, qui pourrait être assise, en sus de la première, sur une jouissance essentiellement révocable et précaire.

§ II. *Conditions particulières des concessions.*

Elles peuvent varier à l'infini, d'une ordonnance à une autre, puisqu'elles résultent de situations particulières et de circonstances locales, qu'il est impossible de prévoir à l'avance.

J'indique ci-après les principales clauses de cette espèce qui ont dû trouver place dans les dernières ordonnances autorisant les canaux actuels d'irrigation du midi de la France.

Dans l'ordonnance royale du 26 mai 1833, qui autorise les syndicats réunis du *Cabédan-Neuf* et du Plan-Oriental (Vaucluse) à substituer aux anciennes prises d'eau volantes, une prise d'eau fixe dans la Durance, vers le point d'embarquement du bac de Mérindol, on distingue les conditions particulières suivantes :

Le nombre et la disposition des martellières de la nouvelle prise d'eau seront exactement déterminés (art. 2 et 3). La concession ne pourra avoir pour résultat d'attribuer à l'association du Cabédan-Neuf un volume d'eau supérieur à celui dont elle a pu disposer jusqu'à ce jour, en vertu de ses anciens titres (art. 5). Les prises d'eau volantes seront supprimées aussitôt que l'association commencera à faire usage de la nouvelle prise d'eau.

Dans l'intérêt de la route départementale n° 3,

l'association a été assujettie à établir entre ladite route et le canal, un fossé de $0^{m},50$ de largeur destiné à assurer l'écoulement des eaux pluviales, soit dans ce canal même, soit en dessous, à l'aide de siphons (art. 13 et 14).

La commune de Mérindol a été autorisée à établir, sur le nouveau canal, deux rigoles ou filioles pour l'irrigation de la partie inférieure de son territoire, arrosé anciennement par le petit canal portant son nom. Et, d'après cela, l'association du Cabédan-Neuf doit dériver une quantité d'eau supplémentaire égale à la dépense de ces deux filioles, mais à la condition que ce volume d'eau sera déduit sur le volume primitif que la commune de Mérindol empruntait à la Durance, au moyen du petit canal susdit (art. 15).

L'art. 16 de l'ordonnance dont il s'agit impose au syndicat du Cabédan-Neuf l'obligation de souffrir un agrandissement de la nouvelle prise d'eau, si l'on demandait qu'elle devînt commune à l'association de l'Isle, ou à toute autre, qui pourrait en réclamer l'usage. Dans ce cas, la compagnie qui serait admise à profiter des ouvrages exécutés par le syndicat du Cabédan, devrait lui rembourser une partie de la valeur des ouvrages exécutés, en raison de l'économie qui en résultera pour la nouvelle entreprise. Mais néanmoins l'association du Cabédan jouirait, avant toute autre, et par privilége, du volume d'eau auquel elle a droit, d'après ses anciens titres (1).

Ni le syndicat du Cabédan-Neuf, ni la commune de Mérindol n'auraient le droit d'établir des usines sur le nouveau canal, sans que les formalités prescrites en pareille matière aient été préalablement remplies (art. 17).

L'ordonnance royale du 28 novembre 1837, statuant sur les améliorations réclamées au *canal de Crillon* (Vaucluse), établit, par son art. 1er, que le volume d'eau à dériver de la Durance ne devra pas dépasser 2 mètres cubes par seconde, au moment de l'étiage de cette rivière. Les propriétaires de ce canal ont eu un délai de six mois pour soumettre à l'approbation du ministre des travaux publics le projet définitif des travaux à exécuter tant pour l'abaissement du seuil de la prise d'eau et pour le creusement du canal principal, jusqu'au moulin du Château-Blanc, que pour l'établissement de la rigole ou branche principale, ouverte sur la rive gauche, entre le pont de Tartay et la prise de Rodolphe (art. 2). L'art. 7 a prévu le cas où, par suite de la dérivation des 2 mètres cubes d'eau concédés, les eaux de la Durance viendraient à baisser au droit des prises d'eau existantes, en aval de celle du canal

(1) Les observations faites en plusieurs endroits de cet ouvrage sur les dangers de la communauté en matière de prise d'eau et de dérivations, doivent faire craindre des contestations si la faculté dont il s'agit venait à être réclamée.

de Crillon, et a prescrit que les concessionnaires indemniseraient les propriétaires de ces canaux, suivant les conventions intervenues à cet égard. Aux termes de l'art. 3, les propriétaires du canal Crillon ont été autorisés à acquérir, au besoin, par voie d'expropriation, les terrains nécessaires à l'exécution dudit canal, en se conformant à cet égard aux dispositions des lois et règlements en vigueur.

L'ordonnance royale du 12 décembre 1837 transférant définitivement à la compagnie Lalil l'autorisation d'ouvrir à ses frais le *canal de la Brillanne* (Basses-Alpes), renferme les conditions particulières qui suivent : Par l'art. 1er, l'ordonnance précédente, en date du 6 février 1822, portant concession du même canal à une autre compagnie, est rapportée. L'art. 3 limite à 1 mètre cube par seconde, en temps d'étiage, le volume d'eau à dériver de la Durance, en sus des prises d'eau existantes. L'art. 6 autorise la compagnie à se servir des ouvrages anciennement exécutés pour le même canal, et qui seraient susceptibles d'entrer dans le système du projet approuvé, mais sauf indemnité envers qui de droit. Par le même article, la compagnie a été autorisée à acquérir tous les terrains nécessaires à l'exécution des travaux autorisés, à charge de se conformer aux dispositions prescrites par la loi du 7 juillet 1833, remplacée aujourd'hui par celle du 3 mai 1841, sur l'expropriation pour cause d'utilité publique.

Il est dit, dans l'art. 8, que la route royale n° 96, de Toulon à Sisteron, qui est traversée par le canal, conservera son niveau, et qu'à cet effet ledit canal devra la traverser en dessous, à l'aide d'un aqueduc en siphon, solidement construit, en bonne maçonnerie de moellons, avec têtes en pierre de taille, dont l'extrados devra être au moins à 0,50 en contre-bas de la surface de la route. Le projet de cet ouvrage d'art devait être rédigé par les ingénieurs du gouvernement. Le prix de mouture perçu au moulin neuf de Manosque, ainsi qu'aux autres moulins que la compagnie voudrait établir, ne peut excéder le quarantième des grains présentés pour être mis en farine (art. 12). Le cautionnement à déposer préalablement à la caisse des dépôts et consignations dans les trois mois de la notification de l'ordonnance a été fixé à huit mille franes, qui ont été rendus dès que la dépense des travaux s'est élevée à la somme de cinquante mille francs (art. 14).

L'ordonnance royale du 11 avril 1839, rendue en vertu de la loi du 7 juin 1826, et portant concession de la branche septentrionale du *canal des Alpines*, a établi qu'il serait procédé par voie de publicité et de concurrence à l'adjudication de la branche septentrionale du canal des Alpines et des canaux secondaires qui s'embranchent sur la ligne principale (art. 1er). — Conformément aux dispositions de la loi susdite, la portion du canal des Alpines, anciennement exécutée depuis Pont-Donau jusqu'à la sortie du percé d'Orgon, ainsi que les terrains et bâtiments qui en dépendent, ont été abandonnés gratuitement, dans l'état où ils se trouvaient au moment de leur livraison, à la compagnie adjudicataire, qui demeure chargée de remplir tous les engagements de l'État envers les abonnataires actuels (art. 3). — Le volume d'eau à dériver de la Durance pour le service de la branche septentrionale du canal des Alpines a été fixé à cinq mètres cubes par seconde, au moment de l'étiage ordinaire; et cela, en sus des prises d'eau déjà autorisées sur la partie ouverte de ladite branche septentrionale (art. 4). — Il est dit dans l'art. 6 que dans le cas où, par suite de projets approuvés, le nouveau canal devrait emprunter, en totalité, ou en partie, la portion du canal des Alpines ouverte entre la Durance et Pont-Donau, les rapports de l'adjudicataire de la branche septentrionale avec l'œuvre générale de Boisgelin, seraient déterminés administrativement, après que les parties intéressées auraient été entendues (1).

Il a été fixé à la compagnie adjudicataire un délai d'une année, à dater de l'homologation de l'adjudication, pour soumettre à l'approbation de l'administration le projet général des travaux, et un délai

(1) Même observation que ci-dessus, en ce qui concerne la communauté des eaux. Les dispositions de cette nature ne seront admissibles que là où l'on sera en possession d'un régulateur parfaitement exact.

de dix années pour leur exécution, sous peine de leur déchéance de tous droits. — Pour être admis à soumissionner, les concurrents ont déposé préalablement à la caisse des dépôts et consignations une somme de cinquante mille francs; et ladite somme a dû être portée à cent mille francs dans les trois mois qui ont suivi l'approbation de l'adjudication, par celui des concurrents au profit duquel cette adjudication a été tranchée (art. 18). — La compagnie adjudicataire a d'ailleurs été autorisée à faire l'acquisition des terrains nécessaires à l'exécution du canal, en se conformant aux dispositions prescrites par la loi en vigueur sur l'expropriation pour cause d'utilité publique (art. 7). — Plusieurs des dispositions spéciales réservées par la loi du 7 juin 1826, en faveur de l'exécution de ce canal, ont été reproduites dans l'ordonnance de concession. Ainsi tous les actes passés relativement au canal, soit pour la formation d'une société, soit pour acquisition de terrains, adjudication de travaux, etc., n'ont été sujets, pour frais d'enregistrement, qu'au droit fixe d'un franc; la contribution foncière ne doit être établie, sur le canal, qu'à raison de la surface des terrains qu'il occupe, lesdits terrains étant d'ailleurs considérés comme étant de première qualité, ainsi que cela se pratique pour les canaux de navigation (art. 16). — D'après l'art. 3 de la loi précitée, reproduit par l'art. 17 de l'ordonnance de concession, pendant vingt-cinq années à dater du délai fixé ci-dessus, pour l'achèvement des travaux, la contribution foncière actuellement assise sur les terrains qui seront arrosés par les eaux du canal, ne recevra aucune augmentation pour le fait de l'amélioration résultant de l'arrosage.

Le canal de *Marseille* encore en construction s'exécute en vertu de la loi de 1838, qui autorise son ouverture, et des conditions approbatives du projet qui a été soumis à l'administration supérieure. Après son achèvement, un règlement d'administration sera nécessaire pour pourvoir définitivement à ce qui concerne la police et l'administration des eaux.

L'ordonnance du 19 octobre 1843, qui a autorisé les frères Agard et compagnie à prolonger sur les territoires de Megrargues et du Puy-Sainte-Réparade, l'ancien canal de *Peyrolles* (Bouches-du-Rhône), autorise les particuliers à dériver de la Durance un volume d'eau de 2 mètres cubes par seconde en temps d'étiage.

L'ordonnance royale du 8 juin 1841 a autorisé la compagnie du canal d'irrigation de *Pierrelatte* à établir la prise d'eau de ce canal dans le Rhône en amont du rocher de Malmouche, près la maison Fauguier (département de la Drôme) (1).—L'art. 2 établit que les ouvrages régulateurs de la prise d'eau seront établis en ce point, et que l'on y construira une porte de garde dont les jouées seront espacées de 8 mètres, largeur égale à celle du canal à son origine. Le busc formant seuil doit être placé à $1^m,50$ en contre-bas de l'étiage, et immédiatement en aval de la porte de garde il doit y avoir un déversoir avec vannes de fond. Vu la richesse du fleuve dans lequel est opérée cette prise d'eau, et le manque de concurrence, on n'a pas limité autrement le volume à dériver du Rhône pour le service de cet important canal.

L'article 3 a réglé les pentes des premières sections du canal, à partir de la nouvelle prise d'eau; mais cette disposition n'est pas insérée ordinairement dans les ordonnances d'autorisation, il suffit qu'elle trouve place dans l'approbation ministérielle à laquelle sont assujettis les projets d'exécution. — Par l'article 5 le gouvernement s'est réservé la faculté d'exhausser le mur formant la rive droite du canal, sauf à lui donner une épaisseur convenable pour qu'il puisse servir de mur de soutènement, soit pour le chemin de halage, soit pour un chemin de fer, dans le cas où il devrait ultérieurement être établi dans cette direction.

L'ordonnance royale du 22 janvier 1843 a autorisé les sieurs de Gasquet et consorts à reporter au lieu dit le Baou-de-San-Peyré le barrage dont une ordonnance précédente, du 10 février 1830, avait permis la construction sur l'*Argens* (département du Var) dans le but de dériver de cette rivière deux canaux d'irrigation, l'un sur la rive droite, l'autre sur la rive gauche. Le barrage doit avoir $5^m,45$ de hauteur, au-dessus du fond du lit de la rivière, être tout entier en maçonnerie, et arasé horizontalement au niveau d'un repère fixé par les ingénieurs. Le seuil de la prise d'eau du canal de la rive gauche doit être établi à $0^m,45$ en contre-bas du couronnement du barrage. Le canal doit avoir $0^m,60$ de largeur, $0^m,45$ de profondeur, et $0^m,50$ de pente par kilomètre, sur au moins 300 mètres de longueur. Le mur de soutènement formant déversoir de superficie doit être arasé à la hauteur du barrage sur 20 mètres de longueur. L'emplacement de la vanne de prise d'eau est fixé à l'aval de ce déversoir. Le canal de la rive gauche doit rentrer dans la rivière à l'issue de la propriété du sieur Thanaron (art. 2 et 3). En ce qui concerne le canal de la rive droite, sa prise d'eau doit être établie à $1^m,00$ en contre-bas du couronnement du barrage. Ses dimensions sont fixées à $1^m,20$ de largeur sur $1^m,00$ de profondeur, avec $0^m,50$ de pente par kilomètre, au plafond, sur au moins 500 mètres de longueur. Le prolongement de ce canal doit s'étendre jusqu'au pont de l'Argens sur 9.300 mètres de longueur, et en ce point se diviser en deux branches, dont l'une, traversant la rivière sur un aqueduc accolé au pont, se continuera sur un trajet de 9.000 mètres, l'autre rentrera dans l'Argens, à 9.700 mètres de distance. Même disposition que ci-dessus, relativement au déversoir et à la position de la vanne de prise d'eau (art. 4).

L'ordonnance du 11 septembre 1837 autorise la compagnie Vinys, représentée aujourd'hui par M. Guillebout, à ouvrir, à l'aide d'un barrage, un canal d'irrigation sur la rive droite du *Tech* (Pyrénées-Orientales), dans les communes de Montesquieu, Villelongue, Saint-Genis, etc. Ce canal est déclaré d'utilité publique. Quant au volume d'eau à dériver, il est limité à 2 mètres cubes par seconde; mais sur l'excédant de celui qui sera reconnu nécessaire aux usagers inférieurs. Cette réserve, qui a exigé des vérifications contradictoires, des jaugeages, et de nombreux rapports d'ingénieurs, a apporté un retard considérable dans l'exécution de ce canal, qui, depuis plus de six années, se trouve suspendue.

Par l'ordonnance du 26 septembre 1837, MM. Pagès frères ont été autorisés 1° à réunir en une seule prise d'eau les biefs ou canaux des moulins du Breuil et de Brouilla qu'ils possèdent, le premier sur le territoire de Montesquieu, le second sur le territoire de Brouilla (Pyrénées-Orientales); 2° à dériver d'un point pris sur ce canal commun, pour l'irrigation de la commune de Palau-del-Vidre, le volume d'eau auquel ils pourront avoir droit.

Les contestations pendantes à l'occasion du partage des eaux du Tech, notamment entre les parties ci-dessus nommées, et les arrosants de la commune d'Elne, ont, jusqu'à présent, mis également obstacle à l'établissement de ce canal, qui est vivement désiré dans la localité. La déclaration d'utilité publique n'a point été nécessaire, car, d'après l'intérêt mutuel des intéressés, chacun s'est empressé de consentir à céder, moyennant indemnité, les terrains nécessaires à l'ouverture du canal et de ses rigoles. L'ordonnance d'autorisation est rédigée dans ce sens.

Quant au canal du sieur Marc, dérivé de la Garonne sur les territoires de Labroquère et de Valentine (Haute-Garonne), j'ai fait connaître dans le tome Ier, p. 155, les bases de cette concession, accordée par l'ordonnance royale du 5 février 1843. C'est la plus récente de celles qui ont eu lieu dans la région des Pyrénées.

CHAPITRE TRENTE-HUITIÈME.

SUITE DE L'ADMINISTRATION DES CANAUX D'ARROSAGE EN FRANCE. RÈGLEMENTS GÉNÉRAUX ET LOCAUX.

Règlement pour la distribution des eaux du canal de Crapone, à l'usage des arrosants de la Crau d'Arles. — Arrêté du préfet des Bouches-du-Rhône, du 31 mai 1812, approuvé par le ministre de l'intérieur, le 5 septembre de la même année.

Nous comte de l'Empire, conseiller d'État, préfet du département des Bouches-du-Rhône, etc.;

Considérant que des changements survenus dans l'étendue superficielle des terrains arrosés avec l'eau du canal de Crapone, œuvre d'Arles, depuis la division provisoire adoptée par l'arrêt du parlement de Provence, du 2 mai 1735, ne permettent pas de maintenir aujourd'hui cette division;

Que cette impossibilité est reconnue par plusieurs délibérations de l'association des Arrosants de la Crau, notamment par celles précitées;

Que si une période de sept jours avait paru suffisante en 1735 pour arroser 838 hectares de terrain, il faut aujourd'hui doubler au moins cette période; puisque les terrains arrosables donnent une superficie de 2.105 hectares,

Arrêtons :

Art. 1er. Les terres arrosables avec l'eau du canal de Crapone, œuvre d'Arles, sont divisées en cinq classes, et la saison des arrosages, qui commence le 1er avril et finit le 30 décembre de chaque année, est divisée en douze périodes commençant les 1er et 16 de chaque mois.

La 1re classe commencera à la martelière de Braïs, finira à celle du domaine dit le mas de Laure inclusivement, et arrosera une étendue superficielle de 495 hectares 82 ares 99 centiares, les 1, 2, 3, 16, 17 et 18 de chaque mois, depuis le soleil levant du premier jour de ces deux périodes, jusqu'au soleil levant du premier des jours destinés à la classe suivante.

La 2e classe commencera à la martelière du domaine dit le mas de Laure, exclusivement, finira à la martelière dite Chapelete, inclusivement, et arrosera une étendue superficielle de 503 hectares 84 ares 15 centiares, les 4, 5, 6, 19, 20 et 21 de chaque mois, depuis le soleil levant du premier jour de ces deux périodes, jusqu'au soleil levant du premier des jours destinés à la classe suivante.

La 3e classe commencera à la martelière dite Chapelete, exclusivement, finira à la martelière dite du Bois-de-Cays inclusivement, et arrosera une étendue superficielle de 456 hectares 48 ares 81 centiares, les 7, 8, 9, 22, 23 et 24 de chaque mois, depuis le soleil levant du premier jour de ces deux périodes, jusqu'au soleil levant du premier des jours destinés à la classe suivante.

La 4ᵉ classe commencera à la martelière dite du Bois-de-Cays, exclusivement, finira à la martelière du domaine dit le mas de Boyer, inclusivement, et arrosera une étendue superficielle de 339 hectares 60 ares 1 centiare, les 10, 11, 12, 25, 26 et 27 de chaque mois, depuis le soleil levant du premier jour de ces deux périodes, jusqu'au soleil levant du premier des jours destinés à la classe suivante.

La 5ᵉ classe commencera à la martelière du domaine dit le mas de Boyer, exclusivement, finira au pont de Crau, à la dernière martelière, et arrosera une étendue superficielle de 230 hectares 79 ares 8 centiares, les 13, 14, 15, 28, 29, 30 et 31, depuis le soleil levant du premier jour de ces deux périodes, jusqu'au soleil levant du premier des jours destinés à la classe suivante, et elle aura trois jours complets d'arrosage pendant chaque période des mois d'avril, juin et septembre, et quatre jours pendant la dernière période des mois de mai, juillet et août.

Art. 2. Conformément à l'arrêt du parlement de Provence du 2 mai 1735, lorsque l'eau sera restée deux jours sans arriver aux moulins à farine du pont de Crau, ou lorsqu'il n'y aura pas suffisamment d'eau pour faire tourner un seul moulin, à fil, sur l'avis d'un eygadier ou des syndics de l'Association des Arrosants, ou de l'un d'eux, ou de leur préposé, la division prescrite par l'article 1er sera rigoureusement observée, sans déroger, néanmoins, au droit appartenant à chaque arrosant inférieur, par sa position naturelle, de se servir de l'eau que lui abandonnent les arrosants supérieurs pendant les jours assignés à leur classe, avant les jours destinés pour la classe de l'inférieur.

Art. 3. Si par un événement imprévu, depuis le 1er avril jusqu'au 1er octobre, il arrive que pendant une période d'arrosage, une partie des arrosants auxquels cette période est destinée, ne puisse arroser, les syndics pourront, sur le procès-verbal de l'eygadier, qui constatera le manque d'eau, défendre aux arrosants supérieurs qui auront arrosé durant cette même période, d'arroser dans la période suivante d'autres terrains que les jardins, et d'arroser deux fois dans la même période. Les arrosants auxquels ce procès-verbal sera notifié par l'eygadier, devront tenir leurs martelières fermées, jusqu'à ce que les inférieurs qui auront éprouvé le manque d'eau aient arrosé. Dans aucun cas, cette défense ne pourra intervertir, à l'égard des autres arrosants, l'ordre des jours d'arrosage prescrit par l'article 1er.

Si le manque d'eau a été éprouvé par une classe entière, la défense frappera sur la classe qui lui sera immédiatement supérieure.

S'il est éprouvé par des arrosants de la même classe, la défense frappera sur les arrosants de la même classe qui leur seront immédiatement supérieurs.

Les arrosants qui seront privés de l'eau durant toute une période, prendront dans la période suivante la place de ceux qui seront frappés par la défense, sauf à ceux-ci, en cas de retour de l'eau dans les trois jours assignés à la classe souffrante, d'arroser après que ceux qui auront éprouvé le manque d'eau dans la période précédente auront arrosé, mais sans intervertir, à l'égard de tous les autres arrosants, le classement et l'ordre des jours prescrits par l'article 1er.

Pour l'exécution de leurs ordres, les syndics placeront un eygadier ou des surveillants près les martelières qui seront frappées par la défense; cette défense pourra être renouvelée ou prorogée toutes les fois que la totalité des arrosants n'aura pas arrosé durant le cours d'une période, sans pouvoir cependant atteindre deux fois les mêmes arrosants durant deux périodes consécutives.

Art. 4. Conformément à l'arrêt du 2 mai 1735, il est défendu de faire des coupures sur le canal, et d'arroser autrement que par des martelières; en conséquence, dans les deux mois de la publication du présent, toutes les coupures existantes sur le canal de Crapone, œuvre d'Arles, seront fermées à la diligence et aux frais des arrosants dans les propriétés desquels elles sont ouvertes; passé ce délai, elles seront fermées aux frais desdits arrosants, à la diligence et par ordre des syndics de l'association.

Art. 5. Dans les deux mois de la publication du présent, et à l'avenir, les martelières des arrosants seront mises en état de contenir l'eau, et les plafonds de ces martelières seront mis au niveau que doit avoir le plafond du canal, le tout à la diligence et aux frais des arrosants, chacun au droit soi.

Art. 6. Conformément à l'arrêt du parlement de Provence du 21 février 1785, il est défendu, sous les peines y portées, à tous les arrosants de démolir leurs martelières sans en avoir obtenu l'autorisation des syndics de l'association. Ils ne pourront également, sans la même autorisation, en construire de nouvelles, et, dans ce dernier cas, ils seront tenus d'observer la dimension et le calibre qui leur seront désignés par les Syndics.

Art. 7. Dans les deux mois de la publication du présent, il sera fait, à la diligence et sous la surveillance des syndics de l'association, par un expert qu'ils choisiront, un rapport descriptif de toutes les martelières existantes sur le canal de Crapone, œuvre d'Arles.

Les martelières seront numérotées des deux côtés, le rapport énoncera leurs numéros, leur situation, le nom de l'arrosant qui aura plusieurs martelières, ou les noms des arrosants qui jouiront de la même martelière, et la quantité des terrains arrosés.

Les numéros des martelières, les noms des arrosants, et la quantité des terrains arrosés par ces martelières, seront inscrits sur un tableau déposé aux archives de l'association.

Lorsque le tableau aura été dressé, les syndics en donneront avis à tous les arrosants.

Art. 8. Les nouveaux propriétaires seront tenus de se faire inscrire au tableau prescrit par l'article précédent, en justifiant de leur acte de mutation.

Art. 9. Conformément aux anciens règlements, il est défendu aux arrosants de faire dans le lit du canal ni digues ni bâtardeaux, de jeter l'eau dans les propriétés dites *coussous*, de la laisser perdre dans les chemins, ni de la jeter dans les marais, le tout sous les peines portées par l'arrêt du 2 mai 1735.

Art. 10. Pour l'exécution du présent règlement, les syndics de l'association établiront, pendant tout le cours de l'année, un eygadier, et depuis le 1er juin jusqu'au 1er septembre, tel nombre de surveillants qu'ils jugeront convenable.

Ils pourront employer annuellement une somme de six cents francs aux appointements de l'eygadier, et la dépense pour les surveillants ne pourra excéder douze cents francs.

Suivant les besoins du canal et de l'association, les syndics pourront établir des surveillants avant le 1er juin et les continuer après le 1er septembre, même établir des surveillants à cheval pour parcourir le canal depuis Braïs jusqu'aux prises.

Art. 11. Conformément à la transaction du 20 octobre 1571, et à l'arrêt du parlement de Provence du 14 juillet 1728, l'eygadier et les surveillants seront nommés par les syndics de l'association ; ils seront assermentés et sauront lire et écrire. Ils porteront une bandoulière avec une plaque, et ils rédigeront et affirmeront leurs procès-verbaux dans les formes de droit. Les contrevenants aux dispositions du présent règlement seront poursuivis, ensuite de ces procès-verbaux, devant les tribunaux compétents.

Art. 12. Les contrevenants aux dispositions des articles 2, 3, 4, 5 et 8 du présent règlement, seront soumis à une indemnité au profit de l'association, égale au droit d'arrosage du terrain arrosé par le contrevenant, et elle ne pourra être moindre de vingt francs. L'indemnité sera double pour la seconde fois, et triple pour la troisième fois, dans la même saison, sans préjudice, à l'égard des contrevenants aux dispositions de l'article 4, de l'amende de trois cents francs prononcée par l'arrêt du 21 février 1785.

Art. 13. Continueront au surplus d'être exécutés les règlements de l'œuvre générale de Crapone et de l'œuvre d'Arles, auxquels il n'est pas expressément dérogé par le présent règlement.

Art. 14. Le présent arrêté sera soumis à l'approbation du gouvernement.

Fait à Marseille, etc.

Signé Thibaudeau.

Dans la même année où ce règlement fut mis en vigueur, des plaintes eurent lieu de la part des membres de l'association sur la désignation des classes et sur la contenance des terrains affectés à chacune d'elles. Les syndics répondirent que les inexactitudes avaient été occasionnées par l'impossibilité où l'on était d'obtenir un état exact des martelières établies sur le canal et des terrains qu'elles desservent. Cet état a été dressé depuis.

Un nouvel arrêté du préfet des Bouches-du-Rhône, en date du 17 décembre 1822, intervint sur cette même question, à la suite de deux délibérations des arrosants de l'OEuvre-d'Arles, en date des 21 et 28 avril 1822, qui signalaient la pénurie trop fréquente des eaux dérivées de la Durance dans les canaux de Crapone et de Boisgelin. Ce nouvel arrêté considéra que le règlement précité du 31 mars 1812 assurerait à tout membre de l'association l'eau nécessaire à son usage, s'il était textuellement exécuté et que les plaintes de la dernière classe des arrosants, consignées dans la délibération du 21 avril, étaient toutes motivées sur l'inobservation de ce règlement, dont il ne s'agissait que d'assurer l'exécution.

L'arrêté susdit du 17 décembre 1822 prescrivit donc : que toutes les martelières et prises d'eau établies sur le canal principal seraient désormais disposées de manière à être fermées à clef par l'eygadier ou les surveillants préposés à leur fermeture et que ceux qui violeraient la fermeture seraient passibles des indemnités prescrites par l'art. 12, sans préjudice de la poursuite criminelle en cas de délit de fausses clefs.

Le même arrêté constata d'ailleurs que la période de trois mois, du 1er juin au 1er septembre, établie par l'art. 3 du règlement de 1812, dans sa première rédaction, était reconnue insuffisante, d'après l'expérience faite pendant les sécheresses de 1821 et 1822, pour assurer l'arrosage des propriétés inférieures et c'est d'après cela que les mots « depuis le 1er juin jusqu'au 1er septembre » furent remplacés par ceux-ci : depuis le 1er avril jusqu'au 1er octobre. (Art. 2 de l'arrêté.)

Enfin, l'arrêté du 17 décembre 1822, rectificatif de celui du 31 mai 1812 fut approuvé par une ordonnance royale du 7 juillet 1824, laquelle ajoute seulement à ses dispositions : que les eygadiers, chargés de l'ouverture des martelières, devront y être rendus aux heures fixées, sous peine de retenues faites sur leurs appointements et déterminées par les syndics de l'association.

Extrait du règlement de l'Association des Arrosants de la commune de Sénas (Bouches-du-Rhône). — Arrêté du préfet, du 9 juillet 1810.

Art. 1er. L'association sera administrée par quatre syndics renouvelés de deux en deux ans.

Art. 2. Les syndics doivent posséder dans l'association un revenu net de 40 francs. Ils nomment un *baile* pour surveiller les ouvrages faits et à faire. —Ils sont chargés d'ordonner et de suivre l'exécution des délibérations prises pour l'association ; — ils font faire les projets et devis des travaux, en passent l'adjudication et les font recevoir et payer.

Art. 3. Les syndics font dresser les rôles de répartition des sommes votées par l'association, en raison de l'intérêt que chaque membre aura aux travaux, conformément à la loi.

Art. 4. Faute par les syndics de dresser lesdits rôles et de les remettre au receveur qui devra les recouvrer, le sous-préfet les fera rédiger d'office à leurs frais.

Art. 5. En cas d'urgence, les syndics pourront dépenser jusqu'à concurrence de 50 francs.

Art. 6. L'association s'assemblera de droit le premier dimanche du mois de décembre ; les syndics convoqueront en outre l'association lorsqu'ils le jugeront convenable. Tout membre de l'association pourra en demander la convocation aux syndics. En cas de refus de leur part, il en sera référé au sous-préfet, qui statuera.

Art. 7. Nul ne sera admis à voter dans les assemblées, s'il n'est propriétaire ou usufruitier dans l'association d'un revenu net de 20 francs (calculé d'après le cadastre). Pourront néanmoins plusieurs propriétaires se réunir et se faire représenter à l'assemblée.

Art. 8. Les syndics sont nommés par l'association, qui entend et arrête leurs comptes, fixe les dépenses à faire et les frais d'administration. En cas de partage des voix dans l'assemblée, la voix du président des syndics est prépondérante.

Art. 9. Les délibérations ne peuvent être exécutées qu'avec l'approbation du préfet.

Art. 10. Les rôles des cotisations arrêtés par les syndics sont rendus exécutoires par le préfet.

Art. 11. Il est défendu à tout propriétaire ayant droit d'arroser, de faire des coupures au canal-mère. Ils ne pourront dériver les eaux que par des *esparsiers* (vannes) en pierre, avec des portes fermant à clef.

Art. 12. Le canal-mère sera toujours maintenu à 2 mètres 1/2 de largeur au plafond.

Art. 13. L'arrosage sera fait de manière que le propriétaire le plus éloigné du canal-mère ou de ses branches (filioles) arrosera le premier, et ainsi successivement, en remontant vers la prise d'eau.

Art. 14. Tous les propriétaires arrosants seront tenus de récurer les branches ou *filioles* au-devant de leurs propriétés. Ce curage devra être terminé le 1er mars (1).

Art. 15. Les contraventions au présent règlement seront constatées par des procès-verbaux du

(1) L'arrosage commence du 1er mars au 15 avril.

baile garde champêtre, et poursuivis conformément aux lois.

Art. 16. Les contestations et réclamations relatives aux rôles de l'association seront portées devant le conseil de préfecture, sauf recours au gouvernement.

Règlement pour les arrosants de la commune d'Eyguières (Bouches-du-Rhône). — 28 décembre 1832.

Les arrosages d'Eyguières (Bouches-du-Rhône) sont alimentés par une branche du canal de Craponne, construite aux frais de la commune, qui jouit aussi d'une concession de deux moulans d'eau dérivés du canal des Alpines.

D'après l'ancien règlement approuvé par arrêté préfectoral du 20 mai 1806, l'association des arrosants d'Eyguières était administrée par cinq syndics exerçant gratuitement leurs fonctions. Ces syndics se réunissaient rarement, et ne pouvaient prendre aucune mesure importante sans en référer à l'assemblée générale des arrosants, dans laquelle le grand nombre des intéressés rendait très-difficile l'expédition des affaires. Dans ces assemblées, le propriétaire d'un are de terrain avait voix délibérative comme le propriétaire de 50 hectares. Aussi plus de 800 personnes avaient le droit d'y assister. Les vices de cet ancien règlement avaient été reconnus par l'assemblée générale du 27 décembre

1818. M. Benoit, maire d'Eyguières et syndic général du canal des Alpines, proposa à l'assemblée générale tenue le 2 décembre 1832, le nouveau règlement dont les dispositions principales ont été puisées dans la loi du 21 mars 1831, sur l'organisation municipale. L'assemblée l'ayant adopté d'une voix unanime, le nouveau règlement a été approuvé par arrêté du préfet du 28 décembre 1832.

Art. 1er. L'association continuera d'exister sous le nom d'*Association des Arrosants de la commune d'Eyguières*.

Art. 2. Sont de droit membres de cette association tous les propriétaires qui possèdent au territoire d'Eyguières des biens ruraux dans les quartiers arrosables des eaux des canaux de Craponne et des Alpines.

Art. 3. L'association est régie et administrée par un syndic dirigé par un conseil d'administration.

Art. 4. Toutes les affaires et toutes les actions de l'association sont exclusivement de la compétence et dans les attributions du conseil d'administration, sauf les deux cas réservés à l'assemblée générale par l'art. 7.

Art. 5. Le syndic est nommé par le conseil d'administration, à la majorité des voix, et choisi parmi les membres de l'association. Ses fonctions durent trois ans, mais il peut être réélu. Son traitement est fixé par le conseil. En cas de décès, absence ou empêchement du syndic, il est provisoirement remplacé par le membre du conseil le plus âgé.

Art. 6. Le conseil d'administration est composé de vingt-quatre membres choisis parmi les membres de l'association, et nommés à la majorité des voix par l'assemblée générale des arrosants. Les membres du conseil sont nommés pour six ans, et sont indéfiniment rééligibles. Ils sont renouvelés tous les trois ans.

Art. 7. L'assemblée générale des arrosants n'est convoquée : 1° que lorsqu'il y a lieu à nommer et à remplacer les membres du conseil d'administration; 2° que lorsqu'il s'agit d'établir une imposition ordinaire ou extraordinaire excédant 5 francs par hectare (1) de contenance arrosable. Aucun autre objet n'est soumis à la délibération de l'assemblée générale. Les délibérations sont prises à la majorité des voix, quel que soit le nombre des propriétaires présents à l'assemblée.

Art. 8. Le conseil d'administration ne pourra délibérer que lorsque le nombre des membres présents sera au moins de dix. Néanmoins, quand il ne s'agira ni de voter des impositions, ni d'autoriser une dépense excédant *cent francs*, le conseil pourra délibérer après une heure d'expectative, quel que soit le nombre des membres présents. Le syndic n'aura voix aux assemblées du conseil qu'en cas de partage d'opinions.

(1) Les impositions de l'association varient de 1 fr. 75 à 4 francs par hectare ; elles n'ont jamais dépassé ce dernier taux.

Art. 9. Le conseil d'administration détermine le mode de récurage, les ouvrages et réparations à faire, dresse le budget de l'association, vote l'imposition ordinaire, qui est fixée par hectare, quelle que soit la nature du terrain arrosable; enfin, prend toutes les mesures et délibérations que l'intérêt général exige.

Art. 10. Le syndic convoque en outre le conseil toutes les fois qu'il le juge nécessaire. Il est tenu de le convoquer immédiatement sur la demande de M. le maire d'Eyguières ou de deux membres du conseil ou de quatre propriétaires arrosants.

Art. 11. M. le maire d'Eyguières sera toujours prévenu du jour et de l'heure de chaque assemblée générale ou du conseil, ainsi que de son objet. Il pourra faire toutes les propositions que bon lui semblera, mais il n'aura pas voix aux délibérations du conseil.

Art. 12. Le syndic ne pourra faire ni ordonner aucune dépense non prévue par le budget et excédant vingt francs, sans y être autorisé par une délibération du conseil.

Art. 13. Le conseil d'administration nommera un ou plusieurs gardes-eygadiers chargés de la surveillance et de la distribution des eaux, ainsi que du soin de dénoncer les abus, et dont les fonctions seront assimilées, quant à ce, à celles des gardes champêtres. Il fixera leur traitement. La nomination de ces agents sera soumise à la confirmation de M. le sous-préfet d'Arles, et avant d'entrer en fonctions, ils seront tenus de prêter serment pardevant le juge de paix du canton d'Eyguières.

Art. 14. Le conseil d'administration réglera la distribution des eaux dans les divers quartiers arrosables du territoire, principalement dans le cas de pénurie, en déterminant les jours d'arrosage affectés à chaque quartier rural. Il prendra, à cet effet, tous arrêtés que les cas pourront exiger.

Art. 15. Le syndic passera l'adjudication des divers travaux, en présence de M. le maire d'Eyguières, ou les fera exécuter par économie, selon que le décidera le conseil.

Art. 16. Le recouvrement des cotisations d'arrosage sera fait par le receveur municipal d'Eyguières, ou par un receveur spécial nommé par le conseil, sur les rôles qui seront dressés par le syndic, et rendus exécutoires par M. le préfet. Il s'opérera de la même manière que pour les contributions publiques, sauf le payement qui, au lieu d'être fait par douzièmes, se fera en un ou plusieurs termes, d'après la délibération du conseil. Le receveur fera la maille bonne, et il lui sera alloué le cinq pour cent sur le montant de ses recouvrements.

Art. 17. Le receveur acquittera des deniers de sa recette les mandats tirés sur lui par le syndic, qui sera tenu de se conformer aux prescriptions du budget et aux délibérations du conseil, ou enfin de se renfermer dans les limites de l'art. 12.

Art. 18. Le conseil d'administration nommera un secrétaire de l'association, pour le terme de trois ans, et qui pourra être réélu. Il fixera son traitement et ses frais de bureau. Le secrétaire rédigera les délibérations, dressera les rôles et fera les mandats.

Art. 19. Il sera dressé (en 1833) un registre matricule de tous les propriétaires possédant des biens ruraux arrosables dans le territoire d'Eyguières. Les mutations faites sur les matrices cadastrales seront annuellement faites et transcrites à côté des articles correspondants du registre-matrice de l'association. Le même registre formera la matrice des rôles de cotisation de l'association.

Art. 20. Les archives de l'association seront tenues et déposées à la mairie d'Eyguières, où tous les arrosants pourront en prendre communication sans déplacement et sous la surveillance de M. le maire et de ses employés.

Art. 21. Tout propriétaire qui voudra renoncer à arroser ses biens ruraux en tout ou en partie, en fera la déclaration au secrétaire de l'association, qui en dressera procès-verbal sur un registre spécial. Ce propriétaire pourra plus tard rentrer dans la faculté d'arrosage, à la charge d'en faire aussi la déclaration dans la même forme que la précédente, et de verser préalablement dans la caisse de l'association une indemnité qui sera fixée par le conseil d'administration, et proportionnée à la contenance du terrain et au nombre d'années pendant lesquelles elle aura été affranchie des cotes d'arrosage.

Art. 22. Il est défendu aux arrosants de laisser perdre les eaux dans les chemins publics, dans les ravines ou dans les canaux étrangers à l'association.

Art. 23. Chaque arrosant sera tenu de fermer sa prise d'eau dans les canaux de l'association, lorsqu'il aura fini d'arroser. Il est expressément prohibé de faire en travers de ces canaux des ouvrages destinés à retenir ou à relever les eaux.

Art. 24. Le conseil d'administration pourra délibérer sur tous les autres articles réglementaires, mais ils ne seront exécutoires qu'après leur approbation par M. le préfet, et après qu'ils auront été affichés pendant trois dimanches consécutifs.

Art. 25. Toutes les délibérations de l'assemblée générale et du conseil d'administration seront soumises à l'approbation de M. le préfet, avant de recevoir leur exécution. Néanmoins, les arrêtés d'urgence pris par le conseil, dans les cas prévus par l'article 14, et dont l'effet ne peut être que momentané, seront exécutoires immédiatement après qu'ils auront été publiés et affichés.

Dans la région des Pyrénées françaises, et principalement dans le département des Pyrénées-Orientales, qui est extrêmement remarquable sous ce rapport, il existe beaucoup de règlements particuliers et de contrats d'association, ayant l'arrosage pour objet. Le document le plus récent que je puisse citer dans ce genre consiste dans les conventions passées en 1830 et en 1838 entre MM. Pagès frères et les propriétaires de la commune de Palau, qui doivent se servir des eaux du canal par eux projeté dans cette localité.

Je donne ci-après le texte des deux délibérations successives de l'assemblée générale des intéressés à ce canal. On y voit, ainsi que je l'avais précédemment annoncé, en traitant du droit d'aqueduc, la réalisation d'une entreprise d'irrigation qui intéresse un grand nombre de personnes, et doit s'étendre sur au moins 700 ou 800 hectares, faite d'un commun accord, et avec l'adhésion de tous les intéressés, sans qu'il soit nécessaire de recourir aux dispositions rigoureuses de la loi d'expropriation, ni à aucun autre régime exceptionnel, pour assurer le passage et la distribution des eaux.

On ne saurait trop encourager de pareilles associations, partout où elles peuvent se former.

*Première délibération des propriétaires tenanciers de la commune de Palau-del-Vidre, canton d'Argelès (**Pyrénées-Orientales**).*

L'an mil huit cent trente, et le huitième jour du mois d'août, à une heure de l'après-midi, les propriétaires ci-après nommés, réunis en assemblée générale dans la maison de M. l'adjoint au maire (la maison commune n'étant pas assez vaste pour pouvoir contenir tous les tenanciers), sous la présidence de M. le maire de la commune dudit Palau, et ce, en vertu de l'autorisation de M. le préfet, en date du 26 juillet dernier, qui permet cette assemblée, laquelle a été composée des sieurs.... (Suit la liste générale des parties présentes.)

Tous propriétaires de parties des terres qui peuvent être arrosées au moyen des eaux des moulins de Breuil et de Brouilla, appartenant par indivis aux sieurs Antoine et Bonaventure Pagès frères, à laquelle assemblée a été appelé ce dernier comme mandataire de son frère.

Les susnommés, qui ont été convoqués par des publications ainsi que par des affiches apposées dans les communes de Palau, Sorède, Saint-André, Saint-Génès et Ortaffa, par lesquels avis et publications les intéressés étaient avertis des jour et heure de ladite assemblée, aux fins de délibérer sur tout ce que le bien de leur association pourrait exiger, et nommer des syndics pour représenter ladite association, et agir en son nom, soit devant l'administration, soit devant les tribunaux, s'il y a lieu.

A laquelle assemblée le sieur Jacques Pagès, maire, président d'icelle, a dit que le conseil municipal de la commune Palau, pénétré des malheurs que la sécheresse occasionnait depuis plusieurs années dans le Roussillon, et particulièrement dans la susdite commune, s'était réuni par suite de la session annuelle du mois de mai, le 9 dudit, et que, prenant en considération les besoins particuliers et locaux de la commune, avait arrêté à l'unanimité qu'il serait proposé aux sieurs Antoine et Bonaventure Pagès frères, propriétaires des moulins de Breuil et Brouilla, de se faire autoriser à dévier, pour cause d'utilité publique, tout ou partie de leurs eaux, au moyen d'un canal principal dans le territoire de la commune de Palau-del-Vidre, afin de servir à l'irrigation des terres susceptibles de jouir de cet avantage, comme aussi de diriger vers la commune l'eau nécessaire, soit au besoin des habitants, soit au service public, en cas d'incendie, sauf aux tenanciers à s'entendre avec les sieurs Antoine et Bonaventure Pagès, pour ce qui les concernait.

Que cette délibération reçut l'approbation de l'autorité supérieure, et que M. le préfet ayant demandé un croquis ou plan figuratif du canal, tel qu'il existe aujourd'hui et tel qu'on se propose de l'exécuter, le conseil municipal fut de nouveau convoqué, en vertu d'une autorisation de M. le sous-préfet de l'arrondissement de Céret, en date du 15 juin dernier, pour faire la proposition aux sieurs Pagès frères, et pour les prier de fournir le plan demandé; mais le conseil ne pouvait traiter avec les sieurs Antoine et Bonaventure Pagès que sous le rapport de l'intérêt de la commune et des besoins de ses habitants, le but de la présente réunion des propriétaires, en assemblée générale, étant de contracter avec les sieurs Antoine et Bonaventure Pagès, tels engagements qu'ils jugeraient avantageux de souscrire, et de nommer des syndics pour représenter l'association.

Les propriétaires tenanciers susdits et soussignés, approuvant dans tous ses motifs la délibération du conseil municipal de la commune de Palau, du 9 mai dernier, et en outre considérant que ses observations ne sont malheureusement que trop fondées, et qu'il est urgent de prévenir de telles calamités, s'obligent à arroser, avec les eaux du canal des sieurs Antoine et Bonaventure Pagès, ceux-ci déclarant l'accepter, aux conditions suivantes :

1° Les sieurs Antoine et Bonaventure Pagès s'obligent à creuser le canal principal, à le curer et le tenir condret; à faire les bannes, écluses, ponts et ponceaux que l'administration des ponts et chaussées ordonnerait de construire sur les terrains qu'il traversera, et à fournir aux tenanciers arrosants l'eau nécessaire pour arroser leurs propriétés, sauf la première année.

2° Les tenanciers arrosants s'engagent à payer aux sieurs Antoine et Bonaventure Pagès, pour prix de leurs sacrifices et pour curer le ruisseau, une taxe annuelle ou rente perpétuelle, à raison de *six francs* pour *soixante ares*, laquelle se recouvrera tous les ans, au moyen d'un contrôle dressé à cet effet.

3° Des experts, au nombre de quatre, seront nommés moitié par les tenanciers arrosants, moitié par les propriétaires du canal, pour déterminer, concurremment avec l'ingénieur qui a fait le plan du canal, le nombre d'œils et leur diamètre, et pour désigner la place où ils devront être construits.

Cette nomination aura lieu lorsque l'autorisation de dévier les eaux aura été obtenue.

Deux des experts seront choisis parmi les propriétaires des communes voisines de celles de Palau, pourvu qu'ils n'aient aucun intérêt, soit direct, soit indirect, à l'exécution ou non exécution de cette entreprise. Les autres seront choisis dans la partie dite le Riveral.

4° Les sieurs Pagès frères ne seront nullement responsables des cas fortuits et de force majeure; par exemple si, pendant une sécheresse extrême, la rivière du Tech ne fournissait pas assez d'eau pour les usagers, et qu'on en vînt à un partage.

5° Les propriétaires dont le fonds sera traversé par le ruisseau et ses francs-bords s'obligent à céder la contenance des terres nécessaires pour leur établissement. L'évaluation se fera à dire d'experts.

6° Les susdits et soussignés nomment pour syndics les sieurs Jean Farré, Sébastien Pagès, Vincent Clara, Augustin Dispan et Joseph Lafont.

7° Il sera fait plus tard un règlement d'eau pour l'irrigation des terres.

8° Les obligations, de part et d'autre, seront considérées comme non avenues, dans le cas où l'autorisation de dévier les eaux ne serait pas obtenue par les sieurs Pagès.

Fait à Palau, les jour, mois et an susdits, et signé, etc. (Suivent les signatures.)

Seconde délibération des propriétaires tenanciers de la commune de Palau-del-Vidre, canton d'Argelès (Pyrénées-Orientales).

L'an mil huit cent trente-huit et le quatorze du mois de janvier, les tenanciers propriétaires de la commune de Palau-del-Vidre et ceux domiciliés dans d'autres communes, mais possédant des terres pouvant s'arroser des eaux du canal de MM. Antoine et Bonaventure Pagès, se sont réunis en assemblée générale, à la maison de ville, sous la présidence de M. L. Dispans fils, adjoint, et en vertu d'une autorisation spéciale de M. le préfet, en date du 9 janvier, présent mois, portant *que les présents lieront les absents*, l'association générale des tenanciers, prévenue par affiches, publications et par des avertissements distribués au domicile de chaque intéressé, a été représentée par MM.......... (suit la liste générale des parties présentes). Divers membres ayant présenté des observations dans l'intérêt de l'association, l'assemblée a arrêté ce qui suit :

1° Les tenanciers étant chargés de creuser et curer les canaux secondaires, s'obligent mutuellement à les laisser ouvrir sur leur terrain, sans indemnité, si cela devient nécessaire pour l'irrigation des propriétés inférieures. Les emplacements des canaux secondaires et rigoles d'arrosage seront déterminés par les experts nommés en vertu de l'article 3 de la délibération du 8 août 1830.

2° Les œils qui seront reconnus nécessaires par les experts sur les francs-bords du grand canal, seront établis aux frais et par les soins de MM. Antoine et Bonaventure Pagès.

3° Chaque œil d'irrigation aura un syndic particulier, nommé par les arrosants qui s'en serviront. Ce syndic spécial fera exécuter le règlement qui sera voté plus tard, ainsi qu'il est dit à l'article 7 du contrat du 8 août 1830.

4° Les irrigations auront lieu à l'heure, ou fraction d'heure, proportionnellement à la contenance des propriétés.

5° Les tenanciers ne pourront, en aucun cas, prendre l'eau eux-mêmes au canal principal. Elle y sera introduite par le garde champêtre conservateur des eaux, qui seul aura la clef de chaque œil. Cet agent constatera les contraventions et sera responsable de celles provenant de son fait. Le salaire du garde sera payé moitié par l'association des tenanciers, moitié par les propriétaires du canal.

6° Le garde champêtre, conservateur des eaux, sera nommé par l'association des tenanciers et agréé par les propriétaires du canal, qui pourront le révoquer en cas de négligence, abus, ou pour toute autre faute.

7° Le terrain nécessaire à l'établissement du grand canal appartiendra à MM. Antoine et Bonaventure Pagès, aux conditions renfermées dans la délibération du 8 août 1830; mais les riverains désirant conserver la propriété des francs-bords, il est spécialement convenu que MM. Pagès n'en payeront point la valeur, quoiqu'ils se réservent la faculté de rejet et de passage sur chaque franc-bord.

8° Les francs-bords devront toujours avoir au moins trois mètres de largeur de chaque côté, et les riverains ne pourront les affaiblir, ni réduire à une largeur moindre, sous quelque prétexte que ce puisse être.

9° Les propriétaires des francs-bords ne pourront les planter qu'à un mètre et demi du canal, c'est-à-dire à partir du milieu ou axe de chaque franc-bord

Fait à la mairie de Palau, lesdits jour, mois et an que dessus, et ont signé ceux dont les noms suivent; les autres ont déclaré ne savoir.

(Suivent les signatures.)

Cette convention a reçu ensuite l'approbation de M. le préfet des Pyrénées-Orientales.

Les délibérations et conventions ci-dessus, qui

peuvent tenir lieu provisoirement de tout autre règlement pour le canal dont il s'agit, ont été adoptées par d'autres communautés d'arrosants dans le même département. Les bases en paraissent effectivement fort équitables, et peuvent être généralisées, sauf toutefois ce qui concerne le prix si modique de la redevance dont j'ai précédemment expliqué les motifs.

Dans les cas semblables, suivant la pratique depuis longtemps suivie dans l'ancienne province de Roussillon, outre les affiches et publications à son de trompe ou de caisse, on est dans l'usage d'adresser à toutes les parties intéressées, ou à leurs représentants, un avertissement individuel ainsi conçu :

« Les propriétaires tenanciers faisant partie de l'association pour l'irrigation de leurs terres dans le territoire de Palau-del-Vidre, et qui ont traité le 8 août 1830 avec MM. Pagès frères, en vertu de l'autorisation de M. le préfet, en date du 26 juillet précédent, sont prévenus que, par arrêté de M. le préfet, en date du 9 janvier présent mois, ils sont autorisés à se réunir à Palau-del-Vidre, le dimanche 14 janvier, à heures du , en assemblée générale de tous les arrosants. On prendra les délibérations prescrites par les conventions du 8 août 1830; *les présents lieront les absents*. M. le maire de Palau présidera la réunion.

» Palau, le 10 janvier 1838. »

On voit, par la disposition finale de cette invitation, qu'il y a bien dans ce mode de procéder une certaine coercition, en ce sens que les intéressés absents se trouvent liés par le vote de la majorité des intéressés présents. Mais, après des mises en demeure qui reçoivent une grande publicité, il est évident que cette disposition est juste en elle-même, en ce qu'une opération d'une haute utilité pour tout un territoire ne doit point être entravée par la non adhésion d'un petit nombre de particuliers absents, qui ont été presque toujours à même de se faire représenter. Cette disposition formelle est puisée dans les plus anciennes coutumes du Roussillon, qui, aux termes mêmes de l'article 645 de notre Code civil, doivent continuer d'être observées, comme règlements anciens, sur la matière des eaux.

La même disposition résulte aussi des anciennes coutumes locales de la Provence, et s'applique encore dans les mêmes circonstances.

Règlements pour la répartition de l'usage des eaux entre les irrigations et les usines.

Ces règlements sont fort intéressants pour le centre et le nord de la France, ainsi que pour tous les pays d'une situation analogue; car, lorsqu'il arrive que l'industrie manufacturière et l'industrie agricole se trouvent avoir un intérêt à peu près égal, à l'usage des mêmes eaux, c'est souvent pour l'autorité administrative une tâche fort difficile que de les concilier. Dans les cas semblables, surtout lorsqu'il s'agit de petites rivières, d'un régime assez régulier, mais d'un volume insuffisant pour se prêter à un partage effectif des eaux, on ne peut que recourir à une répartition, par jours et heures, des temps de jouissance à attribuer à chaque industrie, sauf aux intéressés à procéder entre eux à des répartitions de détail. Ce mode de procéder est d'autant plus convenable, qu'à l'exception des usines métallurgiques, la plupart des autres chôment naturellement pendant la nuit, ainsi que les dimanches et fêtes; de sorte que l'eau dont on ne disposerait pas alors pour un autre usage, serait perdue pour la localité.

C'est ainsi que cela se pratique dans plusieurs de nos départements, surtout dans ceux qui font partie de l'ancienne Normandie, dont les cours d'eau sont également recherchés par les deux industries dont je viens de parler. Il y existe quelques bons règlements, basés presque tous sur d'anciennes coutumes locales, et auxquels il n'y a lieu de rien changer.

Ces règlements sont nombreux dans le département de la Seine-Inférieure, qui est, comme l'on sait, un de ceux de toute la France où les chutes d'eau ont le plus de valeur, et où, en même temps, une grande partie des prairies jouissent de très-bons arrosages. J'en cite ici quelques-uns.

Un arrêté du préfet du 15 mai 1803, basé sur un règlement antérieur, du 17 pluviôse an x, qui assure la police des eaux dans le département, répartit l'usage de celles de trois petites rivières, entre les usines et les irrigations des communes de Fontaine-Châtel, Revon et Blainville. Cet arrêté, rendu sur les plaintes formées par les propriétaires d'usines contre les prises d'eau faites arbitrairement par les propriétaires de prairies, et en se fondant sur les anciens usages locaux, a fixé à trente-six heures, par semaine, la durée des retenues d'eau temporaires, destinées spécialement à l'arrosage, et ordonné en conséquence que les vannes d'irrigation pratiquées sur le territoire des communes ci-dessus désignées, seraient ouvertes le samedi de chaque semaine, immédiatement après le coucher du soleil, pour être refermées le lundi, après son lever. — En cas de crues accidentelles dans le cours de la semaine, les arrosants sont tenus d'ouvrir un nombre de vannes suffisant pour faciliter l'écoulement des eaux, en se conformant d'ailleurs aux dispositions précitées du 17 pluviôse an x. — Le même arrêté prescrit que, pour assurer l'exécution de ces dispositions, il sera nommé, par le préfet, sur la présentation des conseils municipaux de chaque commune, trois gardes pour la surveillance des vannages d'irrigation. — Les conseils municipaux des communes intéressées dressent chaque année un rôle dans lequel les divers propriétaires des prairies arrosées sont cotisés en raison du nombre d'hectares que chacun d'eux possède. Ce rôle est rendu exécutoire par le préfet, et le recouvrement en est fait, et poursuivi, comme en matière de contributions publiques. — En cas de contestations sur l'exécution de ce règlement, les parties se pourvoient d'abord devant le juge de paix, qui prononce sans appel, jusqu'à la concurrence de 50 francs, conformément aux dispositions de la loi du 24 août 1790.

Un autre arrêté du préfet de la Seine-Inférieure du 19 novembre 1807, règle, d'après des bases analogues à celles qui viennent d'être indiquées, l'usage des eaux consacrées spécialement à l'irrigation des prairies situées au-dessous du moulin de Crevon, et fixe la saison d'arrosage du 15 mars au 24 juin de chaque année, conformément à l'usage suivi de temps immémorial.

L'arrêté qui réglemente l'irrigation des prairies bordant les rivières d'Aubette et de Robec, établit que cette irrigation doit avoir lieu, dans les communes de Rouen, Darnetal, Saint-Martin, etc., tous les dimanches, de six heures du matin jusqu'à six heures du soir, du 15 mars au 15 septembre, de chaque année. En l'absence des gardes spéciaux, la police des irrigations avait été anciennement confiée aux gardes champêtres, sous la surveillance des maires de chaque commune; mais plus tard on a reconnu partout la nécessité d'instituer pour cela des agents spéciaux. Dans le département dont je parle, ces agents portent indistinctement les noms de *garde-rivière* ou de *garde-rigoleur*, qui sont convenables tous les deux.

Jusqu'en 1808, les eaux de la rivière de Ganzeville n'avaient été sujettes à aucun régime fixe : les propriétaires de prairies étaient libres d'en user à tous jours et heures; ce qui n'avait lieu qu'au grand préjudice des usiniers, dont les plaintes et réclamations étaient continuelles. Un arrêté du 27 février 1808 a fait cesser cet état de choses, en conciliant les intérêts de l'agriculture avec ceux de l'industrie manufacturière, aujourd'hui si importante, de la ville de Fécamp. Il établit : 1° qu'à l'avenir les eaux de ladite rivière ne pourront être détournées pour l'irrigation des prairies que tous les samedis à six heures du soir, à la charge d'être rendues dans leur lit tous les lundis, à six heures du matin; 2° qu'elles pourront également être prises à la même heure et pour le même temps, les veilles des fêtes reconnues par le gouvernement; 3° que les infractions commises aux dispositions du présent règlement, seront poursuivies devant le juge de paix, sur procès-verbaux des maires, adjoints et gardes champêtres; mais que les contestations qui seraient relatives à son exécution seront jugées administrativement.

Une ordonnance royale du 21 août 1822 a prescrit des dispositions analogues, en ce qui concerne l'irrigation des prairies riveraines des rivières de Clères et de Cailly, même département, ainsi que le curage desdites rivières.

Une autre ordonnance du 9 juin 1824 statue aussi, dans le même sens, en ce qui concerne les prairies adjacentes aux rivières coulant sur le territoire de la commune de Lillebonne. Elle fixe pour l'époque de l'irrigation desdites prairies, tous les dimanches et fêtes conservées, depuis minuit sonné jusqu'au lendemain au soleil levant (art. 1). — Les prairies dites du Hosoy, et autres voisines, doivent être arrosées de neuf en neuf jours, à des dates déterminées de chaque mois (art. 3). — Les limites de chaque division distincte de prairie qui doivent jouir, le même jour, du droit d'irrigation, sont ostensiblement déterminées par des bornes, afin de prévenir, par la suite, toute espèce de difficultés (art. 4). — Les vannes de prises d'eau à établir, à deux mètres au plus des berges de la rivière, doivent reposer sur un seuil en maçonnerie placé au niveau du seuil gravier de chaque canal de dérivation (art. 5). — L'ouverture de ces vannes est fixée à $0^m,28$ par demi-hectare qu'elles arrosent, pour les prairies dont le niveau est inférieur à celui de la rivière, et à $0^m,50$ pour les autres (1).

(1) Un arrêt de règlement rendu par la chambre des eaux et forêts du parlement de Rouen, en date du 2 juillet 1689, avait statué d'une manière analogue, au sujet de prises d'eau sur la rivière d'Iton, dans le département de l'Eure, en déclarant « que pour l'ir-

Une autre ordonnance du 15 décembre 1824 règle de la même manière ce qui concerne l'irrigation des prairies adjacentes aux rivières de Sainte-Austreberte et de Saffembec, dont les eaux étaient réclamées concurremment par les propriétaires riverains et par les propriétaires d'usines.

Le temps assigné à l'irrigation est de vingt-quatre heures par semaine ; les veilles des dimanches et fêtes consacrées, depuis sept heures du soir jusqu'à pareille heure du lendemain ; et ce, à partir de leur source jusqu'à leur embouchure.

La manœuvre des vannes d'irrigation s'exécute directement, par les soins des propriétaires ou fermiers, qui en ont les clefs et qui sont dès lors personnellement responsables de toutes les contraventions.

Des syndicats composés généralement de cinq membres choisis parmi les principaux intéressés, sont chargés d'assurer l'exécution de ces règlements.

Telles sont, avec quelques autres plus récentes, les dispositions en vigueur dans le département de la Seine-Inférieure. Des dispositions analogues sont établies dans les départements de l'Eure, d'Eure-et-Loir, de Seine-et-Oise, de l'Oise, etc. On ne

rigation des propriétés riveraines on ne pouvait tenir rigoles en plus grande quantité qu'à proportion d'une pour quarante toises de longueur, chacune desquelles ne pourra prendre que six pouces d'eau tant en hauteur qu'en largeur, lesquelles ne pourront être ouvertes que les jours, etc. »

peut mieux faire que d'en étendre l'application aux localités dans lesquelles les eaux, pouvant être utiles aux deux industries, il s'élève des contestations sur la manière d'en user.

CHAPITRE TRENTE-NEUVIÈME.

SUITE DE L'ADMINISTRATION DES IRRIGATIONS EN FRANCE. DES SYNDICATS.

L'organisation des communautés d'arrosants en sociétés syndicales est une mesure d'ordre qui est fort importante, soit pour l'accomplissement de celles des obligations desdites communautés qui intéressent le public, soit pour les garanties que réclame également la régularité de leur administration intérieure.

Ces syndicats, qui sont le pouvoir exécutif des communautés dont il s'agit, sont organisés par des règlements spéciaux d'administration publique. Ils ont beaucoup d'analogie avec ceux qui président à des opérations de curage, de défense de rives, etc., sans cependant que leurs attributions soient identiques. Les syndicats d'arrosants diffèrent même notablement entre eux d'une localité à une autre. Mais leur mission principale consiste toujours dans la répartition des charges communes. C'est pourquoi ils s'appliquent principalement aux cas où le droit d'irrigation appartient directement à l'ensemble des intéressés, qui n'ont point alors à payer de redevances, mais qui doivent répartir entre eux, dans la proportion de leurs intérêts respectifs, les charges résultant principalement des frais d'entretien et du curage des canaux communs, ainsi que du salaire des eygadiers.

Je donne ci-après quelques-uns, des plus récents, des règlements de cette espèce, applicables au midi de la France.

Règlement d'administration publique, fait, sur la demande des intéressés, pour l'organisation d'un syndicat chargé d'assurer le service des irrigations entre les propriétaires qui usent, en commun, de l'arrosage dans les clos de Camp-Rambaud, de Saint-Veran, du Jardin-Neuf et de Bonaventure, commune d'Avignon (Vaucluse).

19 janvier 1841.

Louis-Philippe, etc.; sur le rapport de notre ministre secrétaire d'État au département des travaux publics;

Vu le procès-verbal du 23 janvier 1840, par lequel les intéressés à l'arrosage proposent, etc.; — les rapports des ingénieurs et l'avis du préfet; — vu la loi du 14 floréal an XI;

Notre conseil d'État entendu, etc.

SECTION Ire.

De la nomination des syndics et de leurs attributions.

Art. 1er. L'administration d'irrigation gratuite des clos de Camp-Rambaud, de Saint-Véran, de

Jardin-Neuf et de Bonaventure, sera conférée à un syndicat.

Art. 2. Ce syndicat sera composé de cinq membres choisis parmi les propriétaires arrosants, savoir : un dans chaque clos et le cinquième dans les quatre clos indistinctement.—Les syndics seront nommés par les propriétaires réunis, à la majorité des voix des personnes présentes.

Art. 3. Les réunions des propriétaires seront convoquées et présidées par le maire de la ville d'Avignon. Le maire sera en outre président du syndicat, avec voix délibérative. — En cas d'absence, il sera remplacé par un adjoint.

Art. 4. Les fonctions de syndics dureront cinq ans. Les membres restants pourront être indéfiniment réélus.

Art. 5. En cas de démission ou de décès d'un d'entre eux, il sera procédé à son remplacement dans le délai de six mois.

Art. 6. Chaque année, le syndicat élira, dans son sein, un directeur, dont les fonctions dureront un an ; il pourra être réélu indéfiniment. Le directeur aura la surveillance générale de l'association, sera dépositaire des plans, devis, registres et autres papiers ; convoquera, après en avoir référé au président, le syndicat, aussi souvent que les intérêts de l'association l'exigeront, et sera chargé de veiller à l'exécution des délibérations.

ART. 7. Le syndicat sera chargé spécialement . 1° de veiller à la défense des intérêts généraux de l'association et de la représenter, activement et passivement, devant les autorités compétentes; 2° de nommer un arroseur public, de le remplacer au besoin et de fixer ses honoraires; 3° de surveiller l'irrigation des clos ainsi que l'entretien de leurs fossés, ponts, aqueducs et martellières; d'adopter et de faire exécuter, d'après le mode qu'il croira le plus avantageux à l'association, tous les travaux qu'il jugera nécessaires à cet entretien ; 4° de déterminer le montant des taxes nécessaires pour subvenir aux dépenses, de dresser le tableau de répartition entre les divers intéressés et de vérifier les comptes de l'association; 5° enfin, de prendre toutes les délibérations qu'il jugera utiles au service qui lui est confié.

ART. 8. Le syndicat ne pourra délibérer qu'autant que ses membres se trouveront réunis au nombre de trois, outre le maire investi de la présidence. — En cas de partage, la voix du président sera prépondérante.

ART. 9. Le recouvrement des taxes délibérées par la commission et approuvées par le préfet, sera fait par le percepteur, en la forme établie pour les contributions publiques. — La quotité de la remise allouée pour cette perception sera fixée par le préfet, sur la proposition du syndicat.

SECTION II.

De l'organisation des fossés et de la distribution des eaux.

Art. 10. Les principaux fossés de l'irrigation comprendront : 1° depuis la prise située à travers la route royale de Digne, entre la parcelle n° 93 du plan cadastral de la section EE, clos de Massillargues, appartenant à la dame Catherine Lapallier, épouse Mortarieux, et la parcelle n° 116 de la section FF, clos du Camp-Rambaud, appartenant au sieur Vincent-Denis Aymard, jusqu'à son embouchure, située à l'extrémité de la parcelle 235, terminant le clos de la Bonaventure, et la section HH, dont le sieur Tenduty, comte d'Escarenne, se trouve propriétaire ; 2° ceux qui longent le clos Saint-Véran, au nord et au midi. — Lesdits fossés devront avoir, sur toute leur étendue, une largeur et profondeur suffisante pour contenir le volume d'eau qui sera nécessaire pour les terres de l'association. — En conséquence, l'arroseur désigné sera expressément tenu de leur procurer ces dimensions, soit en les repurgeant annuellement, ce qui aura lieu avant le 1er mars, soit en les tenant nets d'herbes, depuis cette époque jusqu'au 15 septembre.

Art. 11. Expresses défenses sont faites d'établir sur les fossés aucun pont, boutière ou batardeau, et d'arrêter le cours de ses eaux avec des pieux, mottées, etc. On ne pourra y établir que des ponts élevés au-dessus du niveau des eaux, ainsi que des martellières en pierres, ayant une ouverture de $0^m,75$ au moins.

Art. 12. La direction et la distribution des eaux appartiendra exclusivement à l'arroseur nommé à cet effet, lequel deviendra responsable des dommages qu'elles pourraient occasionner, sauf ceux qui surviendraient par cas fortuit ou par malveillance.

Art. 13. La répartition des arrosements sera faite tour à tour, soit pour les clos, soit pour les propriétés qui en font partie; ainsi, on commencera par arroser les clos des sieurs, etc.

Art. 14. Si, pour cause d'enlèvement de récolte, ou autre motif quelconque, des arrosants s'opposaient au tour d'arrosage de leurs propriétés, ils seraient tenus d'attendre la reprise suivante.

Art. 15. Il est très-expressément défendu d'arrêter ou ralentir d'aucune manière le cours du volume d'eau introduit par l'arroseur, lorsqu'il effectuera son arrosement en aval.

Art. 16. Chacun pourra néanmoins établir barrage, sur sa propriété, pour utiliser les eaux perdues, c'est-à-dire celles qui s'échapperont d'un arrosement qui aura lieu en amont.

Art. 17. L'arroseur désigné par le syndicat étant expressément chargé de la surveillance des eaux de cette irrigation, sa nomination sera soumise à l'approbation du conseil municipal, afin qu'il obtienne de M. le préfet une commission relative à cet emploi, et qu'ayant prêté serment en justice, il puisse assurer, conjointement avec les gardes champêtres, l'exécution des dispositions comprises dans cette dernière section.

Art. 18. La répartition de la dépense commune sera faite entre les différents clos composant l'association de la manière suivante : Le Clos de camp Rambaud contribuera pour 1/10e; ceux de Saint-Véran, pour 3/10e ; du Jardin neuf, pour 3/10e ; de la Bonaventure, pour 4/10e. — La portion des dépenses afférente à chaque clos sera répartie entre les propriétaires du même clos proportionnellement à l'étendue du terrain arrosé.

Art. 19. Toutes les contestations relatives à la répartition ou au recouvrement des taxes, ainsi qu'à l'exécution des travaux, seront portées devant le conseil de préfecture, conformément à la loi du 14 floréal an XI, sauf recours au conseil d'État.

Art. 20. Notre ministre secrétaire d'État des travaux publics est chargé, etc.

Règlement d'administration publique pour la réorganisation du syndicat du canal de Vaucluse.

16 mai 1842.

Louis-Philippe, etc. ; — Sur le rapport de notre ministre secrétaire d'état au département des travaux publics ; — Vu l'arrêté de l'administration du département de Vaucluse, du 5 frimaire an VII, relatif aux mesures à prendre pour assurer la conservation et la distribution des eaux du canal de Vaucluse; — L'arrêté du préfet de Vaucluse, du 8 juin 1807, qui organise un syndicat pour l'administration du canal de Vaucluse; — Le décret impérial du 22 octobre 1808, approbatif dudit arrêté; — La délibération du 28 juin 1841, par laquelle le syndicat du canal de Vaucluse demande la modification des art. 2 et 3 de l'arrêté réglementaire du 8 juin 1807 ; — Le rapport de l'ingénieur en chef des ponts et chaussées, du 5 octobre 1841 ; — La nouvelle délibération du syndicat du canal de Vaucluse, en date du 1er décembre 1841 ; — L'avis en forme d'arrêté du préfet de Vaucluse, du 17 décembre 1841 ; — La délibération de la section de navigation du conseil général des ponts et chaussées, en date du 26 janvier 1842 ; — Le plan des lieux ; — Les lois des 14 floréal an XI, et 16 septembre 1807 ; — Notre conseil d'État entendu ; — Nous avons ordonné et ordonnons ce qui suit :

Art. 1er. Le canal de Vaucluse sera régi et administré, sous la surveillance du préfet, par un syndicat composé de sept membres pris parmi les propriétaires intéressés à sa conservation, soit comme usiniers, soit comme arrosants.

Art. 2. Les syndics seront nommés par le préfet, ils resteront quatre ans en place ; cependant pour la première fois il en sortira trois, à la fin de la seconde année, par la voie du sort, et le restant à la fin de la quatrième année, ainsi de suite tous les deux ans, trois syndics étant renouvelés une fois et quatre l'autre fois alternativement.

Art. 3. Deux syndics seront choisis parmi les intéressés à la branche de Vedènes (laquelle s'étend depuis la prise du Prévôt jusqu'a la bifurcation d'Aiguille), savoir: un parmi les usiniers, et l'autre parmi les arrosants. — Deux syndics seront choisis parmi les intéressés à la branche d'Avignon (laquelle s'étend depuis la bifurcation d'Aiguille jusqu'au Rhône), savoir : un parmi les usiniers et l'autre parmi les arrosants. — Deux syndics seront choisis parmi les usiniers de la branche de Sorgues (laquelle s'étend depuis la bifurcation d'Aiguille jusqu'à la rivière de Sorgues). — Enfin, le septième sera choisi parmi tous les intéressés en général.

Art. 4. Les syndics sortant pourront toujours être renommés; mais en cas de remplacement ils continueront leurs fonctions jusqu'à l'installation de leurs successeurs.

Art. 5. Un des syndics sera nommé par le préfet, directeur du syndicat; il en convoquera les assemblées, toutes les fois qu'il le jugera convenable, et, en outre, quand il y sera invité par le préfet, ou lorsqu'il en sera requis par deux syndics; il présidera les assemblées. Le directeur est nommé pour deux ans; il pourra être continué dans ses fonctions, et il les exercera jusqu'à l'installation de son remplaçant.

Art. 6. Le directeur aura un adjoint nommé par le préfet. Les fonctions de cet adjoint dureront deux ans; il remplacera le directeur en cas d'empêchement. Les dispositions de l'article précédent lui seront entièrement applicables.

Art. 7. Les syndics délibéreront sur tout ce qui a rapport à l'amélioration et à l'entretien du canal; ils feront dresser les devis des travaux et réparations jugés nécessaires. Ces travaux seront exécutés, soit par adjudication publique passée par le syndicat, soit par voie d'économie, suivant l'autorisation donnée par le préfet, sur la proposition du syndicat. Les syndics dresseront les budgets et comptes annuels, et donneront leur avis sur les comptes du receveur comme sur toutes les questions qui intéresseraient le canal, et notamment sur toutes les demandes en concession.

Art. 8. Lorsqu'après deux convocations successives faites à trois jours d'intervalle et dûment constatées, les syndics ne se seront pas réunis en majorité, la délibération qui sera prise à la troisième convocation sera valable, quel que soit le nombre des syndics présents à la séance. Tout syndic qui, pendant l'espace de trois mois, n'aura pas assisté aux séances du syndicat sans excuse valable, sera considéré comme démissionnaire. Avis en sera donné au préfet, qui pourvoira au remplacement pour le temps que le syndic remplacé devait rester en exercice.

Art. 9. La répartition des dépenses entre les trois branches dites de Vedènes, Avignon et Sorques, continuera d'être faite suivant les bases fixées par la sentence de 1204.

Art. 10. Les réparations accidentelles seront exécutées à la réquisition des syndics de la branche où lesdites réparations auront lieu.

Art. 11. Le syndicat nommera, sauf l'approbation du préfet, un garde pour la surveillance de chacune des branches.

Art. 12. Les gardes rendront compte aux syndics, tous les huit jours, de la situation du canal, et plus souvent, si le cas l'exige. Ils dresseront procès-verbal de toutes les contraventions, et tiendront rigoureusement la main à l'exécution de l'arrêté du 5 frimaire an VII et de tous les autres actes de l'administration, intéressant la police du canal. Ils instruiront le directeur de toutes les infractions qu'ils auraient reconnues, et prendront ses ordres.

Art. 13. Toutes les opérations des syndics seront soumises à l'approbation du préfet avant de recevoir leur exécution. Les syndics proposeront le mode de répartition entre les intéressés de chaque branche et de chaque classe qui leur paraîtra le plus équitable. Ils présenteront au préfet leurs vues sur ce qui peut tendre à l'amélioration du canal, et principalement sur les moyens d'établir le point de division des eaux entre les intéressés de Sorgues et d'Avignon, de manière qu'elle se fasse dans la proportion déterminée par les titres, et sans qu'aucun intéressé puisse y apporter le moindre obstacle ou le moindre changement.

Art. 14. Le recouvrement des taxes délibérées par le syndicat et approuvées par le préfet, sera fait par un receveur, pour chaque branche, lesquels verseront les produits des recouvrements dans la caisse du receveur central. — Ces divers receveurs fourniront des cautionnements et auront droit à des remises qui seront fixées par le préfet, sur la proposition du syndicat. — Le receveur central rendra annuellement ses comptes à l'autorité compétente, et restera soumis aux règlements de la comptabilité publique.

Art. 15. Les rôles, rendus exécutoires par le préfet, seront recouvrés de la même manière et avec les priviléges établis pour les contributions directes. Les receveurs seront responsables du défaut de payement dans les délais fixés, à moins qu'ils ne justifient des poursuites qu'ils auraient faites contre les contribuables en retard.

Art. 16. Les payements d'à-compte et de solde seront mandatés par le directeur sur les certificats de l'ingénieur, lorsqu'un ingénieur aura dirigé les travaux, et, dans le cas contraire, sur les certificats des syndics de la branche sur laquelle les travaux auront été exécutés.

Art. 17. Les réclamations relatives à la confection des rôles, à leur recouvrement, celles des intéressés, les contestations avec les entrepreneurs, seront portées devant le conseil de préfecture, conformément aux dispositions des lois des 28 pluviôse an VIII, et 14 floréal an XI.

Art. 18. Les honoraires dus aux ingénieurs seront mandatés par le directeur, sur le règlement qui en sera fait par le préfet.

Art. 19. Les dispositions de l'arrêté du 5 frimaire an VII, et des arrêtés et actes antérieurs et postérieurs auxquels il n'est pas dérogé par le présent, sont maintenues et continueront de recevoir leur exécution.

Art. 20. Notre ministre etc.

Règlement d'administration publique pour l'organisation en syndicat des propriétaires intéressés à l'établissement du canal d'irrigation de Saint-Pons (Basses-Alpes).

9 février 1844.

Louis-Philippe, etc.; — Sur le rapport de notre ministre secrétaire d'état au département des travaux publics;

Vu le projet de règlement présenté par le préfet des Basses-Alpes pour organiser, etc.;—Vu le nouveau projet, etc.;—Vu la délibération, en date du 6 mars 1843, par laquelle les intéressés, réunis en assemblée générale ont adhéré à ce nouveau projet de règlement; — Vu les décrets des 4 thermidor an XIII et 16 septembre 1806; — Vu les lois des 14 floréal an XI et 16 septembre 1807;

Notre conseil d'état entendu, etc.:

TITRE Ier.

De la formation du syndicat.

Art. 1er. Les propriétaires intéressés à l'établissement du canal d'irrigation projeté dans la commune de Saint-Pons, formeront entre eux une association syndicale, sous le nom de Société du canal de Saint-Pons; ils concourront, chacun en raison de son intérêt, à la construction et à l'entretien de ce canal.

Art. 2. La direction des travaux sera confiée à un syndicat composé de cinq membres nommés par le préfet et choisis parmi les propriétaires les plus imposés.

Art. 3. Les syndics resteront cinq ans en fonctions; ils seront renouvelés par cinquième. Pendant les quatre premières années, les membres à remplacer seront désignés par le sort; ils pourront être renommés.

Art. 4. Un des syndics sera nommé par le préfet directeur du syndicat; il sera en cette qualité chargé de la surveillance des intérêts de l'association, du dépôt des plans, registres et autres papiers; les membres du syndicat ne pourront se faire représenter aux assemblées; — il sera nommé deux suppléants qui les remplaceront en cas d'empêchement.

Art. 5. Le directeur convoquera et présidera la commission syndicale ; ses fonctions dureront trois ans, il pourra être nommé de nouveau. — Il aura un adjoint nommé par le préfet, et dont les fonctions seront annuelles. Le directeur adjoint qui sera pris parmi les membres du syndicat, remplacera le directeur, en cas d'empêchement, et pourra être renommé.

Art. 6. Le syndicat est spécialement chargé :

1° De faire rédiger le projet des travaux, de les discuter, et d'en proposer le mode d'exécution ;

2° De passer les marchés ou adjudications ;

3° De surveiller les travaux ; de présenter à la nomination du préfet un conducteur spécial, et de fixer, chaque année, son traitement, qui sera prélevé sur les ressources de l'association ;

4° De faire dresser par un expert le plan cadastral des terrains qui peuvent être compris dans le périmètre, ainsi que le projet de classification de ces terrains ;

5° De contrôler et vérifier le compte administratif du syndic-directeur, ainsi que la comptabilité du receveur de l'association ;

6° De faire dresser le tableau de la répartition des dépenses entre les divers intéressés, suivant les bases arrêtés par la commission spéciale, dont il sera parlé ci-après ;

7° De proposer tout ce qu'il croira utile aux intérêts des propriétaires compris dans l'association ;

8° De donner son avis sur tout ce qui pourra intéresser l'association, lorsqu'il sera consulté par l'administration.

Art. 7. Le syndicat ne pourra délibérer s'il n'est au nombre de quatre membres, y compris le directeur qui, en cas de partage, aura voix prépondérante; les délibérations seront soumises à l'approbation du préfet. — Le syndicat devra être convoqué sur la demande de deux de ses membres, ou sur l'invitation du préfet.

TITRE II.

Des travaux et de leur mode d'exécution et de payement.

Art. 8. Les projets seront rédigés par des hommes de l'art, choisis par le syndicat et agréés par le préfet, sur l'avis de l'ingénieur en chef; les projets seront, en outre, soumis à la vérification de l'ingénieur en chef et à l'approbation du préfet.

Art. 9. Les travaux seront adjugés, autant que possible, d'après le mode adopté pour ceux des ponts et chaussées, en présence du directeur du syndicat; ils pourront cependant être exécutés de toute autre manière, sur la demande du syndicat et d'après l'autorisation du préfet.

Art. 10. L'exécution des traxaux aura lieu sous la surveillance du directeur et d'un membre du syndicat, qu'il nommera à cet effet; ils seront d'ailleurs dirigés par le conducteur spécial.

Art. 11. Les travaux d'urgence pourront être

exécutés sur-le-champ par ordre du directeur, qui en rendra compte immédiatement au préfet, ainsi qu'au syndicat.

Art. 12. Les travaux d'urgence exécutés conformément aux dispositions précédentes, et en général toutes les dépenses par régie, seront payés sur les mandats du directeur, auxquels devront être jointes les feuilles d'attachement constatant l'état des dépenses résultant desdits travaux.

Art. 13. Les payements d'à-compte, pour les travaux exécutés par entreprise, seront faits en vertu des mandats du directeur, délivrés sur les certificats du conducteur spécial. — Le solde de l'entreprise ne sera payé que sur la production d'un procès-verbal de réception définitive, dressé par un ingénieur ou un homme de l'art, en présence de deux membres du syndicat. Ce procès-verbal, qui sera soumis d'ailleurs au visa de l'ingénieur en chef, devra constater que les travaux auront été exécutés conformément aux règles de l'art.

TITRE III.

De la rédaction des rôles et de leur recouvrement.

Art. 14. Le recouvrement des taxes sera fait, au choix du syndicat, par le receveur municipal de la commune, ou par un receveur spécial, dont la nomination sera soumise à l'approbation du préfet; le receveur spécial prêtera le serment voulu par la loi.

Art. 15. Le receveur spécial fournira un cautionnement en immeubles, ou en numéraire, dont le montant sera déterminé par le syndicat. Si le receveur municipal est désigné, il ne lui sera pas demandé de cautionnement. — Il sera alloué au receveur une remise dont la quotité sera proposée par le syndicat et déterminée par le préfet.

Art. 16. Les rôles, après avoir été affichés à la mairie pendant un délai de huit jours, seront visés par le directeur du syndicat, et rendus exécutoires par le préfet. Ils seront recouvrables de la manière et avec les priviléges établis pour les contributions directes.

Art. 17. Le receveur sera tenu d'acquitter les mandats conformément aux dispositions du présent règlement; il rendra compte annuellement, avant le premier avril, des recettes et dépenses qu'il aura faites pendant l'année précédente. Ses comptes seront soumis à toutes les règles de la comptabilité communale.

TITRE IV.

De la commission spéciale.

Art. 18. Il sera formé une commission spéciale qui aura pour mission de déterminer le périmètre et le classement des propriétés intéressées à l'établissement du canal projeté, et d'établir les bases de la répartition entre ces propriétés.

Art. 19. Cette commission sera composée de sept

membres nommés par Nous; elle se réunira à la sous-préfecture de Barcelonnette.

Art. 20. Le plus âgé des membres de la commission remplira les fonctions de président, et le plus jeune celles de secrétaire.

Art. 21. La commission s'assemblera lorsqu'elle le jugera convenable. Le préfet aura la faculté de la réunir lorsqu'il le croira nécessaire. Dans tous les cas, les convocations seront faites à la diligence du président.

Art. 22. Les décisions de la commission ne seront valables qu'autant que cinq membres au moins auront pris part à la délibération.

Art. 23. Les décisions de la commission seront inscrites sur un registre coté et paraphé par le président, signées par tous les membres présents à la délibération, et expédiées aux parties par le secrétaire.

Art. 24. Les réclamations qui s'élèveraient contre les décisions de la commission spéciale, seront portées devant nous en notre conseil d'État.

Art. 25. Pendant la durée des opérations de la commission, le secrétaire sera chargé de la conservation des papiers. — En l'absence du secrétaire, ses fonctions seront exercées par un autre membre de la commission, désigné par elle.

Art. 26. Lorsque la commission aura terminé ses opérations, remise sera faite aux archives de la préfecture, de tous les registres et papiers, sur l'inventaire en double expédition, dont l'une sera transmise au préfet, et l'autre restera ès mains du secrétaire de la commission spéciale.

Art. 27. Les frais de toute nature, occasionnés par les opérations de la commission, seront payés comme les autres dépenses de l'association.

TITRE V.

Dispositions générales.

Art. 28. Les contestations relatives à la confection des rôles, à leur recouvrement, aux réclamations des intéressés seront portées devant le conseil de préfecture, conformément aux dispositions des lois des 28 pluviôse an VIII et 14 floréal an XI.

Art. 29. Les délits et contraventions seront constatés par des procès-verbaux dressés, soit par les agents des ponts et chaussées, soit par le conducteur spécial, soit par les agents de police et seront jugés par le conseil de préfecture ou par les tribunaux ordinaires, en raison des cas, en conformité des lois des 29 floréal an X et 16 septembre 1807; — Le conducteur spécial prêtera à cet effet le serment voulu par la loi devant le tribunal de première instance.

Art. 30. Les honoraires, frais de voyage et autres dépenses, qui seront dûs aux ingénieurs des ponts et chaussées employés en exécution du présent règlement seront payés sur les fonds des travaux, d'après les règlements qui en seront faits conformément aux dispositions de l'article 75 du décret du 7 fructidor an XII.

ART. 31. Notre minisire, etc.

Une deuxième ordonnance de même date, et en tout, semblable à la précédente organise en syndicat l'association des propriétaires intéressés à l'établissement d'un canal de navigation dans les communes de Barcelonnette, Faucon et Jansiom (Basses-Alpes).

Une ordonnance du 4 septembre 1840 rendue sur la demande des propriétaires arrosants de la commune de Sainte-Cécile (Vaucluse), organise le syndicat des fossés ou mayres situés sur le territoire de ladite commune : chaque mayre forme une section. Les syndics, au nombre de cinq, doivent s'adjoindre au moins deux commissaires surveillants par section, et ceux-ci ne peuvent être choisis que parmi les propriétaires arrosants de chaque section (art. 3 et 4). — Les élections se font à la majorité des voix des membres présents aux assemblées générales, quel qu'en soit le nombre (art. 5). — Les syndics ont soin de pourvoir au curage des fossés et à la libre circulation des eaux. Ils ont le droit de faire baisser les seuils et radiers des martelières dont le niveau excède le radier, dépasse le plafond des canaux ; de faire élargir les ponts d'un débouché insuffisant, de régler en un mot toutes les dimensions des canaux et rigoles faisant partie du système d'irrigation. — Il est facultatif aux riverains d'exécuter eux-mêmes le curage des fossés, vis-à-vis leurs fonds, dans le délai, et suivant le mode prescrit par les syndics ; mais le délai expiré, ils seront tenus de payer leur quote-part portée au rôle. Le curage se fait alors par adjudication et les travaux qui auraient été mal exécutés par les riverains sont considérés comme nuls (art. 6 et 7). — Les autres dispositions de cette ordonnance sont également essentielles et bonnes à consulter. — Les art. 10 et 12 prévoient le cas de pénurie dans lequel les prés, luzernes et jardins sont les seules cultures qu'il soit permis d'arroser.

Dans le département des Pyrénées-Orientales, une ordonnance royale du 9 janvier 1840 réunit en association syndicale les tenanciers du canal de Formiguières. Cette association est administrée par six syndics désignés par les propriétaires réunis en assemblée générale et nommés par le préfet. Les fonctions de ce syndicat sont à peu près les mêmes que dans les autres associations. — Une des dispositions essentielles de l'ordonnance susdite est celle qui fait l'objet de l'art. 3, ainsi conçu :

« En temps de pénurie d'eau, déclarée par le bannier (1), et reconnue par le syndicat, qui en donnera avis aux intéressés par une publication faite dans la commune, chaque usager ne pourra

(1) Garde ou eygadier.

arroser ses propriétés que lorsque son tour d'arrosage sera arrivé. En conséquence, il sera dressé un cartonnat ou tableau des terres arrosables, suivant leur contenance et leur position, et indiquant le jour et l'heure de la semaine qui leur seront respectivement attribués. Ce tableau sera tenu affiché à la porte de la mairie pendant tout le temps que durera la pénurie.

En vertu de l'art. 4, il est dressé, par chaque œil, ou prise d'eau, un état détaillé des terres arrosables par le canal de Formiguières en rapport avec le plan cadastral. Elles sont divisées en deux catégories : les jardins forment la première.

Les rôles de répartition dressés, d'après cette classification, sous la surveillance du préfet, et conformément aux dispositions de la loi du 14 floréal an XI, sont certifiés par le syndicat et recouvrés par le percepteur de la même manière et avec les priviléges établis en matière de contributions publiques (art. 5).

L'organisation des syndicats repose toujours sur les mêmes bases, lorsque les cours d'eau au lieu d'être utilisés seulement pour l'arrosage, le sont concurremment pour les irrigations et les usines. Il y a plusieurs syndicats de cette espèce dans les départements de la Normandie. Il en a été aussi organisé récemment dans le département de Seine-et-Oise, pour veiller au règlement des eaux de plusieurs rivières, ainsi utilisées, notamment pour la

Bièvre et l'Yvette. — Une ordonnance du 7 septembre 1832, rendue sur la proposition de M. le préfet de Seine-et-Oise, pour le règlement des eaux de cette dernière rivière et de ses affluents, a organisé un syndicat composé de cinq propriétaires, ou locataires, d'usines et de terrains riverains de l'Yvette, à l'effet de veiller à l'exécution des mesures prescrites, de seconder les maires des communes intéressées et les ingénieurs dans leurs fonctions respectives, sous le rapport de la police et de la conservation des eaux, et afin de répartir, entre les riverains et les usiniers, les charges établies pour assurer le bon état de ce cours d'eau, dans le but d'éviter les dommages résultant des inondations. — Les syndics doivent se réunir régulièrement une fois par trimestre, à l'effet de recevoir et de rédiger les propositions d'intérêt public faites dans le but d'assurer l'exécution des règlements et de prévenir, autant que possible, les contraventions. — Ils dressent les états de répartition des dépenses entre les intéressés, reçoivent les réclamations, etc.

La même ordonnance crée, sous le nom de garde-rivière, un agent spécial chargé de veiller à l'observation du règlement, de surveiller les opérations de curage et d'ébergement, de constater, par des procès-verbaux particuliers, les contraventions de toute nature, commises par les riverains et par les usiniers; cet agent est placé sous les ordres des ingénieurs des ponts et chaussées et sous la surveillance immédiate du syndicat et des maires des communes traversées par l'Yvette et ses affluents. — Ce garde-rivière, dont la nomination appartient au préfet, sur la présentation des maires, et sur celle de l'assemblée générale des propriétaires intéressés, est assermenté devant le tribunal civil de l'arrondissement; son traitement est de 900 fr. Il est payé, ainsi que les frais du syndicat, par les exploitants de tous les établissements, portant barrage, sur la rivière d'Yvette et ses affluents.

Les autres dispositions de la même ordonnance règlent, d'une manière très-complète, ce qui se rattache aux curages, ébergements et fauchage des herbes, à l'emploi des vases ou déblais, à la vérification des travaux, ordinaires et extraordinaires, aux obligations des riverains et usiniers, etc.

Plusieurs autres ordonnances récentes organisant des syndicats pourraient encore être citées; mais toutes les dispositions fondamentales se trouvent indiquées dans celles qui précèdent.

CHAPITRE QUARANTIÈME.

DE L'ADMINISTRATION DES CANAUX D'ARROSAGE EN PIÉMONT.
DISPOSITIONS PRINCIPALES.

Les dispositions relatives à l'administration des irrigations dans le Piémont se trouvent partagées en deux catégories distinctes. Les unes sont réglées par la législation et ont fait l'objet de divers articles du nouveau code; les autres sont restées le partage des règlements d'administration publique. Ces dernières s'appliquent principalement à la régie des canaux royaux des provinces d'Ivrée, Verceil et Alexandrie, qui sont administrés directement par l'état.

Les points principaux sur lesquels portent celles de ces dispositions réglées par la législation font l'objet des divers paragraphes du présent chapitre.

§ I. *Distances légales à observer dans les fouilles ou déblais ayant pour objet l'ouverture des fossés et canaux, la recherche des sources, etc.*

Dans tous les terrains possibles le creusement

d'un canal, à une trop grande proximité d'un autre, et surtout une excavation profonde, telle qu'on en pratique souvent dans la recherche des sources, peuvent avoir pour conséquence de déplacer par voie de filtration une partie notable du volume d'eau contenu dans la première dérivation. Ce déplacement est d'autant plus important à prévenir qu'il s'effectue d'une manière latente, quoique au grand préjudice des propriétaires de canaux exposés à ce genre de filtrations.

Le principe d'hydrostatique qui détermine l'écoulement de l'eau dans les siphons suffit pour faire aisément comprendre comment, sans rupture de digues, sans aucune transsudation apparente, la plus grande partie de l'eau d'un canal peut, lentement et successivement, se transvaser dans un autre d'un niveau un peu inférieur. Mais quand bien même il pourrait rester des doutes sur la cause, le fait est hors de toute incertitude, et journellement on est à même de le constater dans les pays d'irrigation.

C'est pour cela que dans ces contrées où l'eau est fort précieuse on a, de tout temps, cherché à prévenir par des règlements prohibitifs le grave dommage consistant dans le détournement des eaux d'un canal par le seul fait du creusement, à sa proximité, d'un autre canal, ayant un peu plus de profondeur.

Partout l'on a senti aussi, conformément au sage

principe résultant de la loi romaine, que plus la fouille serait profonde, plus la distance entre l'ancien et le nouveau canal devrait être considérable. Mais quant au chiffre de cette distance légale il a dû beaucoup varier, car il dépend de la nature du sol, plus ou moins perméable d'une localité à une autre, de la profondeur habituelle des canaux, fossés ou rigoles, etc.

La distance normale adoptée par l'art. 599 du Code sarde doit être regardée comme un minimum; car on ne pourrait se tenir au-dessous sans craindre de voir cette disposition rester inefficace. Dans certains pays où les terrains d'alluvion sont entremêlés de bancs de gravier, extrêmement perméables, on est obligé de n'admettre qu'une proximité moins grande. C'est le cas du Milanais et des autres provinces irrigables de la Lombardie.

Ces prescriptions sont tout à fait indispensables dans les pays de grande irrigation, où l'on remue continuellement le sol, non-seulement pour y ouvrir de nouveaux canaux, mais pour en agrandir ou en déplacer d'anciens, et où leur croisement dans toutes les directions, fait que le passage, d'un lit à un autre, des eaux, qui sont presque toujours fort chèrement achetées, est, avec raison, dans ces circonstances, une des grandes préoccupations de leurs propriétaires. La restriction dont il s'agit est entièrement d'intérêt général et n'a rien d'attentatoire au droit de propriété, car, en dernière analyse, celui-ci ne doit jamais s'exercer que sous la condition, tacitement réservée, de ne point porter préjudice à autrui. C'est pourquoi l'on voit que, dans toutes les législations, le droit de jouir de sa chose est soumis aux limites qui peuvent être imposées par les règlements.

Voici, dans la législation piémontaise, les dispositions du nouveau code qui ont statué sur cet objet.

« Art. 599. Celui qui creusera des fossés ou canaux, dans sa propriété, devra laisser, entre eux et le fonds voisin, une distance au moins égale à leur profondeur, à moins que les règlements locaux ne prescrivent une plus grande distance.

» Art. 600. Cette distance se mesure depuis le bord supérieur des fossés ou canaux, le plus rapproché du fonds voisin. Le bord intérieur du côté du même fonds, aura un talus dont la base sera égale à la hauteur; à défaut, ce bord sera protégé par des ouvrages de soutenement.

» Lorsque la limite de la propriété du voisin se trouve dans un fossé mitoyen, ou dans un chemin privé également mitoyen ou soumis à une servitude de passage, la distance prescrite devra se mesurer du bord supérieur ci-dessus indiqué, à celui des bords soit du fossé mitoyen, soit du chemin qui sera le plus rapproché du fonds appartenant à celui qui veut creuser le fossé ou le canal; on observera en outre ce qui a été dit ci-dessus relativement au talus du fossé ou canal.

» Art. 601. Si l'on veut creuser un fossé ou canal près d'un mur mitoyen, il ne sera point nécessaire d'observer la distance ci-devant prescrite; mais on devra faire tous les ouvrages intermédiaires, propres à garantir le mur mitoyen de tout dommage.

» Art. 602. Celui qui voudra chercher une source et effectuer une fouille pour l'établissement des têtes de fontaines, canaux, aqueducs, etc., en creuser le lit, lui donner plus de largeur ou de profondeur, en augmenter ou diminuer la pente, ou en varier la forme, devra, indépendamment des distances, prescrites ci-dessus, laisser telle autre distance convenable, et exécuter tous les travaux nécessaires pour ne préjudicier ni aux fonds voisins, ni aux autres sources, réservoirs ou conduits de fontaines, canaux ou aqueducs déjà existants, et destinés à l'irrigation des biens ou à faire mouvoir des usines. »

L'art. 601, en étendant l'obligation des travaux conservatoires au cas où les fouilles sont praticables au pied d'un mur mitoyen (surtout s'il appartient à une maison), fait une appréciation entièrement équitable du principe qui est l'objet de ce paragraphe.

Par l'art. 602, le législateur a voulu garantir la propriété d'une source ou d'une conduite d'eau, contre les travaux, exécutés sur un fonds voisin, qui pourraient leur être nuisibles. En effet il est bien prouvé que si, à une petite distance d'une source existant dans un terrain perméable, on fait des excavations pour chercher une autre source, le volume d'eau de la première sera beaucoup diminué. Pareillement, si à côté d'un fossé ou canal, on en creuse un autre ayant plus de profondeur, une partie des eaux du canal y passera par infiltration. La loi pour garantir les droits acquis des propriétaires d'eau, ne pourrait cependant pas proscrire toute recherche de nouvelles sources et tout creusement de fossés latéraux. Elle ne pourrait même pas les astreindre à des conditions absolues de distance et de profondeur; car leurs effets sur les sources et les canaux préexistants varient, dans des limites fort étendues, suivant la nature du terrain et celle des eaux. Elle devait donc se borner, ainsi qu'elle l'a fait, avec une si juste mesure, à proclamer, comme un principe général, que personne n'est en droit d'exécuter, sur ses propres terres, des travaux qui auraient pour effet de soustraire une partie des eaux appartenant en toute propriété à un autre individu, laissant aux tribunaux toute la latitude nécessaire pour appliquer ce principe, suivant les circonstances particulières de chaque espèce.

§ II. *Dispositions sur la mesure et la distribution des eaux. — Du module.*

Voici les dispositions du nouveau Code qui régissent cet important objet :

« Art. 641. A l'avenir, lorsque la dérivation d'une quantité constante et déterminée d'eau courante aura été convenue, si la forme de l'orifice et de l'édifice de dérivation a aussi été réglée par convention, cette forme devra être observée. Les parties ne seront pas admises à élever des contestations à ce sujet en alléguant un excédant ou un manque d'eau, à moins que la différence ne soit d'un huitième au moins, et que l'action n'ait été intentée avant l'échéance de trois ans, à partir de l'époque où la dérivation a été établie ; ou que l'excédant ou le manque d'eau ne provienne de changements survenus dans le canal ou dans le cours des eaux qui y sont contenues.

» Si l'orifice et l'édifice de dérivation ont été construits sans que la forme en ait été convenue, et s'ils ont été l'objet d'une possession paisible pendant dix années, on n'admettra plus, après ce laps de temps, les parties à réclamer sous prétexte d'un excédant ou d'un manque d'eau, sauf le cas de changements survenus dans le canal ou dans le cours des eaux, comme il est dit ci-dessus.

» A défaut de convention sur la forme, ou de possession, cette forme sera déterminée par le tribunal, sur l'avis des experts nommés par les parties, et, à défaut, choisis d'office.

» Art. 642. Lorsque, dans les concessions d'eau pour un usage déterminé, l'on n'a pas exprimé la quantité concédée, on est censé avoir accordé celle qui est nécessaire pour l'usage formant l'objet de la concession. Il sera toujours permis aux intéressés de fixer la forme de la dérivation, et d'y faire placer des limites au moyen desquelles le concessionnaire puisse jouir de l'eau qui lui est nécessaire, sans excéder son droit d'usage.

» Lorsque cependant les parties seront convenues de donner une forme limitative à l'orifice et à l'édifice de dérivation, ou qu'à défaut de convention on aura été en possession paisible de dériver l'eau, suivant une forme limitative comme ci-dessus, on n'admettra plus aucune réclamation, si ce n'est dans les cas et dans les délais établis par l'article précédent.

» Art. 643. En ce qui touche les nouvelles concessions, etc.;» *voir* tome II, p. 131 et 132, le texte de cet article, qui donne la détermination de la bouche régulatrice, correspondante au nouveau module d'eau, adopté pour les provinces du Piémont.

Les articles 641 et suivants ont pour objet de régler les rapports des propriétaires de canaux, et des personnes auxquelles ils ont concédé des prises d'eau; de les rendre clairs et faciles, de manière à éviter, autant que possible, des contestations. On remarquera que la loi a respecté scrupuleusement les droits acquis. On voit aussi qu'elle admet toutes les formes d'orifice qui peuvent avoir été convenues entre les parties; mais en même temps elle prévoit le cas où il y a mécompte, c'est-à-dire où le volume d'eau livrée par telle ou telle bouche ne répond pas aux prévisions. Alors, pour éviter les difficultés et les incertitudes qui, dans un grand nombre de cas, pourraient être basées sur un préjudice minime, l'art. 641 déclare que les parties ne sont admises à réclamer, sur la différence entre le volume livré et le volume stipulé, que quand elle est au moins du huitième du volume réel, et que l'action a été intentée dans le délai qu'il détermine.

Cette double disposition est entièrement sage, en ce qu'elle tend à circonscrire, dans de justes limites, des cas litigieux, qui pourraient se multiplier à l'infini, et d'éviter que le temps des magistrats ne soit absorbé dans des contestations insignifiantes. La loi romaine avait fait cette même appréciation, car elle a dit : *de minimis non curat prætor.*

En admettant, pour ce qui regarde les bouches et édifices de dérivation, la prescription décennale, le législateur a voulu éviter des contestations portant sur des faits aussi difficiles à constater que ceux qui se rapportent aux cours d'eau et à leurs dérivations.

En consacrant ce principe, le gouvernement a fait preuve d'un grand désintéressement, car il était notoire que la plupart des usagers, jouissant d'anciennes dérivations sur les canaux royaux, avaient outrepassé leur titre.

En traitant précédemment, tome II, p. 132, des modules du Piémont, et à la suite du texte de l'article 643, j'ai exprimé le regret de voir fixer, d'une manière incomplète, les dispositions de l'édifice régulateur, qui doit assurer le débit du volume d'eau adopté comme nouveau module, ou du moins de voir les prescriptions de la loi, sur cet objet si important, se restreindre exclusivement à ce qui concerne la bouche et la pression.

Voici des opinions très-éclairées et très-compétentes, qui sont contraires à ma manière de voir sur ce point.

M. l'avocat Biangini, qu'une mort prématurée a dernièrement enlevé au barreau et aux sciences, s'est exprimé ainsi dans un article fort remarquable inséré par lui dans les *Annales de Jurisprudence* de Turin, 1838, t. Ier, p. 80.

« Il est clair que la mesure adoptée par le Code est exprimée dans un sens relatif plutôt qu'absolu, puisqu'on ne spécifie que la quantité matérielle de l'eau à fournir. La loi n'a voulu que consacrer un résultat et non imposer un type rigoureux de construction. Au contraire, d'après l'art. 642, il est parfaitement libre aux parties de choisir la forme de l'orifice et celle de l'édifice lui-même, etc. »

M. le comte de Sclopis, membre du sénat de Turin, a émis une opinion analogue dans un intéressant mémoire qu'il a dernièrement communiqué à l'Académie des sciences morales et politiques.

« Il eût sans doute été désirable, dit-il, de pouvoir admettre une mesure fixe, telle par exemple que un mètre cube d'eau par seconde; mais il eût fallu, en même temps, déterminer la forme de l'édifice, correspondante à ce débit. Or la science, asservie aux exigences des localités et à la nature des cours d'eau, ne peut fournir des modèles uniformes de semblables édifices, de sorte que les dispositions de la loi resteraient en dehors de l'applicabilité. En effet, depuis la belle découverte de Soldati, en 1573, on a étudié tous les moyens de parvenir à la distribution de l'eau faite par simple pression, mais sans être arrivé encore à une solution complétement satisfaisante, car le problème est soumis à l'inévitable influence des circonstances locales. Le module prescrit ne s'applique qu'aux nouvelles concessions; tout ce qui est antérieur au Code reste soumis aux anciennes mesures locales. La loi sarde a donc tenu sur ce point un juste milieu, en faisant une large part aux habitudes anciennes et aux droits acquis. Tout en fixant la nouvelle unité avec des conditions qui, si elles sont exactement observées, correspondent à un débit bien déterminé, elle a jugé convenable de s'en tenir aux deux plus importantes, c'est-à-dire à la dimension de l'orifice, et à la prescription que l'eau devait couler par simple pression. A part ces deux conditions principales, elle n'a rien prescrit soit sur la forme de l'édifice, soit sur les précautions à prendre pour obtenir le maintien de la pression constante. En cela elle n'a voulu ni s'approprier quelques résultats d'expériences généralisées (*paratoja*), ni entraver la marche progressive des applications de la science hydraulique aux circonstances de temps et de localité. »

M. Giovanetti, de Novare, jurisconsulte d'un grand mérite, particulièrement versé dans les questions qui ont rapport aux irrigations, a rédigé, à l'occasion du projet de loi dont on s'occupe en France, un savant mémoire dans lequel il passe en revue, d'une manière comparative, toutes la législation piémontaise sur cet objet. Dans ce mémoire, il exprime, au sujet du module d'eau adopté dans ce pays, une opinion semblable aux deux précédentes. Il fait, entre autres, les observations suivantes :

« Dans notre article 643, on a indiqué parfaitement les conditions d'une dépense uniforme; mais, en pratique, ce sont les circonstances physiques qui commandent, et il faut se contenter de la méthode la moins défectueuse ou la plus praticable. L'essentiel était d'établir une unité, de consacrer un résultat, sans prescrire une forme déterminée. La loi ne pouvait faire des prescriptions sur la forme. Elles sont du domaine de l'hydrométrie, et peuvent varier à l'infini, soit d'après les circonstances locales, soit d'après les progrès de l'art. L'article 641 donne aux parties contractantes la faculté expresse de faire des conventions sur la forme de l'orifice et de l'édifice de dérivation. Ce sont bien elles qui doivent faire leurs comptes; et si l'agriculteur ne sait pas dire combien de mètres cubes d'eau sortent d'une bouche, de dimensions déterminées, il sait très-bien quels sont les avantages qu'il peut retirer de cette eau, dans la pratique. Le vendeur, de son côté, fait aussi ses calculs, et il se base sur le plus ou moins de concurrence, et sur tous les éléments de la valeur de l'eau, dans une localité donnée. Ces réflexions réciproques déterminent le contrat. Une bouche ne se construit pas sans qu'un expert, de confiance commune, descende sur les lieux et fasse un rapport soumis à l'examen des intéressés, qui doivent d'ailleurs vérifier, par eux-mêmes, les effets de la bouche adoptée. Ainsi, du seul fait de l'exécution amiable d'une bouche de dérivation naît une présomption très-grave pour la maintenir telle qu'elle se trouve. »

Malgré ces autorités, je pense qu'il est très-regrettable que le gouvernement piémontais, faisant tant que de prescrire un nouveau module d'eau, n'ait pas jugé convenable d'en donner une détermination complète, en désignant, en même temps, la forme de l'édifice, qui, dans l'état actuel de la science hydraulique, doit être regardée comme la meilleure, pour assurer le débit uniforme des eaux. Établir un nouveau module, d'une manière aussi timide, c'était perpétuer le régime fâcheux des unités conventionnelles, c'était presque donner gain de cause aux partisans de la routine et des abus, qui ont prétendu que les progrès de l'irrigation en Italie n'ont point été retardés par la multiplicité et les imperfections des anciens modules, qui ont été même jusqu'à soutenir que les inconvénients d'une mesure rigoureusement exacte seraient plus grands que ceux qui sont résultés de l'ancien état de choses.

Sans doute ce n'est pas dans le Code civil, ni dans aucune autre disposition législative, qu'il convenait d'insérer les conditions relatives à l'édifice régulateur du module d'eau; mais un règlement d'administration publique serait venu très-convenablement compléter, à cet égard, la fixation de la limite légale, déterminée par ce Code.

Je n'admets pas l'objection que l'on fonde sur la convenance de laisser le champ libre aux progrès ultérieurs de la science hydraulique. Elle était assez avancée, il y a trois cents ans, pour que Soldati ait pu faire l'ingénieuse découverte qui a été le signal d'une si grande amélioration dans la distribution des eaux. Avec ce point de départ, et avec la sanction d'une longue expérience, il s'agit maintenant de savoir ce que l'on peut améliorer encore. Dans ce système, de ne pas se prononcer du tout, sous prétexte de progrès possibles de la science, toutes les administrations auraient perpétuellement pour règle cette devise : « Ne faites rien. »

Or l'administration piémontaise était ici des plus

compétentes; elle qui peut disposer de localités *ad hoc*, et d'hommes spéciaux qui ont conservé toutes les bonnes traditions de la science hydraulique.

Je fais ces réflexions avec d'autant plus de fondement, que, pénétré de plus en plus, de l'importance de cette recherche, je suis au moment de reprendre l'expérience que j'avais commencée, pour arriver à la détermination d'un bon module, et que, quelque lieu que je puisse choisir pour y procéder, elle sera faite dans des circonstances moins favorables qu'elle ne l'eût été à Turin, où il existe pour cela les appareils les plus convenables.

§ III. *Sources et colatures.*

Les dispositions du nouveau Code, sur les eaux de source, sont restées les mêmes que celles du Code Napoléon. Elles sont réglées par les trois articles suivants :

« Art. 555 (art. 641 du Code français). Celui qui a une source dans son fonds, peut en user à sa volonté, sauf le droit que le propriétaire du fonds inférieur pourrait avoir acquis, par titre ou par prescription.

» Art. 556 (art. 642 modifié). La prescription, dans ce cas, ne peut s'acquérir que par une jouissance non interrompue, pendant l'espace de trente années, à compter du moment où le propriétaire du fonds inférieur a fait et terminé, *sur le fonds supérieur*, des ouvrages apparents, destinés et ayant servi à faciliter la chute et le cours de l'eau dans sa propriété.

» Art. 557 (art. 643). Le propriétaire de la source ne peut en changer le cours, lorsqu'elle fournit aux habitants d'une commune, village ou hameau, l'eau qui leur est nécessaire; mais, si les habitants n'en ont pas acquis ou prescrit l'usage, le propriétaire peut réclamer une indemnité, laquelle est réglée par le tribunal, sur un rapport d'experts. »

Les articles 555 et 557 sont identiques avec les articles correspondants du Code français; mais l'art. 556 présente une amélioration importante. Car tandis que la loi française (art. 642) porte seulement : « à compter du moment où le propriétaire du fonds inférieur aura fait et terminé des ouvrages apparents destinés, » etc., la loi sarde (art. 556) dit formellement que ces ouvrages apparents doivent être exécutés sur le fonds supérieur. On ne saurait dire combien de procès ont eu lieu en France par suite de l'incertitude et du vague que laisse subsister, sur un point aussi important, notre art. 642. Aujourd'hui on est à peu près d'accord sur l'interprétation à lui donner, c'est-à-dire que l'on admet que les ouvrages capables d'opérer la prescription, sur une eau de source, doivent nécessairement être pratiqués sur le fonds supérieur. Mais il n'y a pas beaucoup d'années que les auteurs étaient encore fort divisés. La jurisprudence avait même un moment semblé fléchir ; mais on en est revenu à la saine interprétation. Toutes ces controverses eussent été évitées, si l'on eût précisé l'article en question tel qu'il est aujourd'hui dans le Code sarde.

Quelques personnes se demandent comment il peut arriver que des ouvrages quelconques soient exécutés, par un propriétaire inférieur, sur le fonds où naît la source, quand il appartient à un tiers. Cela effectivement n'arrive jamais ainsi ; mais c'est en remontant à l'origine et aux changements de mains des propriétés que l'on trouve de fréquentes applications du cas de prescription dont il s'agit. Ainsi, par exemple, la destination de père de famille le fait naître d'une manière extrêmement fréquente.

Ces dispositions du Code Napoléon ont été adoptées en vue des sources naturelles. C'était à peu près les seules que l'on pût avoir en vue il y a un demi-siècle. Mais en cela comme en tant d'autres choses l'industrie a marché, et aujourd'hui les sources artificielles, obtenues à l'aide de forages, occupent une place importante parmi les eaux qui peuvent rendre des services à l'industrie et à l'agriculture. On a donc eu à se demander quelle était, au point de vue de la jurisprudence, la situation de ces eaux que la volonté d'un propriétaire appelle à la surface de son héritage, et qui, d'après la loi de la nature, prennent nécessairement leur cours vers les terrains inférieurs.

Après quelques incertitudes, inévitables dans toute question nouvelle, on en est venu bientôt à reconnaître qu'il n'y avait pas de différence à faire entre les sources préexistantes et les sources nouvelles, obtenues ainsi par des travaux de main d'homme, encore bien que l'obligation de les recevoir pût être dans certains cas une aggravation notable de la servitude, qui consiste à supporter l'écoulement des eaux naturelles tombées sur les terrains supérieurs; mais en observant toutefois, comme je vais le dire à l'instant, qu'il peut y avoir lieu à indemnité de la part du propriétaire supérieur, envers le propriétaire inférieur, si les eaux résultant de ce nouvel œuvre causent un dommage effectif à la propriété de ce dernier.

C'est ici le lieu de remarquer que nous avons dans notre Code civil un article inconciliable avec les doctrines actuelles. Cet article est le suivant :

« Art. 640. Les fonds inférieurs sont assujettis, envers ceux qui sont plus élevés, à recevoir les eaux qui en découlent naturellement sans que la main de l'homme y ait contribué.

» Le propriétaire inférieur ne peut point élever de digue qui empêche cet écoulement.

» Le propriétaire supérieur ne peut rien faire qui aggrave la servitude du fonds inférieur. »

Il est évident que le propriétaire inférieur peut arguer des dispositions de cet article et prétendre que, puisqu'il n'est astreint qu'à recevoir les eaux d'écoulement du fonds supérieur, naturellement contribué, il doit être en droit de s'opposer au passage des eaux qui ne doivent leur origine qu'à des travaux de main d'homme.

Et cependant il est impossible d'admettre cette interprétation, qui, comme je viens de le dire, serait contraire à tous les principes; car il faudrait, pour refuser le passage aux eaux dont il est question, que l'on pût établir que le propriétaire de l'héritage supérieur a fait une chose illicite et abusive en exécutant, pour son utilité, des fouilles ou des sondages sur son terrain. Car que serait alors le droit de propriété?

Il faut donc nécessairement le reconnaître, cet article est plus qu'une non-valeur, il est aujourd'hui une véritable gêne dans notre législation. Cela s'explique par la date du Code civil; car en 1803 l'on s'occupait fort peu en France, du moins au point de vue légal, des puits artésiens et des têtes de fontaine, quoique celles-ci fussent depuis longtemps connues dans le nord de l'Italie. Mais ce que je ne saurais concevoir, c'est que le Code sarde, rédigé tout récemment, et avec tant d'intelligence, sur le plan du Code Napoléon, ait donné une reproduction littérale de cet article gênant, sans même en modifier ou en restreindre le sens par un de ces amendements, si heureusement introduits dans plusieurs autres.

Ce que l'on peut faire de mieux pour l'harmonie

désirable dans l'une et l'autre législation, c'est d'annuler ou de modifier, le plus tôt possible, l'article dont il s'agit; dans le cas surtout où les interprètes de la loi seraient disposés, en l'appliquant à autre chose qu'aux eaux pluviales, à lui donner une portée qu'il ne doit pas avoir.

En résumé, les principes relatifs à l'écoulement des eaux de sources obtenues artificiellement, qui sont les mêmes que ceux concernant l'écoulement des colatures, dont il va être parlé, se réduisent à ceci : Obligation pour les propriétaires des héritages inférieurs de recevoir ces eaux, comme si elles provenaient d'un écoulement naturel; mais indemnité à leur profit si elles leur portent dommage; et au contraire, s'ils trouvent moyen d'en tirer avantage, indemnité de leur part envers le propriétaire supérieur, qui est libre de porter ses eaux sur un autre point, s'il le jugeait convenable.

Ces considérations se trouvent complétées par l'article suivant, dans lequel les inconvénients signalés dans la rédaction de l'article 640 se reproduisent d'une autre manière, et avec la même évidence.

Des colatures. — J'ai défini, dans le tome Ier, ce que l'on appelle colatures; je ne reviendrai pas sur cette définition, je ferai seulement remarquer que ces eaux jouent un rôle des plus importants dans les pays de grande irrigation, et surtout dans ceux où, comme dans le Piémont, le Novarais, le Mantouan, le Véronais, on cultive principalement les rizières. Car cette culture, à irrigation continue, donne des colatures régulières et constantes, auxquelles on attache conséquemment plus d'importance qu'à toutes les autres. Ces eaux ont un double et grand intérêt; car, si elles sont bien utilisées, elles complètent les avantages et les profits que l'on est en droit d'attendre des volumes d'eau fournis par les dérivations; si on les néglige et qu'on ne leur assure pas un écoulement parfait, jusqu'au lit d'un cours d'eau inférieur, elles sont alors excessivement nuisibles aux terrains où elles restent stagnantes, au grand préjudice de l'agriculture et de la salubrité. Généralement ce cas est le plus rare; car il arrive presque toujours que les colatures sont vivement recherchées, soit par les propriétaires des fonds immédiatement voisins de ceux où elles se produisent, soit par des propriétaires plus éloignés, aux héritages desquels on les amène par des canaux spéciaux qui portent le nom de colateurs. Enfin, tant par leurs avantages que par leurs inconvénients, il est certain que les colatures sont l'objet du plus grand nombre de procès auxquels donnent lieu les irrigations.

La législation du Piémont sur cet objet, comme au surplus celles du nord de l'Italie, laisse beaucoup à désirer. Le premier inconvénient qu'elle présente consiste dans l'existence de l'article 551 (art. 640). Car il est, comme je viens de le montrer, en contradiction avec la jurisprudence admise sur la transmission des eaux de sources artificielles, auxquelles on assimile avec raison les eaux de colatures, qui sont effectivement dans le même cas.

Mais, comme je viens de le dire à l'occasion des sources, nonobstant l'existence de cet article, il est reconnu en Piémont, ainsi que dans tout le nord de l'Italie, que le propriétaire qui a effectué son irrigation avec des eaux qui lui appartiennent en propre, est libre de recueillir ces eaux dans des fossés ou canaux, pour en disposer comme bon lui semble, en faveur des particuliers ou communautés d'arrosants, qui sont disposés à en traiter avec lui, et que, dans le cas où personne ne les lui demanderait, il est libre aussi de les laisser couler ou égoutter sur les terrains où les conduisent les pentes existantes, sauf à lui à indemniser les propriétaires de ces terrains, dans le cas où il est constaté que lesdites eaux leur portent un préjudice réel.

Ce n'est guère que dans des pays septentrionaux, d'un climat naturellement humide, et où l'irrigation est pratiquée partiellement, qu'il peut arriver que des eaux propres à l'irrigation seraient repoussées par les propriétaires des terrains sur lesquels elles arrivent. Sous un climat méridional, elles sont toujours recherchées comme un bienfait, et l'on se les dispute en conséquence. On doit néanmoins prévoir ce cas, puisque dans les contrées même les plus intéressées aux arrosages, les dommages causés par les colatures sont encore très-fréquents.

Pour les colatures comme pour les sources, l'usage ne peut s'acquérir par prescription que conformément aux dispositions de l'article 556 du Code sarde (642 du Code français), c'est-à-dire à l'aide d'ouvrages apparents, exécutés et entretenus depuis plus de trente ans, sur le fonds où ces eaux prennent naissance.

En Piémont il y a eu beaucoup de controverses et de procès sur la question de savoir si un simple fossé était dans la classe des ouvrages désignés par la loi. D'habiles jurisconsultes ont prétendu qu'un fossé, d'origine inconnue, lors même qu'il avait été, pendant plus de trente ans, entretenu et curé par le propriétaire inférieur, ne suffisait pas pour constituer à son profit un droit d'usage, et qu'il fallait un ouvrage d'art.

Je crois cette opinion inexacte, en ce que la loi en vigueur exige seulement un ouvrage apparent; or un fossé ou canal est évidemment dans cette catégorie. Un ouvrage d'art en maçonnerie n'ajouterait rien aux droits du propriétaire inférieur. C'est l'ancienneté et non la nature du travail destiné à la conduite des eaux que l'on a dû considérer. Et d'ailleurs, on doit remarquer que même dans l'acception la plus littérale de la loi romaine qui dit : *opus manufactum*, il n'y a que l'idée d'un ouvrage fait *de main d'homme*, et non l'idée nécessaire d'un ouvrage en maçonnerie, tel qu'un pont, aqueduc, siphon, etc.

Il y a donc lieu de s'étonner que la jurisprudence des tribunaux piémontais soit restée indécise sur ce point, et il me semble qu'il n'est nécessaire d'ajouter aucun éclaircissement à la loi actuelle, pour qu'elle doive être interprétée comme il vient d'être dit.

Voici, sur l'objet dont il s'agit, un article fort important du Code piémontais :

« Art. 560. Tout propriétaire ou possesseur d'eaux peut en user à sa volonté, et même en disposer en faveur d'autres personnes, s'il n'y a titre ou prescription contraire ; mais, après s'en être servi, il ne peut détourner ces eaux de manière à en occasionner la perte, au préjudice des autres fonds, qui seraient à même d'en profiter sans donner lieu à aucun engorgement, ni causer d'autres dommages aux usagers supérieurs. Celui qui voudra tirer avantage de ces eaux en devra payer la valeur, soit qu'il s'agisse d'une source, existant dans le fonds supérieur, ou de toute autre eau qui y aurait été introduite à la suite d'une concession. »

Ceci s'applique directement aux eaux de colatures, encore bien qu'elles ne soient pas formellement désignées dans cet article. Dans tous les cas, il n'existe pas, dans la loi civile, de texte qui leur soit plus spécialement relatif sur ce point. Il consacre, comme l'on voit, un double principe très-sage, savoir : la libre et entière disposition des eaux de sources ou de colatures, au profit de ceux qui ont le droit de s'en servir, mais, en même temps, l'empêchement de les perdre ou de les détourner, au préjudice des voisins qui seraient en position de les utiliser, sauf à ceux-ci à en tenir compte au propriétaire supérieur.

M. le comte de Cavour, dans des notes manuscrites qu'il a bien voulu me communiquer, a fait ressortir de la manière la plus positive l'opportunité de cet article (1). Voici ses observations :

« L'article 560 consacre un excellent principe, qu'il serait désirable de voir appliquer plus souvent, si cela pouvait se faire, comme dans ce cas, sans entraîner d'inconvénients. Le législateur, après avoir consacré et étendu le droit des propriétaires des eaux, a voulu cependant les empêcher d'en abuser, en faisant perdre, par caprice ou animosité, celles qui pourraient encore être utiles à l'agriculture. La loi a fort bien fait de ne pas s'en rapporter entièrement à l'intérêt individuel, car sans ses sages prescriptions il serait souvent arrivé que cet intérêt aurait été sacrifié à des sentiments de haine ou de vengeance, si faciles à se développer entre voisins, surtout dans les pays arrosés, où les

(1) M. le comte Camille de Cavour, dont la famille possède en Piémont de vastes domaines, cultivés, au moyen des irrigations, en prairies et en rizières, est extrêmement versé dans l'étude des questions relatives à l'économie publique et à la législation.

eaux donnent lieu à des querelles incessantes et à de vives animosités. Ou bien encore, on aurait vu le riche propriétaire d'un canal d'irrigation sacrifier le produit d'une partie de ses eaux, pendant quelques années, pour contraindre un ou plusieurs petits propriétaires à subir les conditions onéreuses qu'il lui aurait plu de leur imposer.

» J'ai eu sous les yeux un exemple de chacun des abus que le nouveau Code a voulu prévenir. En 1832, le marquis de St.-G..., fermier des canaux du Vercellais, s'étant brouillé avec le marquis Pal..., son voisin, s'obstina, pendant huit années consécutives, à jeter dans le Pô deux roues d'eau que le marquis Pal... offrait de lui payer douze mille francs par an. Pour satisfaire une antipathie personnelle, M. de St.-G... consentit à perdre près de cent mille francs, en causant en même temps à l'agriculture de son pays une perte au moins trois fois plus forte. Le nouveau Code mit fin à cet état de choses déplorable. Il fallut une sentence du sénat de Turin, fondée sur l'article 560, pour forcer M. de St.-G... à avoir son revenu augmenté de douze mille francs par an.

» Ce même M. de St.-G... voulant contraindre la commune de T... à souscrire un engagement qu'elle jugeait oppressif, refusa pendant deux ans de laisser tomber sur les terres de cette commune les colatures de ses vastes domaines pour lesquelles il recevait 6.000 francs par an; il préféra les faire perdre dans le Pô. Les marquis de St.-G..., sont rares; mais comme ils ne sont pas impossibles, la loi fait bien de leur ôter le moyen de nuire aux gens moins riches et moins puissants. »

§ IV. *Dispositions diverses sur l'usage des eaux d'irrigation.*

Il me reste à parler de quelques dispositions, réglées également par le Code Charles-Albert, en ce qui concerne la distribution proprement dite des eaux d'arrosage, les relations entre les propriétaires de canaux et les usagers, les cas de pénurie, etc. Elles sont l'objet des articles suivants :

« Art. 644. Le droit à une prise continuelle d'eau subsiste à chaque instant.

» Art. 645. Ce droit subsiste, pour les eaux d'été, dès l'équinoxe du printemps jusqu'à celui d'automne; pour les eaux d'hiver, dès l'équinoxe d'automne jusqu'à celui du printemps; et, quant aux eaux dont la distribution est réglée par heures, par jours, par semaines, par mois ou de toute autre manière, il subsiste pour tout le temps convenu, ou indiqué par la possession.

» Les distributions d'eau qui se font par jours et par nuits, s'entendent du jour et de la nuit naturels.

» L'usage des eaux, dans les jours de fêtes, est réglé par les fêtes qui étaient de précepte au temps de la convention, ou au temps où l'on a commencé à posséder.

» ART. 646. Dans les distributions où chaque usager vient à son tour, le temps que l'eau met à parvenir jusqu'à l'ouverture de la dérivation de l'usager qui a droit de la prendre, court pour son compte, et la *queue de l'eau* appartient à l'usager dont le tour cesse.

» ART. 647. L'eau qui sourd ou qui s'échappe, et qui est contenue dans le lit d'un canal soumis aux distributions mentionnées en l'article précédent, ne peut être arrêtée ni dérivée par un usager, que lorsque son tour est arrivé.

» ART. 664. A défaut de conventions particulières, le propriétaire de l'eau, ou toute autre personne qui en fait la concession, est tenu envers les concessionnaires de faire tous les ouvrages ordinaires et extraordinaires pour la dérivation, la conduite et la conservation des eaux, jusqu'au point où les usagers ont le droit de les prendre : il est aussi tenu de maintenir en bon état les ouvrages d'art, ainsi que le lit et les rives des fontaines et canaux, de faire les curages ordinaires, et de veiller avec toute l'attention et toute la diligence nécessaires, à ce que la dérivation et la conduite de l'eau s'opèrent régulièrement et aux époques dues, sous peine de tout dommage envers les usagers.

» ART. 665. Néanmoins, si celui qui a fait la concession établit que le manque d'eau provient d'un accident naturel, ou même du fait d'autrui, sans qu'on puisse en aucune manière le lui imputer, ni directement ni indirectement, il ne sera point alors responsable des dommages éprouvés par les usagers; mais il subira seulement une réduction proportionnelle sur le prix de location, ou sur ce qui a été convenu devoir former l'équivalent de la concession, qu'il ait été payé ou non; sans préjudice de l'action en dommages-intérêts, qui compète aux parties, envers les auteurs de la voie de fait qui a donné lieu au manque d'eau.

» Dans le second des cas prévus ci-dessus, celui qui a fait la concession sera tenu, sur la demande des usagers, d'intervenir, s'il y a lieu, dans l'instance, pour agir de concert avec eux et les seconder de tous ses moyens, afin qu'ils puissent obtenir les dommages auxquels donne lieu le manque d'eau.

» Art. 666. Le manque d'eau doit être supporté par celui qui avait droit de la prendre et d'en jouir au temps où elle a manqué, sauf l'action en dommages, ou la diminution soit du prix de location, soit de l'équivalent convenu, comme ci-dessus.

» Art. 667. Entre divers usagers, le manque d'eau doit être supporté, avant tous autres, par ceux qui ont titre ou possession plus récente; et si, à cet égard, les droits des usagers sont égaux, il doit l'être par l'usager inférieur.

» Le recours pour les dommages est toujours réservé contre celui qui a donné lieu au manque d'eau.

» Art. 668. Dans toutes les contestations sur le possessoire sommaire, les droits et les obligations de celui qui jouit d'une servitude, comme de celui qui la doit, ou de tous autres intéressés, sont déterminés par ce qui s'est pratiqué l'année précédente; ils le sont par le mode de jouissance le plus récent, lorsqu'il s'agit de servitudes dont l'exercice exige un laps de temps excédant l'année. »

M. le comte de Cavour fait sur les distributions par heures les observations suivantes :

« Rien n'est plus commun en Italie que la distribution par heures, ou par fractions de journée, des eaux d'un canal d'irrigation, entre les différents usagers. Ce mode de distribution convient surtout aux domaines d'une médiocre étendue, dans lesquels il n'y a pas de culture qui nécessite une irrigation continuelle; ceux, par exemple, où l'eau est uniquement employée à arroser des prairies, du maïs, ou des trèfles. Pour ces domaines, il est bien préférable de pouvoir disposer pendant une demi-journée par semaine, ou même pendant une fraction de temps plus petite, d'un cours d'eau considérable, que s'ils avaient l'usage absolu et constant de la quatorzième partie de ce cours d'eau. Je doute qu'un système général d'irrigation puisse être introduit dans un pays de petites propriétées, si l'on ne parvient à accoutumer les cultivateurs à des répartitions d'eau, faites par journée et par heures. On s'exagère les difficultés de ce mode de répartitions. En Piémont, où il est établi depuis des siècles, il donne lieu à peu d'inconvénients. Dans les temps de grande sécheresse et de disette d'eau, il arrive bien que les usagers se querellent et se battent, mais en temps ordinaire ils vivent en assez bonne harmonie et ont rarement des procès entre eux. »

Obligations entre voisins. — Il est utile de citer encore les trois articles suivants du Code sarde, indiquant les moyens de recours et même de coercition que chaque propriétaire peut exercer contre son voisin, qui l'exposerait à des dommages, par suite de négligence apportée dans l'exécution de travaux de curage, entretien et réparation de fossés ou canaux.

« Art. 552. Lorsque, dans un fonds, les rives ou les digues servant à contenir les eaux sont renversées ou détruites, ou que les variations que subit le cours de l'eau nécessitent la construction de quelques ouvrages défensifs, si le propriétaire du fonds ne répare pas ou ne rétablit pas les rives ou les digues, ou s'il ne fait pas les constructions nécessaires, ceux qui en éprouveront du dommage, ou qui seront en danger imminent d'en éprouver, pourront faire exécuter ces travaux à leurs frais; ils ne pourront cependant user de cette faculté qu'autant que le propriétaire, sur le fonds duquel on doit faire les travaux, n'en souffrira aucun préjudice ; ils devront en outre obtenir l'autorisation préalable du juge compétent, ouïs les intéressés, et se conformer, dans tous les cas, aux règlements particuliers sur les eaux.

» Art. 553. Il en sera de même, s'il est nécessaire de déblayer les matières dont l'accumulation ou la chute aurait encombré un fonds ou un cours d'eau, de propriété privée, de manière que l'héritage d'autrui en éprouvât, ou fût menacé, d'en éprouver du dommage.

» Art. 554. Tous les propriétaires qui, dans les cas respectivement prévus par les deux articles précédents, ont intérêt à maintenir les rives et les digues, ou à faire cesser l'encombrement, pourront être appelés à concourir à la dépense, et y être tenus, en proportion de l'avantage que chacun d'eux en retire. Dans tous les cas, ils seront admis à recourir, pour les dommages et les frais, contre celui qui aurait occasionné la destruction des digues ou les encombrements susdits. »

Ces articles, qui n'ont pas d'analogues dans la loi française, contiennent des dispositions extrêmement utiles dans un pays sillonné de canaux d'irrigation, comme le Piémont. Ces canaux, dont plusieurs ont un grand développement, traversent des terres appartenant à des tiers qui n'en profitent en aucune façon. Le législateur, en insérant ces articles dans le Code, a voulu donner aux propriétaires des biens traversés par des canaux un moyen de se mettre à l'abri des dommages que les eaux de ces canaux pourraient leur causer, en dehors des obligations de la servitude.

Il est bien entendu que la faculté accordée aux propriétaires des terres menacées des dommages prévus, dans les articles cités, ne nuit en rien au droit que la loi leur accorde de réclamer des indemnités des propriétaires des eaux, si leurs terres éprouvent des dommages imputables à leur imprudence ou à leur incurie. Ainsi, si le propriétaire d'un canal muni d'un déchargeoir néglige, en temps de grandes eaux, d'en ouvrir les vannes, il est passible de dommages et intérêts envers tous les propriétaires dont les terres auraient été inondées par les eaux de son canal.

Du droit de maintenue (*insistenza*). — J'ai fait remarquer précédemment, page 96, la disposition favorable que le paragraphe 2 de l'article 627 du Code piémontais renferme en faveur des fermiers, qui peuvent, à des conditions déterminées, obtenir le droit de passage, sur les fonds d'autrui, même pour un usage temporaire des eaux dérivées. Cette disposition est aujourd'hui la seule mesure légale qui ait pour but l'avantage des locataires des eaux. Dans les anciennes coutumes du Piémont, il en existait une autre fort importante, qui consistait dans le droit de *maintenue* (*insistenza*). Voici l'origine de ce droit :

Dans le courant des XVe et XVIe siècles, les

progrès de l'irrigation se développaient à mesure que la propriété foncière commençait à se subdiviser. Il se forma alors un grand nombre d'associations d'arrosants, pour administrer leurs intérêts communs, mais surtout pour les défendre contre les exactions ou le caprice de certains propriétaires de canaux qui auraient été portés à adopter des mesures arbitraires contre l'intérêt général des territoires arrosés. C'est alors que fut admis, au profit des simples locataires des eaux, le droit dont il s'agit, consistant dans la faculté de *se faire maintenir*, moyennant l'accomplissement des obligations stipulées ou fixées à dire d'experts, dans l'usage d'une dérivation qui avait déjà une certaine ancienneté.

Il est certain, qu'au point de vue des intérêts généraux, cet usage avait une utilité réelle, celle d'empêcher qu'une contrée pût se trouver inopinément privée d'irrigation, suivant le bon plaisir du propriétaire ou du concessionnaire d'un canal principal. Il fut donc grandement question de consacrer ce droit, dans le nouveau Code civil; il figurait même, en termes précis, dans sa première rédaction. On avait alors invoqué l'autorité des habitudes anciennes, le respect dû à des intérêts placés sous la sauvegarde d'une jurisprudence suivie pendant des siècles; on craignait, en s'en écartant, de porter un coup funeste à un grand nombre de cultures, n'existant que par l'irrigation; on sentait le besoin d'entretenir un lien, aussi réel que possible, entre les intérêts des propriétaires de canaux et ceux des usagers.

Mais cette doctrine n'a pas prévalu; la chambre des comptes et le sénat de Gênes, notamment, ont demandé que cette disposition fût supprimée, comme attentatoire au droit de propriété. En dernier lieu on avait cherché à adopter un moyen terme, une sorte de transaction, consistant à admettre que celui qui aurait laissé jouir un usager, pendant vingt ans, d'une concession d'eau d'irrigation, ne pourrait plus accorder cette eau à un tiers, au détriment de l'ancien concessionnaire, sauf indemnité, en cas de différence de prix, et sauf la liberté, toujours existante, pour le propriétaire du canal, d'en employer l'eau à son propre usage.

Néanmoins ce principe n'a pas été admis, et le droit de maintenue, même ainsi restreint, a été supprimé dans la rédaction définitive du Code Charles-Albert.

Un assez grand nombre de dispositions du nouveau Code pénal de Piémont sont applicables à la matière des irrigations. On peut citer notamment les articles 723 et 724, qui ont pour but de réprimer le vol ou le détournement des eaux. Mais l'examen de ces dispositions pourrait me conduire hors du sujet de cet ouvrage.

CHAPITRE QUARANTE ET UNIÈME.

SUITE DE L'ADMINISTRATION DES CANAUX D'ARROSAGE EN PIÉMONT. RÈGLEMENTS.

§ I. *Dispositions spécialement applicables aux canaux du gouvernement.*

Organisation. — La législation nouvelle du Piémont ayant embrassé toutes les dispositions essentielles, sur la matière des irrigations, il restait peu de chose à faire pour la partie réglementaire proprement dite.

Aussi, les seules dispositions de ce genre concernent principalemeut la gestion domaniale des canaux, administrés directement par l'État. Ces règlements ont été réunis sous le titre d'*Instruction générale pour l'administration du domaine et des canaux royaux*, et forment la matière d'un volume in-octavo, qui a été publié à Turin, par les soins du gouvernement, sous la date du 30 septembre 1838.

Cette instruction générale, qui embrasse tout l'ensemble des matières domaniales, renferme une série de dispositions spéciales sur l'administration des canaux d'irrigation, qui sont l'objet d'un revenu net, pour le trésor public, et qui, sans doute pour ce motif, se trouvent placés sous la direction du ministre des finances. C'est à ce département qu'il appartient d'autoriser les travaux de toute nature, de sorte que les agents du domaine concourent avec ceux des ponts et chaussées (génie civil) à la surveillance des ouvrages d'art, maisons, bâtiments et canaux.

Des ordonnances royales, en date du 15 mars 1827, 10 septembre 1836, et 25 février 1837, avaient déjà pourvu à l'organisation du service des canaux du gouvernement. Une dernière ordonnance du 5 juin 1838, reproduite dans un manifeste de la chambre des comptes en date du 22 septembre 1838, a arrêté définitivement cette organisation sur les bases où elle existe aujourd'hui.

A partir du 1er octobre 1838, la gestion des canaux du Vercellais et de Caluso, réunie à celle du domaine, du timbre, etc., a été placée sous la surveillance immédiate de la direction générale des finances, et distribuée en un certain nombre d'arrondissements d'inspecteurs, aux emplois desquels il a été pourvu sur la proposition du ministre de ce département.

Surveillance des agents du domaine. — La section V du titre 1er de l'instruction générale précitée, traitant des prises d'eau, confère aux employés de l'administration domaniale la répression des contraventions de toute nature qui peuvent se commettre sur les cours d'eau et canaux publics, et règle, d'une manière complète, ce qui concerne l'assiette et la perception des redevances. Voici les trois articles concernant la surveillance :

« Art. 357. L'agent domanial à qui il sera donné connaissance de quelque dérivation clandestine, ou usurpation des eaux, qui sont déclarées dépendances du domaine royal, par l'art. 420 du Code civil, de l'établissement de quelque barrage, ou de tout autre ouvrage, capable d'arrêter le libre cours des eaux, en contravention aux dispositions des règlements en vigueur, en dressera un procès-verbal circonstancié, pour être transmis au directeur, qui prendra, de concert avec l'avocat fiscal (ministère public), les mesures nécessaires pour assurer la poursuite et la condamnation des contrevenants, d'après les peines portées par la loi, et le rétablissement des lieux dans leur ancien état.

» Art. 358. La surveillance des agents du domaine pour la conservation des droits de haute domanialité appartenant à la couronne, sur les eaux des rivières, torrents et canaux royaux, ainsi que pour la répression des abus qui peuvent s'y commettre, notamment par l'exécution d'ouvrages non autorisés, soit dans leur lit, soit sur leurs bords, doit être continuelle, et dès lors ils doivent être bien pénétrés des principales dispositions législatives sur la matière.

» Art. 368. Le receveur domanial dans l'arrondissement duquel a lieu une concession d'eau, doit veiller à ce que les ouvrages de dérivation soient exécutés conformément à ce qui a été prescrit. Dès qu'il reconnaît des abus, il est de son devoir d'en informer immédiatement le directeur, et même, en cas d'urgence, l'intendant de la province. »

Redevances. — Les neuf articles suivants sont exclusivement relatifs à la perception des redevances.

« Art. 359. Les concessions d'eau auront lieu moyennant une certaine redevance (*canone*), destinée à reconnaître le droit régalien, ou de haute domanialité, qui appartient au souverain sur les eaux; et elles seront fixées suivant les règles tracées par l'instruction du 14 février 1828.

» Art. 360. Le directeur, qui reçoit de l'administration l'avis d'une concession, avec la copie des patentes royales qui l'accordent, en transmet une ampliation au comptable dans l'arrondissement duquel se trouve la dérivation autorisée, et le charge d'ouvrir, sur ses registres, pour la perception annuelle de cette redevance, un article, dans lequel il doit avoir soin d'indiquer les principales clauses des lettres patentes, afin que, sans avoir besoin de recourir à celles-ci, on puisse, par l'extrait sommaire qui en est donné, avoir, en tout temps, une notion exacte de l'étendue et des bases de la concession.

» Art. 361. Le comptable fait connaître au concessionnaire l'époque précise à laquelle, sous peine de déchéance, il doit présenter, à son bureau, l'entérination, par la chambre des comptes, de l'ordonnance royale qui le concerne, et le prévient, en même temps, que préalablement à cette justification il ne lui est permis ni de se servir des eaux, ni d'entreprendre, sur le cours des rivières ou torrents, quelque ouvrage que ce soit, sous peine d'être poursuivi, pour contravention aux lois et règlements sur la matière.

» Art. 362. En cas de retard, de la part du concessionnaire, dans la justification susdite, l'agent domanial, un mois avant l'expiration du délai, lui renouvelle le même avis, en ayant soin de l'avertir du peu de temps qui lui reste pour se mettre en règle.

» Art. 363. Sur la production, faite par le concessionnaire, de l'expédition de l'ordonnance royale, dûment enregistrée, le comptable se transporte sur les lieux et procède à la mise en possession; ce dont il dresse, sur papier timbré, un procès-verbal, dont il transmet une expédition authentique à la direction générale, qui en adresse elle-même une ampliation à l'administration.

» Art. 364. La redevance commence à courir de l'époque établie par les patentes royales, quand toutefois le concessionnaire n'est pas déjà en possession de la faculté obtenue. — Dans le cas où les lettres patentes ne mentionnent rien à cet égard, la redevance court du jour de la mise en possession. — Ces indications doivent faire partie du relevé sommaire à conserver sur les registres du percepteur.

» Art. 365. S'il arrivait que par suite de décès ou autrement, ni le concessionnaire ni ses héritiers ne pussent profiter de la concession obtenue, le comptable, après les informations nécessaires, en rendrait compte au directeur, afin que celui-ci pût en référer à l'administration supérieure.

» Art. 366. La redevance est perçue jusqu'au jour où le concessionnaire a passé, au bureau de l'intendance, un acte de renonciation à la faculté qu'il avait obtenue; et cela, sans qu'il puisse exciper de n'en avoir point profité, pour se faire dispenser du payement de ladite redevance.

» Art. 367. S'il arrivait que, dans les trois mois de la date de l'ordonnance, l'envoi en possession n'eût pas eu lieu, le directeur devrait en informer l'administration. »

Personnel de l'administration des canaux. — Le titre II traite spécialement des canaux royaux et de leur administration. Le chapitre I établit les devoirs et obligations des divers agents. Il y est dit que le service de ces canaux est confié, sous les ordres de l'administration des finances, à un directeur, à des ingénieurs-inspecteurs, et à des conducteurs (ajutanti), auxquels sont applicables les dispositions contenues dans les titres I et IV de l'instruction générale du 30 septembre 1838; et, en ce qui concerne leurs attributions respectives, dans le règlement du 22 septembre de la même année.

Le directeur est chargé de veiller sur le personnel de tous les employés placés sous ses ordres, des services et de la conduite desquels il rend compte régulièrement à l'administration. En cas de maladie ou d'absence, ses fonctions sont remplies par intérim, conformément aux dispositions de l'ordonnance du 5 juin 1838. Comme chef de service des canaux, il doit diriger constamment le travail des ingénieurs-inspecteurs, des conducteurs et gardes, et leur transmettre tous les ordres relatifs à leurs fonctions, en se faisant rendre compte de l'exacte observation des règlements.

Les autres attributions du directeur consistent à veiller principalement à ce qui concerne : 1° le versement, aux époques prescrites, du fermage des canaux dérivés de la Doire; — 2° la vente et le remplacement successif des arbres existant le long des rives des canaux; — 3° le payement des indemnités de toute nature qui peuvent être dues au trésor public, par les usagers ou riverains; — 4° l'acquisition des terrains et l'aliénation des portions des rives ou des lits abandonnés, ainsi que celle des bois, et autres matériaux de démolition, non repris par les entrepreneurs, etc.; — 5° le remboursement des contributions indûment perçues; 6° le recouvrement des sommes dues par les usagers, pour frais de curages, ou autres dépenses à leur charge, exécutés à la diligence du domaine royal; — 7° et en général toute action relative, directement ou indirectement, aux canaux royaux, confiés à sa vigilance (art. 595 de l'Instruction générale).

Le chapitre II du même titre renferme vingt-six articles relatifs aux devoirs respectifs des ingénieurs-inspecteurs, conducteurs et gardes, principalement en ce qui concerne la subordination, le mode de correspondance, les visites habituelles et extraordinaires des canaux, la rédaction des projets, le mode d'exécution des travaux, tant d'entretien que de grosse réparation, etc.

Chacun de ces agents est tenu de produire mensuellement, sur un livre-journal dont le modèle est fourni par l'administration, un compte détaillé de ses travaux. Ce journal est remis, dans les premiers jours de chaque mois, en double expédition, au directeur du service des canaux, qui en transmet une à l'administration, avec ses observations particulières. Cela a lieu indépendamment de la rédaction des états trimestriels du personnel, que dresse le directeur, et sur lesquels figurent, outre les notes des ingénieurs-inspecteurs et autres agents, les indemnités pour frais de déplacement auxquels ils ont droit.

Entretien des bouches. — Les art. 630 et 631 de l'instruction générale précitée statuent d'une manière spéciale sur les réparations à faire aux bouches de dérivation ; ils sont conçus en ces termes ·

« Art. 630. L'entretien, en bon état, des grandes ou petites bouches de dérivation (*bocche o bocchetti*), est à la charge des particuliers ou communautés qui en jouissent. Toutefois, comme du retard ou du manque de soin dans l'exécution de ces réparations il peut résulter des abus très-préjudiciables à l'exactitude nécessaire dans la distribution des eaux, les ingénieurs-inspecteurs doivent joindre à leurs rapports annuels un état indiquant, pour chaque canal, les réparations à faire auxdites bouches pour les maintenir en bon état, et les dépenses correspondantes. Ils doivent également mentionner les démarches par eux faites, près des propriétaires ou usagers, pour obtenir qu'ils exécutent, en temps utile, lesdites réparations, afin qu'en cas de refus de leur part l'administration puisse prescrire les mesures nécessaires.

» Art. 631. Les ingénieurs-inspecteurs, conducteurs et gardes, seront tenus, sous leur propre responsabilité, de veiller à ce qu'aucune innovation n'ait lieu sur les bouches de prise d'eau, à moins que les usagers ne puissent justifier de l'autorisation écrite obtenue de l'administration par l'intermédiaire du directeur. »

§ II. *Dispositions applicables aux canaux de dérivation en général.*

Indépendamment de cette instruction générale du 30 septembre 1838, rédigée principalement au point de vue de la gestion domaniale, l'ancien règlement général du 3 mai 1817, toujours en vigueur, renferme aussi, et notamment dans ses articles 3 et 17, des dispositions essentielles sur la police des dérivations, effectuées à l'aide de barrages. Les dispositions suivantes peuvent donc être ajoutées à celles qui concernent la police générale des eaux en Piémont, et qui forment la matière du paragraphe 1er dans le chapitre XXXIII qui précède.

Obligations des propriétaires. — Par cela seul que les fleuves et torrents sont exclusivement du domaine public, il est interdit à qui que ce soit d'y faire des saignées et dérivations, tant pour l'irrigation des propriétés, que pour le roulement des moulins et usines, à moins d'en avoir obtenu une permission en forme, qui ne peut émaner que de l'autorité souveraine.

Les propriétaires des anciens canaux de dérivation ne peuvent même y entreprendre aucun ouvrage sans une semblable permission.

Toute infraction à cette défense est punie d'une amende de 10 à 150 francs, outre la destruction des innovations et la réparation des dommages qui pourraient en être résultés; le tout aux frais des contrevenants (art. 3).

Lorsque les dérivations ont lieu au moyen de barrages mobiles, disposés de manière à être facilement enlevés dans le temps des crues, il est défendu aux propriétaires de rendre ces barrages fixes, d'en exhausser le niveau, de les changer de place, ou de les reconstruire sous une forme différente de celle qu'ils avaient anciennement. Les propriétaires de canaux de dérivation alimentés au moyen de barrages fixes ou mobiles, ne peuvent, sans autorisation, faire dans le lit des fleuves ou torrents des fouilles ayant pour but de faciliter l'entrée des eaux dans ces canaux; l'amende applicable aux contraventions relatives à ces dernières prescriptions, est de 100 à 300 francs.

Tous propriétaires ou fermiers des canaux de dérivation sont obligés de tenir les embouchures de ces canaux toujours pourvues des ouvrages nécessaires pour les maintenir en bon état. Ils sont dès lors responsables, sauf le cas de force majeure, de tous les dommages ou dégradations que pourraient éprouver les propriétés riveraines, aux abords de ces embouchures.

Les mêmes propriétaires doivent, au moyen des vannes, pertuis, ou autres ouvrages d'art, placés à l'embouchure des canaux d'irrigation, y régler constamment le cours des eaux, de manière que, même dans le temps des plus grandes crues, il ne s'en introduise qu'une quantité proportionnée à la capacité desdits canaux, et de manière à ne causer aucun préjudice aux propriétés riveraines, sur toute l'étendue de la dérivation. En cas de contravention, l'amende est de 10 à 100 francs, sans préjudice de la réparation des dommages (art. 17).

Autorisation à obtenir. — Dans les cas où il est nécessaire de faire des changements ou réparations aux barrages, pertuis ou autres ouvrages dépendants des canaux de dérivation, les formalités à suivre pour y être autorisé, sont les suivantes :

La demande des propriétaires intéressés est adressée à l'intendant de la province, accompagnée des plans et nivellements nécessaires à son intelligence, et d'un rapport d'un ingénieur hydraulicien, indiquant d'une manière précise les changements qu'on se propose d'effectuer. L'intendant renvoie les pièces à l'ingénieur de la province, pour procéder à la visite des lieux, qui doit être faite, autant que possible, en présence de toutes les parties interessées, prévenues à l'avance. Comme il arrive souvent que les rivières et torrents servent de limite entre les provinces voisines, la demande en autorisation dont il s'agit doit être adressée en même temps à deux ou plusieurs intendants, si les travaux à exécuter sont de nature à intéresser deux ou plusieurs provinces; alors, dans la visite des lieux, les intérêts de chacune sont représentés par un ingénieur spécial. Dans tous les cas, les communes ou particuliers intéressés à l'exécution des ouvrages sont admis à fournir leurs observations sur les lieux.

Aussitôt après le rapport des ingénieurs, toutes les pièces sont adressées à l'administration supérieure, qui statue sur la demande.

Dans les cas d'urgence, où, par suite d'accidents et de circonstances imprévues, l'eau vient à manquer dans les canaux de dérivation, de manière à compromettre gravement les intérêts des propriétaires, ceux-ci peuvent faire exécuter, dans le lit des rivières et torrents, les travaux indispensables pour rétablir le cours ordinaire de l'eau; mais ils doivent en même temps se pourvoir devant l'intendant, pour les faire régulariser par une permission en forme, car sans cette précaution, et si ces mêmes travaux étaient de nature à occasionner un dommage public, ou privé, ils seraient immédiatement démolis, et donneraient lieu à l'application des peines mentionnées plus haut.

CHAPITRE QUARANTE-DEUXIÈME.

ADMINISTRATION DES CANAUX D'ARROSAGE DANS LA LOMBARDIE. DISPOSITIONS PRINCIPALES.

§ 1. *Police et règlements généraux.*

J'ai déjà fait connaître dans les observations sommaires du chapitre XXXIIe, les principes généraux sur lesquels est basée la législation des eaux dans la Lombardie. Ils se trouvent presque tous dans des lois et décrets rendus sous le règne de Napoléon, et maintenus en vigueur depuis la promulgation du nouveau code autrichien. La principale loi organique sur la matière, est celle du 20 avril 1804, qui place toutes les eaux courantes sous la main de l'administration publique; j'en ai déjà cité, en traitant du droit d'aqueduc, plusieurs dispositions essentielles, les autres se rapportent à la police des eaux, en général.

Un décret du 20 mai 1806, a réglé spécialement les usages de l'eau pour l'irrigation et les usines; j'en donne ici les principaux articles.

Dispositions générales sur les permissions. — Le titre Ier, comprenant les articles de 1 à 11, traite des dérivations à faire sur les rivières, torrents et canaux publics.

« Art. 1er. Personne ne peut dériver les eaux publiques ni les employer pour les usines, sans obtenir une concession du gouvernement.

» Art. 2. Cette concession détermine la quantité, la durée, le mode et les conditions de la dérivation, ou de la jouissance, des eaux, et établit la redevance annuelle qui doit y correspondre.

» Art. 3. Les dispositions des articles précédents ne pourront porter préjudice aux possesseurs actuels, dans leurs droits et usages pour les prises d'eau et usines dont ils jouissent, à juste titre, aux termes des lois ou coutumes légales, en vigueur dans les différents pays.

» Art. 4. Aucune concession nouvelle ne pourra porter atteinte aux droits existants. Ceux-ci seront, par les réserves convenables, mis à l'abri de l'influence des concessions postérieures.— A cet effet, toutes les pétitions sont publiées et affichées, les ingénieurs sont entendus, et, sur leurs rapports, les conditions convenables, sous le rapports de l'art, sont insérées dans le règlement.

» Art. 5. Il est interdit de faire, à quelque titre que ce soit, des changements à l'état actuel des bouches, et des barrages fixes, sans la permission de l'administration.

» Art. 6. Les travaux à faire aux prises d'eau établies à l'aide de barrages mobiles devront être approuvés par l'ingénieur en chef de la localité, lequel devra en donner connaissance à la direction générale.

» Art. 7. Les ingénieurs sont chargés de veiller, en ce qui touche l'intérêt public, à ce que l'on n'use des eaux concédées, pour l'irrigation et pour les usines, qu'en observant les clauses et conditions imposées dans les ordonnances.

» Art. 8. A cet effet, ils doivent avoir dans leurs bureaux un registre où sont inscrites toutes les concessions.

» Art. 9. Dans le cas où ceux qui ont droit de se servir de l'eau, commettent quelque abus, les ingénieurs en chef sont autorisés à faire, d'office, rétablir les lieux dans leur ancien état, en en donnant avis à la direction; car cette faculté doit être exprimée dans tous les actes de concession.

» Art. 10. Quand les contestations sur l'usage des eaux, n'ont pour objet que l'intérêt des particuliers, elles sont jugées, comme anciennement, par les tribunaux ordinaires.

» Art. 11. Quand, dans lesdites contestations, il y a mélange de l'intérêt public et de l'intérêt privé, elles sont d'abord du ressort de l'autorité administrative. »

Distances des fouilles.—Le titre II du même décret, ne comprend que l'art. 12, relatif à la dérivation des eaux de source, lequel en déclarant que l'on peut faire sur son propre fonds, des fouilles pour la recherche des sources, se réfère, sauf les droits contraires, à la réserve exprimée par l'art. 55, de la loi du 20 avril 1804. Ce dernier article, qui fait partie du titre III, comprenant les dispositions générales de la dite loi, porte : « qu'il est interdit d'ouvrir des sources ou têtes de fontaines, conduites ou canaux, comme aussi d'approfondir les fouilles de cette espèce, actuellement existantes dans le voisinage des rivières ou canaux, à des distances qui, d'après le jugement des experts, peuvent nuire à ces rivières et canaux, ou à leurs rives. »

Par cette prescription, le législateur s'est borné à poser le principe, et a laissé, comme on le voit, entièrement à l'appréciation des experts, la fixation des distances dommageables par l'effet des fouilles nouvelles à entreprendre, dans telle ou telle situation, sans déterminer un minimum de distance, comme cela a lieu dans la loi piémontaise; le fait est qu'il eût été très-difficile de fixer ce minimum, pour un terrain comme celui du Milanais, où par une excavation quelconque, on est à peu près sûr d'obtenir de l'eau, mais où il est en même temps très-probable que cette eau est soutirée aux innombrables canaux qui existent aujourd'hui sur ce territoire. Je reviendrai sur ce point, en traitant, dans le livre suivant, des contestations qui s'y rattachent.

Modellation et partage des eaux. — Le titre III, du décret du 20 mai 1806, consacré à cet objet, renferme les deux articles suivants:

« Art. 13. Jusqu'à ce qu'il ait été établi un module uniforme, et une unité commune pour la mesure des eaux, la construction des bouches réglées continuera de se faire suivant les usages locaux.

» Art. 14. Dans les provinces où l'on n'est pas dans l'usage de se servir d'un module quelconque, la direction générale en déterminera un, qui soit compatible avec les circonstances locales et avec le mode de construction des canaux.

» Dorénavant, là où il y aura lieu de faire des partages d'eau, cette opération s'exécutera toujours, suivant le mode et les précautions que prescrira l'administration. »

Droit de conduite.— Les articles 15 et 16, formant le titre IV du même décret, ont pour objet, la conduite des eaux sur les fonds d'autrui; mais le premier se réfère simplement aux dispositions de la loi du 20 avril 1804, dont j'ai précédemment cité le texte, en traitant dans le chapitre XXXII, du droit d'aqueduc, tel qu'il se pratique dans la Lombardie. Et quant à l'art. 16, il allait au delà des bornes convenables, en faisant l'autorité administrative, juge du cas, où l'on pouvait contraindre un propriétaire à admettre des eaux étrangères, même dans son propre canal. Cet article, comme je l'ai dit, n'est plus en vigueur aujourd'hui.

Objets divers. — Le titre V, comprenant les articles 16 et 17, reproduit, sous forme des dispositions générales, des points déjà réglés par les articles précédents, savoir : 1° que les ingénieurs sont chargés de veiller à ce qu'aucun abus ne s'introduise dans les usages des eaux ; 2° que jusqu'à ce qu'il en soit autrement ordonné, les usages, ou coutumes anciennes, non contraires aux dispositions du présent décret, sont provisoirement maintenus en vigueur.

Redevances. — L'article 2 du décret précité établit, d'une manière générale, l'obligation des redevances à payer au trésor par les particuliers ou associations qui obtiennent des concessions d'eau. Cela tient à la nature des eaux courantes de ce pays, dont les rivières, comme celles du Piémont, ont presque toutes le caractère de torrents, et sont, à ce titre, placées aussi immédiatement sous la main de l'administration, que le sont ailleurs les rivières spécialement classées dans le domaine public. Le payement de la redevance, n'est que la reconnaissance de ce principe ; car, très-habituellement, elle n'est fixée qu'à un chiffre extrêmement minime ; et, dans un grand nombre de cas, elle est entièrement nulle.

Cela se pratiquait ainsi dès le temps de Napoléon, et il existe un décret du 25 juin 1806, autorisant, au profit du territoire véronais, l'ouverture d'un canal d'irrigation à dériver de l'Adige, qui porte formellement, dans son art. 2, que cette concession, d'ailleurs subordonnée à toutes les prescriptions de l'administration, est faite gratuitement.

Tel est le principal texte réglementaire, concernant les mesures de police, sur l'usage des eaux d'irrigation, et applicable à la totalité du territoire du royaume Lombard-Vénitien ; ceux qui sont l'objet du paragraphe suivant, ne sont pas moins importants, mais ils ne sont en applicables que sur l'étendue des provinces de Mantoue et de Vérone.

§ II. *Traité d'Ostiglia.*

Le système hydrographique d'où dépend l'irrigation des provinces de Mantoue et de Vérone, n'est pas grand et simple comme celui du Milanais. Indépendamment du canal de Pozzolo, dérivé du Mincio, sur la province de Mantoue, ce système se compose des dérivations faites sur le Tartaro et sur ses affluents, d'un assez grand nombre de cours d'eau secondaires, et enfin, d'une quantité notable de sources importantes. Les principaux territoires irrigables de ces deux provinces se trouvent dans les plaines comprises entre le Mincio, le Pô et l'Adige. Mais on y rencontre à la hauteur d'Ostiglia les vastes lagunes connues sous le nom de vallées véronaises (Valli veronesi), dont le défrichement exigerait des travaux d'assainissement très-dispendieux.

La culture du riz, dans ces contrées, est très-avantageuse, et son importance est constatée par celle que, de tout temps, on a mise à la jouissance des eaux d'irrigation, qui peuvent seules permettre de l'entreprendre. J'ai déjà dit, dans le tome Ier, page 427, qu'avant la réunion du territoire de la république de Venise à celui de l'empire d'Autriche, un traité était intervenu entre ces deux gouvernements pour régler, équitablement, l'usage des eaux d'irrigation, empruntées principalement à la rivière du Tartaro, qui séparait alors les deux États.

Ce traité étant relatif au cas où les mêmes cours d'eau, utilisés soit pour l'irrigation, soit pour les usines, intéressent concurremment les territoires de deux gouvernements différents, comprend tous les détails qui peuvent être envisagés en cette matière. Aussi est-il resté entièrement en vigueur, encore bien que les localités qu'il intéresse fassent maintenant partie d'un seul État; et c'est un des meilleurs documents que l'on puisse consulter sur la réglementation des eaux courantes.

Les précautions prescrites dans un pays où cet usage est si avantageux, ne peuvent que jeter beaucoup de jour sur ce sujet, en montrant surtout qu'il est de justes restrictions auxquelles il faut nécessairement astreindre l'emploi des eaux, quand il doit être réparti entre beaucoup d'intéressés.

Les dispositions réglementaires qui font la base du traité d'Ostiglia, n'intervinrent d'ailleurs que dans les circonstances les plus nécessaires. Vers le milieu du dernier siècle on sentait très-vivement, dans les provinces dont il s'agit, le besoin d'une règle fixe pour la distribution des eaux, qui ne s'opérait qu'avec les plus graves abus; de sorte que l'on s'en plaignait universellement. Ces abus consistaient principalement à élargir les bouches existantes, à en ouvrir même de nouvelles, sans aucune autorisation. Ceux qui n'osaient pas agir ouvertement, pratiquaient, pendant la nuit, des saignées ou fissures dans les digues des rivières et canaux, traversant ou bordant leurs propriétés, qu'ils arrosaient ainsi au détriment des droits légitimes des usagers. Ceux qui n'avaient que des concessions temporaires, comme cela est d'usage pour les prairies, les transformaient indûment en dérivations continues, afin de créer de nouvelles rizières qui, étant très-lucratives dans ces localités, y prenaient, de cette manière illégale, un accroissement démesuré.

Pendant la nuit, on barrait les canaux de manière à faire déborder les eaux, par-dessus leurs digues, suffisamment pour procurer les bénéfices de l'irrigation à des héritages riverains, qui n'y avaient pas droit. C'est d'après cela que le duc de Mantoue avait rendu, en 1664 et 1710, deux édits, qui défendaient aux propriétaires des barrages de moulins de devenir propriétaires ou fermiers des terres riveraines situées en amont. Mais cette mesure n'a jamais été bien observée.

Enfin les fraudes avaient lieu non-seulement de la part des propriétaires ou fermiers intéressés, mais encore de la part de surveillants infidèles qui fermaient les yeux sur tous les abus.

On conçoit donc qu'il fallait, de toute nécessité, arriver à faire cesser un tel désordre. En 1602, 1603, 1607 et 1610, des règlements très-sévères furent faits, pour chacune des deux provinces dont il s'agit, mais ils y restèrent impuissants, et dès 1715, de nouveaux désordres s'étaient manifestés; de graves contestations avaient lieu, notamment sur la question de savoir qui, de l'administration publique ou des usagers, nommerait les agents de surveillance. En un mot, il y avait impossibilité de s'entendre, et le désordre allait toujours croissant.

Les deux gouvernements s'en émurent, et il fut enfin convenu qu'il serait nommé une commission de plénipotentiaires, assistés d'hommes de l'art d'une probité et d'une instruction éprouvée, ayant pour mission « de proposer un règlement clair et précis, qui puisse, désormais, apporter un remède aux abus constatés dans l'usage des eaux du Tartaro et de ses affluents, de manière à assurer ainsi la tranquillité des populations riveraines, et à maintenir la paix entre les deux États. »

Par suite de ces mesures, il y eut un premier traité d'Ostiglia, en date du 20 avril 1750; il fut suivi d'un autre acte, connu sous le nom de déclaration de Roveredo, du 9 juin 1753; mais le principal, le véritable traité d'Ostiglia, dans lequel ont été refondues toutes les dispositions précédentes, est celui du 25 juin 1764. Il se trouve imprimé à Mantoue et à Venise, en un volume in-folio, accompagné de cartes et de plans. La mission confiée aux plénipotentiaires et aux ingénieurs qui leur furent adjoints, étant fort difficile, leurs propositions, qui furent prises pour le texte même des règlements demandés, ne purent être formulées, du premier jet. Leur rapport primitif ne fut, au contraire, qu'une ébauche assez imparfaite, à laquelle ils ne réunirent pas moins de dix annexes successives, et c'est tout cet ensemble de dispositions réglementaires qui constitue aujourd'hui le traité d'Ostiglia.

Dans le préambule du traité proprement dit, du 25 juin 1764, les commissaires exposent la nécessité et le but de leur mission; ils rappellent les dispositions fondamentales des traités précédents, maintenus en vigueur.

Les ingénieurs des deux États s'étant réunis à Ostiglia, dans le mois de mai 1764, procédèrent aux vérifications qui leur étaient demandées, et présentèrent, en diverses classes, un tableau des abus de toute espèce qu'ils avaient constatés. Le principal de ces abus consistait dans l'accroissement donné arbitrairement aux rizières, relativement à leur ancienne superficie, déjà fixée par le traité de 1752. On fit alors constater cet ancien état de choses sur les deux provinces, et toutes celles qui formaient le surplus furent supprimées, c'est-à-dire desséchées, par voie coërcitive, quand les propriétaires refusèrent ou négligèrent d'obtempérer aux injonctions qu'ils reçurent à cet effet.

C'était là le point fondamental; car l'amour du gain, favorisé par le défaut de surveillance, avait porté un grand nombre de propriétaires à créer abusivement de nouvelles rizières. Mais on en revint strictement à l'étendue constatée dans l'acte de 1752, dont on fit de nouveau publier, et même notifier, à chaque intéressé, les dispositions prohibitives et pénales. De plus, il fut stipulé, par l'art. 3 du traité de 1704, que, sur la requête des propriétaires ou fermiers, il serait désormais facultatif à chaque gouvernement, de faire procéder d'office, toutes les fois qu'il le jugerait convenable, à la vérification du maintien de l'étendue ancienne des rizières sur l'un et l'autre territoire, à la charge toutefois, pour les requérants, de supporter les frais de cette visite quand aucun abus ne serait reconnu; mais aussi à la condition, dans le cas contraire, de les faire supporter aux délinquants, indépendamment de l'application des mesures pénales. Pour éviter les réclamations, on admettait généralement une réduction de 5 pour 100 sur les superficies effectives, afin d'avoir égard aux digues, chemins, fossés et rigoles, etc.

La commission déclara prendre pour règle ce

principe : « que l'eau courante dans des lits naturels, doit avoir son libre cours, au profit de tous les riverains, sans qu'on puisse y admettre d'ouvrages non autorisés; que, d'un autre côté, il est juste de garantir aux usines existantes la jouissance de l'eau nécessaire à leur roulement, conformément à leur titre; que, dès lors, le meilleur moyen d'arriver à ce but consiste dans l'établissement de déversoirs, ou autres moyens de décharge, réglés de telle manière que l'interruption du travail des moulins ne puisse jamais interrompre le cours régulier des eaux (art. 4). »

Dans l'article 5, les sources nombreuses existant dans le voisinage du Mincio, du Tartaro et de leurs affluents, ont été l'objet de prescriptions utiles pour le maintien du bon régime des eaux dans les canaux et rivières. Les anciennes têtes de fontaine ont été maintenues, mais les nouvelles ont été interdites. Enfin, on a obligé les arrosants à restituer toutes les colatures dans le lit naturel des cours d'eau.

Sur la Fossa-di-Pozzolo et la Molinara, les choses furent réglées à peu près de la même manière, c'est-à-dire que l'examen comparatif des prises d'eau existant sur ces canaux, et des titres de concession, donna lieu à de nombreuses réductions et même à des suppressions, assez nombreuses, de bouches non autorisées; après quoi il fut dressé des états aussi exacts que possible des bouches conservées, ainsi que des superficies arrosées, tant en prés qu'en rizières. Ces États ont continué, jusqu'à ce jour, de servir de base à la surveillance qu'exerce l'administration publique sur cet objet important.

La défense faite par plusieurs articles de ce règlement, d'établir aucun ouvrage quelconque dans le lit des rivières ou canaux, ne s'applique que pendant la saison des irrigations; car les riverains, et autres propriétaires, sont autorisés, à partir de l'époque où elle finit, à construire des barrages temporaires, dont les dimensions sont déterminées par les ingénieurs, et qui servent à conduire les eaux sous les roues des moulins et usines, et notamment des foulons à blanchir le riz, qui sont très-nombreux dans ces contrées. Mais ces sortes de permissions sont toujours données sous la condition essentielle de rendre les eaux, après s'en être servi, à leur cours ordinaire, pour le service des établissements inférieurs. Ces ouvrages temporaires, construits seulement en pieux ou piquets, et fascines, sont d'ailleurs assujettis à être totalement enlevés avant l'ouverture des irrigations. En cas de retard dans cet enlèvement, l'administration d'abord, mais en outre tous les intéressés, ont le droit de faire enlever eux-mêmes tout ouvrage gênant l'écoulement des eaux; avec recours, par voie de contrainte, contre les retardataires. C'est là une des dispositions caractéristiques de ce règlement.

Je n'entrerai pas dans plus de détails sur les

articles primitifs du règlement dont il s'agit. Il ne se compléta que peu à peu; puisqu'il n'a pas eu moins de dix annexes successives, et comme on n'a pas tenu beaucoup à mettre de l'ordre dans cette rédaction, les mêmes points s'y trouvent reproduits, sans utilité, jusqu'à trois et quatre fois. La dixième et dernière annexe, résumant à peu près toute la substance de cette importante réglementation, je la donne ici en substance.

Dixième annexe du traité d'Ostiglia.

19 juin 1765.

Art. 1er. Le Tartaro et ses affluents, ainsi que les canaux qui en dérivent, devront être curés exactement, tous les cinq ans, suivant les procédés et usages anciennement suivis dans chaque province. Ce curage aura lieu sous la surveillance des commissaires ou experts, qui seront désignés par les gouvernements respectifs. Les travaux seront exécutés aux frais des associations de propriétaires intéressés.

Art. 2. (Par cet article, des dispositions particulières étaient prescrites pour les années 1766, 1768 et 1770, en ce qui concerne les curages de l'Essere, du Tione, etc., ainsi que ceux des canaux de Pozzolo et de la Molinella.)

Art. 3. Ces curages se continueront régulièrement de cinq en cinq ans, tant sur le Mantouan que sur le Véronais; et quand les ingénieurs délégués ne les trouveront pas exécutés conformément aux règles de l'art et aux conditions prescrites, ils exigeront qu'ils soient recommencés aux frais de ceux par qui ils devraient être faits.

Art. 4. (Indépendamment des curages généraux prescrits par l'article 1er, cet article exige des curages partiels, à faire annuellement sur des portions déterminées du Tartaro et de ses affluents.)

Art. 5. (Cet article détermine les époques précises auxquelles doivent être exécutés les curages partiels, déterminés par l'article précédent.)

Art. 6. (Même disposition qu'à l'art. 3, pour lesdits curages, en ce qui concerne la visite des ingénieurs et les conditions de leur bonne exécution.)

Art. 7. Sauf les cas de très-basses eaux, l'eau introduite par l'ouvrage de Pozzolo (embouchure du canal de ce nom) devra toujours surpasser de deux onces véronaises le niveau du repère.

Art. 8. (Cet article contient des dispositions particulières, applicables aux voies d'écoulement de certains moulins, aux époques d'ouverture et de fermeture des vannes, etc.)

Art. 9. Défenses sont faites à tous meuniers et à leurs domestiques, de placer aucune rehausse sur les barrages et déversoirs, tels qu'ils ont été vérifiés par les ingénieurs; et en un mot, d'apporter surtout dans les temps des irrigations aucun obstacle au libre écoulement des eaux destinées aux usagers inférieurs. — Lesdits meuniers seront en conséquence tenus d'ouvrir le nombre nécessaire de vannes, soit de mouvement, soit de décharge, pour assurer à ces eaux leur écoulement accoutumé, aussitôt qu'elles commenceront à affleurer la tête des déversoirs. — Pendant la saison des irrigations, aucune quantité d'eau ne pourra être détournée de sa destination essentielle; que les usines soient en mouvement ou en repos, les meuniers seront toujours tenus de transmettre l'eau avec régularité.

En cas de sécheresse, ils ne pourront la retenir que le temps strictement nécessaire pour remplir leur bief à la hauteur voulue pour le mouvement d'une seule roue, sauf à mettre celles-ci successivement en action, de manière à ne produire aucune intermittence ou irrégularité dans le cours des eaux.

Art. 10. Défenses sont faites à tous les riverains du Tartaro et de ses affluents de dégrader, de quelque manière que ce soit, les digues, berges et talus des cours d'eau ou canaux; comme aussi d'y planter et entretenir des arbres pouvant y causer préjudice et nuire au libre cours des eaux. En conséquence, ceux desdits arbres reconnus nuisibles, seront coupés et enlevés dans les huit jours qui suivront la publication du présent édit; sinon, ils le seront aux frais des propriétaires retardataires, et, dans ce cas, les arbres seront confisqués au profit du trésor public. Désormais les propriétaires riverains seront tenus d'entretenir à leurs frais, chacun au droit de soi, les digues, berges, ou talus; en cas de négligence de leur part, ces réparations seront exécutées d'office par l'administration, aux frais des retardataires.

Art. 11. Il est interdit, à qui que ce soit, de faire rouir du chanvre, ou du lin, dans le lit du Tartaro et de ses affluents, ni de faire traverser indûment leurs lits par des voitures, chevaux ou bétail. — Il est aussi défendu expressément, à toute personne, commune, ou communauté, d'établir et d'entretenir, dans les cours d'eau susdits, aucun barrage, épi, vannage, seuil ou autre ouvrage quelconque, soit pour la pêche, soit pour tel autre usage que ce soit, pouvant gêner le libre cours des eaux. Lesdits ouvrages actuellement existants devront, dans le délai de huit jours, être indistinctement détruits et enlevés, de manière que les lits des cours d'eau sus-désignés, tant sur le Mantouan que sur le Véronais, demeurent entièrement libres de tout obstacle. — Il est seulement permis à ceux qui ont des droits de pêche, de faire usage de filets ou d'autres engins, qui ne sont pas de nature à entraver l'écoulement des eaux. — S'il arrivait que quelqu'un se permît de contrevenir à ces dispositions, indépendamment des moyens de répression prévus ci-dessus, toute personne aurait le droit de détruire, de son autorité privée, les ouvrages faits en contravention.

Art. 12. Du moment qu'il aura été procédé à la

modellation, ou tout au moins au règlement, des bouches, pertuis, seuils, déversoirs et autres ouvrages, au moyen desquels s'opèrent les prises d'eau, il sera interdit, à tout usager, d'apporter aucune altération aux dimensions qui ont été déterminées. Les contrevenants seront punis par la perte de leur droit d'usage, et le volume d'eau dont ils jouissaient sera confisqué au profit du domaine, qui pourra en faire l'objet d'une nouvelle concession. — En cas qu'il soit nécessaire de faire des réparations, il est également défendu, sous la même peine, de les effectuer sans avoir obtenu une autorisation préalable du gouvernement; et elle ne sera délivrée qu'après l'envoi, sur les lieux, des ingénieurs qui, au besoin, se concerteront entre eux. — Sous la même peine, il est également interdit d'altérer en rien les dimensions, ainsi que les pentes, des canaux, fossés ou rigoles, servant actuellement à la distribution des eaux, et même de transmettre les colatures sur d'autres points que ceux où elles aboutissent actuellement, y compris même celles des sources, mentionnées au chapitre XVI du traité.

Art. 13. Désormais il sera interdit, à qui que ce soit, d'établir dans le lit du Tartaro ou de ses affluents, des éperons, barrages d'appel, ou autres ouvrages, soit en cas de pénurie des eaux, soit pour tout autre motif; attendu qu'il a été suffisamment pourvu par les traités aux indemnités à accorder, pour ce cas, aux usagers qui jouissent des eaux à titre onéreux, et que s'il existe des rizières ou des prairies qui soient situées d'une manière défavorable pour l'irrigation, c'est à leurs propriétaires à faire les travaux convenables pour les y mieux adapter.

Art. 14. Défenses à tous propriétaires et fermiers, tant sur le Mantouan que sur le Véronais, d'excéder les étendues fixées pour les rizières, d'après les tableaux et états annexés au projet général du règlement. — Quand une même bouche sera commune entre divers propriétaires ou usagers, on aura soin de mesurer et de désigner clairement l'étendue des superficies arrosées appartenant à chacun.

Art. 15. Personne ne pourra usurper les eaux appartenant à autrui. En cas de contravention à cette disposition, il sera procédé sommairement, devant les juges compétents, à la fixation de l'indemnité et à l'application de la peine.

Art. 16. Il est défendu d'ouvrir, le long des digues et remblais, des fossés ou contrefossés destinés à recevoir les eaux qui peuvent déverser par dessus. — Il est également interdit d'ouvrir des excavations pour de nouvelles sources, dans un rayon de moins de 50 perches des bords du Tartaro ou de ses affluents. Celles qui existent à une moindre distance, ne pourront être employées aux irrigations. (Il y a eu exception à cette dernière disposition en faveur des propriétaires de trois sources désignées.)

Art. 17. Il sera dressé un état de répartition des colatures, sur lesquelles les premiers arrosants n'ont point acquis de droits.

Art. 18. En ce qui concerne la pêche, on se réfère aux dispositions spéciales, qui ont été concertées entre les deux puissances.

Art. 19 — 22. (Ces articles reproduisent des dispositions déjà insérées dons les précédents traités, en ce qui concerne les visites annuelles des ingénieurs.)

Art. 23. Tous les articles des précédents traités et de leurs annexes demeurent obligatoires. En cas d'entreprises non autorisées, outre la réparation immédiate des dommages, il y aura de plus une amende proportionnée à la gravité du délit. Les contrevenants qui seront eux-mêmes usagers, perdront leurs droits aux eaux, et les bouches dont ils jouissaient seront supprimées. En cas d'impossibilité de payer les amendes, il sera prononcé des peines corporelles.

Les sévères dispositions de cet article, ainsi que celle qui appelle le contrôle de tous les intéressés sur les usages des eaux, sont des points caractéristiques du grand règlement qui fit l'objet du traité d'Ostiglia. Il est vrai que, par une sorte de réciprocité, un de ses articles prévoyait le cas où, après les vérifications et réductions ordonnées, il y aurait eu encore accidentellement des temps de pénurie, et alors on y reconnaissait en principe la nécessité d'allouer, pour le compte du domaine, une certaine indemnité, à répartir proportionnellement aux droits de chacun, entre les divers usagers qui ne recevaient pas le volume d'eau auquel ils avaient droit. Mais quoique non formellement abrogées, je ne pense pas que ces dispositions exceptionnelles soient aujourd'hui appliquées, parce qu'elles s'éloignent de ce qui se pratique dans le Milanais et dans le reste de la Lombardie.

CHAPITRE QUARANTE-TROISIÈME.

RÈGLEMENTS SPÉCIAUX, ET DISPOSITIONS ADMINISTRATIVES CONCERNANT LES CANAUX ROYAUX ET LES CANAUX PARTICULIERS DE LA LOMBARDIE.

§ I. *Canaux du gouvernement.*

Canaux servant aux arrosages et au transport. — A l'exception du vaste canal de la Muzza, qui, par une anomalie inconcevable, n'a été rendu profitable qu'à l'agriculture, les canaux que le gouvernement autrichien possède dans le Milanais, ainsi que quelques autres moins importants, dans le Mantouan et le Véronais, sont disposés de manière à profiter à la fois aux arrosages et à la navigation. Sur les canaux de cette espèce, il y a un rapport nécessaire entre le tirant d'eau des bateaux et la dépense qui s'en fait dans la saison des arrosages. Ces deux intérêts étant diamétralement opposés, il faut nécessairement qu'ils soient combinés et réglés ; la surveillance des préposés doit donc porter principalement sur le débit des bouches, qui doit être calculé de manière à ce que les eaux ne descendent jamais au-dessous des repères régulateurs ; ils doivent aussi veiller soigneusement à ce qui concerne les dimensions des bateaux, car ceux d'un trop fort tirant d'eau, qui éprouveraient des accidents ou des difficultés dans leur marche pourraient faire attribuer indûment, à un excédant de dépense des dérivations, un préjudice causé entièrement par la faute des propriétaires ou conducteurs de bateaux. Aussi existe-t-il, pour chaque canal, des arrêtés affichés dans les lieux publics, et indiquant les limites fixées pour les dimensions des bateaux qui peuvent être admis; et l'on tient la main très-sévèrement à ce qu'ils soient bien observés.

Objets divers. — Les règlements relatifs aux canaux exploités par le gouvernement, concernent presque exclusivement les époques des chômages annuels, la surveillance des bouches et les divers modes de location des eaux.

Le 24 juin 1807, la direction des Routes et Eaux a fait publier un avis déterminant les époques et la durée des chômages annuels des canaux du gouvernement afin que les réparations convenables puissent être exécutées, tant sur les canaux principaux, par les entrepreneurs qui en sont chargés, que sur les canaux particuliers, par les soins des propriétaires et usagers. Mais les époques fixées pour chaque canal, par cette première instruction, ont été modifiées depuis.

Voici la forme des avis collectifs qui sont publiés pour avertir les riverains, et usagers directs, des eaux des canaux royaux du Milanais, qu'ils ont à faire procéder, dans les délais voulus, aux réparations qui les concernent :

« Attendu que le..... du mois prochain, on doit détourner les eaux pour effectuer les curages et réparations nécessaires sur le canal de....., on prévient les riverains et usagers immédiats de ce canal que, pour ledit jour, ils doivent avoir approvisionné sur le lieu des réparations, à faire par eux, tous les matériaux nécessaires, qui devront être vérifiés par l'eygadier du gouvernement, et en outre, aussitôt après la mise à sec, ils devront faire exécuter convenablement les réparations, suivant les règles qui seront prescrites, et les poursuivre sans discontinuer, de manière qu'elles soient complétement achevées le..... — Les usagers sont avertis qu'en cas de retard, tant dans l'approvisionnement des matériaux, que dans l'obligation de commencer les travaux aussitôt après la mise à sec, comme aussi au cas de lenteur dans l'exécution, il y sera immédiatement procédé d'office, et entièrement aux frais des retardataires, sans qu'il soit nécessaire de recourir à aucun nouvel avis de mise en demeure quelconque; sauf à eux à exercer tel recours que de droit contre leurs coïntéressés, ainsi que cela résulte des anciens édits sur la matière, et notamment de ceux des 2 octobre et 11 novembre 1790. — En cas de contravention aux présentes dispositions de la part des riverains ou usagers, l'eygadier du gouvernement sera tenu d'en donner immédiatement avis à la direction des travaux publics pour qu'il soit statué comme il appartiendra. »

La mise à sec des canaux du gouvernement s'effectue régulièrement deux fois par an; le premier chômage, qui dure de 25 à 28 jours, a lieu ordinairement des premiers jours de mars au 1er avril; on en profite pour effectuer un curage complet et les principales réparations des ouvrages d'art; le deuxième chômage, qui est celui d'automne, ne dure habituellement que de 7 à 10 jours; il a principalement pour objet le faucardement des herbes, qui croissent rapidement pendant l'été, et occuperaient, aux dépens du volume d'eau, si l'on n'y portait remède, un espace considérable dans le lit des canaux. Outre ces curages annuels, il y a des canaux où la croissance des herbages est assez rapide pour que l'on soit obligé de consacrer à leur enlèvement deux jours par mois, pendant toute la saison des irrigations.

Un des points les plus importants de la surveillance à exercer sur les canaux d'arrosage, porte sur les bouches de prise d'eau; et de fréquentes visites doivent en être faites, pour s'assurer qu'il n'est pas apporté de changement à leur disposition ou à leurs dimensions. Voici le modèle des avis que l'administration des travaux publics fait publier à l'occasion des recensements ou vérifications qui ont lieu fréquemment, sur la situation de ces bouches des canaux du gouvernement; c'est cette opération qui porte, dans le Milanais, le nom de *gattellation* (voir aux définitions).

« Attendu, qu'en vertu de l'arrêté du gouvernement en date du....., il doit être procédé dans le courant du mois de..... prochain, à la gattellation de toutes les bouches qui dérivent de l'eau du canal de....., en vertu des titres tant perpétuels que temporaires, les concessionnaires immédiats, ou leurs ayants cause et successeurs, sont invités à assister à la gattellation des bouches qui les concernent, laquelle aura lieu les jours désignés dans le tableau ci-dessous. — On les prévient en même temps, qu'il sera dressé, de cette opération, un procès-verbal signé par les délégués du gouvernement, ainsi que par les concessionnaires, ou par leurs successeurs; ceux-ci sont également avertis qu'en cas d'absence de leur part, on n'en procédera pas moins à l'opération susdite, et qu'ils seront censés adhérents à tout ce qui sera déterminé par les délégués du gouvernement.—L'opération sera commencée à sept heures du matin, pour chacun des jours désignés ci-après. »

Suit le tableau, comprenant cinq colonnes, portant respectivement les titres suivants : 1° Jours fixés pour la gattellation ;—2° Désignation des bouches; —3° Leur portée en onces milanaises ; — 4° Concessionnaires immédiats;—5° Portion ou subdivision de canal, sur laquelle se trouvent ces bouches.

§ II. *Conditions pour la location des eaux d'hiver sur le Naviglio-Grande, le canal de Bereguardo, et celui de la Martesana.*

1° Pour la dérivation des eaux d'hiver, l'amodiateur pourra faire usage d'une quelconque des bouches existantes, qui n'ont pas droit à l'eau, dans cette saison; pourvu toutefois qu'il soit propriétaire de l'ouvrage d'art qui constitue cette bouche, ou qu'il ait le consentement de qui de droit. Dans le cas contraire, il peut construire une bouche spéciale.

2° Les nouvelles bouches de prise d'eau, à ouvrir dans la berge du canal, doivent être établies rigoureusement, suivant la forme et les dimensions du module magistral milanais. Toutes les constructions qui en dépendent seront établies en maçonnerie de pierre ou de brique, ainsi que cela se pratique sur les canaux du gouvernement.

3° Le prétendant à la concession présente, pour chaque bouche à ouvrir, un projet accompagné d'un dessin qui la représente, en plan et élévation, en faisant connaître, d'une manière précise, l'emplacement où elle doit être construite. Ce plan est soumis à l'approbation de l'autorité supérieure; et son exécution, surveillée aux frais du concessionnaire par un ingénieur que délègue la direction des canaux, est astreinte à l'observation de toutes les autres conditions que jugerait convenable de prescrire l'administration.

4° L'édifice doit être construit, aux frais du locataire des eaux, pendant le premier chômage du printemps, qui a lieu après la passation du contrat. Cet ouvrage doit être l'objet d'une réception en forme, faite par l'ingénieur qui est délégué par la direction générale des travaux publics. Aussitôt que l'eau est remise dans le canal, il est procédé à la gattellation de la nouvelle bouche, suivant le mode en usage et par telle personne qui est ultérieurement désignée. La clef de la vanne hydrométrique doit être conservée par les agents que désigne l'administration supérieure.

5° Le fermier des eaux est tenu, pendant tout le temps de sa jouissance, d'entretenir l'édifice de prise d'eau, en état convenable, conformément aux prescriptions de l'ingénieur délégué d'office. Les réparations se font pendant la période des chômages ordinaires, et sous la surveillance du même ingénieur.

6° Si, dans le cours de l'année, il survient quelques dégradations à la bouche de prise d'eau, le locataire ne peut exiger la mise à sec du canal, pour effectuer des réparations définitives; mais il doit, sans recourir à ce moyen, exécuter à ses frais les réparations provisoires que l'ingénieur délégué juge nécessaires à la conservation des eaux. Il doit même, si cela était indispensable, se prêter à la fermeture totale de la bouche qu'il a établie. Les réparations définitives sont renvoyées au premier chômage.

7° Outre les dépenses relatives à la construction et à la surveillance de l'édifice de prise d'eau, comme il est dit ci-dessus, le locataire ou usager, doit encore prendre à sa charge, les frais spéciaux de réception et de gattellation, ainsi que ceux résultant des écritures que l'administration est obligée de tenir à cet effet.

8° La jouissance de l'eau d'hiver, pendant chacune des années que dure le contrat d'amodiation, commence à partir du 9 septembre et dure jusqu'au 25 mars de la même année; excepté toutefois le temps des chômages des canaux.

9° Le prix du fermage est payé d'avance à la caisse de l'administration impériale et royale des finances, c'est-à-dire, avant le 9 septembre de chaque année.

10° Dans le cas où l'adjudicataire manquerait, à l'époque susdite, de payer la somme convenue, l'administration publique a la faculté de faire fermer la bouche de prise d'eau et de procéder d'office à toutes les poursuites nécessaires pour assurer ce payement, c'est-à-dire, pour assurer le recouvrement des fermages arriérés, y compris les intérêts à raison de 5 pour 100 par an. En général, sous quelque prétexte que ce soit, il ne pourra jamais y avoir suspension ni retard dans le payement de ces fermages, sauf, à l'autorité compétente, à exercer, dans chaque cas, contre les débiteurs inexacts, telles poursuites que de droit, en vertu des privi-léges qui appartiennent à l'administration impériale et royale des finances.

11° L'administration se réserve la faculté de pouvoir toujours procéder librement, chaque année, à la mise à sec des canaux, aux époques ordinaires, suivant les avis qu'elle publie à cet effet, afin que l'on puisse opérer sur les dérivations, tant publiques que privées, les curages et réparations nécessaires.

12° S'il survenait sur quelqu'un des canaux royaux, quelque rupture ou avarie quelconque, de nature à exiger des réparations immédiates, l'administration publique serait toujours maîtresse de faire détourner les eaux, à quelque époque de l'année que ce fût, et pour autant de jours que ces réparations pourraient l'exiger, sans que le locataire pût, à ce titre, prétendre aucun dédommagement.

13° Il en serait de même dans le cas où, par suite d'une diminution extraordinaire dans le volume des eaux du Tessin et de l'Adda, et par conséquent dans la portée des canaux, on viendrait à manquer de l'eau nécessaire au service de la navigation et à celui des bouches continues; c'est-à-dire, que dans ce cas, l'administration aurait la faculté de faire restreindre, ou même de supprimer entièrement le débit des bouches continues, sans indemnité pour l'usager, jusqu'à ce que l'eau ait repris son niveau normal.

Ce besoin doit, néanmoins, être dûment constaté près de la direction générale des travaux publics, et la mesure précise de l'abaissement qu'il est nécessaire de réclamer dans la vanne hydrométrique, doit être également arrêtée en présence de l'ingénieur-directeur des canaux.

14° L'adjudicataire est obligé de se soumettre à observer toutes les prescriptions et règlements déjà publiés, ou à publier ultérieurement sur la navigation, en tant qu'ils auraient quelque rapport avec le régime des bouches de prise d'eau.

On remarquera sans peine que ce règlement est rédigé dans l'esprit le plus conservateur, c'est-à-dire que, dans tous les cas possibles, il arme l'administration des réserves et des pouvoirs nécessaires, pour éviter que les intérêts du trésor public ne puissent être compromis. Il est vrai que ce principe y domine d'une manière tout à fait prépondérante, mais cela n'a rien d'étonnant; car, ainsi que je l'ai déjà fait remarquer, le pays où l'irrigation est arrivée à son plus haut degré de prospérité, est aussi celui où la complète observation des prescriptions réglementaires, sur la matière des eaux, s'opère avec le moins d'opposition et de difficultés. Au point où en sont les choses, dans ce pays, il n'est plus permis de douter qu'il ne s'agisse de l'intérêt général, et chacun y sent nettement la nécessité de laisser à l'administration publique, toute la liberté de son action. C'est là que devraient aller s'éclairer, et s'instruire, les personnes qui doutent encore de cette salutaire nécessité.

§ II. *Canaux particuliers.*

Dans le nord de l'Italie, les plus importants des canaux particuliers sont administrés à l'instar de ceux du gouvernement. La surveillance et la gestion en sont confiées à un ingénieur-directeur, ayant sous ses ordres un nombre suffisant de conducteurs, eygadiers, et simples gardes. Les premiers président principalement à la distribution des eaux entre les usagers. Quand les canaux de cette espèce sont d'une faible longueur, un même ingénieur est appelé à en administrer plusieurs. C'est ainsi du moins que cela se passe dans le Milanais. Le canal Marocco, le plus important des canaux particuliers de cette contrée, qui a 130 milles ou 232 kilom. de longueur, qui porte 120 onces d'eau et a coûté, à mettre dans l'état où il est aujourd'hui, plus de 3 millions de francs, est divisé en trois sections, ayant leur siége à Villanterio, à Melguano et à Sesto Ulteriano. Le premier, qui est le plus important, comprend 137 kil. de longueur du canal ou de ses principales branches. Le conducteur en chef à qui la surveillance en est confiée a sous ses ordres 15 eygadiers ou gardes et un eygadier en chef qui porte le nom de régulateur. Il a à exercer une surveillance particulière sur 400 bouches de distribution et sur plus de 1300 ouvrages d'art parmi lesquels il s'en trouve de très-considérables. Les redevances perçues dans cette première section, à la diligence du conducteur susdit, s'élèvent à plus de 92.000 francs.

Le canal Taverna, qui a 13 milles, ou environ 23 kil. de longueur, est surveillé par trois gardes-eygadiers, dont le parcours moyen est d'un peu moins de 8 kil. Il est vrai que ce canal ne distribue, à des tiers, que le quart de sa portée d'eau qui n'est d'ailleurs que de vingt onces ou de moins de 1 mètre cube par seconde. Sur les canaux plus importants, où il se fait une grande distribution d'eau et où les bouches sont nombreuses, les longueurs à attribuer aux gardes-eygadiers ne peuvent guère dépasser 5 ou 6 kil.

Sur les canaux de la Lombardie, le salaire d'un simple garde varie de 400 à 600 francs; celui des eygadiers de 600 à 900; celui des conducteurs, ou sous-ingénieurs, de 1200 fr. à 2000 francs.

Les curages et faucardements sont une des opérations les plus importantes qui fassent partie de l'administration d'un canal d'arrosage. Cette importance résulte de la nécessité d'éviter soigneusement toute diminution de la section ou de la capacité effective de ces canaux, dont tout le volume d'eau est ordinairement utilisé. D'après cela on aime mieux supporter plus fréquemment les depenses occasionnées par le curage, et surtout par le faucardement des herbes, que de donner lieu à des réclamations fondées, par suite de la diminution qui aurait lieu inévitablement dans les quantités d'eau concédées. Dès lors, sur les canaux bien administrés, outre les chômages bisannuels qui ont lieu habituellement, pendant 25 jours au printemps, et pendant un intervalle un peu moins grand en automne, on est dans l'usage de réserver un ou deux jours par mois, pour procéder aux travaux de simple entretien, et à l'enlèvement partiel du limon et des herbages à mesure qu'ils commencent à encombrer les canaux. La réserve de ces divers chômages auxquels on peut aisément subordonner sans inconvénient la distribution des eaux d'irrigation, est d'ailleurs stipulée vis-à-vis de tous les usagers et ne donne lieu de leur part à aucun recours en indemnité contre les propriétaires du canal. Indépendamment des travaux annuels comprenant les curages et réparations, l'administration proprement dite d'un canal d'arrosage consiste encore dans la rédaction des contrats ayant pour but la location des eaux dans diverses circonstances, dans la perception des redevances, etc.

Ces contrats sont de simples actes, sous signatures privées, passés au nom, soit du propriétaire du canal, soit de l'ingénieur directeur. Je donne ici la forme des principaux.

Contrat pour la location perpétuelle d'une demi-once d'eau d'été.

En vertu des présentes, qui auront force et valeur comme acte public et authentique, le sieur M..... a conféré, et confère effectivement, à titre de location perpétuelle, au sieur N....., qui l'accepte, pour lui et les siens, la jouissance d'une demi-once d'eau provenant du canal .... dont il est propriétaire. Ce volume d'eau étant livré comme il est dit plus bas, pour l'irrigation des biens du sieur N..... — Outre le fermage, ou la redevance perpétuelle, qui sera de 792 livres milanaises (1), il sera payé, une fois pour toutes, à titre de droit d'entrée, une somme de 2.700 livres mil., que le sieur M..... re-reconnaît avoir déjà reçue du sieur N..... pour cet objet, dont quittance. — Le présent contrat de location perpétuelle est fait et accepté entre les parties surnommées, aux clauses, charges, conditions et obligations ci-après :

1° La livraison de la demi-once d'eau susdite sera faite sur le canal ..... — Pendant l'été, cette eau sera continue, depuis le 10 avril jusqu'au 11 juin de chaque année. Depuis cette dernière époque jusqu'au 15 septembre, l'usager aura, pen-

(1) Cela équivaut à 561 francs. Le prix de l'once milanaise était donc fixé à raison de 1.123 fr. 66 c. dans le contrat qui est antérieur à 1840. Aujourd'hui ce prix dépasse généralement 1 200 francs

dant 42 heures, la jouissance d'un volume de 2 onces d'eau, à rotation de 7 jours, à l'exception toutefois de 48 heures tous les 28 jours, pendant lesquelles il est d'usage d'effectuer, dans le canal mère, l'enlèvement de la vase. Pendant l'hiver, la même demi-once d'eau sera à écoulement continu, depuis le 10 octobre jusqu'au 15 mars de l'année suivante, avec cette réserve qu'à deux époques de l'année, c'est-à-dire du 15 mars au 10 avril, et ensuite du 15 septembre au 10 octobre de chaque année, on exécutera, suivant les usages en vigueur, le curage complet et les réparations dudit canal.

2° La jouissance du volume d'eau attribué au sieur N....., aux époques et d'après le mode susdits, commencera à partir du 10 avril prochain, pour continuer désormais sans interruption.

3° Le module au moyen duquel se mesurera cette quantité d'eau, aux diverses époques susdites, sera construit en maçonnerie de briques et de pierres de taille, suivant la forme magistrale. Mais les sas qui l'accompagneront seront complets ou incomplets, couverts ou découverts, à la volonté du sieur N..... ou de ses ayants cause.—La vanne hydrométrique, placée en tête de ce module, devra être munie d'une chaîne cadenassée, dont la clef sera remise entre les mains de l'eygadier désigné par le propriétaire du canal. Ce module sera établi et entretenu par le sieur N....., de manière qu'il ait une portée totale de deux onces. Mais il est bien entendu que lorsqu'il n'y aura lieu, au printemps et en hiver, de distribution qu'une demi-once d'eau continue, conformément aux dispositions précédentes, l'ouverture de ce module sera restreinte en conséquence.

4° S'il arrivait que par quelque accident, rupture de digues, ou par toute autre cause, indépendante de la volonté du sieur M....., ou de ses agents, l'eau vînt à manquer, en totalité ou en partie, le locataire perpétuel des eaux, non plus que son régisseur, ne pourront prétendre aucun refus de deniers, ou d'abonnement; pourvu, toutefois, que ce manque d'eau ne dépasse pas la durée de trois jours entiers; et dans ce cas, le propriétaire du canal devra suppléer à la pénurie, par la restitution, faite à l'usager, de toute la quantité d'eau dont il aura été privé, dès qu'elle aura repris dans le canal son niveau accoutumé.

5° Il est expressément interdit aux locataires des eaux, ou à toute autre personne, d'entreprendre quoi que ce soit, sur le module ou la bouche de prise d'eau, ainsi que sur les ouvrages qui en dépendent, ainsi que sur le canal lui-même, sous peine d'encourir la réparation de tous dommages qui pourraient résulter de ces voies de fait. Le sieur N..... sera libre de faire procéder à une reconnaissance dudit module, par un expert de son choix, qui opérera de concert avec l'ingénieur du canal, afin de s'assurer de son entière régularité.

6° Les réparations du canal et ses ouvrages d'art, les curages généraux et partiels qu'il exige, continueront d'être à la charge du sieur M....., propriétaire dudit canal ; mais les mêmes travaux qui seront à exécuter sur les canaux ou rigoles situés au delà du module de prise d'eau, seront à la charge du sieur N....., de même que toutes les variations dans le volume d'eau, qui pourraient avoir lieu au delà du même point, seront au profit ou au préjudice du même particulier.

7° Le payement de la redevance perpétuelle, ci-dessus fixée à 792 livres mil., sera effectué dans le mois de juin de chaque année, à partir de l'année courante.

8° Le payement de ladite redevance et de son rachat, tel qu'il est stipulé plus loin, aura toujours lieu à Milan, au domicile et dans la maison d'habitation du sieur M....., en espèces sonnantes, d'or et d'argent, ayant cours dans le pays, aux termes du code civil autrichien, à l'exclusion de tout papier-monnaie, ou autre signe représentatif du numéraire ; lors même que l'usage viendrait à en être introduit par la loi. Dans le cas où le sieur N.... ou ses ayants cause, persisteraient à effectuer tout ou parti du payement des sommes dues par eux, avec de telles valeurs, le sieur M..... ou les sieurs seront en droit de tenir fermée la bouche de distribution et de ne la plus concéder, par la suite, audit sieur N.....

9° En cas de contestations, et dans telles circonstances qui puissent se présenter, le locataire ne pourra apporter aucun retard au payement stipulé ci-dessus. Il ne pourra même intenter en justice aucune action contre le propriétaire du canal, avant d'avoir fait préalablement constater qu'il a payé exactement tous les termes échus. Dans le cas où le locataire serait en retard de plus d'un mois dans l'accomplissement de ses obligations stipulées, le propriétaire du canal, ou ses représentants, auront le droit de faire fermer, et tenir close, la bouche de prise d'eau, pendant tout le temps que durera le retard du payement échu, et ledit locataire n'en sera pas moins tenu au payement intégral de la redevance ordinaire, sans aucune déduction pour le temps pendant lequel il aura pu, comme il vient d'être dit, se trouver privé des eaux.

10° Le locataire aura la faculté de racheter la redevance stipulée ci-dessus, en ayant soin d'en prévenir le propriétaire du canal trois mois d'avance, et en payant 100 francs de capital pour 4 francs de rente. Le rachat pourra être partiel, pourvu toutefois que la portion à racheter ne soit pas au-dessous du tiers de la rente totale, et que les payements soient entièrement effectués, comme cela est dit plus haut.

11° Pour toutes les transactions qui se rattacheraient au présent contrat, les parties déclarent, pour elles et leurs héritiers, se soumettre à la juridiction des juges et tribunaux siégeant à Milan, comme étant le lieu où doit être effectué le payement de l'eau concédée, et cela aux termes de l'art. 25 de l'arrêté du gouvernement en date du 29 septembre 1819.

12° Les présentes conventions et obligations lieront les parties contractantes, ainsi que leurs héritiers ou successeurs, et les débiteurs constitués en retard du payement de la redevance, comme il est dit ci-dessus, en subiront les conséquences. — Les frais du présent acte et de la copie authentique à délivrer dans la quinzaine, au sieur M....., seront entièrement à la charge du locataire.

Fait à Milan, le, etc.

Des transactions analogues sont passées, journellement, entre les propriétaires de canaux et les propriétaires ou fermiers des terres riveraines. Elles concernent : 1° la location de l'eau d'été ou d'hiver, à tant par perche, ou par superficie de terrain, de culture connue; 2° la création des rizières, à forfait, par le propriétaire des eaux, moyennant le quart brut de la récolte obtenue. Dans le premier cas, il est fourni un état des biens pour lesquels l'arrosage est demandé, et dont la superficie est vérifiée, et certifiée, par un géomètre que désigne le propriétaire des eaux. Dans le Milanais, la période usitée pour l'arrosage des prairies, dans ce système, est de 14 jours ; et si rien n'était stipulé, on serait censé l'avoir adoptée, parce qu'elle est réputée être la rotation usuelle.

Dans le cas des rizières, à l'entreprise, le propriétaire du canal, ou son directeur, s'engagent à fournir l'eau nécessaire pour mettre et entretenir à l'état de rizière, les terres désignées dans l'état annexé au traité. Les principales conditions de ce genre de marché sont que la disposition préalable des terrains et la distribution des eaux seront constamment dirigées par un eygadier, ou régulateur, attaché à l'administration du canal ; que la semence sera fournie par le propriétaire dudit canal; et que la redevance d'usage, qui est du quart de la récolte, sera payée indépendamment du prélèvement préalable, sur la récolte de chaque année, de la quantité de semence qui aura été fournie. Si les terres désignées pour cette culture étaient d'une nature très-défavorable, comme impropres à retenir les eaux, le propriétaire du canal se réserve toujours de les refuser, après qu'une première expérience a constaté cet inconvénient. Dans ce même système des rizières au quart, les propriétaires du sol sont ordinairement astreints à payer une légère redevance en argent à titre de frais de surveillance.

Tous les actes de cette nature relatifs à la cession ou à la location des eaux renferment, dans l'intérêt des propriétaires de canaux, des réserves ou clauses générales concernant principalement : l'obligation d'effectuer exclusivement les payements en numéraire, et à des époques déterminées; l'interdiction aux usagers d'entreprendre quoi que ce soit sur le canal, et spécialement sur les bouches de distribution; la non-responsabilité des propriétaires du canal pour des cas de pénurie d'eau, qui n'excéderaient pas trois jours, etc. Dans un grand nombre de cas, le bailleur se réserve l'entière disposition des colatures, et cette réserve se remarque surtout dans les locations d'eau qui ont pour objet les rizières.

LIVRE NEUVIÈME.

CONTENTIEUX.

EXAMEN DES PRINCIPALES CONTESTATIONS
AUXQUELLES DONNENT LIEU LES DÉRIVATIONS
ET LES EAUX QU'ELLES RENFERMENT.

CHAPITRE QUARANTE-QUATRIÈME.

CONTESTATIONS DIVERSES SUR L'USAGE DES EAUX ET SUR LES CANAUX D'ARROSAGE.

Contestations sur le droit de prise d'eau.— Elles sont entièrement dans le domaine de l'autorité administrative, qui peut seule apprécier, dans les enquêtes et vérifications qu'elle ordonne, à l'occasion des demandes en concession, la valeur des objections ou oppositions, formées par des tiers inférieurs. En France, comme dans le nord de l'Italie, la mission de l'autorité administrative, dans cette circonstance, est de régler la hauteur des retenues, et le volume des prises d'eau, de manière à ne nuire à personne, et notamment aux usagers qui ont des droits antérieurs, légitimement acquis. Mais, dans les demandes de cette nature, on voit souvent des particuliers opposants, exciper d'un préjudice présumé, ou d'un dommage extrêmement minime ; or, on ne saurait admettre que, pour ne pas donner lieu à ce préjudice imperceptible, il faille refuser l'autorisation nécessaire à des entreprises qui, au delà des profits qu'elles donnent immédiatement à leurs auteurs, procurent toujours d'autres avantages très-réels, dans l'intérêt général et local. Il est donc de règle, dans les cas semblables, que l'autorisation n'est point empêchée par un dommage très-minime qu'elle peut causer à des tiers. Mais comme il faut indispensablement que les droits de la propriété privée soient toujours respectés, ce dommage, tel minime qu'il soit, doit être immédiatement réparé, à la charge de celui qui l'occasionne, et qui profite de la permission d'usage des eaux. Seulement, en cas de contestation, ce n'est point l'autorité administrative, mais les tribunaux ordinaires seuls, qui peuvent arbitrer les dommages-intérêts applicables en pareille circonstance.

C'est là un principe juste et nécessaire, car l'intérêt de l'agriculture et celui de l'industrie, réclament impérieusement la mise en possession des avantages que représente le bon emploi des eaux, et si, comme je viens de le dire, il fallait être arrêté dans cette attribution, par l'existence d'un préjudice, même très-minime, causé par suite d'un nouvel emploi des eaux, fait par ceux qui sont en droit d'y prétendre, il faudrait renoncer, à tout jamais, à voir ces mêmes avantages, mis, un jour, complétement en valeur; tâche à laquelle les gouvernements éclairés doivent tendre avec persévérance.

La conciliation de ces deux intérêts opposés se trouve dans la réserve de tous droits des tiers, réserve qui, non-seulement, existe toujours en principe, mais qu'on a soin même de reproduire formellement dans les actes de concession, ou de permission, sur l'usage des eaux.

Ainsi, l'administration ne porte point atteinte au principe conservateur du droit de propriété, quand elle exerce, de cette manière, les pouvoirs qui lui appartiennent. Et les tribunaux judiciaires, en adjugeant, s'il y a lieu, des indemnités ou dommages-intérêts, à qui de droit, font également une chose juste et convenable, sans que leur décision ait nullement le caractère ni d'un empiétement sur celle du pouvoir administratif, ni d'une réformation de ses actes.

Contestations sur la conduite des eaux. — Le propriétaire qui est en droit de dériver des eaux, et qui ne les conduit que sur son propre terrain, peut nuire aux héritages inférieurs par des filtrations, opérées souvent à d'assez grandes distances. C'est à peu près là le seul genre de dommages qu'il peut être tenu de réparer; mais celui qui dérive des eaux pour l'arrosage, en profitant des facilités exceptionnelles, qui constituent le droit d'aqueduc, est exposé à un plus grand nombre de contestations. La première chose que l'on peut mettre en question, c'est la convenance de son opération; car, ainsi que je crois l'avoir bien démontré, il faut nécessairement pouvoir invoquer des motifs d'intérêt général, à l'appui d'un droit aussi exorbitant que celui qui permet à un particulier de s'emparer, à toujours, d'une portion des héritages d'un nombre illimité d'individus, encore bien que l'entreprise qui motive cette prise en possession ne soit faite qu'à ses frais, risques, et périls individuels.

Or, voici les distinctions qu'il me semble nécessaire d'admettre sur ce point : s'il s'agit d'un canal principal, intéressant l'irrigation d'un cours de longue étendue, il est évident qu'il porte avec lui un caractère d'intérêt général ; mais attendu que les eaux d'un tel canal ne peuvent arriver à leur destination que par des dérivations secondaires, ouvertes aux frais des particuliers intéressés, chacune de ces dérivations représente une fraction plus ou moins appréciable, de cet intérêt général qui est ici incontesté ; et c'est dans ce cas que l'on ne peut révoquer en doute l'utilité d'un régime exceptionnel, pour la conduite des eaux ; car, sans ce régime protecteur, une partie des grandes dépenses, faites pour le canal principal, pourrait se trouver en pure perte, vu que des eaux dérivées resteraient sans emploi.

Dans ces circonstances, la convenance d'une opération de conduite d'eau est donc toujours certaine, elle est en quelque sorte préexistante ; car il y a offre des eaux de la part du fondateur du canal, qui ne désire qu'en trouver le placement ; il y a, en même temps, demande de ces eaux, par l'usager, qui veut faire profiter son terrain d'avantages qui lui ont été destinés; et il est clair que, pour l'accomplissement de ce pacte fondamental des opérations d'arrosage, la loi est sage quand elle donne le moyen de surmonter les résistances qui peuvent venir des tiers interposés. Ici, le droit d'aqueduc doit être réclamé sans crainte, la nature des choses le rend indispensable.

Mais quand il s'agit de dérivations partielles, opérées directement sur les cours d'eau naturels, c'est-à-dire, d'entreprises qui, non-seulement ne sont que d'intérêt individuel, mais dont, en outre, le succès peut être souvent très-problématique, il est clair que l'autorité est obligée d'y regarder de très-près, avant de conférer à cet intérêt individuel, un privilége qui, d'après les principes fondamentaux du droit social, ne doit être réservé qu'aux intérêts publics, dûment constatés; c'est en vue de ce cas, que toutes les législations existantes, sur le droit d'aqueduc, ont imposé aux particuliers qui le réclament, l'obligation de faire, préalablement, constater la *convenance* de l'opération projetée par l'autorité, qui a mission pour apprécier les questions de cette nature au point de vue de l'intérêt général, c'est-à-dire, par l'autorité administrative, présidant à la police et à la distribution des eaux.

Je regarde donc comme indispensable que, dans les pays soumis au droit d'aqueduc et pour l'hypothèse dont il s'agit, il soit formellement constaté dans l'acte même autorisant une dérivation, si elle est assez importante pour que le particulier qui l'obtient puisse jouir de la faculté de conduire ses eaux sur les terrains d'autrui ; sans cela, des contestations sans fin auront lieu à ce sujet, et il semble que les résistances des propriétaires seront fondées si le caractère d'une utilité notable, pour la contrée, n'est pas au préalable bien légalement acquis aux dérivations qu'on veut ouvrir sur leur héritage.

Il serait impossible d'admettre que l'on puisse éviter de recourir, en cette matière, à l'autorité administrative et aux principes qu'elle applique. En effet la faculté de conduire des eaux sur le terrain d'autrui est d'une nature à part et tout à fait en dehors du droit commun ; les règles du droit public sont donc les seules qui puissent la régir.

Qu'est-ce qui caractérise les eaux de cette espèce ? c'est qu'elles sont destinées à bonifier des héritages non riverains, et qu'elles ne sont pas rendues à leur cours ordinaire après qu'on s'en est servi. Or, sous l'un et l'autre rapport, on se trouve de suite aux antipodes de l'ordre de choses établi par les deux paragraphes de notre article 644 du code civil, ainsi que par l'article correspondant du code sarde. Que l'on ne cherche donc pas à s'appuyer du droit commun ni à en invoquer les règles à l'occasion de la faculté dont il s'agit.

Il est bien établi aujourd'hui que cette faculté ne doit entraîner avec elle qu'un simple droit de servitude, et non une expropriation. Il y a eu assez longtemps des incertitudes sur ce point, tant en Piémont et dans le nord de l'Italie, que dans le midi de la France, où un régime semblable a été autrefois établi.

Sous la jurisprudence antérieure au code Charles-Albert, le sénat de Turin, par deux arrêts différents des 16 juin 1788 (Sr Pereti) et 9 mars 1827 (Sr Coller), avait consacré, en faveur des conducteurs des eaux, un véritable droit de propriété. A une époque plus récente, et postérieure au nouveau code, le sénat de Casal l'a également consacré, par un arrêt du 2 mars 1841 (Sr Fioretti). Mais ces arrêts ont été judicieusement critiqués, comme n'étant pas conformes aux vrais principes. Que demande le conducteur des eaux? un droit de passage, pas autre chose; ce besoin satisfait on ne doit pas aller au delà. Or une simple servitude remplissant suffisamment l'objet dont il s'agit, c'est à elle qu'on doit s'en tenir. A l'appui de ce système, on a invoqué plusieurs avantages, au profit de l'agriculture et la salubrité publique; on a dit que dans le cas où une conduite d'eau venait à ne pas réussir, les canaux appartenant en toute propriété au fondateur de l'entreprise, pouvaient rester indéfiniment à l'état de canaux abandonnés, tandis que n'étant établis qu'à titre de servitude, les propriétaires riverains étaient dans les meilleures conditions possibles pour restituer promptement leurs emplacements à la culture. Cette observation est juste, mais cependant je la crois plus spécieuse que pratique, car le cas d'abandon de canaux est excessivement rare; et ce que l'on pourrait dire d'également juste sur ce point, en faveur de l'occupation par simple servitude, c'est que la crainte de voir ces canaux, une fois payés, retourner purement et simplement dans les mains du maître du sol, doit être un stimulant des plus puissants pour faire éviter qu'ils ne restent sans usage.

Mais le véritable inconvénient, qui serait attaché à ce que les conducteurs d'eau aient la pleine et entière propriété des canaux qu'on leur permet d'ouvrir sur les terrains d'autrui, c'est qu'ils en abuseraient souvent, au préjudice des propriétés riveraines.

Pour ne parler que d'un seul fait, je dirai seulement que le creusement de ces canaux au delà de la profondeur primitivement convenue et réglée, est une chose grave qui donnerait lieu aux plus sérieuses contestations, si elle n'était pas soigneusement prévenue par des précautions et une surveillance journalières. Tel canal qui ne causera pas de préjudice à une propriété s'il est maintenu à une profondeur modérée, par exemple de 1 mètre, en contre-bas de sa surface, lui deviendra tout à fait nuisible et pourra avoir pour conséquence de l'assécher totalement, au grand préjudice de sa fertilité naturelle, si on porte cette profondeur au double.

Dans les pays d'irrigation, les conducteurs d'eau ont un double intérêt à augmenter, toutes les fois qu'ils le peuvent, la profondeur de leurs canaux; d'abord on a ainsi une chance de découvrir quelque source, ou tout au moins d'attirer des eaux supplémentaires, qui se joignent toujours très-utilement au volume principal de celles qui sont dérivées. Cet intérêt n'est point blâmable; mais un autre but, qui ne saurait être justifié, et que l'on a eu trop souvent en vue, c'est qu'augmenter simplement la profondeur d'un fossé ou canal, est un moyen détourné d'arriver forcément à l'augmentation de sa largeur; car faute d'un talus suffisant, les terres s'éboulent peu à peu; ces éboulements, enlevés successivement, comme produits ordinaires du curage, ne laissent bientôt plus de traces; de sorte qu'un propriétaire peu vigilant, sur le terrain duquel il avait été ouvert un canal de deux mètres de largeur, voyait souvent, au bout de très-peu d'années, ce même canal porté à trois mètres, et plus, de largeur, par le seul fait de cette anticipation cachée. Il y a bien eu quelques arrêts des sénats de Piémont, qui, en se basant sur la loi romaine, ont reconnu, dans certains cas, le droit d'approfondir des canaux de dérivation, mais ce ne sont là que des exceptions; et, en thèse générale, ce droit n'existe pas, puisqu'il serait, tout au moins, une aggravation de la servitude consentie.

Dans la pratique, les propriétaires se mettent à l'abri des craintes qu'ils auraient toujours à cet égard, en exigeant qu'il soit établi, de distance en distance, au plat fond des canaux, des seuils ou caractères (radici), exactement repérés à des points fixes, pour régler, d'une manière invariable, notamment lors des curages, le maintien des profondeurs définitivement convenues.

Toutes les fois que j'en ai trouvé l'occasion, j'ai fait ressortir l'importance qu'il y avait de laisser à l'indemnité, en matière de conduite d'eau, un caractère distinctif et spécial, ainsi que cela a toujours eu lieu dans les législations italiennes. Ce caractère consiste à composer ladite indemnité de trois parties distinctes, savoir : 1° de la valeur estimative et réelle du terrain occupé; 2° du payement de tous les dommages accessoires, 3° d'une indemnité supplémentaire, dont le taux varie, suivant les pays, du quart au cinquième de l'indemnité principale. Cette dernière a surtout pour but de pourvoir, comme je l'ai démontré dans ce volume, p. 125 et suivantes, au payement de l'impôt foncier, qui demeure à la charge du propriétaire du terrain asservi, bien qu'il ait cessé entièrement de jouir dudit terrain.

Maintenir entièrement ce caractère distinctif de l'indemnité de conduite d'eau, me semble une chose des plus importantes. Le premier motif de cette importance, c'est que l'on ne saurait constater avec trop de soin, la différence qui existe entre la simple indemnité qui se paye dans les cas ordinaires d'expropriation, pour cause d'utilité publique, et cette indemnité de nature complexe qu'il s'agit d'acquitter, dans le cas actuel, où l'utilité publique que l'on invoque est, elle-même, d'une nature mixte et exceptionnelle. Mais la convenance la plus immédiate de cette manière de voir, résulte de ce que, dans le cas contraire, il peut y avoir de véritables incertitudes sur le mode d'occupation de l'emplacement du canal, et par suite des difficultés infinies, entre le propriétaire du sol et le conducteur des eaux, sur la question de savoir à la charge de qui doivent rester les impositions assises sur cet emplacement.

Voici, à l'appui de mon opinion, un fait qui s'est passé en Provence, et que rapporte le président Cappeau, dans son recueil concernant la compagnie des Alpines. En 1786, des difficultés eurent lieu sur cet objet, entre cette compagnie et le sieur de Parnisse, seigneur de Lamanon, propriétaire de tout le terrain que traversa le canal de ce nom, sur ladite commune. Une première sentence arbitrale, rendue par-devant les procureurs de la province, établissait que la compagnie ne pouvait être obligée à réclamer plus qu'un simple droit de servitude, de jet et de passage, tandis que le seigneur gardait la nue propriété de son terrain. — Dans l'appel interjeté le 15 janvier 1789, contre ce jugement devant la sénéchaussée d'Aix, le sieur de Panisse déclarait qu'on ne pouvait considérer son terrain que comme vendu, puisque les occupants ne pouvaient prouver qu'ils en fussent locataires. La compagnie persista dans ses premières défenses et demanda une nouvelle expertise, prétendant toujours ne devoir, pour un simple droit de servitude, qu'une indemnité inférieure à celle qui correspondrait à une expropriation réelle. — La révolution fit abandonner le procès. Mais plus tard, en 1805, le sieur Panisse se pourvut administrativement, dans le but de faire porter au compte de la compagnie des Alpines, la contribution foncière du terrain occupé, sur ses domaines, par le canal et par ses berges et francs-bords. Cette demande fut accueillie, et l'année suivante, le syndicat du canal était effectivement porté aux rôles de la contribution foncière de la commune de Lamanon, pour une cote correspondante à ce terrain. — La compagnie réclama de nouveau, et prétendit, plus que jamais, qu'elle n'avait pas la propriété du fonds, mais une simple servitude de passage et de jet, qui ne pouvait être soumise à la contribution, laquelle doit rester à la charge du propriétaire du sol. — Par arrêté du 28 août 1807, le conseil de préfecture des Bouches-du-Rhône ordonna la radiation de la compagnie sur le rôle des impositions, et y soumit de nouveau le sieur de Panisse, en sa qualité de propriétaire du terrain sur lequel est établi le canal. — Celui-ci soutint alors, devant la même autorité, que, depuis 1786, on ne pouvait plus lui donner la qualité de propriétaire d'un terrain occupé à perpétuité par le canal, et dont il ne jouissait plus.—Enfin, un second arrêté, du mois de novembre 1808, confirma la première décision, en déboutant le réclamant de son opposition, et l'affaire n'eut pas d'autre suite.

Le peu de mots que je viens de dire sur ce long procès prouve assez qu'il y a eu lésion, au préjudice du propriétaire du sol; puisque tout en lui imposant, moyennant une indemnité, inférieure à sa valeur réelle, le sacrifice d'une propriété dont il perdait tout le domaine utile, on laissait encore à sa charge l'obligation de payer, à perpétuité, l'impôt d'un terrain sur lequel il ne percevait plus aucuns fruits; et le fait est, que la compagnie des Alpines acquitte elle-même l'impôt dû pour le terrain correspondant à son canal, sur plusieurs points où elle n'a pas traité avec les propriétaires, en d'autres termes qu'avec le seigneur de Lamanon. Toutes ces incertitudes et ces irrégularités n'ont pas lieu là où l'on règle l'indemnité du droit de passage avec le détail dont j'ai parlé, car c'est seulement ainsi qu'on peut lui conserver son caractère tout spécial.

Contestations entre les propriétaires de canaux et les usagers. — L'utilité d'empêcher que les usagers, même anciens, d'une eau d'irrigation puissent en être privés, au gré du seul caprice du propriétaire de ce canal, avait fait adopter en Piémont le *droit de maintenue*, dont j'ai parlé précédemment, page 308. Voici des cas dans lesquels on en a fait l'application. Sur la fin du dernier siècle, les propriétaires de la Roggia-Mora avaient donné congé à plusieurs usagers, dans l'intention de conduire les eaux, qui leur étaient anciennement concédées, plus au sud, dans les terres de la Lumelline, afin de les affermer à un prix supérieur. Les locataires se portèrent opposants à ce projet, et prétendirent que les terres immédiatement riveraines avaient, sur toutes les autres, un droit préexistant; que eux et leurs ancêtres avaient fait de grandes dépenses en terrassements, défrichements, canaux secondaires et ouvrages d'art, en vue de jouir à perpétuité de l'avantage des eaux; qu'ayant ainsi engagé leurs capitaux, sur la foi d'une tacite reconduction, il y aurait injustice à les évincer; que d'ailleurs ce serait porter un préjudice immense à toute la contrée, qui, devenue florissante par l'usage des eaux, allait retomber à un degré de misère plus grand que celui où elle était anciennement.

Par un arrêt du 13 août 1787, le sénat de Turin, sans se prononcer sur le fond, mais prenant en considération les motifs allégués par les réclamants, fit, provisoirement, défense aux propriétaires de la Roggia-Mora de retirer ainsi les eaux à ceux qui en jouissaient depuis longtemps, et ordonna en même temps, une enquête sur la validité de la prétention des usagers. Les choses en restèrent là, et ceux-ci furent maintenus, de fait, dans leur ancienne possession.

Quarante ans plus tard, dans le courant de 1826, le propriétaire de la Roggia-Biragua, dans la même localité, renouvela cette prétention; mais, sur la plaidoirie de M. l'avocat Giovanetti, les locataires obtinrent du sénat de Turin, les 22 décembre 1826, 30 novembre 1827, et 6 mars 1830, des arrêts définitifs, qui les maintinrent dans la continuation des avantages dont ils avaient joui jusqu'alors. Le sénat de Casal a rendu, le 16 décembre 1838, un arrêt dans le même sens.

Cependant, par un autre arrêt du 31 mai 1840, cette cour suprême a fait, avec raison, la distinction que toute location d'eau, ne pouvait point, sur la réclamation de l'usager, être réputée irrévocable. Mais on était alors sous le régime du nouveau code du Piémont, qui, ainsi que je l'ai montré précédemment, n'a pas sanctionné l'ancien usage du droit de maintenue, sur lequel reposaient réellement les contestations dont il s'agit.

Les contestations sur la forme des bouches et sur les volumes d'eau distribués, sont très-fréquentes. Il en sera ainsi tant qu'on n'aura pas déterminé un module, à peu près invariable, dont l'emploi soit obligatoire, même dans les transactions privées.

Contestations relatives aux distances des fouilles. — Une fouille pratiquée dans un terrain peut nuire, au propriétaire d'un héritage voisin, de deux manières: ou en coupant les veines et filets d'eau, qui se rendent dans cet héritage, pour y alimenter des sources ou réservoirs; ou en attirant, par voie de filtration, dans la nouvelle fouille, des eaux qui y étaient déjà recueillies, au moyen de têtes de fontaines, canaux, etc. Dans le premier cas, que l'on peut regarder comme tout à fait fortuit, le propriétaire évincé n'a pas d'action contre l'auteur de l'entreprise qui a amené la déviation des eaux. La loi romaine, le code français (art. 641), le code sarde (art. 655), la jurisprudence suivie en Lombardie et ailleurs, sont unanimes sur ce point.

En cela, on ne pourrait pas tirer d'induction de ce qui se passe dans la matière des eaux courantes à la surface du sol, car un propriétaire supérieur n'est pas libre de s'emparer ainsi de celles qui servent à des usagers inférieurs. La raison en est qu'il y a une autorité compétente pour faire des règlements sur l'usage des eaux de cette espèce, et attribuer à chacun ce qui doit lui revenir. Mais qui pourrait procéder de même au règlement des eaux souterraines, dont on ne connaît ni l'origine, ni la direction, ni le volume? Ces eaux, ainsi que les eaux pluviales, ont donc conservé complétement le caractère primitif de communauté négative, qui les fait appartenir au premier occupant. Le danger de l'usurpation est à la vérité considérablement diminué par les dépenses qu'entraîne toujours leur recherche.

Néanmoins on peut citer des exemples, dans lesquels leur changement de maître a été évident. La ville de Tours a fait forer depuis 1830 six puits artésiens, qui donnaient ensemble un débit de $36^{lit.}$,33 d'eau par seconde, ou de près de 167 pouces; mais par suite de nouveaux sondages, entrepris successivement dans la même localité, on a vu trois de ces puits diminuer rapidement de produit, puis tarir tout à fait. Ceux qui continuent de fournir de l'eau, à 1^{m},50 de hauteur au-dessus du sol, et qui n'ont pas subséquemment varié, n'en donnent que 10 litres par seconde. Ici les entreprises des voisins ont donc amené une réduction de plus des deux tiers dans les volumes d'eau sur lesquels la ville de Tours, après avoir dépensé pour les sondages environ 120.000 francs, se croyait en droit de compter.

Une entreprise bien plus grave dans ses conséquences, a eu lieu dernièrement sur la source des eaux thermales de Vichy. L'État ayant jugé convenable d'exploiter par lui-même cet établissement, qui donnait, depuis quelques années, de grands bénéfices, le sieur B...., fermier sortant, se vit évincé avec beaucoup de déplaisir; c'est par suite de cet état de choses, qu'étant devenu acquéreur d'un terrain voisin de l'établissement, il y fit opérer, avec succès, un forage, qui, poussé à une profondeur médiocre, amena à la surface du sol, une nouvelle source minérale. Mais en même temps, celle de l'établissement public subit une diminution de plus de moitié de son volume, et en outre, un abaissement notable dans sa température, de sorte que si les conséquences de cette voie de fait doivent être définitives, il y aura, pour l'État, une perte des plus considérables. Mais je pense que l'entreprise du sieur B...., contre lequel on serait sans action, s'il s'agissait d'une source ordinaire, est susceptible d'être attaquée, d'après la législation spéciale qui régit les sources thermales et minérales, qui alimentent des établissement d'utilité publique.

Ce serait un grave événement pour notre capitale si le puits de Grenelle, dont les eaux sont si utilement employées, venait à subir le même sort (1).

Le cas de tarrissement complet d'une tête de fontaine ou d'une eau jaillissante, par suite de fouilles ou de sondages, est extrêmement rare; mais au contraire, le cas de diminution de volume ou de réduction de niveau, est assez fréquent dans les localités qui se prêtent avantageusement à ces sortes de travaux, et où les fouilles sont rapprochées. C'est ce qui se remarque dans les environs de Tours, ainsi que dans la plaine de Modène.

Si maintenant on examine l'influence que des

(1) Ce puits artésien, dont le débit, à 33 mètres au-dessus du sol, paraît, après beaucoup d'oscillations, s'être fixé de 50 à 60 pouces d'eau, représente un revenu de 100.000 francs; car si la ville était disposée à tout aliéner, ces 50 pouces à 2 000 francs l'un, trouveraient des locataires. Le total des dépenses de sa construction s'est élevé à environ 400 000 francs.

fouilles peuvent avoir sur des eaux déjà recueillies, dans des canaux, et ayant reçu, à ce titre, une appropriation privée, on trouve que, partout où l'irrigation joue un rôle important, une législation prévoyante a eu pour objet de mettre les conduites d'eau à l'abri des entreprises des voisins, qui pourraient, à l'aide d'une simple fouille, s'approprier, indûment, des eaux obtenues à l'aide de grandes dépenses. Ce serait là, si la loi n'existait pas, une chance de dommages et de ruine tellement redoutable, qu'elle devrait faire renoncer aux entreprises les mieux conçues, dans les contrées même où la perméabilité du sol y rend encore plus nécessaire les ressources précieuses de l'irrigation.

Cette influence des fouilles, dans la plus grande partie des terrains, est simple et connue de tout le monde. Aussi les plus anciens législateurs en avaient-ils tenu compte. L'article 600 du Code sarde, en fixant, comme minimum, une distance égale à la largeur, ne fait que reproduire la disposition de la loi romaine (1), qui elle-même l'avait empruntée aux lois de l'Attique; car selon le témoignage de Plutarque, ces lois sont les premières qui aient fixé des distances obligatoires, pour les fossés ou canaux, ainsi que pour les plantations, les ruches, etc.

Les lois françaises sont muettes sur ce point; mais il n'en pouvait être ainsi dans les pays d'arro-

(1) L. III, § 3, ff. *Finium*, etc.

sage, comme le Piémont et la Lombardie. Il s'agit, pour ces contrées, d'un intérêt trop grand. Reste à savoir, s'il y a plus d'avantage à fixer une distance minimum, comme fait le Code Charles-Albert (art. 699), ou à se tenir dans une entière généralité comme les lois lombardes, que j'ai citées dans le livre précédent. Je crois ce dernier système préférable; car il est toujours plus sage de laisser cette fixation subordonnée à la nature variable du sol, que de poser une règle dont on est obligé de se départir dans le plus grand nombre des cas. La fixation d'une distance minimum, seulement égale à la profondeur du nouveau canal, paraît d'ailleurs insuffisante. Si, par exemple, il était dans les usages de telle ou telle localité, que les francs-bords, indispensables à chaque canal, eussent une largeur plus grande que la moitié de leur profondeur, il faudrait donc alors qu'ils se trouvassent en partie confondus? On doit considérer, que rien n'étant comparable, à cet égard, d'une localité à une autre, il n'y a pas de distance légale proprement dite, et que tout doit, dès lors, demeurer à l'appréciation des experts. Les cas les plus litigieux, en cette matière, sont ceux où le canal dont on doit craindre de dévier les eaux, n'a été ouvert qu'à titre de servitude; car s'il arrive que le terrain où il se trouve soit très-perméable, la distance, déclarée non dommageable, peut aboutir au delà des limites de l'héritage qui a été assujetti à le recevoir, et dès lors le propriétaire de celui-ci peut se trouver privé lui-même de la faculté d'ouvrir, pour son usage, un canal dans son propre terrain, parce qu'avant lui, un tiers y a réclamé le simple passage d'une conduite d'eau, à titre de servitude; Romagnosi (3ᵉ édit., t. 3, p. 258) pense que, dans ce cas, la restriction ne doit pas avoir lieu, et que le dommage doit être à la charge du conducteur des eaux. Mais pourquoi établir une exception à un principe sage? Et pourquoi ne pas plutôt considérer que ce cas, pouvant toujours être prévu, par la seule inspection du terrain, lors de l'établissement de la servitude, peut entrer dans à une appréciation convenable de l'indemnité, qui doit comprendre tous les dommages, présents et futurs, résultant de la conduite d'eau?

Contestations en matière de sources et de colatures. — J'ai dit dans le livre précédent, p. 295, que les héritages inférieurs étaient assujettis à recevoir les eaux de source, obtenues artificiellement sur les fonds supérieurs, mais avec indemnité, à la charge du propriétaire inférieur, si ces eaux lui sont utiles, et au contaire, à la charge du propriétaire supérieur, si elles sont nuisibles. Avant que ce double principe fût bien établi, on a vu plusieurs cas dans lesquels un propriétaire inférieur aurait voulu, à la fois, tirer parti des eaux de cette espèce, et se faire payer une indemnité, pour les recevoir sur son terrain. Il y a eu, entre autres, une circonstance assez singulière, qui s'est présentée récemment dans une commune peu éloignée de Paris. Le sieur S..... ayant obtenu, par un sondage, une source jaillissante d'un assez beau volume, l'employa pour une usine, sur un terrain de peu d'étendue. Le sieur B....., propriétaire d'un terrain inférieur, sur lequel cette eau de source se dirigeait, d'après sa pente naturelle, conçut tout d'abord le projet de l'utiliser pour l'irrigation, mais au lieu d'annoncer cette intention, il feignit, au contraire, d'être très-contrarié de la servitude qui lui était imposée, prétendant que cette eau n'avait pour effet, que de refroidir son terrain et d'en diminuer la fertilité, qu'il désirait beaucoup la voir diriger ailleurs, et que, dans tous les cas, il ne consentirait à la recevoir définitivement, que moyennant une indemnité qu'il portait à un chiffre très-élevé. Un procès était imminent, lorsque le sieur S..., se doutant bien qu'il y avait peu de franchise dans ces allégations, eut recours à un expédient qui n'est pas toujours possible, mais qui, l'étant dans sa localité, eut un effet merveilleux. Un coup de sonde avait fait sortir la source du sol; un coup de sonde l'y fit rentrer, sur le même terrain, et à une très-petite distance du point où elle avait produit son effet utile. On vit alors le sieur B....., à son grand désappointement, obligé de changer entièrement de langage, dire qu'il s'était d'abord trompé, sur la véritable influence de l'eau, et en un mot, finir par payer au propriétaire supérieur une assez belle indemnité, pour obtenir qu'il lui restituât ces mêmes eaux, par lesquelles il se prétendait d'abord lésé.

Ceci montre bien la sagesse de la doctrine qui a été exposée plus haut.

Les contestations sur les colatures, sont les plus nombreuses de celles que font naître les irrigations, et cela a lieu ainsi, surtout dans les pays où, la direction des canaux n'ayant pas été combinée d'une manière intelligente, avec les pentes générales de la contrée, les résidus de l'arrosage finissent par s'accumuler, dans des bas-fonds, qui sont ainsi transformés en de veritables marécages, au grand préjudice de l'agriculture et de la salubrité. Les abords du canal de Crillon, sur le territoire avignonais, ont été longtemps dans ce cas; le préjudice n'a même point encore entièrement cessé, quoique les principales plaintes auxquelles il donnait lieu, aient été retirées.

Si les procès sont nombreux, quand il s'agit de colatures nuisibles, ils ne le sont guère moins quand il s'agit de colatures utiles; car celles-ci représentent le cas le plus général. On peut même dire que toute l'ambition des cultivateurs, dans les pays d'irrigation, consiste à s'en approprier l'usage. Rarement leur qualité est inférieure à celle des eaux de premier arrosage, tandis que très-habituellement elle est au-dessus. Il n'est donc pas étonnant qu'elles soient extrêmement recherchées. Les questions spéciales auxquelles donnent lieu les eaux de cette espèce, n'ont pu jusqu'à présent être réglées par la législation; elles sont restées dans le domaine de la jurisprudence.

Ce qui complique ces questions, c'est que souvent les colatures, réservées par le bailleur des premières eaux, font, de sa part, l'objet de contrats distincts; ou bien que l'arrosant, non soumis à cette restriction, en transmet lui-même l'usage à conditions diverses; c'est que, surtout, elles sont, dans un grand nombre de cas, acquises aux propriétaires inférieurs, par prescription, à titre de servitude; j'ai dit, précédemment, à quelles conditions cela pouvait avoir lieu. Il arrive très-fréquemment, d'après cela, qu'un propriétaire arrosant se trouve obligé de transmettre ses colatures, à tel ou tel de ses voisins inférieurs, sans que l'on connaisse au juste, ni l'étendue, ni les limites de cette obligation. Ainsi, par exemple, les changements de culture, la continuité ou l'intermittence de l'arrosage, son interruption même, peuvent donner lieu à de nombreuses modifications dans le mode de transmission des colatures et sont autant de causes de contestations. En l'absence de textes législatifs, l'équité naturelle a fait adopter comme règle : qu'à moins de titre, ou de prescription contraires, ces eaux sont à l'entière disposition de celui qui emploie les eaux vives, sauf le cas d'indemnité réciproque, dont il vient d'être parlé; c'est-à-dire, que l'obligation où il est de livrer ces eaux, à des tiers, ne peut pas entraîner de modification dans le mode de culture qu'il juge convenable d'employer, ni même dans l'adoption, qu'il pourrait faire, de cultures non arrosées, soit pendant un certain temps, soit à perpétuité. Mais, par une juste compensation, si l'irrigant supérieur, qui doit, purement et simplement, *ses colatures*, vient à augmenter la quantité d'eau qu'il employait anciennement, il ne peut se prévaloir de cette circonstance, pour attribuer à d'autres les résidus provenant de cette irrigation supplémentaire.

Ces principes sont fort sages, mais, néanmoins, vu la difficulté de tenir compte des nombreuses circonstances particulières qui compliquent ordinairement les questions relatives aux colatures, vu surtout l'avantage d'éviter ce qu'il y a d'incertain, d'aléatoire, dans la possession de ces eaux, soumises à toutes les réserves qu'on vient d'indiquer, les propriétaires intéressés transigent souvent entre eux, moyennant une sorte d'abonnement, de manière à se transmettre régulièrement une quantité d'eau, un peu inférieure au volume présumé des colatures, mais dont la livraison soit fixe et assurée. En Piémont et en Lombardie, les tribunaux, convaincus de l'utilité de cette transaction, l'autorisent et l'encouragent, toutes les fois que l'occasion s'en présente.

CHAPITRE QUARANTE-CINQUIÈME.

CONTESTATIONS PAR SUITE DE LA COMMUNAUTÉ DES EAUX ET DES CANAUX.

Societas generat discordias.
PECCHIUS.

J'ai parlé, à plusieurs reprises, des graves inconvénients que présente la communauté, en matière de conduites d'eau. Je ne puis mieux faire apprécier leur réalité qu'en retraçant ici les différentes phases d'un procès célèbre, qui dure depuis vingt-cinq ans, et qui se rattache à des contestations existantes depuis bientôt trois siècles, c'est-à-dire exactement depuis l'époque où cette funeste communauté a été établie, entre deux intérêts distincts, sur les eaux des mêmes canaux. Ce procès, toujours pendant, existe entre les communes de Miramas et le corps d'arrosants de Saint-Chamas, usant simultanément des eaux dérivées de la Durance, par les canaux de Crapone et des Alpines.

L'exposé succinct que j'en donne, et dont l'intelligence est facilitée par le plan annexé à ce volume, fera mieux comprendre que quoi que ce soit à quelles difficultés, à quelles complications, peut conduire cette communauté, si féconde en exactions et en abus de toute espèce.

Situation respective des deux communes. — *Origine des contestations entre Miramas et Saint-Chamas.* — Dès l'année 1567, le territoire de Miramas (Bouches-du-Rhône), jouissait du bienfait de l'arrosage, au moyen de la dérivation KL, faite à la branche du canal de Crapone dirigée sur Istres. Neuf ans plus tard, Frédéric de Crapone, frère du célèbre ingénieur, s'engagea, par une transaction du 12 décembre 1576, vis-à-vis la commune de Saint-Chamas, à y transmettre aussi les eaux de la même dérivation.

Le canal KAC, ainsi que les branches CB et CP, étaient donc ouvertes par Adam de Crapone, sur les terrains, et pour l'usage, de la commune de Miramas. La prise d'eau K fut disposée pour un moulan $\frac{1}{2}$ (le moulan valant $0^{m},265^{lit.},65$ par seconde).

Le canal KAC, déjà existant sur le territoire de Miramas, pouvant servir à amener les eaux sur celui de Saint-Chamas, fut effectivement utilisé ainsi; et c'est probablement en échange de ce droit de passage, que, dans un acte du 28 mai 1588, la communauté de Saint-Chamas fut chargée, entre autres obligations, de curer à perpétuité et à ses frais, tout ce canal, devenu commun, tandis que la branche C P restait à la charge de Miramas, qui en avait seule la disposition.

Paul de Grignan, héritier, par les femmes, d'une partie des droits de la famille de Crapone, après quelques difficultés, avec les deux communes, au sujet des concessions d'eau, finit par adhérer entièrement à ce qu'avaient fait ses auteurs. Le 11 avril 1613, il renouvela la vente des eaux au profit de Saint-Chamas, et le 7 octobre de la même année, il la renouvelle également à Miramas. Les choses étaient maintenues, quant aux curages, ainsi que eela était réglé par sa première transaction de 1588.

En 1661, les deux associations s'unirent définitivement, et passèrent, avec M. de Grignan, un contrat dans lequel leurs obligations respectives furent nettement définies. Il fut fait sur les canaux et sur les eaux dérivées en commun, un premier règlement, établissant que les droits proportionnels des deux communes, seraient dans le rapport de 1 à 2, c'est-à-dire, $\frac{1}{3}$ pour Miramas et $\frac{2}{3}$ pour Saint-Chamas. Cette proportionnalité résultait du chiffre des rentes que les deux communautés payaient au propriétaire des eaux. Celle de Miramas était de 200 livres, et celle de Saint-Chamas de 400 livres. Les superficies irrigables sur les deux territoires, étaient aussi à peu près dans le même rapport.

Le canal C B, ouvert, depuis plus d'un siècle, sur le territoire de Miramas, ne fut pas compris dans la partie commune KAC, qui part de la prise d'eau faite sur le canal d'Istres, au lieu dit Cannebières. Au contraire, il fut établi, au point C, lieu dit Taussane, un partiteur, existant encore aujourd'hui, en parfait état, composé de trois ouvertures égales, de chacune $0^m,74$ de largeur, dont l'une alimente le canal de l'ouest CP, reconnu pour être la propriété exclusive de Miramas, et dont les deux autres, réunies, alimentent le canal CB, attribué entièrement à Saint-Chamas. Il est dit formellement dans le contrat de 1661, que ce fossé appartient entièrement à Saint-Chamas, bien qu'il soit du territoire de Miramas. D'après cela, la commune inférieure a eu seule, l'administration, l'entretien et le curage de toute la ligne KACB, qui traverse deux territoires différents.

Les arrosants sur Miramas se trouvèrent dès lors partagés en trois catégories, savoir : 1° Ceux qui arrosaient par le canal commun AC; 2° ceux qui se servaient de la branche du couchant CP; 3° ceux qui tiraient leurs eaux de la branche du levant CB, affectée désormais à Saint-Chamas. Il fut établi, par le contrat susdit, que les taxes d'arrosages seraient payées : sur le canal commun, $\frac{1}{3}$ à Miramas et $\frac{2}{3}$ à Saint-Chamas; sur le canal CP, tout à Miramas; et sur le canal CB, tout à Saint-Chamas.

Les redevances sur Miramas, étaient d'abord très-minimes, ainsi que cela devait résulter de la longueur des canaux à entretenir et de la modicité de la rente payée aux héritiers de Crapone. Les arrosants de cette commune durent croire que, pour eux, ces taxes resteraient uniformes, avec cette seule différence, qu'une partie en serait payée en d'autres mains. Mais les arrosants de Saint-Chamas pensèrent tout autrement, comme on va le voir par la suite de cet exposé.

Cette transaction de 1661 n'eut aucun résultat satisfaisant, et la connexité qu'elle avait créée dans les intérêts des deux corporations, amena les plus graves discussions, dès qu'il s'agit d'en venir à l'application. La commune de Saint-Chamas, affranchie de toute participation dans l'administration du canal KACB, pour avoir égard aux dépenses d'agrandissement et de remise en état de ce canal, débuta par prescrire l'augmentation des anciennes redevances que payaient les arrosants de Miramas ; mais ceux-ci ayant fait une vive opposition, le règlement de 1661 fut suivi d'un autre de 1736, que, peu de temps après, le parlement de Provence dut modifier aussi, par un arrêt du 24 mai 1746, rendu après de très-longs débats.

Jusque-là on ne voit en cause que les deux communes qui, effectivement, étaient les concessionnaires primitifs des eaux concédées par la famille de Crapone. Mais, par une délibération du 2 avril 1775, prise avec l'approbation de la chambre des eaux et forêts du parlement, les officiers municipaux de Saint-Chamas, fatigués sans doute des nombreuses difficultés que faisait naître l'état des choses qui vient d'être indiqué, se dépouillèrent volontairement de l'administration des eaux, et la remirent à la corporation formée des arrosants de ladite commune, corporation qui est présidée par un syndic et un adjoint. La municipalité de Saint-Chamas avait été aussi dépouillée de l'administration des eaux, au profit du corps des arrosants. Mais c'était contrairement à la volonté des officiers municipaux, qu'un arrêté préfectoral du 30 juillet 1805 (12 thermidor an XIII), avait pris cette décision; et comme il s'agissait là d'une question de propriété de droits et de titres privés, un jugement rendu le 20 mars 1839, par le tribunal de première instance, restitua à cette municipalité la propriété et l'administration des eaux. Ce jugement, attaqué en appel, a été confirmé par arrêt de la cour royale d'Aix, en date du 2 février 1843. Voilà pourquoi le litige actuel est débattu désormais entre la commune de Miramas et le corps des arrosants de Saint-Chamas.

Telle est la première période des difficultés qui caractérisent ce grand procès; mais elles se compliquèrent encore davantage, à partir de l'époque où une augmentation importante dans les volumes d'eau dérivés, vint encore aggraver les conséquences d'une communauté déjà si onéreuse pour les arrosants de Miramas.

Par suite du régime capricieux de la Durance, et surtout par suite de vices de construction, que j'ai précédemment signalés dans la prise d'eau du canal mère, les eaux fournies aux deux communes, par les frères de Crapone, étaient souvent intermittentes dans les temps où l'eau était le plus nécessaire. Jamais un propriétaire n'était certain d'avoir son tour d'arrosage, et la perception des redevances, faite très-rigoureusement, depuis le nouveau régime créé par le contrat de 1661, rendait cet état de chose doublement fâcheux. Les besoins croissants de l'agriculture réclamaient d'ailleurs une augmentation importante dans les volumes d'eau livrés par le canal de Crapone.

D'après cela les deux associations, toujours sous le régime de leur communauté, profitèrent de l'aliénation que les États de Provence firent, en 1783, des eaux du canal des Alpines, tirées également de la Durance, et par acte de concession, du 20 janvier de ladite année, il y eut deux moulans et demi attribués à la communauté de Miramas, et trois moulans aux arrosants de Saint-Chamas.

Ces volumes réunis formant ensemble cinq moulans et demi, dérivés du bassin du Merle au point O, furent amenés par un canal commun au point L, au lieu dit Tartagut, qui est à l'entrée du territoire de Miramas. La proportion de ces nouvelles eaux de Boisgelin était de $\frac{5}{11}$ pour Miramas, et de $\frac{6}{11}$ pour

Saint-Chamas; mais comme en ce point, la première de ces communes jette, au levant, un demi-moulan, ou $\frac{1}{11}$, dans la rigole de Belleval, et au couchant, un pareil volume, dans la rigole du Patys, il lui reste, à introduire dans l'ancien canal commun AC, $\frac{3}{11}$, tandis que Saint-Chamas en a $\frac{6}{11}$; c'est-à-dire, que la même proportion, de 1 à 2, déjà existante pour les eaux de Crapone, se trouve maintenue pour celles des Alpines. D'après cela, ce canal commun déjà existant, de Tartagut à Taussanne, fut agrandi aux frais des deux corps d'arrosants, dans les rapports ci-dessus; et tout ce qui avait été réglé pour les seules eaux de Crapone, se trouva valable pour les eaux réunies de Crapone et de Boisgelin.

Cette circonstance, qui semblait devoir simplifier les choses, n'eut aucun effet favorable; au contraire, c'est à partir de l'acquisition des eaux des Alpines, que les contestations entre les deux communes prirent de plus en plus de gravité. Car cette nouvelle ressource fut, pour les arrosants de Saint-Chamas, le motif d'une extension considérable de l'arrosage, sur les parties inférieures de ce territoire. Et comme parmi les nouveaux canaux ouverts à cette époque, dans les directions BM et BQ, il y en eut de très-dispendieux, le corps desdits arrosants se crut en droit de faire peser, indisdinctement, l'augmentation qui en résulta, dans les taxes d'arrosages, non-seulement sur les nouveaux propriétaires, appelés au bénéfice des eaux, mais même sur les anciens usagers supérieurs, ayant leurs domaines sur le territoire de Miramas, et tirant des eaux des canaux AC et CB. Telle est la cause qui n'a cessé de provoquer, depuis lors, les réclamations de la commune de Miramas.

Règlement du 25 *mars* 1788. — Les taxes établies, par le corps des arrosants de Saint-Chamas, depuis la transaction de 1661, s'étaient donc successivement accrues ; et comme ces taxes, basées sur les dépenses nouvelles, faites par cette association, paraissaient très-lourdes aux propriétaires supérieurs, qui n'avaient aucun intérêt aux travaux sur Saint-Chamas, ledit corps d'arrosants sentit le besoin de régler d'une manière aussi stable que possible, la position des deux classes d'arrosants, et adopta en conséquence, le 2 mars 1788, un règlement, auquel la commune de Miramas adhéra, par délibération du 25 du même mois. Il est dit, dans son préambule, que l'acquisition des eaux de Boisgelin et l'extension qui en est résultée dans les arrosages ont occasionné des dépenses considérables, auxquelles il a été pourvu par des emprunts, nécessitant une nouvelle forme d'administration, par rapport à la répartition des charges d'arrosage.

Ce règlement maintient la communauté des canaux servant à la conduite des eaux, tant de Craponne que de Boisgelin, ainsi que la proportion des droits et charges des deux communautés, dans le rapport de 1 à 2, ou du tiers aux deux tiers. Il maintient également le partage et la séparation des eaux, à partir de Taussanne (art. 1 et 2). —L'article 3 est relatif à la nomination des eygadiers. — Par l'art. 4, le corps des arrosants de Saint-Chamas se réserve de faire faire seul, par lesdits eygadiers, la distribution des eaux, tant sur les canaux communs que sur son fossé particulier, à partir de Taussanne. Dans cet article, ladite corporation parle des autres canaux de dérivation qu'elle a faits, et pourra faire, dans la suite, sur le territoire de Saint-Chamas, pour arroser de nouveaux quartiers, et même des quartiers d'un territoire étranger, si la chose est possible, et avantageuse pour elle. — Les articles 5 et 6 traitent de la mise en adjudication des travaux de curage, des canaux communs, à effectuer sous la surveillance exclusive du syndic de Saint-Chamas. Les consuls de Miramas sont seulement autorisés à y assister.

L'art. 7, qui est le plus important, pour l'objet dont il s'agit, est ainsi conçu : «La quotité des droits d'arrosage à percevoir sur les propriétaires arrosants, tant des fossés communs, que du fossé particulier de Saint-Chamas, qui commence à Taussanne, ainsi que celle des droits qui seront perçus sur les propriétés rendues arrosables par les nouvelles dérivations, faites et à faire, sur le susdit terroir de Saint-Chamas, ou même ailleurs, sera fixée annuellement, par le corps des arrosants de

Saint-Chamas, sans qu'il puisse excéder le montant total des dépenses, et à la charge pour ledit corps, d'appeler les consuls de Miramas, verbalement, tant lors de la fixation dudit droit d'arrosage, que lorsqu'il s'agira d'en mettre l'exécution aux enchères. »

Un autre article, également important, est l'article 15, qui porte : « Tout particulier possédant propriété cotisée comme arrosable, dans les deux cadastres de Miramas et de Saint-Chamas, dont les propriétés ont fait anciennement partie de l'arrosage de Crapone, bien que cet arrosage ait été discontinué, sera assujetti à la rétribution annuelle des arrosages, *soit qu'il arrose ou non*, après, toutefois, qu'il aura été constaté que l'eau est parvenue jusqu'à lui et qu'il a été commandé. » — L'art. 26, qui fixe au premier dimanche d'octobre, la réunion de l'assemblée générale, dans laquelle est arrêté le chiffre de l'imposition annuelle, va encore plus loin, en disant que : « la communauté de Miramas pourra y faire assister *un ou deux* députés intéressés aux arrosages. »

Les autres articles du même règlement, sont relatifs, soit au mode de distribution des eaux, soit à la tenue des assemblées générales; on y trouve, du reste, quelques bonnes dispositions sur la partie réglementaire de l'arrosage ainsi que sur la police des canaux.

Ce règlement, en soixante et un articles, fut

homologué par arrêt du parlement de Provence, le 16 avril 1788.

Conséquence du règlement. — Réclamations. — Procédure devant le conseil de préfecture. — Indépendamment de la prépondérance que le règlement susdit accorde notoirement, dans la gestion commune, au corps de Saint-Chamas, comme intéressé pour les deux tiers, dans l'entreprise, d'autres circonstances révélèrent bientôt, à la commune de Miramas, l'impuissance à laquelle elle était condamnée; car les propriétaires votant dans les assemblées, étaient, dès l'origine des choses, en grande minorité; en second lieu il fallait qu'ils se rendissent à ces assemblées, loin de chez eux, et dans la résidence même de leurs opposants; enfin, la coutume, très-abusive, que l'on a encore dans le pays, d'établir les votes, par tête, et non en raison de l'importance des propriétés, aggravait encore cette inégalité naturelle, à cause de l'extension des arrosages et de la grande division des cultures, sur le territoire de Saint-Chamas, dont les moindres tenanciers se trouvaient ainsi appelés à administrer les canaux anciennement ouverts sur Miramas.

Il n'est donc pas étonnant que les dispositions du règlement de 1788, où la justice distributive est si mal observée, aient été un élément continuel de discorde entre les deux communautés. Leur effet a été d'obliger les propriétaires de Miramas à contribuer à des dépenses considérables, faites sur le territoire inférieur, sans leur participation. Il en est résulté que ceux de ces propriétaires qui reçoivent l'eau du canal commun KAC, en amont de Taussanne, sont obligés de payer l'eau beaucoup plus cher que ceux, de la même commune, qui arrosent avec des eaux du canal du couchant, CP; encore bien que les taxes sur celui-ci répondent à une plus grande longueur de curage. Comme on ne pouvait agir ainsi sur la portion des eaux appartenant à Miramas, dans le canal commun, on a établi la division sur les propriétés elles-mêmes, de sorte qu'un tiers de ces propriétés, arrosé par le canal commun, continue de payer l'ancienne taxe de Miramas, sur le pied de 1 franc l'éminée (12 fr. par hectare), tandis que les deux autres tiers de la superficie arrosée par le même canal, supportent la taxe de Saint-Chamas qui est de 3 fr. l'éminée (36 fr. par hectare).

Il s'ensuit que le propriétaire qui arrose trois hectares, par le canal commun, paye, pour un hectare, 12 francs à Miramas, et, pour les deux autres 72 francs à Saint-Chamas, ou moyennement 28 fr. par hectare. Ainsi l'arrosage, par hectare, est payé, sur le canal commun KAC, 28 francs; — sur la branche du couchant CP, 12 francs; — sur la branche du levant CB, 36 francs; tandis que primitivement les taxes étaient uniformément égales, au minimum de ce prix, sur les trois canaux.

On s'est demandé d'abord s'il était juste que de telles différences existassent dans la redevance payée par des propriétaires voisins, appartenant à la même commune ; puis on en vint bientôt à attaquer formellement le règlement de 1788, qui avait établi cet état de choses.

Une première résistance eut lieu, en 1791, de la par du sieur Dufour, notaire à Grans, et propriétaire sur Saint-Chamas, qui résista au commandement à lui fait, en vertu de l'art. 15 du règlement précité, et prétendit qu'il ne devait point de droits d'arrosage, soit parce qu'il n'avait pas arrosé, depuis 1788, soit parce qu'il n'avait jamais entendu faire partie du corps de Saint-Chamas, ni être lié par son règlement; que les eaux de Crapone ayant toujours suffi, anciennement, aux besoins de ses terres, avait refusé celles de Boisgelin, pour n'être point soumis aux impositions énormes qu'elles devaient entraîner ; qu'il avait même été privé, par là, des arrosages, dont il jouissait anciennement, ce dont il pourrait se prévaloir pour demander des dommages-intérêts; qu'en conséquence, il demandait la séparation des eaux mélangées, pour reprendre celles dont il jouissait anciennement, à moins que le corps de Saint-Chamas ne consente à recevoir, pour l'usage de ces eaux mélangées, les droits d'arrosage, sur le même pied où ils étaient avant le mélange. Le sieur Dufour formait en outre opposition, non-seulement au payement des taxes qui lui étaient personnellement demandées, mais à l'article 15 du règlement, à ce règlement lui-même, et à l'arrêt qui l'a homologué. — Le corps des arrosants soutint la validité de l'un et de l'autre, en se fondant sur l'adhésion qui avait été volontairement donnée, par la commune de Miramas, au règlement aujourd'hui attaqué, contre lequel le sieur Dufour lui-même n'avait fait jusqu'alors aucune protestation.

Mais par jugement du 24 fructidor an IX, le tribunal de Salon fit droit complétement aux réclamations de ce propriétaire, en ordonnant, à son égard, la séparation des eaux et le rétablissement des choses dans leur ancien état, « à l'effet que ledit Dufour puisse à l'avenir, comme avant leur mélange, arroser la propriété de son épouse, en payant les droits d'arrosage sur le pied qu'ils étaient payés avant le susdit mélange. »

Cette sentence, qui fut confirmée par le tribunal d'Aix, en fructidor an XI, a été basée sur les motifs : que la commune de Miramas n'avait pu lier, par ses délibérations, ceux qui ne les avaient pas consenties; qu'il ne paraissait pas au procès, que les formalités d'usage aient été observées à l'égard des forains; que, dans l'état, il était indifférent de savoir si le sieur Dufour avait arrosé ou non, après le mélange des eaux; que ce propriétaire, jouissant anciennement du droit d'arroser sa propriété, au moyen des eaux de Crapone, il ne devait pas en être privé. — Le premier des motifs, invoqués par ladite sentence, a même formellement attaqué dans les termes suivants, la légalité de l'existence du corps d'arrosants de Saint-Chamas : « Considérant que le corps des arrosants n'est point légitimement et légalement constitué, parce qu'étant établi en 1788, il est dépourvu des lettres-patentes qui pouvaient seules lui donner l'existence; qu'il rentre dès lors dans le néant, et cesse d'avoir même l'apparence d'un être civil et politique; que l'arrêt d'homologation ne sert qu'à permettre l'exécution, sauf l'opposition. »

En présence d'une décision aussi défavorable, le corps des arrosants n'eut rien de mieux à faire que de transiger avec le sieur Dufour, ou plutôt d'en passer par telles conditions que celui-ci a jugé convenable de réclamer. Et c'est ce qui eut lieu en effet.

Mais les plaintes ne tardèrent pas à se renouveler. Elles furent nombreuses en 1817 et 1818; et une réclamation positive fut formulée le 1er janvier 1820, tant par le sieur de Gabriac, principal arrosant sur le territoire de Miramas, que par cette commune, qui prit fait et cause dans cette occasion. — Un premier arrêté du 8 mai 1821, par lequel le conseil de préfecture des Bouches-du-Rhône s'était déclaré compétent, fut ensuite annulé, sur l'opposition des arrosants de Saint-Chamas, par un autre arrêté du même tribunal, qui renvoya les parties à se pourvoir devant qui de droit, c'est-à-dire, devant l'autorité judiciaire.—Le 14 mars 1823, le préfet prit, sur la même question, un arrêté de conflit qui fut approuvé par ordonnance royale du 13 août 1823. — Alors il intervint, en date du 30 octobre 1827, un troisième arrêté du conseil de préfecture. Mais ce tribunal, au lieu de se borner à statuer sur la quotité des taxes, crut devoir ordonner la suppression du règlement de 1788 et son remplacement par un règlement d'administration publique. Cet arrêté décidait en conséquence que, relativement aux eaux du canal de Crapone, jusqu'à l'époque où le gouvernement donnerait le nouveau règlement, les anciennes transactions de 1588, 1613 et 1661, serviraient de règle pour la quotité des taxes, à établir par les arrosants de Saint-Chamas, sur une partie du territoire de Miramas, et qu'en ce qui concerne les eaux de Boisgelin, les taxes à payer, par la commune de Miramas, seraient réglées, conformément à la loi du 14 floréal an XI (art. 2).

Les articles 3 et 4 ont décidé qu'en vertu de ladite loi, la commune de Miramas n'était tenue qu'à contribuer, au marc la livre, et en proportion de son intérêt, conjointement avec les arrosants de Saint-Chamas, aux travaux exécutés sur son territoire; que les rôles de répartition devraient être dressés sous la surveillance du préfet et rendus exécutoires par lui; tandis que tous les travaux exécutés hors des limites du territoire de ladite commune, ainsi que l'entretien de ceux exécutés, commencés ou à faire, sur celui de Saint-Chamas, notamment au quartier du Gueby, et leur entretien, seraient entièrement à la charge du corps des arrosants de cette commune. Cet arrêté, ainsi qu'un nouvel arrêté confirmatif du 15 avril 1828, qui avait rejeté l'opposition du corps des arrosants de Saint-Chamas, ayant été, sur le recours de ces intéressés, déféré au conseil d'État, donna lieu à une ordonnance contentieuse du 2 novembre 1832, qui rejeta l'opposition, en ce qui touchait la fin de non-recevoir et l'exception d'incompétence, mais l'admit sur l'excès de pouvoir, attendu que l'annulation de l'ancien règlement et son remplacement par un nouveau, ne pouvaient être ordonnés que par le roi, en la forme administrative. — Les parties furent en conséquence renvoyées, soit devant le préfet, pour faire homologuer les rôles, soit devant le conseil de préfecture, pour être statué sur les demandes en dégrèvement.

Arrêt du conseil d'État; décision sur la compétence. — De nouvelles incertitudes eurent encore lieu sur la compétence, et une décision du ministre de l'intérieur, en date du 29 août 1835, considérant les règlements dont il s'agit, comme des titres purement privés, avait renvoyé les parties devant les tribunaux, pour la répartition des charges à supporter respectivement par les arrosants des deux communes.

Saint-Chamas voyait donc momentanément prévaloir sa doctrine ; mais Miramas persistait à prétendre que tout ce qui concernait la distribution des eaux, dans un intérêt général, était du ressort de l'administration ; que, notamment dans le cas actuel, en ce qui touchait les eaux des Alpines, dont la vente était autorisée par un arrêt du conseil, il était dit formellement que le partage et la distribution n'en pourraient être faits, à peine de nullité, qu'avec l'approbation des magistrats compétents. — M. le préfet des Bouches-du-Rhône pensait, dans cette occasion, que bien que le règlement de 1788 eût été librement consenti entre les parties, l'administration avait toujours le droit, s'il était reconnu vicieux, de le modifier, en agissant ainsi dans un intérêt général. — M. le directeur général des ponts et chaussées faisait également remarquer que le règlement en question était lui-même conçu dans cet esprit de prévoyance pour l'avenir, puisqu'il porte dans son préambule, « qu'il aura force et valeur, et sera exclusivement exécuté jusqu'à ce que l'expérience ou des événements ultérieurs y nécessitent des changements, modifications ou additions. »

Les tribunaux ne pouvaient donc intervenir ici sans procéder par voie de disposition générale et réglementaire, ce qui leur est interdit par nos lois organiques, et sans empiéter sur les pouvoirs qui sont dévolus à l'autorité administrative, notamment par les lois des 20 août 1790 et 14 floréal an XI. M. le directeur général des ponts et chaussées concluait qu'on ne pourrait, avec justice, priver la commune de Miramas des avantages qu'elle était en droit d'attendre d'une plus juste répartition des charges, qui sont attachées à l'usage des eaux. — M. le ministre des travaux publics, approuvant ces observations, faisait remarquer, en outre, qu'on ne saurait admettre, comme le prétendait le corps de Saint-Chamas, que tout soit sonsommé, sans retour, par l'adoption du règlement de 1788, à tel point que l'autorité administrative, gardienne des droits et des intérêts de tous, se trouvât dans la nécessité de se refuser aux améliorations dont on le trouvait susceptible, et de voir se perpétuer les abus qui étaient signalés depuis si longtemps.

Ces doctrines ont été pleinement admises par l'arrêt du conseil d'État, du 29 janvier 1839, qui renvoie définitivement les parties devant l'autorité administrative. Cet arrêt est conçu en ces termes :

« Considérant qu'aux termes de la loi du 14 floréal an XI, il doit être pourvu au curage des canaux et rivières non navigables et à l'entretien des digues et ouvrages d'art qui y correspondent, de la manière prescrite par les anciens règlements, ou d'après les usages locaux ; — qu'en cas de difficultés sur l'application des règlements et usages, ou lorsque des changements survenus exigent des dispositions nouvelles, il doit y être pourvu par le gouvernement, dans des règlements d'administration publique, de manière que la quotité de la contribution de chaque imposé soit toujours relative au degré de son intérêt dans les travaux ; — que les rôles de répartition des sommes nécessaires, sont dressés, arrêtés et recouvrés dans les formes et par les voies administratives; — qu'il résulte de ces dispositions qu'à l'administration seule il appartient de prononcer en matière de canaux et rivières, sur le règlement des contributions imposées aux divers intéressés ; — que dès lors il n'y avait pas lieu de renvoyer aux tribunaux la répartition des charges à supporter par les arrosants des deux communes de Miramas et de Saint-Chamas ;

» Notre conseil d'État entendu, etc.;

» Art. 1er. La décision de notre ministre de l'intérieur, du 29 août 1835, est annulée, en tant qu'elle renvoie les parties par devant les tribunaux, pour la répartition des charges à supporter par les arrosants des communes de Miramas et de Saint-Chamas.

» Art. 2. L'association des arrosants de Saint-Chamas est condamnée aux dépens. »

Tel est l'état dans lequel cette grave contestation, dont je n'ai pu donner ici que les principaux détails, a été définitivement remise à la décision de l'administration supérieure, pour l'application de la loi du 14 floréal an XI, qui veut que, dans les affaires de cette nature, la quotité de la contribution de chaque imposé soit toujours relative au degré d'intérêt qu'il a dans les travaux.

L'administration, pénétrée de l'importance de la tâche qu'elle est appelée à remplir, n'a rien négligé pour s'éclairer sur la validité des prétentions opposées des deux communautés d'arrosants. Elle a provoqué des rapports de la part des ingénieurs et du conseil des ponts et chaussées. Les intéressés ont été admis eux-mêmes à émettre, contradictoirement, leurs avis sur toutes les pièces de l'instruction. Les dernières observations produites l'ont été, sous la date du 26 janvier 1844, par Me Garnier, défenseur du corps des arrosants de Saint-Chamas. L'administration se propose en outre d'ordonner telles nouvelles enquêtes qui pourraient encore être jugées nécessaires, pour arriver à une appréciation complète des droits et des intérêts qui sont en cause, pour qu'enfin la décision à intervenir s'appuie sur les bases les plus équitables et les mieux étudiées.

Autres contestations sur le canal de Crapone. — D'autres difficultés sérieuses eurent lieu à l'occasion de la répartition des charges communes, relatives à la surveillance des eaux du canal de Crapone. Elles confirment, d'une manière aussi absolue que les précédentes, la nécessité de l'intervention administrative en cette matière.

Le volume des eaux de la Durance, concédées

en 1574, pour le canal de Crapone, ne fut point déterminé. Les intéressés durent en conclure que ce volume n'était limité que par les besoins des territoires sur lesquels on pouvait utiliser ces eaux; et c'est ce qui explique comment il s'est successivement accru. En 1808, ce volume, évalué à un peu plus de 22 moulans [1] (environ 6 mètres cubes par seconde), servait à l'irrigation de dix-sept communes, et en outre, à un certain nombre d'usines; mais il y était insuffisant. Le défaut de règlement, et la licence qui accompagna les premières années de la révolution, avaient introduit, dans cette administration, l'anarchie la plus complète. Les communes supérieures retenaient arbitrairement les eaux, et les laissaient perdre en grande partie, dans les paluds et sur les graviers de la Durance, où elles retournaient, après avoir coulé, jour et nuit, par les martellières, à travers les champs, tandis qu'elles manquaient entièrement pour les communes inférieures. D'un côté, des récoltes qui séchaient sur pied; de l'autre, surabondance d'humidité, inondations et dangers pour la salubrité publique.

Afin de faire droit, autant que possible, aux plaintes des usagers, chez lesquels l'eau n'arrivait pas, on prit le parti d'augmenter la dérivation, et il fallut accroître la portée du canal, jusqu'à 30 moulans (près de 8^{m} par seconde), pour qu'il arrivât quelques gouttes d'eau aux dernières ramifications.

Il était notoire que plus du quart des eaux était dilapidé, au grand préjudice de l'agriculture.

C'est dans ces circonstances, et pour porter remède à de si graves abus, que le préfet des Bouches-du-Rhône prit, les 16 mai 1812 et 17 avril 1813, des arrêtés, contenant des dispositions réglementaires sur l'usage des eaux de Crapone, et prescrivant, notamment, la nomination d'un eygadier adjoint, dont le traitement, réglé à 4 francs par jour, fut mis à la charge des arrosants. Malgré les puissants motifs d'intérêt public qui justifiaient ces arrêtés, ils furent l'objet de vives réclamations, surtout de la part des arrosants de la Crau d'Arles. Ceux-ci avaient même obtenu, le 25 mai 1832, de M. le ministre du commerce et des travaux publics, une décision qui, considérant le canal de Crapone comme une propriété particulière, prescrivait de regarder lesdits arrêtés comme non avenus. Mais, dès le 5 avril 1833, le même ministre écrivait au préfet des Bouches-du-Rhône : « Je vois, par vos rapports et par la lettre qui m'a été écrite, par le syndic de l'œuvre de Crapone, que l'irritation des esprits est extrême ; et que les habitants des communes menacées d'être privées de la jouissance des eaux, peuvent d'un moment à l'autre, se porter à des voies de fait, afin de reprendre par la violence, ce qui leur a été enlevé par des entreprises illégales. J'ai considéré que le devoir de l'administration est de prévenir les collisions, dont on aurait plus tard à déplorer les suites; car elle doit intervenir toutes les fois qu'il s'agit de maintenir la tranquillité publique. Cette intervention, que l'état des choses rend indispensable, est surtout justifiée par la demande formelle des syndics de l'œuvre, qui ont réclamé la protection de l'autorité, pour une affaire intéressant la population de seize communes. Ces divers motifs me portent à vous inviter à suspendre, provisoirement, l'effet de la décision du 25 mai 1832, et à remettre en vigueur les arrêtés du 16 mai 1812 et 17 avril 1813.

En exécution de ces instructions, M. le préfet des Bouches-du-Rhône, prit, sous la date du 17 avril 1833, un arrêté, motivé sur les abus et les plaintes qui viennent d'être signalés, pour remettre en vigueur les anciennes mesures réglementaires, dont une expérience de près de vingt ans avait démontré la nécessité, et dont l'urgence se faisait de plus en plus sentir.

Ces dispositions de l'arrêté de 1812, portaient principalement sur la fermeture, de six heures du soir à six heures du matin, des martelières dont la désignation était donnée; sur le maintien, dans le canal, du volume d'eau nécessaire pour assurer la jouissance des usagers inférieurs et sur la création d'un eygadier général adjoint, qui doit veiller particulièrement à l'observation des mesures prescrites.

Plusieurs communes payèrent sans difficulté leur part contributive dans le traitement de cet agent. Mais d'autres intéressés protestèrent contre l'arrêté qui l'instituait. L'affaire s'était précédemment engagée devant les tribunaux. La ville de Salon se refusa, trois fois de suite, à payer le contingent qui lui était attribué pour cet objet; mais, par trois jugements, des 25 mars et 23 août 1834 et 18 mai 1839, rendus sur l'action intentée personnellement par l'eygadier adjoint, le tribunal civil d'Aix reconnut la légalité de la créance, et condamna la commune susdite à payer à cet agent la portion du traitement mis à sa charge.

En 1837, les arrosants de la Crau d'Arles formèrent, devant le ministre des travaux publics, un recours contre l'arrêté du 17 avril 1833. Ils firent valoir que le canal de Crapone, près Arles, n'était qu'une propriété privée, qu'il n'était point dans la classe des cours d'eau navigables, que l'administration n'avait point, dès lors, à s'immiscer dans son usage; que les arrêtés de 1812 et 1813, contenant évidemment un excès de pouvoir, avaient été dûment annulés par la décision du 25 mai 1832, qui appliquait les véritables principes sur la matière.

Ces prétentions ne furent point accueillies; et comme les arrosants d'Arles, persistaient à ne pas payer les taxes dont il s'agit, l'eygadier adjoint les assigna en payement des arrérages de son traitement, échus depuis 1832. L'affaire fut portée devant les tribunaux, et lesdits arrosants furent condamnés, en première instance, et en appel devant la cour royale d'Aix, attendu, disent les décisions judiciaires, que l'arrêté de 1833, existe, et qu'il doit être exécuté, jusqu'à révocation.

C'est dans cet état que l'affaire arriva devant la cour de cassation, pour faire réformer l'arrêt de la cour royale, et en même temps, devant le ministre des travaux publics, pour déclarer que les réclamants n'ayant point adhéré à l'arrêté de 1833, il devait être, à leur égard, nul et sans effet. Mais l'arrêt de la cour suprême fut dans un tout autre sens que l'avaient espéré les demandeurs. Cet arrêt du 4 août 1841 (*arrosants de Crau*), est conçu en ces termes :

« La cour : — Vu les articles 3 et 4 de la loi du 14 floréal an XI; attendu qu'il résulte de ces articles, que les rôles de répartition, relatifs au payement des travaux d'entretien, réparation et reconstruction, sur les rivières et canaux, sont dressés sous la surveillance des préfets, et qu'ainsi les réclamations des individus imposés, sont de la compétence de l'autorité administrative, et doivent être jugés en conseil de préfecture; — que dans l'espèce, la question de savoir si les arrosants de la Crau, représentés par leur syndic, devaient contribuer au payement de l'eygadier, chargé de la surveillance de ces eaux et nommé par le préfet, appartenait par sa nature à l'autorité administrative, qui avait seule droit d'en connaître et de mettre en recouvrement les rôles dressés à cet effet; — Que cependant le tribunal de Tarascon, dont la cour d'Aix a adopté les motifs, a reconnu et jugé cette affaire ; — En quoi faisant, l'arrêt attaqué a commis un excès de pouvoir, et méconnu les règles de sa compétence ; » — Par ces motifs casse, etc.

Devant l'autorité administrative, l'affaire a reçu une solution analogue. Dans une lettre du 27 septembre 1839, M. le préfet des Bouches-du-Rhône a soutenu que les motifs qui ont dicté les arrêtés des 16 mai 1812 et 17 avril 1813, ainsi que la décision ministérielle du 5 avril 1833 et l'arrêté du 17 même mois, subsistaient toujours avec la même force. Ce magistrat a fourni, à l'appui de son avis, les considérations suivantes :

« La bonne distribution des eaux, la salubrité, la tranquillité publique, l'agriculture, y sont intéressées. Or sous tous ces rapports l'administration est bien certainement compétente ; — la loi du 22 décembre 1789, 7 janvier 1790, charge expressément les administrations de départements du maintien de la salubrité, de la sûreté et de la tranquillité publique. L'instruction du 12-20 août 1790 met au nombre de leurs attributions celle de diriger toutes les eaux du territoire vers un but d'utilité générale, d'après les principes de l'irrigation ; — il ne faut pas perdre de vue d'ailleurs que les eaux de Crapone sont une dérivation de la Durance, et qu'elles n'ont été concédées, par le gouvernement, qu'à la condition d'être consacrées à une destination spéciale, et administrées pour le plus grand avantage social. — Toutes ces considérations me portent à penser qu'on ne peut refuser à l'administration les moyens d'action qui lui sont indispensables pour assurer ces résultats. — La loi met au nombre des dépenses communales obligatoires, le traitement des commissaires de police, des gardes des bois des communes et des gardes champêtres. Lorsque les communes négligent d'assurer ces dépenses, je puis les porter d'office à leur budget. Or les eygadiers sont de véritables gardes champêtres. Il est, par suite, naturel de penser que je puis imposer leur traitement aux communautés dont les budgets sont soumis à mon autorité. — Le pouvoir réglementaire, que les principes les mieux établis donnent à l'administration locale sur les eaux, doit pouvoir s'étendre jusque-là. »

De son côté la section du conseil général des ponts et chaussées émettait, dans le même sens, le 12 octobre 1839, une opinion ainsi motivée :

« Considérant qu'en matière de règlement d'eau l'administration a le droit et le devoir d'intervenir toutes les fois qu'il s'agit d'une question d'ordre public ; — que la nomination d'un eygadier ou garde des eaux dans l'intérêt de la police du canal de Crapone, se rattache évidemment à une question de ce genre ; que dès lors il appartient à l'administration d'assurer le payement de cet agent, par une taxe imposée sur la généralité des intéressés à l'usage des eaux ; — Considérant qu'à l'autorité des jugements cités par le préfet, à l'appui des principes ci-dessus rappelés, vient se joindre l'autorité du conseil d'État lui-même (arrêt du 23 juillet 1838); — sont d'avis qu'il y a lieu de rejeter le pourvoi des arrosants de la Crau, contre l'arrêté préfectoral, qui met à leur charge une partie du salaire de l'eygadier du canal de Crapone. »

L'avis ci-dessus ayant été approuvé, purement et simplement, par le ministre, le 30 octobre 1839, cette dernière décision fut, de la part des arrosants de la Crau, l'objet d'un recours au conseil d'État, dans lequel ils en demandèrent l'annulation, ainsi que celle de l'arrêté précité du préfet des Bouches-du-Rhône, en date du 17 avril 1833.

Dans l'ordonnance contentieuse du 3 août 1843, le conseil d'État, considérant qu'il n'appartient qu'au roi, en son conseil, d'imposer, lorsqu'il y a lieu, des taxes pour l'entretien ou la conservation des ouvrages destinés soit à faciliter le libre écoulement des eaux, soit à défendre les propriétés, annula, pour excès de pouvoir, l'arrêté et la décision sus-mentionnés.

Il est important de remarquer que l'excès de pouvoir, dont il s'agit ne consiste pas dans le principe de la compétence, mais seulement dans l'exécution qui aurait été donnée prématurément à l'arrêté du 17 avril 1833, et à la décision ministérielle approbative ; attendu qu'il résulte des doctrines du conseil d'État, que les actes de cette nature ne sont que des actes préparatoires de la décision définitive, à intervenir sous la forme d'un règlement d'administration publique. Le fond de la question n'est donc nullement changé, en ce qui touche le mérite de la réclamation formée par les arrosants de la Crau d'Arles, contre le payement de leur part contributive, dans la taxe relative au traitement de l'eygadier.

Une autre ordonnance contentieuse, qui porte également la date du 3 août 1843, a mis fin à une contestation analogue qui s'était élevée entre le même corps des arrosants de la Crau d'Arles et les sieurs Maiffredy frères et Cornillon, fermiers des grands moulins d'Arles, mis en mouvement par les eaux du canal de Crapone. Comme il y a, entre les arrosants et les usiniers des discussions continuelles, sur la jouissance des eaux, notamment dans les temps de pénurie, les particuliers sus-nommés auraient voulu faire agréer, par l'autorité administrative, un individu de leur choix, comme garde-eygadier du canal de Crapone, dans le but, surtout, de dresser des procès-verbaux contre les arrosants qui auraient usé des eaux au delà de leur titre. — Un arrêté du préfet des Bouches-du-Rhône du 9 juin 1840, a rejeté leur prétention à cet égard; et cet arrêté fut approuvé par décision du ministre des travaux publics, du 6 décembre de la même année.

C'est sur cette décision, déférée par voie de recours, au conseil d'état, qu'est intervenue l'ordonnance de rejet précitée. Elle est fondée sur ce que les réclamants, en leur qualité de fermiers de moulins sis sur le canal de Crapone, près Arles, ne justifiaient d'aucun droit, à avoir un garde-surveillant du dit canal, dans tout son parcours sur l'arrondissement d'Arles; qu'ainsi le ministre des travaux publics avait pu régulièrement refuser, par la décision attaquée, d'agréer la nomination par eux faite.

Je ne rapporterai point ici quelques autres procès qui ont eu lieu sur les canaux de la Provence ou du Roussillon, parce qu'ils ne se rattachent point aussi immédiatement au principe, éminemment contentieux, de la communauté des eaux.

CHAPITRE QUARANTE-SIXIÈME.

PRINCIPES POUVANT SERVIR A LA SOLUTION DES QUESTIONS CONTENTIEUSES EN MATIÈRE DE CONDUITES D'EAU.

Principes sur les servitudes. — C'est dans cette matière que se présentent les difficultés les plus graves, sur les droits et obligations des propriétaires et conducteurs d'eau, quand les canaux sont ouverts en vertu du droit d'aqueduc. Les meilleurs principes sur les servitudes sont ceux du droit romain, conservés dans le Code civil français, et reproduits depuis dans la plupart des législations modernes. Voici ces principes tels qu'ils sont établis dans notre Code.

Par l'article 526, au titre de la distinction des biens, les servitudes, ou services fonciers, sont déclarés immeubles. Indépendamment de celles qui dérivent de la situation des lieux, les art. 637-639 définissent la servitude comme une charge imposée à un héritage, pour l'utilité d'un héritage appartenant à un autre propriétaire. Elle dérive ou de la situation naturelle des lieux, ou des obligations imposées par la loi, ou des conventions entre les propriétaires. Malgré les dénominations de fonds dominant et de fonds servant, la servitude n'établit aux yeux de la loi aucune prééminence d'un héritage sur l'autre.

Les articles 686 à 710 contiennent les règles des diverses espèces de servitudes qui peuvent être établies sur les biens, leur établissement, leur extinction, et les droits relatifs des propriétaires. Il est permis d'établir, sur les propriétés, toutes servitudes, actives ou passives, pourvu néanmoins que les services établis ne soient imposés ni sur la personne ni en faveur de la personne, mais seulement à un fonds et pour un fonds, et pourvu que ces services n'aient d'ailleurs rien de contraire à l'ordre public. L'usage et l'étendue des servitudes, ainsi établies, se règlent par le titre qui les constitue, et, à défaut de titre, par les règles du droit commun.

Les servitudes sont continues ou discontinues. Les premières sont celles dont l'usage est ou peut être continuel, sans avoir besoin du fait actuel de l'homme; telles sont les conduites d'eau, les égouts, les vues, etc. Les secondes sont celles qui ont besoin du fait actuel de l'homme pour être exercées. Tels sont les droits de passage, puisage, pacage, et autres semblables. — Les servitudes sont apparentes et non apparentes. Les premières sont celles qui s'annoncent par des ouvrages extérieurs, tels qu'une porte, un aqueduc, etc. Les secondes sont celles qui n'ont pas de signe extérieur de leur existence, comme par exemple la prohibition de bâtir sur un fonds, ou de ne bâtir qu'à une hauteur déterminée (art. 688 et 689).

Les servitudes continues et apparentes s'acquièrent par titre, ou par la possession de trente ans; tandis que les servitudes discontinues, apparentes ou non, ne peuvent s'établir que par titres. La possession, même immémoriale, ne suffit pas, pour les établir; sans cependant qu'on puisse attaquer aujourd'hui les servitudes de cette nature, déjà acquises par la possession, dans les pays où elles pouvaient s'acquérir de cette manière (art. 690 et 691) (1).

La destination de père de famille vaut titre, à l'égard des servitudes continues et apparentes. — Il n'y a destination de père de famille que lorsqu'il est prouvé que deux fonds, actuellement divisés, ont appartenu au même propriétaire, et que c'est par lui que les choses ont été mises dans l'état duquel résulte la servitude (art. 692 et 694).

Quand on établit une servitude, on est censé accorder tout ce qui est nécessaire pour en user. Et celui auquel elle est due a droit de faire tous les ouvrages nécessaires pour en jouir et pour la conserver. Mais ces ouvrages sont à ses frais, et non à

(1) Les servitudes discontinues pouvaient s'acquérir, en Alsace, par possession immémoriale, et, en Bretagne, par possession de quarante ans

ceux du propriétaire du fonds assujetti, à moins que le titre d'établissement de la servitude ne dise le contraire. Dans le cas même où le propriétaire du fonds assujetti est chargé, par le titre, de faire, à ses frais, les ouvrages nécessaires pour l'usage ou la conservation de la servitude, il peut toujours s'affranchir de la charge, en abandonnant le fonds assujetti, au propriétaire du fonds auquel la servitude est due (art. 696-699).

Si le fonds dominant vient à être divisé, la servitude reste due pour chaque portion, sans néanmoins que la condition du fonds servant soit aggravée. Ainsi, par exemple, s'il s'agit d'un droit de passage, tous les copropriétaires seront obligés de l'exercer par le même endroit (art. 700).

Le propriétaire du fonds débiteur de la servitude ne peut rien faire qui tende à en diminuer l'usage, ou à le rendre plus incommode. Ainsi, il ne peut changer l'état des lieux ni transporter l'exercice de la servitude dans un endroit différent de celui où elle a été primitivement assignée. Mais cependant, si cette assignation primitive était devenue plus onéreuse au propriétaire du fonds assujetti, ou si elle l'empêchait d'y faire des réparations avantageuses, il pourrait offrir, au propriétaire de l'autre fonds, un endroit aussi commode pour l'exercice de ses droits, et celui-ci ne pourrait pas le refuser. — De son côté, celui qui a un droit de servitude ne peut en user que suivant son titre, sans pouvoir faire, ni dans le fonds qui doit la servitude, ni dans le fonds à qui elle est due, de changement qui aggrave la condition du premier (art. 701 et 702).

En vertu des articles 703 et 704 du Code civil, les servitudes cessent lorsque les choses se trouvent en tel état qu'on ne peut plus en user. Mais elles revivent si les choses sont rétablies de manière qu'on puisse en user de nouveau ; à moins qu'il ne se soit déjà écoulé un espace de temps suffisant pour faire présumer l'extinction de la servitude.

La servitude est éteinte par le non-usage pendant trente ans. — Les trente ans commencent à courir, du jour où l'on a cessé d'en jouir, s'il s'agit de servitudes discontinues, et du jour où il a été fait un acte contraire à la servitude, s'il s'agit de servitudes continues (art. 706 et 707).

Si l'héritage en faveur duquel la servitude est établie appartient à plusieurs, par indivis, la jouissance de l'un empêche la prescription à l'égard de tous. — Si parmi les copropriétaires il s'en trouve un contre lequel la prescription n'ait pu courir, comme un mineur, il aura conservé le droit de tous les autres (art. 709 et 710).

Tels sont les principes posés par le Code civil français. Le Code sarde, dont le titre IV, ayant pour objet les servitudes foncières, est très-étendu, et renferme, tout en restant dans les mêmes vues, d'utiles développements qui n'ont pas été insérés dans le Code Napoléon. Je n'entrerai pas ici dans le détail de ces modifications et additions, car j'ai précédemment relaté les articles du titre susdit, du Code sarde, spécialement relatifs au droit d'aqueduc et à la distance des fouilles.

L'article 640 de ce Code, qui déclare la servitude de conduite d'eau continue et apparente, établit, par cela même, quelle peut s'établir par la prescription ordinaire de trente ans. Mais aussi le non-usage, pendant le même temps, affranchit totalement le fonds servant. L'ancienne jurisprudence du Piémont avait établi la prescription de dix ans, soit pour acquérir, soit pour éteindre les servitudes. Mais on est revenu, dans ce pays, au terme ordinaire de trente ans. Le Code civil français (art. 2265), a conservé l'usage des prescriptions décennales et bi-décennales. Cependant la cour de cassation paraît établir qu'elles ne sont pas applicables en matière de servitude.

La jurisprudence de la même cour a un grand nombre de décisions confirmatives des articles du Code civil qui viennent d'être cités. Un arrêt du 5 février 1829 (Sr *Barlet*) fait l'application des articles 690 et 691, établissant la distinction entre les servitudes qui peuvent s'acquérir par prescription, et celles qui ne peuvent s'acquérir que par titre. — Un autre arrêt du 15 janvier 1831 (Sr *Léotard*) établit, en conformité des articles 701 et 702, qu'une servitude acquise par prescription ne peut être employée à un autre usage que celui qui a servi à l'acquérir ; car si l'innovation est nuisible au fonds asservi, elle est une aggravation de la servitude.

Un arrêt de la cour royale de Pau, en date du 9 février 1835 (Sr *Marc*), statuant sur un cas particulier, en matière de conduite d'eau, a établi, par application du même article 701, que le déplacement d'une servitude ne pouvait avoir lieu qu'autant qu'il n'en résulte aucun préjudice pour le propriétaire qui en jouit, et ne lui enlevant, dès lors, aucun droit acquis, la disposition de l'article 701 peut, sans effet rétroactif, être étendue aux servitudes établies, avant la publication du Code. Le même arrêt a établi, en outre : 1° que la faculté de déplacer les servitudes, dans les cas autorisés par la loi, s'applique aux servitudes conventionnelles, comme aux autres espèces de servitude ; 2° que le débiteur d'une servitude peut en demander le déplacement, au cas prévu par l'article 701, encore bien qu'il y ait renoncé dans l'acte constitutif, attendu que la faculté de déplacement a été établie dans un intérêt d'ordre public ; 3° que c'est par l'état du fonds dominant, à l'époque où la servitude a été établie, qu'on doit décider si le déplacement est, ou non, préjudiciable au propriétaire de la servitude, sans qu'on doive avoir égard aux innovations opérées ou projetées depuis cette époque.

Les dispositions de ce dernier arrêt, touchant à des points fort délicats, sur lesquels la jurisprudence antérieure n'offre rien de positif, je ne le donne ici que comme un simple renseignement.

Principes sur les sources. — Il est de principe que les sources sont, généralement, à l'entière disposition des propriétaires sur les fonds desquels elles prennent naissance. Elles représentent conséquemment le seul cas où une eau courante, dans son lit naturel, puisse être possédée à titre de propriété. Mais, comme je l'ai dit précédemment, la législation française sur cet objet, et d'autres aussi, n'ayant eu en vue que les sources naturelles, sont insuffisantes, pour régler les contestations auxquelles peuvent donner lieu les sources obtenues artificiellement, qui tendent à devenir de plus en plus nombreuses et importantes. Je dirai ici quelques mots d'un principe que je m'étais contenté de mentionner, et qui concerne les fouilles, ou sondages, ayant pour effet de détourner totalement, ou partiellement, une source déjà existante. J'examinerai ensuite ses exceptions.

La loi n'accorde pas d'action contre le propriétaire qui, en effectuant des fouilles sur son terrain, vient à couper, ou à détourner, les veines, non apparentes, d'une source qui jaillissait sur un fonds voisin. La jurisprudence française est unanime sur ce point. On peut citer les arrêts suivants des cours royales : Metz, 16 novembre 1826; Aix, 20 janvier 1832; Grenoble, 5 mai 1833, etc.; et surtout les arrêts de la cour de cassation des 29 novembre 1830 (*commune de Fagnon*); 15 janvier 1835 (*commune de Fayence*), et 26 juillet 1836 (*ville d'Apt*).

Il est à remarquer que dans tous les arrêts ci-dessus relatés, il s'agissait de villes ou de communes qui se trouvaient privées des eaux détournées par des fouilles. On invoquait pour elles l'article 643 du Code civil, qui défend, dans ce cas, au propriétaire d'une source d'en changer le cours, et les motifs d'intérêt public qui se rattachent à cette manière de voir. On prétendait que le mot source, dont se sert l'article susdit, est général et s'applique à toute eau, soit apparente, soit cachée, qui coule dans un héritage, soit qu'elle jaillisse à la surface du sol, soit qu'elle y existe intérieurement; que la possession immémoriale d'une eau de source constitue envers les tiers un droit inattaquable.

Mais la cour de cassation a toujours considéré : qu'on ne peut étendre arbitrairement la disposition limitative de l'article 643, au cas où un propriétaire n'a, sur son fonds, que des veines souterraines, et non une source apparente; que les excavations qu'il fait pour l'améliorer, ne sont que l'exercice légitime de son droit de propriété, lors même que ces excavations dérangeraient les veines d'eau intérieures dont une commune aurait antérieurement profité ; qu'en conséquence le droit que les habitants d'une commune ont sur les eaux d'une source, n'est ni exclusif, ni abolitif du droit imprescriptible qu'a tout propriétaire de faire, dans son fonds, ce que bon lui semble, lors même que ses ouvrages coupent les veines des eaux dont jouissent ses inférieurs ; qu'en conséquence les possesseurs d'une source ne peuvent s'opposer à des fouilles faites sur un terrain voisin, sous prétexte de privation, ou de diminution, du volume de cette source, s'ils n'ont titre ou possession, suivis de contradiction, qui interdisent la faculté naturelle qu'a tout propriétaire de faire ce que bon lui semble sur son terrain.

Cette doctrine peut être regardée comme la confirmation du principe sage qui veut que les servitudes non apparentes ne puissent s'acquérir que par titre.

Mais quand un titre valable existe, il doit toujours être respecté; et la faculté qu'un propriétaire a de faire des fouilles sur son propre terrain, peut alors se trouver modifiée. — Par un arrêt du 4 février 1829 (Sr *Thomas*), la cour de cassation avait déjà consacré ce principe, en déclarant que le propriétaire d'un canal, qui, en vertu de titres, reçoit dans ce canal, depuis plus d'un an, des eaux de sources existantes dans le fonds supérieur, peut exercer l'action possessoire pour faire ordonner la cessation de travaux entrepris pour les retenir. Peu importe, dit l'arrêt, qu'il n'y ait pas d'ouvrage de main d'homme, et que l'étendue du titre soit contestée par le défendeur; le juge du possessoire peut les examiner, pour déterminer l'étendue de la possession.

La jurisprudence de la même cour tend à établir que toute convention faite sur l'usage d'une eau de source, vaut titre, entre les parties, pour leur interdire d'exécuter des travaux pouvant faire disparaître ladite source. C'est ce qu'établit un arrêt du 19 juillet 1837 (Sr *Richard*), par lequel il a été décidé que le propriétaire d'un fonds ne peut plus user de la faculté naturelle qui lui appartient, de faire des fouilles sur son terrain, et de couper ainsi les veines d'une source qui jaillit dans un héritage voisin, lorsque ce propriétaire s'est obligé, comme possesseur d'autres héritages, à entretenir un canal destiné à conduire les eaux sur un fonds voisin; et que, dans tous les cas, l'arrêt donnant une telle interprétation au contrat qui lie les parties, ne peut donner ouverture à cassation.

Par un autre arrêt du 20 juin 1842 (Sr *Couffinhall*), la cour de cassation a formellement décidé, dans le même sens, que la convention, par laquelle deux propriétaires ont déterminé leurs droits respectifs à la jouissance des eaux d'une source, qui jaillit sur le fonds de l'un d'eux, peut être réputée une renonciation, de la part du propriétaire de l'autre fonds, à faire, sur sa propriété, des fouilles ayant pour résultat, en détournant les eaux, de priver le premier de la source.

Les motifs de cet arrêt sont ainsi exprimés : — « Considérant que la cour royale, sans nier le principe que tout propriétaire a droit d'user de sa chose à sa volonté, et de faire surgir une source dans son fonds, même en coupant les veines qui alimenteraient la fontaine d'un voisin, a décidé que, dans l'espèce, les époux C..... avaient consenti à limiter ce droit, au profit du sieur P....., par des accords que l'arrêt a souverainement interprétés ; que dans ces circonstances elle n'a violé aucune loi : — Rejette, etc. »

J'ai fait remarquer, dans le livre précédent, page 291, en parlant des eaux de source, qu'on avait introduit dans l'article 556 du Code civil du Piémont, qui correspond à notre article 642 du Code Napoléon, un amendement très-sage, ayant pour but de bien exprimer que les ouvrages apparents, à l'aide seulement desquels on peut prescrire l'usage d'une eau de source contre son propriétaire, devaient nécessairement être construits sur le fonds supérieur.

De très-savants auteurs avaient, chez nous, professé l'opinion contraire, en soutenant qu'il suffisait que l'ouvrage fût apparent pour le propriétaire de la source (1); mais la jurisprudence des

(1) Delvincourt, *Cours de code civil*, t. I, p. 551 ; Toullier,

cours supérieures, et surtout celle de la cour de cassation, ont maintenu le principe. Dès le 25 août 1812, un arrêt de la cour suprême était rendu dans ce sens.

On peut citer aussi l'arrêt du 12 avril 1830 (Sr *Niocel*), dans lequel on établit en outre : 1° qu'un aqueduc souterrain, visible seulement dans quelqu'une de ses parties, doit être considéré comme un ouvrage apparent, dans le sens de l'article 642 du Code civil; 2° qu'il n'est pas nécessaire qu'il soit prouvé que cet ouvrage, existant dans le fonds supérieur où jaillit la source, y a été pratiqué par le propriétaire du fonds inférieur, qui réclame la servitude due par ses auteurs; qu'il suffit que le dernier allègue une possession immémoriale non contredite par son adversaire.

Un arrêt de la cour royale de Bordeaux, du 1er juillet 1834 (Sr *Johnston*), décide également que le propriétaire d'un fonds inférieur ne peut acquérir, par prescription, le droit de se servir des eaux d'une source existant sur un fonds supérieur, qu'autant que les ouvrages apparents dont parle l'article 642 du Code civil, existent sur ce dernier héritage; et que les mêmes ouvrages, exécutés sur le fonds inférieur, seraient insuffisants. Les motifs de cet arrêt sont très-clairement exprimés : « At-

Droit civil français, t. III, p. 553. PARDESSUS, *Des servitudes*, n° 100.

tendu que les ouvrages apparents, exigés par l'article 642 du Code civil, n'ont l'effet de faire admettre la prescription trentenaire que parce qu'ils font supposer que le propriétaire de la source a consenti à ce que le propriétaire du fonds inférieur jouît des eaux de ladite source; que ce consentement ne peut être admis que dans le cas où le propriétaire de cette source aurait pu empêcher la construction de ces ouvrages; et que cet empêchement ne peut avoir lieu que quand les ouvrages apparents ont été faits dans son propre fonds, puisqu'il n'a pas de droit snr le terrain d'autrui, etc. »

Je renvoie maintenant le lecteur à mon précédent ouvrage, pour une classe nombreuse de difficultés sur la matière des eaux; en ce qui touche, notamment, la nature des droits d'usage que les particuliers peuvent exercer, sur les eaux courantes en général; l'étendue et les limites des pouvoirs conférés à l'autorité administrative, les questions relatives aux canaux de main d'homme, aux curages, francs-bords, etc.; ainsi qu'aux contestations, sur l'usage des eaux, qui ont lieu, spécialement, entre les arrosants et les usiniers.

Doctrines des auteurs. — Cepolla, Pecchius et Romagnosi. — Chacun à un siècle d'intervalle, trois auteurs célèbres ont écrit sur la matière difficile des conduites d'eau. Le premier d'entre eux est Cepolla, jurisconsulte véronais du milieu du XVe siècle. Il s'était déjà fait connaître comme avocat éminent, avant de publier son Traité des servitudes, qui lui a acquis une grande réputation (1).

A cette époque les commentateurs des lois romaines étaien encore peu nombreux; leurs développements étaient souvent fort obscurs.

Le chapitre IV de ce traité est spécialement consacré à la servitude de conduite d'eau. L'auteur, après avoir classé les servitudes en général, en servitudes urbaines, rurales, mixtes, continues, discontinues, réelles, personnelles, etc., reproduit, pour celle dont il s'agit, la définition du Digeste telle que je l'ai déjà donnée précédemment, livre VII, p. 31. Il examine ensuite les diverses espèces d'ouvrages que son exercice peut réclamer.

On trouve en outre dans cette primitive recherche, sur le droit d'aqueduc, des principes élémentaires, et des considérations très-justes sur le droit de propriété et sur les diverses limitations qu'il comporte, sur la nature des eaux courantes, qui, généralement, sont hors de la disposition des particuliers.

Mais si le jurisconsulte véronais a utilement contribué à résoudre les questions qui se rattachent

(1) Bartholomæi Cæpollæ *tractatus de servitutibus, tam urbanorum quam rusticorum prædiorum.* — La première édition a dû paraître vers 1465. L'ouvrage est divisé en vingt-cinq chapitres, formant la valeur d'un volume in-4°.

aux conduites d'eau, en consacrant à ce sujet un chapitre de son ouvrage, un autre savant légiste du nord de l'Italie, à la fin du XVIIe siècle, a rendu un service bien plus réel, en y consacrant tout un grand ouvrage (1). Il forme 3 volumes in-fol., divisés en trois livres, spécialement sur le droit d'aqueduc, avec un quatrième sur les moulins et usines. Ce livre fut un immense service rendu à la jurisprudence, dans un pays où un très-grand nombre de canaux d'arrosage existant, déjà depuis plusieurs siècles, donnaient lieu à beaucoup de questions très-difficiles, auxquelles ni la loi ni les coutumes ne fournissaient de solutions.

Comme Cepolla et ses autres prédécesseurs, c'est avec les textes de la loi romaine que Pecchius établit ses principes; puis il les développe jusque dans leurs moindres détails, avec une patience et un soin extraordinaires.

Son livre est riche de considérations utiles, de vues justes et remarquables, sur la nature des concessions administratives qui doivent régler la jouissance des eaux, sur l'étendue et les limites de l'autorité souveraine, en cette matière, sur les droits

(1) *Francisci Mariæ* PECCHII, *archidiaconi ecclesiæ cathedralis Papiæ et in celeberrima Ticinensi universitate sacrorum canonum ordinarii interpretis, Tractatus de aquæductu. — Opus curiosissimum et valde exoptatum omnibus jurisprudentiæ professoribus, in foro versantibus ad quotidianas aquarum controversias juste dirimendas utile, ac necessarium. — Sub felicissimis auspiciis excellentissimi senatus Mediolanensis justitiæ fontis purissimi*, etc.

et obligations des particuliers. Souvent il s'élève à des maximes de droit public, ni moins justes ni moins profondes que celles qui ont fait honneur aux publicistes les plus célèbres. Dans tous les cas, il a répandu dans cet ouvrage, et avec une sorte de profusion, d'excellents préceptes à suivre dans une foule de cas douteux, qui, jusqu'à lui, étaient restés non résolus.

Personne n'était plus à même que Pecchius d'entreprendre un tel travail; archidiacre de *Pavie*, attaché à l'Université de *Turin*, et ayant ses protecteurs à *Milan*, il s'appuyait ainsi sur les trois métropoles de l'irrigation ancienne et moderne, où les cas contentieux étaient déjà fréquents et graves, il y a trois siècles.

Quelques esprits sévères pourraient désirer, dans cet ouvrage, un ordre plus logique; ils pourraient y signaler quelques répétitions inutiles, et même quelques contradictions apparentes. Mais en se reportant à tous les ouvrages de la même époque, on y trouve les mêmes défauts.

Les courtes citations que je donne à la fin de ce chapitre, ont été extraites, au hasard, dans l'ouvrage de Pecchius, et ne peuvent donner qu'une faible idée de l'étonnante richesse de ce vaste travail. J'ai choisi seulement quelques points, dont le sens fût facile à saisir en peu de mots. Mais il faut savoir, de plus, que l'auteur, après avoir posé ces principes, presque toujours déduits des lois romaines, et les avoir examinés, dans leurs rapports avec les cas ordinaires, reprend ensuite cet examen avec le même détail, en ce qui concerne : les tuteurs, les mineurs, les interdits, les emphytéotes, fidéi-commis, etc.; et également, au point de vue des donations, testaments, contrats de mariage, etc.

Il est donc bien permis de regarder ce livre comme une spécialité hors de ligne; et si une comparaison était permise, je dirais qu'il rappelle ces curieux ouvrages d'orfévrerie du XVIIe siècle, surchargés de détails, et cependant d'un travail admirable, à l'accomplissement duquel une vie d'homme devait à peine suffire.

Le troisième auteur que j'ai déjà nommé, est Romagnosi. Il a publié, en 1788, sur le même sujet que Pecchius, un ouvrage qui est très-populaire en Italie (1).

Né en 1761, dans un village des environs de Plaisance, Romagnosi montra, de très-bonne heure, une aptitude remarquable pour l'étude des sciences, et pour celle du droit en particulier. Il a même devancé l'époque ordinaire de la maturité de l'esprit, en publiant, à l'âge de vingt-sept ans, cet ouvrage, auquel on ne peut contester d'être très-savant. Mais une trop grande tendance à tout

(1) *Della condotta delle acque secondo le vecchie, intermedie e vigenti legislazioni dei diversi paesi d'Italia. — Colle pratiche respettive loro, nella dispensa di dette acque. — Trattato di* G. D. Romagnosi. — 3 vol. in-8°.

généraliser est un grand écueil. Chez lui, la profondeur va ordinairement jusqu'à l'obscurité; son style, plein d'abstractions et de locutions insolites, est d'une intelligence difficile. Il n'est donc pas étonnant d'entendre dire à l'auteur de son éloge : « que cet ouvrage avait eu plusieurs traductions à l'étranger, avant même d'avoir été compris en Italie. »

Détail sommaire de quelques principes développés dans le chap. IV de Cepolla.

Distinctions entre les eaux privées et les eaux publiques; l'usage de ces dernières ne peut être concédé que par un acte de l'autorité et avec des restrictions d'intérêt général. — Les fonds inférieurs sont assujettis à recevoir les eaux qui découlent des fonds supérieurs; mais leurs propriétaires ne peuvent ni en arrêter le cours, ni le détourner au préjudice d'autrui. — Définition de la servitude d'aqueduc. — Elle est, au profit du fonds dominant, toute dans le tout, et toute dans chacune de ses parties (ce qu'il est important de savoir, notamment en cas de partage ou de vente partielle d'un héritage). — Quand un canal ou un cours d'eau naturel n'est pas suffisant pour tous ceux qui y prétendent, il faut nécessairement limiter le temps et recourir aux distributions par heure. — En cas qu'une rivière vienne à changer de lit, le droit de prise d'eau ou de dérivation se perd par la présence d'un héritage interposé. Mais l'ancien usager rentre dans son droit, si la rivière rentre dans son ancien lit.

Dans les partages et transactions, l'eau d'irrigation se divise, généralement, plutôt en raison de la superficie effective des terrains, qu'en raison de leur qualité. Cependant, si elle est inutile à l'une des parties, on ne peut réclamer pour elle le bénéfice de la servitude. — Examen des différentes manières d'acquérir, de conserver et de perdre la servitude de conduite d'eau. — Lorsqu'elle est établie pour un héritage d'une superficie déterminée, peut-elle être étendue, par suite d'un accroissement du même fonds? — Opinions sur ce point.

Distinction entre l'usage résultant d'une servitude dûment constituée, et celui qui n'a lieu que par pure tolérance. — En matière d'eaux dérivées, la simple possession ne suffit pas pour constituer un droit de servitude; il faut un titre ou un ouvrage d'art qui l'établisse. — Droits et obligations réciproques des propriétaires des fonds dominant et servant. — L'auteur définit, en principe, le rôle de ces derniers, par ce peu de mots : « Servitutem qui debet facere non cogitur, sed pati. » — Questions sur l'entretien des berges et canaux, notamment quand ceux-ci sont ouverts à titre de servitude.—En général, l'entretien des canaux d'irrigation est à la charge de leur propriétaire, qui touche les redevances. Quand l'arrosage est gratuit, l'entretien est à la charge des simples usagers. En principe, le curage doit concerner l'usufruitier et non le propriétaire. — Du lieu à choisir, pour l'emplacement d'une conduite d'eau, quand il n'a pas été convenu.— Cet emplacement, une fois choisi, ne peut plus être modifié par le conducteur des eaux. — Questions sur les innovations, notamment sur la transformation d'un canal à ciel ouvert en un aqueduc, et reciproquement. — Questions sur les eaux de source, sur leur détournement par des fouilles. — Dans ce cas il faut avoir égard aux conventions qui peuvent exister, et à la situation relative des fonds.

Détail sommaire de quelques principes développés dans le grand ouvrage de Pecchius.

L'eau ne peut être dérivée d'une rivière navigable, sans une permission de l'autorité souveraine; car les fleuves et rivières navigables sont régaliens et placés sous l'autorité du prince. — Lorsqu'une concession est faite sur une rivière de cette classe, s'il est reconnu plus tard qu'elle nuit à la navigation, la concession est nulle, parce qu'elle porte tacitement en elle cette condition ; à moins toutefois qu'il ne doive en résulter un dommage public très-considérable ; car les concessions de cette espèce doivent toujours être réputées ne porter que sur le superflu du volume d'eau nécessaire à la navigation.

Les concessions émanées de l'autorité souveraine sont toujours réputées faites sauf les droits des tiers, et, en cas d'incertitude, doivent toujours être interprétées dans ce sens. Quand les concessions de cette espèce peuvent porter préjudice à autrui, cela ne doit s'entendre que d'un préjudice minime, et non d'un préjudice considérable.

Les rivières publiques mais non navigables, ne sont pas dans le domaine public: leur usage est commun. L'eau qu'elles renferment peut être dérivée, à moins que le prince ou le sénat ne le défendent. — Les concessions les plus régulières sur l'usage de ces eaux, sont celles qui émanent du souverain, et il a toujours le droit d'interdire qu'il ne soit établi des dérivations sur des rivières, même non navigables. — L'édit du préteur peut défendre de dériver les eaux des rivières, même non navigables. (Chap. II, quest. 2.)

Les servitudes réelles ne peuvent être temporaires; elles impriment au fonds asservi un caractère ineffaçable, elles se transmettent héréditairement; cependant il y a des servitudes d'une nature mixte, exceptionnelle et indéterminée. Une servitude, consistant dans le droit et non dans le fait, ne peut être que personnelle, tandis qu'une servitude réelle ne peut être établie que sur un fonds. Une servitude réelle ne peut être acquise par celui qui ne serait pas le maître du fonds dominant. La servitude du droit d'aqueduc ne peut se perdre, par prescription, que lorsque l'on n'use pas (pendant le temps voulu) du canal qui avait été ouvert pour l'exercer. — La servitude du droit d'aqueduc est inséparable du fonds dominant. — Si l'eau se prête à la division, la servitude ne s'y prête pas. La servitude dont il s'agit n'est pas moins valable lorsqu'elle ne tourne pas à l'utilité du fonds dominant. (Chap. III, quest. 4.)

L'emplacement de la servitude, une fois choisi, ne peut plus ensuite varier. Elle doit être constituée dans l'endroit le moins dommageable pour le propriétaire du fonds asservi.— Un arbitre est nécessaire dans le cas où une servitude serait accordée d'une manière entièrement vague et indéterminée. — Celui qui a une servitude d'usage, pour un jour déterminé, ne peut la transporter à un autre jour, etc. — On doit considérer que c'est user de son droit que de faire ce qu'il faut pour se préserver d'un dommage notable, lors même que l'on doit par là en causer un minime à autrui. (Ceci ne peut être entendu que sauf indemnité.) — On ne peut traiter avec rigueur celui qui n'agit que dans le but d'éviter un dommage. — Celui qui a un droit de servitude sur tout un fonds, peut l'exercer sur telle partie de ce fonds qu'il juge convenable. — Il doit néanmoins toujours chercher à n'en profiter que dans l'endroit le moins dommageable. (Chap. III, quest. 14.)

Une servitude accordée vaguement pour les fonds, ne peut s'entendre que pour ceux qui sont possédés au moment de la concession, et non de ceux que l'on peut acquérir après. — Personne ne peut être censé avoir voulu se lier par des éventualités dont on ignore les chances. — Les contrats doivent, au contraire, toujours s'expliquer à l'aide de choses existantes. — Les servitudes doivent en général être interprétées dans la stricte acception des termes qui les établissent, par cela seul qu'elles sont supportées avec peine (*quòd sunt materia odiosa*), et excèdent en quelque sorte les limites du droit commun. (Chap. III, quest. 15.)

Tous les associés doivent intervenir quand il s'agit de modifier quoi que ce soit au partage des eaux. — Pour qu'un nouveau mode de partage soit valable et irrévocable, il faut le consentement, non-seulement de ceux qui ont la possession de l'eau en fait, mais de ceux-mêmes qui ne l'ont qu'en espérance.— Chaque associé ne peut, isolément, rien sur une conduite d'eau commune. S'il veut aliéner sa portion d'eau, il faut, dans tous les cas, qu'il les rende parfaitement indemnes. (Chap. III, quest. 17.)

Lorsqu'il s'agit de partager l'eau due à un fonds, à titre de servitude, c'est une question de savoir si l'on doit avoir égard à sa contenance, en superficie totale, ou bien seulement à la seule étendue qu'on était dans l'habitude d'arroser au moment du partage. — Les terrains qui, par leur élévation, ne peuvent être regardés comme arrosables, ne paraissent pas avoir droit à l'eau. — Néanmoins, l'eau acquise pour une contenance déterminée, doit toujours continuer d'être partagée en conséquence. — Examen des opinions de Bartole et de Cepolla sur ce point. (Chap. III, quest. 18.)

Une eau dérivée peut être conduite au-dessus d'une autre, pourvu que le canal inférieur n'en éprouve aucun dommage. — Un canal qui toucherait la surface des eaux inférieures, ne peut être admis; il faut nécessairement une certaine distance. — Lorsqu'il s'agit de rétablir un ouvrage d'art très-ancien, existant à la jonction de deux canaux, il peut s'élever des doutes sur la question de savoir quel est celui qui a la priorité d'existence.— Alors, la situation des lieux, la coutume, au besoin, la preuve testimoniale (et surtout les actes conservatoires), doivent servir à la décider. — De deux canaux, dont l'un a pour objet l'irrigation, l'autre le desséchement, celui-ci doit être présumé le plus ancien. — Une eau de source, alimentant un canal, fait egalement présumer la priorité d'existence de ce canal, sur un autre qui le traverse. — La présomption de priorité d'une des dérivations, peut se déduire aussi de vestiges de très-anciennes constructions, ainsi que de la vétusté même des murs ou fondations. — De vieux arbres bordant les rives, peuvent suffire pour établir la priorité d'existence d'un canal. (Chap. IV, quest. 4).

Distances.— Le principe est, que plus l'excavation est profonde, plus la distance doit être grande. — D'après les statuts du Milanais, la distance d'une tête de fontaine à une autre, doit être de 300 bras au moins. — Un particulier peut, en fouillant dans son terrain, couper les veines d'une source qui jaillissait dans le mien, et m'enlever ainsi le bénéfice des eaux. — Chacun peut faire dans son propre fonds ce qui lui semble convenable. — Néanmoins le propriétaire du fonds dominant, ayant par droit de servitude une fontaine, bassin, ou canal dans le fonds servant, peut s'opposer à ce que le propriétaire de celui-ci fasse des excavations qui puissent nuire à la conservation des eaux dans le premier réservoir. — Celui qui concède à autrui la faculté de chercher de l'eau dans son fonds, doit être tacitement présumé s'être interdit par là la faculté de faire, pour son propre compte, la même recherche. Ou, du moins, il ne pourrait le faire valablement qu'autant que l'abondance des eaux le permettrait. — Ce que l'on a donné à autrui n'est pas à soi. (Chap. V, quest. 11.)

Les conditions requises pour acquérir des droits de servitude, par prescription ou autrement, sur des eaux vives, s'appliquent indistinctement aux eaux des colatures. Dans l'un et l'autre cas, un simple droit de tolérance ne suffit pas pour pouvoir l'établir, mais le titre supplée à tout. — Le seul usage des colatures, quand même il remonterait à une ancienneté de mille années, ne saurait faire acquérir un droit définitif, à moins qu'il n'y ait un ouvrage de main d'homme. — Un tel ouvrage peut consister dans des digues ou fossés, établis sur le fonds de l'adversaire, ou même dans la simple habitude où l'on était de curer, pour cet usage, les fossés qui lui appartenaient. Tel est du moins le sens des lois romaines. (L. 1, ff *de rivis*, et l. XIX, ff. *de aqua pluv. arc.*) — Mais en matière de colatures, on ne peut plus donner des principes aussi certains que quand il s'agit d'eaux vives. (Chap. X, quest. 1.)

RÉSUMÉ.

AVANTAGES GÉNÉRAUX DE L'IRRIGATION ET DES AUTRES EMPLOIS DES EAUX EN AGRICULTURE.

§ I. *De l'irrigation proprement dite.*

Avantages généraux. — L'importance et l'utilité de l'irrigation me semblent résulter, avec évidence, de tous les détails donnés dans cet ouvrage, au point de vue, du moins, des avantages généraux que tout le monde, à peu près, reconnaît. Je ne pourrais d'ailleurs que répéter ce qui, récemment, a été dit, sur ce point, avec tant de conviction, par MM. de Gasparin, d'Esterno, d'Angeville, Dalloz, Perrey-Lallier, Michel Chevalier, Cazaux, Puvis, et autres personnes qui ont également apporté le tribut de leurs lumières et de leur expérience dans l'étude de cette grande question. Je n'ajouterai donc que peu de mots sur ce sujet bien connu.

Les grands avantages de l'irrigation méridionale ont été parfaitement définis dans cet ingénieux rapprochement, fait par M. Auguste de Gasparin : deux d'humidité multipliés par deux de chaleur, donnent quatre; mais quatre de chaleur multipliés par quatre d'humidité, donnent seize. Telle est en effet la progression frappante suivant laquelle se manifestent les avantages produits par l'association de ces deux éléments de la végétation.

L'eau courante pour l'industrie manufacturière peut être suppléée, par la vapeur, par la force animale, quelquefois même par celle du vent, tandis que, sous un climat chaud, le bienfait de l'irrigation ne peut être remplacé ni compensé par rien. Aussi, avec de l'eau, les avantages d'un tel climat sont, en quelque sorte, sans limites; et l'on peut dire, sans hyperbole, que la végétation artificielle des plantes utiles y est, à la même végétation livrée aux seules ressources du climat et du sol, ce que la circulation sur les chemins de fer, aidée de la puissance magique de la vapeur, est à la circulation sur les plus mauvais chemins de traverse.

C'est donc seulement aux climats chauds, et surtout à ceux d'une certaine zone, précédemment désignée, qu'est réservée la plénitude du bienfait des arrosages, basé surtout sur l'absence des pluies d'été. Seulement, comme je l'ai dit, on ne doit pas perdre de vue que cette irrigation qui fait produire au sol infiniment plus qu'il ne produirait, livré à ses forces naturelles, est généralement très-épuisante; de sorte que, quand même les eaux sont de bonne qualité, elles agissent plutôt comme stimulant que comme moyen réparateur, exigeant en conséquence la ressource supplémentaire des engrais, qui sont toujours coûteux et diminuent les produits nets de l'arrosage. Là où l'on a voulu s'affranchir de cette obligation, on est arrivé aux plus fâcheux résultats; on a délavé et appauvri la couche cultivable des terrains inclinés, qui ont perdu, pour longtemps, leurs éléments naturels de fertilité; de sorte qu'il eût bien mieux valu les laisser tels qu'ils étaient.

Mais des exceptions, ou plutôt des erreurs, ne peuvent point influer sur l'appréciation que l'on doit faire des grands avantages de l'irrigation d'été, qui vivifie les contrées les plus arides, qui y crée la précieuse ressource des prairies perpétuelles, que, sans elles, on n'y aurait jamais vues, et qui équivaut, en un mot, à un accroissement notable dans l'étendue des meilleurs terrains connus.

On a dit, avec raison, que l'arrosage nivelle presque la qualité des terres, parce que, effectivement, avec ce moyen, aidé du secours des engrais ou des amendements, et par un système d'assolements bien combinés, on peut amener, promptement, un sol quelconque au degré de production le plus satisfaisant.

On se préoccuperait à tort de l'influence que peut avoir un grand développement des arrosages sur le régime des cours d'eau, notamment en ce qui concerne l'industrie manufacturière; c'est là une erreur. S'il y a, il est vrai, dans le Nord, un certain nombre de cours d'eau presque entièrement utilisés pour des moulins et autres usines, qui auraient à souffrir de l'établissement des dérivations, ce cas est rare; et celui où il y a des eaux superflues est, au contraire, très-fréquent. Quant à l'irrigation méridionale, elle s'établit généralement à l'aide de canaux d'une certaine importance, et ceux-ci, quand leur tracé est fait convenablement, ont toujours l'avantage de créer de nouvelles chutes d'eau qui profitent d'autant plus à l'industrie manufacturière que ces canaux substituent au régime variable des rivières, le régime si désirable d'une alimentation réglée.

Les usines sont donc bien plus favorablement situées sur les canaux de dérivation que sur les rivières. Il en est de même de la navigation, qui d'ailleurs peut parfaitement s'associer avec l'arrosage, comme cela a lieu dans le Milanais. Je rappellerai, sur ce dernier point, que 8 mètres cubes, par seconde, constituent, pour les bateaux ordinaires, une bonne navigation; tandis que nous avons des rivières, telles que la haute Saône et autres, qui, avec 15 à 18 mètres à l'étiage, sont innavigables pendant une grande partie de l'année.

En faisant sentir dernièrement la nécessité d'accroître et de perfectionner les irrigations en France, on a invoqué avec raison la trop faible étendue de nos prairies, la rareté qui en résulte dans la production des matières animales, des engrais, et surtout des fumiers d'étable, qui sont la base et le soutien de toute l'agriculture. Il est bien vrai que nous n'avons, à peu près, qu'un hectare de prés pour cinq hectares d'autres terres; ce qui est une proportion très-défavorable et fort inférieure à celle qui existe dans les pays voisins. Cette proportion des prairies et des terres arables, peut donner une idée très-exacte de la prospérité agricole d'une localité, car elle est la mesure des engrais dont on peut disposer en faveur des terres, qui n'en ont jamais assez. Sur les grands comme sur les petits domaines on se trompe rarement en appliquant cette règle. Ceux qui ont autant de prés que de terres labourables, sont toujours d'un produit très-élevé; ceux où cette proportion est dépassée rapportent encore plus. C'est là le secret de la supériorité agricole de certaines contrées, situées sous des climats propices, comme l'Angleterre, la Hollande, la Belgique, etc. En France, la production de la viande peut être regardée comme insuffisante. La consommation annuelle n'en est, moyennement, que de 19 à 20 kilogrammes par individu. Son prix élevé fait, aux quatre cinquième des habitants de la campagne, une nécessité rigoureuse de s'en passer, en y suppléant, imparfaitement, par un peu de porc salé, qui ne remplit pas le même but. La classe agricole trouve, il est vrai, une certaine compensation dans les œufs et le laitage, qui fournissent une nourriture saine; mais les travaux, si rudes, auxquels se livre continuellement le cultivateur, rendraient plus désirable pour lui que pour aucune autre classe laborieuse, l'usage de la viande de bonne qualité. C'est lui cependant qui produit et engraisse les bestiaux ; mais exclusivement destinés à la consommation du riche, il doit n'y voir qu'un objet de luxe, hors de sa portée. C'est là une application pénible du *sic vos non vobis*, bien digne de l'attention des hommes d'État, aujourd'hui que l'on s'occupe, avec tant de soin d'améliorer, le sort des travailleurs. La classe agricole qui se distingue, entre toutes les autres, par ses habitudes d'ordre et de moralité, a des droits particuliers à cette bienveillance, et cette observation se montre dans toute son importance, quand on refléchit que sur 34 millions de Français, 25 millions vivent des opérations agricoles.

§ II. *De l'emploi des eaux comme moyen d'amendement et de réparation pour toutes les terres* (1).

Considérations générales. — Il me reste à parler spécialement des avantages que présente l'emploi des eaux courantes lorsqu'elles n'ont plus pour objet de procurer à la terre desséchée, par un climat

(1) J'ai, jusqu'ici, défini, presque exclusivement par le nom de *colmatage*, l'emploi des eaux troubles, qui a lieu hors de la saison de la végétation ; parce que, en effet, le comblement, si facile par cette voie, des bas-fonds marécageux, et la reconstitution des terrains cultivables, est leur emploi caractéristique. Mais j'ai pour objet d'envisager, dans ce paragraphe, l'opération, bien plus importante et bien plus générale, qui consiste à employer l'eau sur le sol, non pas pour l'exhausser, mais seulement pour le fertiliser.

méridional, l'humidité qui lui manque, mais lorsqu'elles servent, en hiver, au printemps ou à l'automne, à restituer aux terrains cultivés, aux champs comme aux prairies, les principes les plus essentiels qui leur sont continuellement enlevés, par la végétation.

Il n'est pas un cultivateur qui ne connaisse cet effet bienfaisant des eaux, ainsi employées, surtout lorsqu'elles sont de bonne qualité. Mais, généralement, on ne se rend pas bien compte de cette influence si marquée, chacun l'explique à sa manière. Et cependant ce n'est qu'en remontant aux vrais principes de la physiologie végétale que l'on peut en comprendre toute l'importance. La distinction que l'on fait, communément, entre ce que l'on a appelé le règne minéral et le règne végétal, entre les minéraux et les végétaux n'est plus qu'une fiction, quand, d'après l'analyse de ces derniers, on reconnaît qu'il entre dans leur composition des quantités très-considérables de la matière minérale proprement dite.

Indépendamment de certains sels minéraux, tels que les carbonates et les phosphates, qui paraissent être un élément essentiel, et qui se retrouvent toujours, en abondance, dans la matière organique, celle-ci, sous l'influence de la force végétative, a la faculté de s'assimiler des matières simples et absolument insolubles, comme les silex, par exemple, et certains oxydes métalliques que l'on est sûr de rencontrer abondamment, par l'analyse des plantes nourries dans les terrains qui en contiennent.

Telle est la cause par laquelle on peut expliquer l'influence puissante qu'ont, sur la végétation, la chaux, les marnes, et généralement les carbonates alkalins, sur des terres même entièrement dépourvues de matières organiques, auxquelles seules on attribue, vulgairement, les qualités fertilisantes.

Plus la chimie agricole fera de progrès, plus on attachera d'importance à cette influence particulière des matières inorganiques sur la végétation. Car c'est là la clef de l'étude des amendements et, ce qui est plus important encore, de celle des assolements, ou de l'art d'alterner les récoltes, de manière à ménager le plus possible un instrument aussi précieux que le sol, qui peut s'user et s'épuiser, à la longue, de manière à ne pouvoir plus être rendu productif, pour certaines cultures, qu'avec des soins et des dépenses considérables.

Ce qui caractérise surtout l'action des matières inorganiques, c'est qu'elle est très-différente de celle des engrais proprement dits. Ceux-ci fournissent bien aux plantes le carbone, ou l'acide carbonique; ils accroissent, en un mot, le tissu végétal proprement dit, mais les parties solides, comme les graines, les tiges ligneuses, la pulpe des fruits, etc., paraissent exiger des éléments de nutrition qui ne peuvent être empruntés qu'à la constitution minérale du sol.

Un de nos célèbres chimistes, M. Boussingault, s'est livré dans ces dernières années à une série d'expériences fort importantes, ayant pour objet de constater quelles étaient les quantités de matières minérales enlevées au sol, par diverses natures de récoltes, faites sur l'étendue d'un hectare. Il en résulte, entre autres documents précis, qu'une récolte moyenne de blé, avec sa paille, contient 19 kilogrammes d'acide phosphorique; une récolte de fèves, 22 hilogrammes; une récolte de betteraves 12 kilogrammes, etc. Et, de plus, les sels correspondants représentent, dans ces diverses récoltes, une quantité considérable de potasse et de soude qui approche 100 kilogrammes.

On conçoit donc aisément que de telles cultures, fréquemment répétées sur un même terrain, doivent tendre à y épuiser rapidement les matières minérales de cette espèce, qui peuvent y exister, à un état de division convenable et que des fumiers seuls ne seraient point propres à remplacer. C'est précisément ce qui fait que certains terrains, bien qu'ayant reçu les engrais qu'il est d'usage de donner, peuvent arriver, après un temps plus ou moins long, à une véritable stérilité, si on ne leur restitue pas, par des amendements appropriées, les éléments de végétation dont ils sont continuellement dépouillés.

C'est une question indécise que de savoir si c'est à l'air atmosphérique ou aux fumiers que les végétaux empruntent leur azote; l'acide carbonique peut également leur être fourni de l'une et de l'autre manière. Mais les phosphates et carbonates de chaux, de soude et de potasse, et autres sels, qui entrent, très-abondamment, dans le tissu végétal, proviennent du sol et non de l'atmosphère. Il est vrai que les engrais les plus usuels, tels que les fumiers d'étable, contiennent eux-mêmes ces principes; cependant l'expérience démontre qu'ils y sont moins efficaces.

Ce peu de mots doit suffire pour faire apprécier les grands avantages que procurent les amendements opérés, naturellement ou artificiellement, au moyen de l'eau. Celle-ci remplit ici une triple utilité: elle est le véhicule d'une matière utile, qui peut être déposée ainsi en quantités très-considérables; elle la tient à un état de division qui en accroît considérablement l'effet utile; c'est même là le caractère distinctif du terrain d'alluvion, que nul autre n'égale en qualité; enfin, l'eau opère, dans le dépôt naturel des matières variées, dont elle se dépouille à l'état de repos, la répartition la plus parfaite qui puisse avoir lieu sur la surface des terrains à amender. S'agit-il d'étendre, avec toute la perfection et l'économie possibles, une feuille d'or sur un métal moins précieux, on a recours à un véhicule liquide, qui est le mercure, ou une dissolution saline; car, par une autre voie, on n'obtiendrait jamais rien de pareil. Le même avantage existe, en opérant ainsi, avec les engrais et les amendements, qui sont, bien véritablement l'or de l'agriculture. Au seul point de vue de l'économie, et lors même qu'on n'est pas obligé d'acheter, à prix d'argent, ces matières précieuses, il faut des frais d'extraction, des frais de transport, qui s'accroissent ordinairement en raison des mauvais chemins, des frais de répandage, ou de répartition à la surface du sol, opération très-importante qu'on laisse fort imparfaite; et comme on opère sur des masses considérables, ces frais sont toujours élevés.

Un bon aménagement des eaux courantes susceptibles d'être répandues sur les terres en culture, offre un moyen infiniment plus économique d'arriver à un résultat meilleur. Car même lorsque l'on n'a pas à sa disposition un de ces grands cours d'eau qui, dans un très-long parcours, se sont chargés d'une grande quantité de détritus, de substances végétales et minérales, dont la variété fait surtout le prix, les simples ruisseaux, à certains époques de l'année et notamment à celles où la terre est exempte de végétation, roulent des eaux troubles, qui n'ont perdu leur transparence ordinaire que par la présence de matières terreuses, ou sablonneuses, dont l'emploi n'est jamais à dédaigner, lors même qu'elles sont d'une nature presque identique avec celle des terrains sur lesquels on en opère le dépôt.

Depuis un temps immémorial on avait remarqué

que les vases provenant du curage des puits, canaux, étangs ou marais, convenablement désséchées et mélangées, étaient une des matières les plus précieuses dont puisse disposer l'agriculture. De cette remarque, à l'idée de faire opérer directement, sur le sol, ce moyen de bonification, il n'y avait qu'un pas, et c'est ce qui explique comment cette idée se trouva mise en application dès les temps les plus reculés.

La puissance des alluvions est réellement prodigieuse, et l'on peut s'en rendre aisément raison en considérant que la proportion ordinaire des matières limoneuses que renferment les eaux troubles de la plupart des rivières et ruisseaux, dans la saison des pluies est, moyennement, de plus de 3 pour 100 de leur volume. J'ai cité précédemment la rivière d'Aude qui renferme, parfois jusqu'à $\frac{1}{7}$, ou 14 pour 100, de son volume de limon fertile. Dans les crues si terribles du Reno, torrent qui traverse le riche territoire bolognais, on en a constaté jusqu'à 33 pour 100. Mais ce sont là des cas extrêmes qu'on ne peut guère désirer, puisqu'ils ne résultent que de ravages incalculables causés dans la partie supérieures du cours des torrents. Dans les cas usuels, tels qu'ils se présentent dans les crues périodiques de la plupart des fleuves et rivières, on peut toujours compter sur la proportion de 1 à 4 pour 100. C'est dans ces limites que se trouvent les eaux moyennes du Pô, du Rhône, de la Durance, et autres grands cours d'eau si favorablement situés pour opérer des colmatages, et, à plus forte raison, de simples bonifications.

C'est lorsqu'on voit ces matières précieuses s'écouler improductivement, pour accroître les plages incultes et marécageuses du bas des fleuves, qu'il est permis de dire, qu'on laisse des milliards aller se perdre dans la mer, et de regretter que l'on n'ait pas fait ce qu'il fallait pour les reconquérir.

Qu'est-ce qu'une eau trouble, si ce n'est celle qui, contrairement au vœu de la nature, a dépouillé les terrains en pente de leurs principes de végétation? Qu'est-ce que l'opération dont je développe ici les avantages, si ce n'est la restitution de ces mêmes éléments, qui n'en sont que plus précieux quand ils ont été remaniés et répartis par les eaux?

Les peuples anciens qui furent les plus avancés dans les sciences et les arts, surent recourir à ce moyen puissant, non-seulement pour reconstituer, par voie de colmatage, des territoires entiers qui avaient été envahis par des marais, mais pour continuer de bonifier et de fertiliser, presque sans frais, par la seule puissance des alluvions, ces mêmes terrains, après qu'ils avaient acquis le niveau nécessaire à leur assainissement. C'est, ainsi que les anciens habitants de Venise ont agi pour le Pô, l'Adige, et autres rivières, qui submergeaient jadis les vastes plaines qui environnent Padoue, Ferrare, Ravenne, etc.; les Chaldéens et les Babyloniens pour l'Euphrate ; et, enfin, les Égyptiens pour le Nil, qu'ils ont rendu aussi célèbre par ses bienfaits qu'il l'était autrefois par ses ravages.

Ceux-ci, surtout, ont su bien comprendre les incalculables avantages de l'emploi des eaux, comme moyen de réparation d'un sol, qui peut être ainsi cultivé sans relâche. C'est ce que, d'après le témoignage d'Hérodote et de Plutarque, ils appelaient, énergiquement, le mariage du Nil avec la terre.

« *Osiridis cum Nephti coïtum.* »

Il n'est donc pas étonnant de voir que, chez eux les usages, les lois et la religion elle-même, aient été subordonnés à ce grand but qui constituait, presque à lui seul, l'utilité publique.

Pour produire tout son effet, l'irrigation d'été, dont j'ai cherché précédemment à définir les caractères, est circonscrite à une certaine région, subordonnée à un certain climat, tandis que l'emploi des eaux, comme moyen d'alluvion, convient à tous les sols, à tous les climats et, on pourrait presque dire, à toutes les saisons.

Opinions sur le désendiguement des fleuves et torrents. — Dans les développements donnés par M. le comte d'Angeville, ou l'appui de sa proposition, en faveur des irrigations en France (22 mai mai 1843), l'honorable député de l'Ain a dit que, par une fatalité inconcevable, on s'est défendu dans le Midi, au moyen de digues, des inondations du Rhône, principalement à l'endroit où ses eaux seraient les plus propres à fertiliser les terres riveraines.

A une époque encore plus récente (22 janvier 1844), M. le comte de Gasparin a lu à l'Académie des sciences un mémoire, spécial sur les débordements du Rhône, mémoire remarquable, dans lequel l'auteur, après avoir examiné les causes et la fréquence de ces funestes inondations, après avoir parlé de la création dispendieuse des digues, construites principalement après la crue de 1755, se pose la question suivante: la création des digues a-t-elle été un bien ?

Puis il entre dans les considérations suivantes :

« Quand le Rhône submerge un terrain, sans rencontrer d'obstacle, il s'épanche au loin, en prenant son niveau, perd sa rapidité en s'étendant, et laisse déposer, sur son passage, le limon qu'il entraîne avec lui. Si les inondations ont lieu en automne, au moment où les semences de blé sont terminées, elles ne causent aucun mal aux plantes, déjà sorties de terre; à moins que l'inondation ne se prolonge huit ou dix jours; mais tous les grains de blé dont le germe n'a pas encore rompu son enveloppe sont perdus, et il faut ressemer les terres qui sont en cet état. Si l'inondation arrive en mai ou en juin, et qu'elle ne surmonte pas les épis formés, elle ne cause encore aucun mal. C'est un événement très-fréquent, dans les terres non diguées; et cette année même nous avons vu le Rhône déborder et arriver jusqu'à la cime des chaumes, sans que les blés aient aucunement souffert. Si les eaux surmontaient et baignaient l'épi, la récolte serait fort avariée. Quand le débordement a lieu après la moisson, il est rare qu'on n'ait pas le temps de mettre les gerbes à l'abri.

» Voici maintenant les avantages de ces terrains: le Rhône y laisse un limon riche et abondant qui dispense de les fumer, et permet d'y supprimer les jachères en les soumettant, indéfiniment, à l'assolement de la luzerne et du blé. Ces terres, exhaussées par les crues, se trouvent généralement plus élevées que celles qui sont garanties par les chaussées; elles restent donc bien moins longtemps sous l'eau que ces dernières, inondées par la rupture de leurs défenses. Celles-ci, ne recevant pas d'amendements annuels, doivent être fumées, pour porter de pleines récoltes. Et en comparant leur situation respective, d'un côté, les risques dont nous avons parlé, mais une richesse naturelle qui rend la culture des terres indépendante des engrais et permet de vendre leurs pailles; de l'autre, des chances moins fréquentes de dégâts, mais aussi l'obligation de fumer et de payer les frais d'érection et d'entretien des digues, on trouve que les terres non défendues valent la moitié en sus et souvent le double des terres couvertes par les chaussées, et que c'est sur ce pied qu'elles se vendent les unes et les autres. Après ce fidèle exposé, on se demande par quelle singulière aberration des populations entières se sont soumises à un pareil régime, et ont accepté un traité qui consiste à être assuré, chaque année, d'une récolte d'une valeur moitié moindre, au lieu d'une récolte qui, toutes pertes compensées, finit par être d'une valeur double. »

Cependant le savant auteur de ces considérations n'en tire pas la conséquence que l'on pourrait actuellement renoncer à l'usage des digues. Il se fait, au contraire, à lui-même cette objection principale :

« Mais il ne faut pas se dissimuler que le reproche qui a toute sa force, dirigé contre des populations qui voudraient se diguer, aujourd'hui que nous connaissons les faits, en perd beaucoup, appliqué au temps où les digues n'existant pas, on n'avait pas sous les yeux l'exemple de cette énorme différence entre les terres qu'elles couvrent et celles qui sont en dehors de leur enceinte. »

M. de Gasparin reconnaît que, pour sortir de l'état actuel, on ne pourrait, sans inconvénient, renverser toutes les digues, élevées jusqu'à présent, attendu que, par suite des inégalités actuelles des terres riveraines il s'établirait des courants nuisibles et des bas-fonds, qui empêcheraient les eaux des crues de rentrer dans leur lit.

Ce n'est pas une idée nouvelle que celle de révoquer en doute l'utilité des digues insubmersibles que l'on construit encore, à grands frais, le long des fleuves et torrents, dont les crues pourraient cependant améliorer les terres voisines, au lieu de les dévaster. Cette opinion a été soutenue, et combattue, depuis très-longtemps, en Italie, notamment en 1665, par deux savants célèbres, Cassini et Viviani, dans un congrès qui avait pour objet les désastres croissants du Val de Chiana. Encore bien qu'il s'agisse d'une des plus grandes et des plus belles questions sur lesquelles on puisse appeler l'attention publique, ce n'est pas ici le lieu de citer textuellement cette intéressante dissertation, dans laquelle se trouvent consignés tous les arguments, pour ou contre le désendiguement. Je n'étendrai donc pas ces réflexions.

Sans aller jusqu'à prétendre qu'on doive raser indistinctement les anciennes digues, puisqu'il y a des situations dans lesquelles elles sont véritablement indispensables, on trouve, en réfléchissant sur ce sujet, qu'il y a immensément à améliorer dans le système actuel, qui n'est qu'un fâcheux palliatif, puisque souvent il ne fait que déplacer le mal, en l'aggravant beaucoup. D'ailleurs ce système représente véritablement l'enfance de l'art. Les historiens nous ont appris que très-anciennement le Nil, qu'on s'efforçait vainement de tenir encaissé entre des digues, causait périodiquement, dans la Basse-Égypte, des désastres incalculables. Alors, reconnaissant qu'ils se livraient à une lutte inutile, contre la nature, les Égyptiens conçurent la grande idée du désendiguement, opération qui, aidée il est vrai d'un système d'ouvrages très-considérables, permit la libre expansion du fleuve. Et c'est ainsi que le Nil vint régulièrement fertiliser, et exhausser, les campagnes voisines, dotées par lui d'une fertilité qui, depuis lors, est passée en proverbe. Sans doute tous les fleuves ou torrents ne sont pas propres à recevoir ce mode d'aménagement ; mais, je le répète, il y a presque partout de beaux résultats à obtenir, en combinant la moindre fatigue des digues existantes avec une certaine expansion des eaux, proportionnée aux avantages qu'elle peut produire, en prenant surtout en considération la perte qu'on éprouve à laisser s'éloigner, sans emploi et sans aucun profit, des eaux qui, au point de vue agricole, représentent une si grande richesse, quand les terres voisines, situées à un niveau bien inférieur, sont en souffrance, faute de moyens d'amendement.

Il est donc évident, qu'avant peu, on sentira, généralement, le besoin d'effectuer les grandes améliorations qui restent à entreprendre dans cette voie, afin de rendre bienfaisantes ces mêmes eaux que l'on condamne à devenir dévastatrices. Dans le cas contraire, on donnera pleinement raison à l'un des plus éloquents défenseurs des intérêts de l'irrigation, qui a dit : que l'on met obstacle au retour de la richesse sur le sol, quand le chemin de la dépouille reste toujours ouvert, et tandis que c'est le pain du peuple qui fuit, au courant de nos rivières, pour se précipiter, sans retour, dans les abîmes de la mer.

§ III. *De l'irrigation dans les climats tempérés.*

L'irrigation, qui produit de si remarquables avantages dans les pays chauds, privés presque entièrement de pluies estivales, en produit encore de très-importants dans les pays plus tempérés, et même dans les régions septentrionales, lorsqu'on sait bien l'employer. Dans ces contrées, les cours d'eau sont généralement d'un régime peu redoutable, et sauf les empêchements locaux, on peut procéder alors à l'aide de dérivations partielles, profitant directement à un certain nombre d'héritages, dont les propriétaires sont à la fois concessionnaires et usagers des eaux qu'ils dérivent. C'est surtout sur les simples ruisseaux, ayant généralement de fortes pentes, que ce mode d'exécution est facile et désirable. Dans les localités qui jouissent de cet avantage, les propriétaires affranchis d'un intermédiaire qui leur serait souvent onéreux, peuvent se livrer, par eux-mêmes, à l'amélioration de leurs domaines, et plusieurs l'ont fait avec un plein succès.

Je remarquerai, à cette occasion, que le propriétaire appartenant à la classe aisée de la société, celui qui n'est pas né sous le chaume, et n'a pas été habitué, dès l'enfance, aux rudes travaux, aux usages et même aux déceptions de la vie rurale, se ruine presque toujours s'il persiste à vouloir manier la charrue. Il s'enrichira, au contraire, si, avec les mêmes avances, il porte ses soins et son activité sur l'agriculture pastorale, qui est à la fois la plus profitable et la plus économique. Par agriculture pastorale j'entends celle qui a pour base les prairies et le bétail; celle qui produit les fourrages, et, par suite, le lait, le beurre, les fromages, les peaux, les graisses, etc., et enfin la viande, objet qui à lui seul est d'une immense importance.

L'amélioration qu'on peut obtenir, dans les régions intermédiaires dont je parle, soit en créant des prairies nouvelles, soit en améliorant, par un système combiné d'assainissement et d'irrigation, celles qui étaient de mauvaise qualité, atteint souvent à un chiffre presque aussi élevé que celui qui est obtenu dans les contrées du midi, où la difficulté plus grande de se procurer les eaux compense les avantages du climat. Dans ces régions tempérées, on a recours ordinairement, pour les mêmes terrains, à l'emploi combiné des eaux d'hiver, dont on peut disposer en abondance, comme moyen d'amendement, et à celui des eaux d'été, qui sont généralement rares, mais dans lesquelles on trouve, néanmoins, une utile ressource, quand les intervalles entre les pluies deviennent trop considérables. Les résultats avantageux qu'on obtient de cette manière, sont presque toujours assurés.

Pour réaliser, en grand, ces améliorations qui intéressent tant la richesse publique, ce ne sont ni les capitaux ni le désir d'entreprendre qui manquent aux propriétaires.

Mais il manque, presque partout, des agents capables d'exécuter les diverses opérations d'art que réclame l'application d'un système d'arrosage bien entendu. Or, ces opérations, qui ne sont pas toujours faciles, sont loin d'être à la portée de tout le monde. Il est donc bien désirable, comme le demandent au surplus les hommes les plus éclairés, de voir former et instituer, d'abord dans les localités les plus intéressées, cette classe d'agents spéciaux, capables de bien diriger les travaux de cette nature (1).

(1) Je ne traiterai pas ce sujet sans parler, avec de justes éloges. des services qu'ont déjà rendus et que peuvent rendre encore, MM. Simon frères, natifs de Lure, dans la Franche-Comté. Depuis plusieurs années, ils se sont consacrés, avec beaucoup de succès, à ce genre d'industrie. Suffisamment versés dans la pratique du levé des plans et du nivellement, ils effectuent, avec la précision nécessaire, le tracé des rigoles et la distribution convenable des eaux d'irrigation. Les traités qu'ils ont passés dernièrement avec divers propriétaires, sont basés sur une équité parfaite, et prouvent que ces irrigateurs sont sûrs des résultats qu'ils annoncent. Je dis qu'ils sont basés sur l'équité, en ce qu'il y a solidarité complète, pour les profits et les pertes, entre le propriétaire et l'entrepreneur, de sorte qu'il serait impossible que celui-ci fît des bénéfices si le propriétaire n'en faisait pas. La proportion de ces bénéfices est d'ailleurs réglée sur des bases très-modérées.

Un de leurs premiers traités a été conclu, en 1842, avec M. le comte d'E..., propriétaire dans le département de Saône-et-Loire, pour lequel ils ont transformé 250 hectares de terres, très-médiocres, rapportant moins de 10.000 francs, en une égale superficie de prés arrosés, qui rapportent plus du double. Le propriétaire a

§ IV. *Aperçu sur les produits de l'irrigation.*

Pour traiter ce sujet dans sa généralité et avec détails, il faudrait établir des subdivisions très-nom-

fait toutes les avances, pour les travaux à exécuter, et la rémunération de l'irrigateur est de $\frac{1}{5}$ du produit, pendant 10 ans.

MM. Simon ont fait ensuite, presque à la même époque, un autre traité avec M. le comte de M..., pour l'amélioration d'environ 1.100 hectares du terres situées dans le département de la Nièvre. La mise de fonds, entièrement à la charge du propriétaire, sera d'enviren 700.000 francs. On lui garantit, après l'opération, un revenu net de 4 pour 100. La plus value, et la perte, s'il y en avait, doivent être partagées pour moitié, par l'entrepreneur.

Enfin, l'un des trois frères a passé, en dernier lieu, sous la date du 30 janvier 1844, un traité analogue, pour une moindre étendue de terres, appartenant à M. le baron de R..., dans le département de Saône-et-Loire. Ces terres, en partie tourbeuses et ne produisant que de l'herbe de mauvaise qualité, sont susceptibles d'une très-grande amélioration, par la double influence de l'assainissement et de l'irrigation. Comme dans les cas précédents, le propriétaire doit faire toutes les avances; mais elles sont fixées et limitées, de 300 à 400 francs, au plus, par hectare, suivant les catégories établies, et si ces sommes sont dépassées, tout le surplus est à la charge de l'entrepreneur. Si, au contraire, il y a économie sur ces prévisions, le quart de cette économie doit profiter, éventuellement, à M. Simon. La rétribution qu'il s'est réservée pour ses travaux, consiste dans une remise, une fois payée, de 80 francs par chaque mille kilogrammes de foin sec, récolté en sus du rendement moyen actuel, qui a été préalablement fixé à l'amiable. Le rendement nouveau, dont la qualité est également garantie, est fixé a un minimum de 5.000 kil. de foin sec, pour les terres de première catégorie, et à 4.000 kil. pour celles de seconde; et dans le cas où il n'atteindrait pas ces quantités, M. Simon perdrait non-seulement la rétribution susdite, mais il serait tenu de payer à M. de R... toute la différence en moins

L'indication de ce petit nombre de clauses des traités conclus par MM. Simon, suffit pour montrer qu'ils sont conçus sur des bases parfaitement bonnes. Aussi toutes les personnes qui ont eu affaire à eux, se louent autant de leur zèle et de leur capacité que de leur désintéressement.

breuses, d'après les diverses espèces de culture auxquelles peut s'appliquer l'arrosage; il faudrait tenir compte des différences provenant du sol et du climat, de la bonne ou mauvaise conception des travaux, etc. Ainsi, il est certain que l'irrigation appliquée à des superficies qui auparavant étaient presque sans emploi, leur donne, comparativement, une bien plus grande valeur qu'à une étendue égale de très-bonnes terres donnant déjà, par elles-mêmes, des produits élevés. On voit donc que cette évaluation serait presque impossible. Aussi je me borne à donner quelques simples aperçus pouvant servir de termes de comparaison. J'ai établi, d'après le tableau donné à la page 179 du présent volume, que, d'après les prix usuels de l'irrigation opérée à l'aide des canaux, existant, tant en France qu'en Italie, on trouvait qu'à chaque mètre cube d'eau par seconde, ainsi employée, correspondait, en moyenne, une redevance annuelle de 36.000 francs ou à raison de 4 $\frac{1}{2}$ pour 100, un capital de plus de 800.000 francs (1). Telle est la valeur que cet usage assigne à l'eau courante, qui, la plupart du temps, avant d'y être soumise, n'en a aucune autre. Avec ces prix, de 24 à 48 francs par litre, qui correspondent à peu près à ceux de 17 à 33 francs par

(1) C'est par erreur d'impression qu'à la page 180, à la suite du tableau susdit, on trouve le chiffre de cette redevance porté à 48 000 ou 50.000 francs comme *minimum*. Il est évident que c'est au contraire le *maximum*.

hectare, l'agriculture trouve toujours son avantage; tandis que le fondateur du canal, s'il a fait des frais d'établissement trop considérables, peut très-bien ne rentrer, par là, que dans un intérêt suffisant de ses avances. L'expérience le prouve tous les jours, et personne ne doute aujourd'hui que l'établissement des canaux d'irrigation par des particuliers, est une des entreprises qui ont le plus de titres au secours et aux encouragements du gouvernement. Aussi je ne rappelle ces prix qu'à titre de renseignement et non comme une mesure réelle des avantages de l'irrigation. Cette mesure réelle se trouve, au contraire, dans la plus value qui en résulte pour les terres, ou dans l'augmentation des produits que l'on doit attendre d'elles sur une étendue donnée.

Dans les pays d'arrosage, l'expérience s'est depuis longtemps prononcée sur ce point, et l'on a des moyennes usuelles sur lesquelles on peut toujours se baser quand on projette une nouvelle entreprise. En Piémont on compte cette plus value, comme produit net, qu'ici l'on peut, sans erreur sensible, confondre avec l'augmentation de fermage, sur le pied de 15 à 20 francs par *journée* de 38 ares. C'est environ 50 francs par hectare. Dans le Milanais, où l'arrosage a atteint sa plus grande perfection, on compte, dans les mêmes circonstances moyennes, 5 francs par perche de 6 ares,55 c.; cela correspond à environ 76 francs par hectare. Dans le midi de la France la plus value due à l'arrosage est au moins égale à celle qui a lieu en Piémont, et, sur bien des points de cette contrée, elle est beaucoup au-dessus. Elle serait incalculable sur une très-grande partie des terres de l'Algérie et notamment dans la province d'Oran.

On peut donc, d'après une évaluation très-modérée, admettre, comme moyenne générale du produit net créé par l'arrosage, le chiffre de 50 francs par hectare qui correspond à un produit brut d'au moins 100 francs.

Cela représente, à 4 pour 100, la création d'un capital de 1.250 francs; résultat fort important quand on pense qu'il peut s'appliquer à des millions d'hectares. La France seule réclame, unanimement, la création d'au moins cinq millions d'hectares de prairies, pour mettre cette culture si précieuse dans le rapport de 1 à 2 avec les terres cultivées à la charrue. On voit que l'on obtiendrait, d'après ces bases si modérées, un accroissement définitif de la richesse territoriale équivalent à plus de six milliards et correspondant à un revenu assuré de plus de 300 millions.

Ainsi, malgré les frais qu'elle entraîne, l'irrigation est un élément, des plus certains, de la richesse des pays qui l'emploient. Ce fait pourrait être constaté par le seul aspect de l'aisance générale du peuple dans les pays d'arrosage, par la propreté et le confortable des habitations rurales, et par la facilité avec laquelle sont acquittés les impôts.

Remarquons que le système d'irrigation dont il s'agit ici, par cela même que ses produits bruts diffèrent de ses produits nets, par cela même qu'il exige des avances préalables, des frais de main-d'œuvre, des engrais, etc., amène une circulation de valeurs, un échange de services productifs, qui sont précisément ce qui concourt le mieux à l'aisance générale, si désirable dans tout pays. L'accroissement rapide de la valeur des propriétés rend les mutations extrêmement fréquentes, et c'est là une considération qui est loin d'être indifférente pour les intérêts du trésor public (1).

(1) Il y a quelques années, M. le marquis de Cambis et M. le duc de Crillon eurent la curiosité de rechercher quelle était la différence existant entre les droits de mutation perçus, annuellement par l'État, sur le petit territoire arrosé par le canal de Crillon, et les mêmes droits produits par une superficie égale, mais non arrosée, de la même localité. Ils trouvèrent que le chiffre était plus que quadruplé. En un mot, ils reconnurent que, pour cette faible superficie d'environ 2.000 hectares, les droits annuels de mutation s'élevaient à plus de 48.000 francs (soit 24 francs par hectare, sur le total, ce qui suppose des mutations annuelles portant sur plus du dixième de la superficie arrosée), tandis que le canal qui produisait ce résultat, ne rapportait pas 8.000 francs à la famille de Crillon. Que serait-ce donc si l'on appliquait la même comparaison à des millions d'hectares !

APPENDICE.

Supplément aux définitions données dans le tome Ier.

Arrièrages. — Nom que l'on donne, en Provence, aux récoltes tardives que l'on peut, à l'aide de l'arrosage, obtenir dans la même année, sur les champs qui ont produit des céréales. Ces cultures, qui, dans un climat chaud, sont toujours assurées, ont une grande importance. Elles portent, en Roussillon (Pyrénées-Orientales), le nom analogue de *tardanneries*.

Arroseur public (Seine-et-Oise). — Voyez *Eygadier*.

Aspres (Pyrénées-Orientales). — Nom que l'on donne, dans les parties arrosées de ce département, aux terrains trop élevés pour recevoir le bénéfice de l'irrigation. En Provence et dans l'Avignonais, les terrains de situation analogue se désignent par le nom de *ségonaux* ou de garrigues.

Banquettes (*banchine*). — Retraites, de largeur variables, que l'on ménage, pour éviter les éboulements et le ravinement, dans les talus, des tranchées ou des grands remblais des canaux.

Bannier (Pyrén.-Orient). — Voyez *Eygadier*.

Buse. — Espèce de pertuis, ou aqueduc, voûté ou couvert en dalles, servant à l'écoulement des eaux d'une retenue. On emploie fréquemment ce système, de préférence à celui des vantelles, pour les sas d'écluse dans les canaux de navigation.

Chasses d'eau. — Lâchures que l'on effectue en opérant un débouché de fond dans des barrages temporaires, ordinairement formés de poutrelles, dans le but de chasser ou d'expulser les vases liquides, quand elles sont accumulées dans le fond des canaux. Quand ce moyen est praticable, il est infiniment au-dessus de tous les autres, pour opérer économiquement les curages.

Cavalier. — Nom que l'on donne, dans la science des constructions, à des masses de déblais, en excès, dont on n'a pas l'emploi et que l'on est obligé de déposer, en tas prismatiques, sur des emplacements acquis à cet effet. C'est un cas défavorable que l'on doit toujours chercher à éviter et qui n'a effectivement que des applications très-rares.

Caniveau. — Rigole pavée que l'on doit établir pour éviter la corrosion des terres, par l'écoulement des eaux pluviales, ou autres, lorsqu'elles suivent une direction fixe, sur un sol peu résistant.

Conducteur de l'eau (*transitante*). — Nom qu'en jurisprudence, on donne, par opposition à celui de propriétaire du sol, au particulier qui réclame le droit de passage, pour une conduite d'eau, à titre de servitude.

Coupure. — C'est-à-dire coupure de berge, simple ouverture faite sans règle ni limite pour dériver arbitrairement de l'eau d'un canal d'irrigation.

Ébergement. — Dressement des berges, opération qui s'effectue ordinairement en même temps que le curage, proprement dit, des canaux et rivières.

Édifice (*edifizio*). — Nom que l'on donne en Italie à tous les ouvrages d'art, construits sur les canaux, mais qui est principalement réservé pour les modules qui constituent les prises d'eau.

Fascines, fascinons (*fascine*, *fascinoni*).—Faisceaux de baguettes vertes servant, soit pour la défense des berges, soit pour les fondations et autres usages. — Voir leur description, tome II, p. 288.

Feuillures (*siti*). — Rainures ou retraites verticales le long des arêtes des murs, ou bajoyers, qui doivent recevoir des vannes, poutrelles, etc.

Francs-bords (*ragioni*). — Ce sont des marchepieds, d'une largeur fixée par les usages locaux et qu'il est de règle de maintenir constamment le long des berges des canaux d'arrosage. Ils servent principalement à la surveillance du possesseur des eaux et au dépôt du produit des curages.

Fuyant (Vaucluse). — Désignation abrégée du canal de fuite.

Garde-rivière, garde-rigoleur (Seine-Inférieure). — Voyez *Eygadier*.

Garrigues (Vaucluse). — Voyez *Aspres*.

Gauthier. — Nom donné vulgairement dans plusieurs départements du centre de la France à un barrage d'irrigation.

Guide-eau. — Ouvrage d'art, analogue à un épi ou éperon, construit dans une direction convenable pour opérer la déviation du fil de l'eau, dans une rivière ou un canal.

Horaire (*orario*). — Afin de recourir le moins possible au néologisme, j'avais d'abord remplacé ce mot par cette périphrase : temps de jouissance ; mais j'ai ensuite reconnu qu'on ne pourrait pas le supprimer, dans le langage des irrigations, parce qu'il correspond à un des éléments essentiels de leur pratique, où il joue le rôle le plus important. Dans les pays d'arrosage, comme le nord de l'Italie, une foule de transactions et de procès roulent exclusivement sur la fixation, la modification, la permutation des *horaires*. — Voir, pour une définition plus complète, les problèmes usuels résolus dans le chap. XXIX.

Hydromètre. — Ce mot, dont l'étymologie, connue de tout le monde, signifie *mesure de l'eau*, conviendrait parfaitement aux appareils qui servent à la distribuer, en quantités déterminées, pour les besoins de l'irrigation et de l'industrie. Mais l'usage, beaucoup plus ancien, qui consiste à ne mesurer que la hauteur des eaux, dans le lit qu'elles occupent, s'est emparé de cette expression qui continue à ne désigner qu'une échelle graduée.

Maybes (Vaucluse). — Fossés et rigoles principales d'irrigation. Leurs dérivations de détail sont aussi désignées sous le nom d'*éperons*.

Poutrelles. — Petites poutres, ou madriers, superposés de manière à former, pour une retenue d'eau, une cloison ou barrage qui a l'avantage de se construire et de se démonter graduellement, soit par le haut, soit par le bas.

Queue de l'eau (*coda dell'acqua*). — Expression très-ancienne qu'on a appliquée au volume d'eau qui continue de couler après la fermeture d'une bouche de distribution destinée à plusieurs usagers, et avant qu'il soit arrivé à la disposition de ceux-ci. Quand les titres ne sont pas bien précis, il peut y avoir discussion sur la question de savoir si la queue de l'eau appartient à l'usager dont le tour cesse, ou à celui dont le tour commence.

Robine. — Locution usitée dans le midi de la France pour désigner un canal.

Ségonaux (Bouches-du-Rhône). — Voyez *Aspres*.

Seuils ou caractères (*radici*, *capisaldi*). — Dalles ou pièces de bois que l'on scelle solidement au niveau du fond des canaux pour en bien régler la profondeur à l'époque des curages. On y a recours principalement pour empêcher que les conducteurs d'eau, qui auraient intérêt à agir ainsi, n'augmentent indûment la profondeur des canaux, ouverts en vertu de la servitude d'aqueduc, sur des terrains qui ne leur appartiennent pas.

Sole. — En hydrométrie, on dit communément la sole gravière pour désigner le fond naturel d'un cours d'eau. En agriculture la sole est dans un assolement, la période correspondante à telle ou telle culture.

Superficie irrigable. — C'est celle qui, par sa situation naturelle, peut, à l'aide de dépenses modérées, recevoir les eaux existant dans le voisinage, avec un volume convenable et un niveau suffisamment élevé. Si l'on voulait ne pas tenir compte des travaux de terrassement et recourir à l'emploi des machines, il n'y a pas un coin du globe où l'on ne puisse amener de l'eau d'irrigation. Mais à quel prix? Or, en disant superficie irrigable, j'entends la superficie des irrigations productives.

Tardanniers (Pyrén.-Orient.) — Voyez *Arriérages*.

Tinelles (*tinelle*). — Espèces de tonneaux que l'on emploie en Lombardie pour recueillir et encaisser les sources dans la construction de têtes de fontaines. — Voir leur description, t. II, p. 356.

Valet de prés (Vosges, Haute-Saône, Jura), etc. — Voyez *Eygadier*.

Vanne hydrométrique (*paratoja*). — C'est celle qui, placée en tête d'un module régulateur, sert à y graduer l'introduction de l'eau de manière qu'elle se tienne toujours à une hauteur constante au-dessus de la bouche ou de l'orifice de distribution.

Supplément aux détails statistiques donnés, dans le livre Ier, sur les canaux du midi de la France. — Situation de diverses entreprises. — Projets et études.

Arrosages du nord du département de Vaucluse. — Ne pouvant faire, dans cet ouvrage, une mention spéciale que des principaux canaux d'irrigation, et non des canaux particuliers qui sont extrêmement multipliés, dans certaines localités, j'ai omis de parler, dans les chapitres du livre Ier, de plusieurs de ces dérivations secondaires, qui rendent de grands services aux terres situées vers les limites des départements de la Drôme et de Vaucluse. Les eaux de l'Aigues et de l'Ouvère, qui ne laissent pas d'avoir leur importance, sont utilisées en totalité ; de sorte que, pendant la saison des arrosages, il n'en arrive pas une seule goutte dans le Rhône. De plus, l'Ouvère, indépendamment de ces arrosages d'été, est employée, dans ses crues, à des colmatages très-importants qui s'étendent sur tout le territoire communal de Violès. Ces rivières ayant de fortes pentes n'ont pas nécessité l'ouverture de canaux principaux, mais elles sont saignées par un nombre considérable de dérivations directes, la plupart appartenant à des communes. La superficie des terrains, profitant de cet arrosage, qui n'est malheureusement pas régulier, ainsi que de celui qu'on obtient par des eaux de source, peut être évaluée à 2.000 hectares, sur quoi l'on compte 1.765 hectares de prés, arrosés assez complétement. Le nombre des prises d'eau de l'Ouvère est de six principales, sans compter celles des affluents. Le nombre des prises de l'Aigues est de sept principales, mais la dernière, celle d'Orange, qui est habituellement sans eau comme beaucoup d'autres des prises inférieures, est utilement supplée par la petite rivière de Meyne, qui conserve un volume d'eau d'environ 1 mètre cube par seconde à l'étiage. Le ruisseau de Grozeau est dans le même cas, pour la commune de Malancène. Un article spécial des *Libertés et Prévilèges* de la ville et principauté d'Orange, sous l'empire, duquel se sont établies les irrigations de cette contrée, avait mis très-anciennement en vigueur le régime du droit de conduite des eaux, sur les terrains des tiers.

Entreprise de la compagnie agricole d'Arcachon. — Je n'ai point parlé jusqu'ici d'une entreprise intéressante qui s'était organisée dans le département de la Gironde, pour fertiliser, à l'aide des irrigations, une grande étendue des Landes infertiles qui s'étendent dans les environs du bassin d'Arcachon et aux abords du canal de ce nom. Cette tentative, qui devait créer, sur cette partie de notre littoral de l'ouest, un bon et grand système d'arrosage, n'a pas réussi, malgré les légitimes espérances qu'elle avait pu faire concevoir. Ce fut en 1839 que M. Vissocq, ancien ingénieur hydrographe, et agriculteur distingué, l'un des directeurs de la compagnie du canal d'Arcachon, concédé en 1834, entreprit, avec le concours de M. Ferry, ingénieur civil, l'établissement de ce système d'irrigation, devant s'étendre à plus de 3.000 hectares.

Les propriétés de cette compagnie sont situées sur les communes de La Teste, de Gaujan et du Teich (arrondissement de Bordeaux). Vers le nord, elles sont contiguës, sur une longueur de 10 kilom., au bassin maritime d'Arcachon, dont elles ne sont séparées que par une bande de terre d'environ 2 kilom. de largeur. Elles sont limitées, au sud, par le lac de Cazau; et le canal de la compagnie des Landes les traverse dans toute leur étendue.

Leur surface est ainsi partagée en deux versants dont le plus étendu, dirigé au nord-ouest, se termine au bassin d'Arcachon, et dont l'autre, incliné au sud-ouest, jette ses eaux dans le lac de Cazau. La crête de ces deux versants n'est élevée, dans sa partie la plus basse, que de 1 mètre 50 au-dessus du lac, tandis qu'au même point elle se trouve à 22 mètres au-dessus du bassin d'Arcachon.

Les landes irrigables, par dérivation des eaux du lac, occupent une étendue de 4.000 hectares, à la partie inférieure du versant principal. Les trois quarts de cette superficie devaient être convertis en prairies qui n'ont pu y être créées que très-partiellement; l'autre quart a été antérieurement ensemencé en pins maritimes, dont une partie est déjà en exploitation.

Par ordonnance royale du 3 juillet 1838, la compagnie a été autorisée à disposer, pour les usines et les irrigations, des eaux du lac de Cazau et des étangs de Biscaros et de Parentis qui communiquent librement entre eux et sont au même niveau, sur une superficie totale de 9.522 hectares; elle a été également autorisée à faire sa prise d'eau dans le bief supérieur du canal de la compagnie des Landes, ce qui lui a évité le creusement d'une rigole pour amener les eaux depuis le lac jusqu'au point où elle a établi les vannes régulatrices, conformément à l'ordonnance de concession.

Le débit de ces vannes, au moment de l'étiage, est d'un peu plus de 4 mètres cubes par seconde, et pendant le printemps on peut le porter de 5 à 7 mètres cubes, quantité plus que suffisante pour les besoins des irrigations. Il restait donc pour le service des usines un excédant disponible auquel s'ajoutaient les trois quarts environ des eaux d'irrigation qui, d'après une disposition ingénieuse, pouvaient être utilisées comme force motrice, avant leur expansion sur les prairies.

La différence de niveau entre le lac de Cazau et le bassin d'Arcachon est, comme je l'ai dit ci-dessus, d'environ 20 mètres et peut produire une force de plus de 200 chevaux pendant les basses eaux ; le sixième de cette force a été utilisé par deux usines, une féculerie et une forge.

Quant aux dispositions d'art adoptées pour la distribution des eaux sur les deux régions, à l'est et à l'ouest du canal des Landes, elles ont été basées sur les meilleurs principes. Il est donc à regretter que des difficultés financières aient arrêté, dans leur essor, ces utiles travaux, qui eussent nécessairement servi, en cas de bon succès, à encourager des entreprises semblables sur la vaste étendue de terres de même nature existant dans la Gironde et dans les Landes.

Il paraît néanmoins certain qu'une irrigation, entièrement dépourvue du secours des engrais, qu'on ne peut se procurer là qu'à de trop grandes distances, n'était nullement bienfaisante pour une grande partie de ces terrains qui sont tellement maigres, qu'après avoir été mouillés un peu abondamment, on les voit réduits au sable pur, qui forme, dans tous les cas, près de 9 pour 100 de leur composition. En outre, les eaux que l'on a employées sont des eaux limpides qui exigeaient, sous ce rapport, beaucoup de précautions, et, comme on les avait en abondance, on en a usé trop largement ; de sorte que, sur la plupart des points où l'on a débuté ainsi, elles ont fait plus de mal que de bien.

Dans de pareilles circonstances, c'est-à-dire quand l'eau est maigre, ainsi que le sol, l'irrigation est un instrument redoutable dont on ne saurait user avec trop de circonspection.

Entreprise du sieur Marc, pour le canal du Bazer (*Pyrénées-Orientales*). — On a bien souvent remarqué que les entreprises de canaux d'arrosage, qui procurent une si grande richesse aux pays qu'ils parcourent, ont souvent causé la ruine de leurs auteurs ; à la suite surtout des contestations occasionnées par la mauvaise foi, et l'absence de lois spéciales. C'est malheureusement ce qui est arrivé au sieur Marc, pour le canal dérivé de la Garonne, qu'il avait entrepris, avec ses seules ressources, de conduire dans les plaines de Valentine.

Il s'était efforcé de changer des terres arides en riches paturages, et d'affranchir son pays du tribut payé à l'étranger. Mais s'étant trouvé bientôt hors d'état de continuer une œuvre au-dessus de ses moyens, et dans l'impossibilité d'un secours suffisant de la part du gouvernement, il s'est vu, nouveau Crapone, dans la dure nécessité de céder à des tiers, moyennant une rémunération insuffisante, les travaux auxquels il avait déjà consacré des sommes considérables plutôt que de les abandonner complétement.

Situation du canal de Marseille. — Les frais d'établissement de ce canal excèdent aujourd'hui les ressources de la ville, et l'obligent à chercher les moyens de s'en procurer de nouvelles. Il n'y a pas lieu de s'étonner d'ailleurs que les premiers calculs de l'habile ingénieur, auteur de ce grand et beau travail, aient été dépassés. La cause de cette augmentation extraordinaire provient d'éventualités, dont il était impossible d'apprécier préalablement toute l'importance. Les difficultés que devaient présenter d'immenses ouvrages d'art, le percement de souterrains d'une longueur de plus de 16,000 mètres, et surtout l'épuisement des eaux abondantes qu'on a rencontrées, et sur lesquelles on ne comptait pas, justifient suffisamment les nouvelles appréciations, d'après lesquelles on prévoit la nécessité d'ajouter 7 millions, au moins, aux 13 qui ont déjà été dépensés.

C'est dans ces circonstances que la ville de Marseille a adressé au gouvernement la demande d'un emprunt de 7 millions sur les fonds du trésor, et désire voir l'intérêt ne pas dépasser 2 1/2 à 3 pour 100. Tous les détails nécessaires, sur l'état exact, des travaux exécutés jusqu'à ce jour, et de ceux restant à exécuter, ainsi que sur la situation financière de la ville, ont été joints à cette demande pour en faire apprécier la nécessité.

Par lettre du 20 avril 1844, M. le ministre des travaux publics, appelé à donner son avis sur cette demande, a exprimé le vœu que la situation de nos finances permît d'accorder à la ville de Marseille le secours sollicité. Il a fait valoir que tous ces sacrifices ne seraient pas, à beaucoup près, sans compensation ; le canal dont il s'agit étant appelé à réaliser d'importants résultats et à donner quelque jour des revenus qui couvriront en grande partie l'intérêt des capitaux consacrés à sa construction. M. le ministre a fait remarquer, de plus, que la ville de Marseille, qui a eu le courage de ne pas reculer devant une opération immense, que réclamaient depuis longtemps l'intérêt de sa population et celui de son territoire, avait tous les droits à la bienveillance du gouvernement; qu'enfin, l'État lui-même n'était pas sans intérêt dans la question, puisque le canal, en augmentant la valeur du sol et en donnant un nouveau développement à l'industrie, devait nécessairement faire affluer dans le trésor public de nouveaux revenus et lui donner une grande part dans les fruits d'une entreprise que la ville de Marseille aura cependant réalisée avec ses seules ressources.

Canaux projetés par la ville d'Aix (Bouches-du-Rhône).— Dans l'état actuel des choses, l'eau manque presque totalement dans la ville d'Aix. Cette ancienne capitale de la Provence voit aujourd'hui un mince filet d'eau, de moins de sept litres par seconde, couler sous les voûtes des grands aqueducs, de construction romaine, qui témoignent de son ancienne splendeur. Depuis plusieurs années l'administration municipale a donc recherché, avec sollicitude, les moyens de procurer des eaux à la ville et au territoire.

Le plan, anciennement conçu, d'un grand canal qui, en traversant le cœur de la Provence, eût été commun à Marseille et eût été éminemment avantageux à cette dernière. Ce projet ne fut point mis à exécution, et l'on sait que la loi du 4 juillet 1838, séparant les intérêts de ces deux villes, leur fit à chacune leur part, sur les eaux de la Durance, en temps d'étiage, attribuant $1^{m},50$ par seconde à Aix; chacune d'elles devant d'ailleurs faire, à ses risques et périls, les frais de son canal de dérivation. La ville d'Aix pourrait, à la vérité, opter pour une dérivation du Verdon, mais ce canal, moins dispendieux que celui de la Durance, coûterait encore plus de 4 à 5 millions et aurait de grandes difficultés d'exécution, parmi lesquelles on doit signaler au moins 8 à 10 kilom. de souterrains. Quant au canal à dériver de la Durance, il donnerait lieu à des frais et à des risques encore bien plus grands. Les premières reconnaissances sur le terrain ont prouvé que la rigole de prise d'eau dans cette rivière ne pourrait, à raison de la différence de niveau des points extrêmes, avoir moins de 40 kilom. de développement, et que sa position, dans un pays très-montueux, entraînerait des tranchées et des souterrains très-considérables. La ville d'Aix, qui compte une population de 20.000 âmes et un revenu à peine de 200.000 fr., a donc pu se préoccuper des grandes dépenses que paraît devoir entraîner ce projet, surtout en présence des redoutables éventualités qui portent les frais d'exécution du canal de Marseille au delà du double des premières estimations.

Ainsi, sans renoncer à la faculté que cette loi lui confère, elle a pensé qu'avant qu'elle fût à même de prendre un parti à cet égard, il pouvait lui être avantageux d'accepter l'offre qui lui a été faite, depuis quelques années, par M. Zola, ingénieur civil, d'amener sur son territoire les eaux des rivières de Cause et du Bayon, indépendamment de celles qu'il se propose d'obtenir, par l'établissement de barrages et de grands réservoirs, facilités par la disposition naturelle de gorges, profondément encaissées, qui existent à environ 5 kilom. de la ville.

En conséquence, le 10 décembre 1838, M. le maire d'Aix et ce particulier arrêtèrent les bases d'un traité dans lequel celui-ci s'engagea à amener dans ladite ville et dans son territoire 1 mètre cube d'eau par seconde. Aux termes de cette convention la ville doit avoir, au fur et à mesure des constructions, la nue propriété du canal et de ses dépendances; tandis que l'entrepreneur s'en réserve la jouissance ou l'usufruit, pendant 70 ans, à partir du jour où l'eau aura coulé à Aix.

Peu de temps après cette époque, M. Zola, pensant que le volume d'eau susdit pouvait être doublé, présenta sur cette base un avant-projet qui fut soumis aux enquêtes d'usage et à l'examen des ingénieurs. MM. les ingénieurs de la localité n'ont point admis tous ses calculs, notamment en ce qui concerne l'appréciation des données fondamentales du produit des rivières, l'alimentation supplémentaire que l'on doit obtenir des eaux pluviales, les pertes dues à l'évaporation et aux filtrations, soit dans les réservoirs projetés, soit dans le canal lui-même; ils ont pensé que pour rester dans les conditions de l'engagement souscrit avec la ville d'Aix, le volume minimum qu'il s'agissait de rassembler chaque année dans les réservoirs, devait être de près du double de ce qu'on avait adopté dans l'avant-projet.

Ils ont objecté que ce n'était point l'eau tombée *moyennement* qu'on devait prendre pour point de départ, mais celle des années les moins productives, puisque c'est un écoulement constant qui a été stipulé. Et, cependant, il résultait de leurs prévisions que, dans les cas de sécheresse, on ne pourrait pas procurer, par ce moyen, à la ville d'Aix, plus de $\frac{1}{4}$ de mètre cube ou de 250 litres d'eau par seconde. Enfin, les mêmes ingénieurs ont exprimé la crainte que l'auteur du projet n'ait été très-au-dessous de la réalité dans les estimations, puisque ne devant pas dépenser moins de 1.200.000 fr., il retirerait alors, aux conditions souscrites, moins de 5 pour 100 de ses déboursés.

Ce projet, soumis aux enquêtes d'usage, a soulevé, de la part des communes et de divers particuliers, de vives oppositions, fondées principalement sur la privation des eaux à dériver.

dont des tiers revendiquaient l'usage, soit pour des irrigations, soit pour des usines. Mais la commission a pris en considération la possibilité d'un résultat qui, bien que différent de celui qu'on s'était d'abord promis, n'en sera pas moins d'une grande utilité pour la ville d'Aix, et a, malgré lesdites oppositions, été d'avis que l'entreprise pourrait être autorisée avec les précautions convenables pour garantir les intérêts des tiers. — Le conseil municipal, consulté de nouveau, a, par délibération du 2 octobre 1839, adhéré provisoirement au projet, pensant qu'il devait s'en référer au jugement que porterait l'administration des ponts et chaussées et à la sanction des compagnies financières qui jugeraient convenable de traiter avec M. Zola.

Le traité passé le 19 avril 1843, en conséquence de ces dispositions, entre la ville d'Aix et M. Zola, continue de porter 1 mètre cube par seconde, comme base de la convention, mais il y est dit, dans le 2e § de l'art. 5 : « Toutefois, aucunes modifications ne seraient faites au traité dans la supposition que les eaux des deux rivières de Cause et du Bayon réunies, il ne serait fourni, par M. Zola, qu'un demi-mètre cube d'eau au lieu d'un mètre par seconde. »

Le 25 juin de la même année, l'auteur du projet dont il s'agit a passé avec la commune du Tholonet, qui avait formé une des principales oppositions, un traité particulier d'après lequel il s'engage à fournir à un taux modéré des eaux à ladite commune, tant pour les usages domestiques que pour l'irrigation.

Cette affaire, traitée par l'intermédiaire du ministère de l'intérieur, a déjà été plusieurs fois soumise aux délibérations du conseil d'État devant lequel sont maintenues plusieurs des oppositions relatives ci-dessus et auxquelles on paraît attacher une assez grande importance. — Un avis interlocutoire du comité des travaux publics du 19 avril 1844, a demandé quelques renseignements à M. le préfet des Bouches-du-Rhône et a fait remarquer, dans l'art. 2, une irrégularité consistant à laisser éventuelle et facultative la dérivation du Bayon, à laquelle cependant des tiers se trouvent intéressés. Tel est l'état de l'instruction de cette affaire.

Projet de canal dérivé de la Nartuby dans le département du Var. — M. le préfet du Var a adressé dernièrement à l'administration centrale un projet rédigé par M. l'ingénieur Gimmig, ayant pour objet l'établissement d'un nouveau canal d'irrigation dérivé de la Nartuby, dans les communes de Trans et de Lamothe (arrondissement de Draguignan). Ce projet était accompagné d'une soumission d'un particulier, proposant de construire ce canal à ses frais, moyennant certaines conditions. Mais lesdites conditions, portant principalement sur la vente des eaux aux usagers moyennant un capital une fois payé, n'ont pas paru, à l'administration, offrir les garanties désirables; dans l'intérêt général, le projet a été renvoyé dans la localité pour y provoquer des modifications à ce système, dont j'ai développé précédemment les inconvénients en traitant des divers modes de concession des eaux. — Voir ci-dessus le chapitre 35e, et notamment les pages 141 et 146 du présent volume.

Projet du canal de l'association de l'Isle (*Vaucluse*). — Parmi les projets de divers canaux d'arrosage, on doit citer celui qui a pour objet de conduire les eaux de la Durance sur les territoires des six communes de Robions, Lagnes, l'Isle, le Thor, Château-Neuf et Caumont. Ce canal, partant de la rive droite de la rivière, doit s'embrancher sur celui du Cabédan-Neuf, au pont Perrussier, dans la commune des Taillades.

Depuis 1772, on avait conçu plusieurs projets, ayant pour but l'extension des arrosages dans le département de Vaucluse. Leurs prises d'eau étaient indiquées dans les digues de la commune de Mérindal. Ces projets ne furent pas exécutés. Cependant l'association de l'Isle avait toujours conservé l'espoir de la réalisation de celui qui la concernait. Et quand le syndicat du Cabédan-Neuf fut autorisé à ouvrir les nouvelles martellières, remplaçant les anciennes prises d'eau volantes, l'association de l'Isle, en vertu d'une transaction dont j'ai fait mention (tome I, p. 180), fit insérer dans l'ordonnance d'autorisation du 26 mai 1833, l'art. 26 qui contient une réserve formelle de ses droits pour l'agrandissement de la prise d'eau, dans le cas où elle demanderait à en profiter aussi, moyennant telle indemnité que de droit. — J'ai fait remarquer ci-dessus, page 205, que cette communauté était de nature à engendrer des contestations, mais on ne pouvait guère opérer autrement, à cette extrémité inférieure de la Durance, où le faible résidu des eaux ne suit pas de direction fixe dans un lit sablonneux d'une très-grande largeur. Plus ce résidu ira en diminuant, par les attributions nouvelles que l'on pourra encore en faire, plus il y aura d'utilité à réunir les petites prises pour les préserver autant que possible du danger des envasements.

La dotation d'eau qui est demandée pour ce canal est de 2 mètres cubes par seconde, au plus bas étiage de la Durance. Et comme le volume, dont jouit actuellement le Cabédan d'après les anciens titres, est regardé comme à peu près équivalent à ce chiffre, c'est pour un débit de 4 mètres que devront être disposées les nouvelles martellières communes aux deux associations. Le partiteur à établir au pont Perrusier sera disposé de manière que les eaux soient divisées en deux parties égales, quand le volume total sera de 4 mètres et au-dessus. Mais, s'il était au-dessous, le Cabédan, en vertu de son droit de priorité, recevrait d'abord ses 2 mètres cubes, et l'association de l'Isle n'aurait que le surplus.

L'avant-projet, présenté par MM. Perrier et Conte, ingénieurs du département de Vaucluse, comprend le canal proprement dit et trente-deux filioles principales, pour distribuer les eaux à toutes les parties arrosables des territoires susdits; sa longueur, entre le pont Perrusier et le petit Mourgon, doit être d'environ 19 kilomètres. Ses largeurs à la cuvette varieront depuis 4 mètres jusqu'à 3 mètres. Les talus en déblais doivent avoir $1^{m},50$ de base et ceux en remblais 2 de base pour 1 de hauteur. Les systèmes de pentes projetées sont de $0^{m},30$, $1^{m},00$, $0^{m},60$ par kilomètre. L'excédant doit être racheté par seize murs de chute de 1 à 3 mètres, ayant ensemble une hauteur de $38^{m},28$. La longueur développée des fossés de distribution est de 75 kilomètres. Leur largeur au plafond est de 1 mètre.

Les ouvrages d'art, composés de martellières, ponceaux et petits aqueducs, sont peu considérables. Les travaux d'élargissement et de déplacement de la partie supérieure du Cabédan-Neuf sont également assez restreints. Après lesdits travaux, le canal susdit devra avoir une largeur maximum de $4^{m},80$ à la cuvette. La dépense totale a été évaluée à 400.000 fr. dont 107.000 fr. pour ouverture du canal principal, et 104.000 fr. pour indemnités du terrain.

Quant à la question des voies et moyens, qui est toujours la plus importante, quatre systèmes ont été proposés: 1° Construction par les communes intéressées à l'aide d'emprunts; 2° par des associations de propriétaires; 3° par une compagnie qui se rembourserait avec une taxe d'arrosage; 4° par une association forcée, entre les terrains arrosables, autorisée par une loi analogue à celle qui a été rendue le 23 pluviôse an XII, en faveur de la ville de Gap et des communes environnantes, dans le département des Hautes-Alpes.

Les trois premiers moyens ont été écartés comme impraticables dans l'espèce ; et le quatrième a été préféré comme étant, d'après l'utilité publique du projet, le meilleur et le plus équitable, puisque les avantages comme les charges appartiendraient, dans la proportion de leurs intérêts respectifs, à ceux qui doivent profiter du nouveau canal ; et que le payement des taxes nécessaires, soit à son établissement, soit à son entretien, doit représenter une obligation réelle de sa nature, c'est-à-dire ne pesant sur la personne qu'à raison de la possession du fonds, et, suivant celui-ci, en quelques mains qu'il dût passer.

D'après MM. les ingénieurs, auteurs du projet, en prenant le terme de dix années pour amortir l'emprunt de 400.000 fr., et en supposant que l'entretien annuel du canal fût de 10.000 fr. à répartir sur 2.000 hectares, la taxe à prélever par hectare ou plutôt sur le volume d'eau correspondant, décroîtrait graduellement depuis 35 jusqu'à 26 fr., et, après la dixième année, elle ne serait plus que de 5 fr. Les mêmes ingénieurs ont évalué à 60 fr. par hectare, le bénéfice net de l'arrosage, de sorte que la construction du canal représenterait, pour l'association, un bénéfice annuel de 59.000 fr., au début de l'entreprise, et de 110.000 fr. après la dixième année. Cette évaluation, qui suppose que 2 mètres cubes par seconde n'arroseront que 2.000 hectares, se trouve trop faible si l'on adopte les résultats consignés dans une note du présent appendice et d'après lesquels je propose de considérer 0,7 de litre d'eau continus par seconde comme une allocation moyenne très-large, pour la meilleure irrigation d'un hectare ; car avec cette nouvelle base deux mètres cubes irriguent 3.000 hectares au lieu de 2.000.

La commission, composée des représentants des communes intéressées, réunie à la préfecture de Vaucluse le 10 juin 1843, décida à l'unanimité qu'il y avait lieu d'adopter le projet tel qu'il était présenté, et de recourir au quatrième moyen proposé pour l'exécution.

L'avant-projet du canal de l'association de l'Isle a été soumis à l'enquête d'usage, et le 30 novembre 1843, la commission, instituée par arrêté préfectoral du 10 septembre 1842, a fait son rapport.

Cette commission ayant pour base de sa discussion les propositions de M. l'ingénieur en chef du département, conformes à l'exposé qui précède, a proclamé unanimement l'utilité publique de l'opération projetée. Elle a également adhéré à la concession des 2 mètres cubes d'eau demandée, mais avec réserve explicite des droits antérieurs, relativement aux prises d'eau existant inférieurement sur la Durance, ainsi qu'aux filtrations et à la stagnation des eaux, provenant notamment des colatures, que, dans cette localité, on désigne sous le nom de refus d'arrosage. La commission a déclaré qu'elle était vivement préoccupée du sort qui menace les prises d'eau du bas de la Durance par suite des nombreuses et puissantes saignées qui ont été, ou sont sur le point d'avoir lieu dans la partie d'amont. Elle s'est demandé si, dans l'état des eaux de cette rivière, qui devient de jour en jour plus irrégulière, il n'y avait pas péril, pour les intérêts préexistants, à accorder de nouvelles concessions, et s'il était juste d'exposer les anciens possesseurs d'irrigations, dans la basse Durance, à voir ainsi leur position s'aggraver sans qu'il leur fût accordé ni garantie ni dédommagement.

Néanmoins la commission a proposé que, dans l'hypothèse même où, comme elle l'a admis, il n'y aurait plus que 6m.c.,360 de disponibles dans le lit de la Durance, le rejet de la nouvelle demande ne remédierait que bien faiblement au mal signalé, et aurait l'inconvénient de refuser le bienfait des eaux à un pays privé de pluies et dévoré par les ardeurs du soleil.

Il a été présenté diverses oppositions au nom des propriétaires du canal de Crillon, au nom des usagers industriels des eaux limpides de Vaucluse, dans lesquelles on projette de verser celles du petit Mourgon, qui peuvent y occasionner des dommages, notamment pour les teintureries de soie, si nombreuses à Avignon, et au nom des riverains, sur la crainte des inondations qui pourraient résulter de l'insuffisante section des canaux et déchargeoirs existants.

La plus importante des questions qui ont été soumises à la commission d'enquête était, sans contredit, celle de savoir s'il était juste et convenable de faire concourir aux dépenses, de création et d'entretien du canal d'arrosage, les propriétaires mêmes qui déclareraient ne pas être disposés à en profiter. Les conseils municipaux des communes intéressées se sont prononcés assez peu nettement sur cette question. Cependant le Thor a combattu le système et Château-Neuf l'a formellement rejeté. L'Isle, au contraire, a résolu la question affirmative.

Le système de M. l'ingénieur en chef de Vaucluse sur ce point, consiste à étendre les dispositions de la loi du 14 floréal an XI, aux dépenses de la *création* du canal projeté, comme cela se pratique pour les dépenses d'entretien des digues et le curage des rivières et canaux intéressant des communautés de propriétaires. Il pense que l'art. 30 de la loi du 16 septembre 1807, autorise positivement le gouvernement à établir ainsi une contribution forcée pour la construction des canaux d'irrigation sur les propriétés qui doivent en retirer une augmentation de valeur. Mais la commission a déclaré que cette interprétation lui paraissait exorbitante, soulevait les questions les plus délicates, et présentait même des difficultés insurmontables dans l'application. D'après sa manière de voir, l'intérêt qu'ont les propriétaires riverains à un curage ou à l'établissement d'une digue, a toujours une base certaine ; mais le même principe ne peut être appliqué à un canal d'irrigation qui n'est qu'un objet d'amélioration facultative, tandis que le défaut de curage et le non-établissement d'une digue urgente peuvent compromettre le salut de toute une contrée. On conçoit très-bien (ajoute la commission) que dans une pareille circonstance l'intérêt public exige que toute volonté individuelle, contraire au salut de tous, soit réduite à l'impuissance d'arrêter la marche d'une opération commandée par l'urgence. Mais la création d'un canal, quelle que puisse être son utilité pour les localités qu'il est appelé à parcourir, est-elle susceptible d'une pareille assimilation? Un canal d'irrigation portera sans doute la prospérité dans plusieurs communes ; la valeur des terrains en sera considérablement augmentée ; mais ce ne sont pas là des motifs suffisants pour faire violence à ce droit de propréte qui est une des plus solides bases de notre ordre social et qu'il faut respecter tant que la nécessité ne commande pas. Lorsqu'on projette l'endiguement d'un fleuve, dont les débordements dévastent les territoires et menacent les cités, il s'agit alors d'une question d'existence; la volonté personnelle et la liberté de la propriété doivent céder. Ce concours peut et doit être forcé. Mais il ne saurait en être ainsi lorsque ces raisons impérieuses n'existent pas; et la déviation au droit commun doit cesser là où finit la nécessité. D'après cela, la commission, après avoir entendu les observations de M. l'ingénieur en chef, qui a persisté dans ses propositions, s'est prononcée affirmativement pour l'utilité publique du projet, mais négativement sur le système d'exécution qui vient d'être examiné.

Tel est l'état dans lequel cette affaire a été soumise à l'examen de l'administration des travaux publics.

Études d'irrigation dans les plaines de la Haute-Garonne. — L'irrigation des plaines de la Haute-Garonne est regardée, avec raison, comme une des plus fécondes opérations qui puissent concourir à l'accroissement de la richesse de cette partie importante de notre territoire. Elles sont comprises, au midi et au nord, depuis le pied des Pyrénées, dans les environs de Saint-Gaudens et de Saint-Martory, jusqu'à Toulouse; à l'est et à l'ouest, entre la Garonne et le faîte secondaire qui, de Saint-Martory à Grenade, sépare sa vallée de celle de la Save. Ces plaines n'ont pas moins de 60.000 hectares et offrent, pour l'arrosage, la régularité désirable, notamment dans la partie la plus basse qui longe la rive gauche du fleuve. Il est peu de contrées, dans tout le midi de la France, qui aient autant à souffrir des ardeurs du soleil et où les pluies d'été soient plus rares.

L'arrosage est donc depuis longtemps l'objet des vœux les plus vifs et les plus unanimes des habitants de ce pays. Quelques études particulières, qui remontent jusqu'à 1817 et 1820, avaient déjà signalé l'importance de cette opération, en faisant connaître approximativement l'étendue de la zone sur laquelle pourraient se répandre les eaux dérivées de la Garonne, dans les environs de Saint-Martory. De zélés citoyens, en tête desquels figurait M. de Lasplanes, appelèrent l'attention de l'administration départementale sur cette question si importante pour la Haute-Garonne. Mais l'administration départementale, dépourvue des ressources nécessaires et des moyens pratiques d'exécution, se trouvait impuissante pour procéder à des études de ce genre; et depuis lors les mêmes vœux se sont renouvelés à chaque occasion favorable. En 1838, sous l'administration de M. Onfroy de Bréville, une commission locale fut nommée pour étudier le fond de la question et rechercher les moyens les plus sûrs d'arriver à la solution si vivement désirée. Cette commission, aidée des renseignements recueillis par MM. de Laplasnes et Sabatier, reconnut, à l'unanimité, l'utilité d'un travail qui mettrait un terme aux funestes effets de la sécheresse, fléau terrible pour les plaines de la Haute-Garonne; mais, faute de documents suffisants, elle ne put rien préciser dans sa délibération. D'ailleurs, en même temps que l'on poursuivait ainsi l'importante question de l'irrigation des plaines de la rive gauche de la Garonne, on se préoccupait encore d'une autre question, celle d'un canal des Pyrénées qui devait suivre une direction différente dans les mêmes plaines.

C'est alors que M. Legrand, directeur général des ponts et chaussées, dans une tournée qu'il fit en 1838, fut frappé de la situation particulière de ces localités, de l'abondance des eaux qui y arrivent et surtout de l'existence remarquable d'un plateau secondaire, espèce de palier, qui existe, dans la partie centrale des Pyrénées, à la jonction des deux grands bassins de la Garonne et de l'Adour, et qui se prête, aussi favorablement que possible, à l'établissement de vastes réservoirs, pouvant exercer la plus salutaire influence sur la distribution régulière des eaux à affecter aux besoins de l'agriculture, de la navigation et de l'industrie.

C'est après avoir ainsi visité les lieux que M. le directeur général, dans sa haute sollicitude pour les intérêts généraux du pays et pour un des besoins les plus pressants d'une localité importante, ordonna l'étude d'un système général de distribution des eaux de la Neste, devant faciliter, dans la vallée de la Garonne, l'ouverture d'un canal qui soit à la fois consacré à la navigation et à l'arrosage. M. l'ingénieur en chef Montet, qui fut chargé de cette étude, reçut, depuis, des instructions détaillées pour compléter cette importante répartition des eaux. De nouveaux affluents, notamment le Salat, furent désignés comme pouvant être employés très-utilement à concourir à l'accroissement des ressources alimentaires du canal à ouvrir sur la rive gauche de la Garonne.

Comme les premières études faites en vertu de ces dispositions, avaient porté exclusivement sur le canal de Saint-Martory à Toulouse, qui ne pourra arroser directement qu'environ moitié de la vaste plaine située le long de la Garonne, entre Saint-Martory et Grenade; le conseil général du département et la Société d'agriculture de Toulouse, ont demandé à l'administration de faire étudier le système général d'irrigation qui comprendrait également la seconde moitié de ladite plaine, c'est-à-dire celle qui est à l'ouest, le long des côteaux, formant la vallée de la Save. Par décision du 21 février 1843, M. le sous-secrétaire d'État des travaux publics a ordonné ces nouvelles études et a donné, en même temps, les instructions nécessaires pour qu'elles soient effectuées avec fruit.

Trois canaux paraissent suffire pour compléter, avec le canal de Saint-Martory à Toulouse, ce système d'arrosage. Le plus étendu, dérivé de la Louze, près du Fousseret, suivrait le pied des côteaux, à la limite de la zone irrigable, pour rentrer dans la Garonne à Grenade où cette zone se termine. Les deux autres canaux, de moindre étendue, s'embrancheraient sur celui-ci, l'un à Berat, l'autre près de Saint-Lys.

L'opération qu'il s'agit d'exécuter dans le département de la Haute-Garonne est du plus haut intérêt. Elle peut s'étendre aisément sur plus de 60.000 hectares. Mais, n'en compterait-on d'abord que de 20.000 à 30.000, à mettre immédiatement à l'arrosage, le bienfait pour toute la rive gauche de la Garonne serait encore immense. En moyenne, ces terres valent, actuellement, à peu près 1.500 francs l'hectare. M. l'ingénieur en chef Montet, dans ses derniers rapports à l'administration, les estime ensuite à 4.500, en reconnaissant, il est vrai, qu'il se tient au-dessous de toutes les prévisions. Je ne pense pas que l'on puisse calculer cette valeur au-dessous de 6.000 à 7.000 francs l'hectare, d'après ce que démontre l'expérience des pays arrosés d'une situation analogue. Et alors, si l'on considère que le propriétaire aurait à dépenser : 1° pour frais de mise à l'irrigation de ses terres environ 300 francs; 2° pour le capital (à 4 pour 100) repérsentatif d'une redevance, qu'on peut approximativement porter à 36 fr. par hectare, 900 francs; 3° pour un autre capital, fixé approximativement à 1.300, représentant la dépense annuelle des engrais, on trouve que le prix total de l'hectare arrosé ne reviendra qu'à 4.000 francs, de sorte que la valeur définitive étant de 6.000 à 7.000, la plus-value créée sera de 2.000 à 3.000 fr. par hectare. Et quand elle portera sur les 60 000 hectares susdits, ce sera une création de richesse de 150 millions.

Ce beau résultat est d'autant plus réalisable que les cultures arrosées, dans cette localité, sont très-profitables sans consommer beaucoup d'eau. A raison de 500 à 600 litres par hectare, en moyenne, les 60.000 hectares dont je viens de parler, ne réclameraient qu'un débit équivalent à 30 ou 33 mètres cubes par seconde, ce qui est bien en rapport avec les ressources en eau que comporte le pays.

Ces études d'un système complet d'arrosage des plaines de la

Haute-Garonne se poursuivent avec activité ; elles sont d'un si haut intérêt pour le pays, que l'on ne peut trop désirer de les voir aboutir à un résultat définitif.

Étude d'un canal d'arrosage pour la plaine du Forez (Loire). — Une autre étude intéressante est celle de l'arrosage de la plaine du Forez, comprise, sur la rive gauche de la Loire, notamment entre Montbrison et Roanne. Dans une de ses dernières sessions le conseil général du département a appelé sur cet important objet l'attention de MM. les ministres de l'agriculture et des travaux publics, afin qu'il pût être ordonné des études ayant pour objet la fertilisation des plaines dont il s'agit, en y combinant autant que possible l'arrosage avec la suppression des étangs qui ne sont pas alimentés par des eaux courantes. Le conseil général a considéré que ce projet n'intéresserait pas seulement les habitants des campagnes, mais la ville de Saint-Étienne elle-même, qui verra s'améliorer le marché de sa consommation par le développement agricole de la plaine ; il a considéré que, d'après les données les plus modérées, on pouvait porter de 8.000 à 10.000 hectares les terrains susceptibles d'être arrosés dans cette localité, et que ces terrains qui, dans l'état actuel des choses, produisent au plus, moyennement, un revenu net de 27 à 28 francs par hectare, étaient destinés à quadrupler de produit s'ils pouvaient être convertis en prairies. — D'après ces motifs et pour témoigner de l'intérêt qu'il attache à cette étude, le conseil général de la Haute-Garonne a voté, pour l'exercice 1844, une somme de 4.000 francs. — L'administration des travaux publics, malgré l'exiguïté des moyens dont elle peut disposer, quant à présent, pour cet objet, s'est associée au vœu du conseil général; et en accordant une première allocation, a chargé M. Boulangé, ingénieur de la localité, de procéder aux études demandées. Suivant cet ingénieur, le canal dont il s'agit devrait avoir 27 kilomètres de développement entre la prise d'eau et Montbrison, 28 kilomètres entre ce point et le Lignon, près Boen : soit un développement total de 55 kilomètres, non compris les canaux secondaires. Mais ce système d'arrosage s'étendrait sur une étendue bien plus considérable que celui qui a été envisagé par le conseil général du département.

Des études, ayant pour objet l'ouverture des nouveaux canaux d'arrosage, ont encore été entreprises dans les départements du Var, de l'Isère, de l'Ariége, etc. Mais, comme elles sont peu avancées, je ne crois pas utile d'en parler ici avec détails.

Supplément au chapitre VIII, livre VI, sur la statistique des divers canaux, et des superficies arrosées dans le Piémont.

C'est par erreur que, dans le chapitre susdit, j'ai désigné comme étant applicable à *tout le Piémont*, le chiffre des superficies arrosées que j'avais précédemment établi pour les provinces d'Ivrée, Verceil, Novare et Mortara, et pour une partie des autres provinces. Il me reste une modification très-notable à faire à cette indication; car une irrigation fort étendue s'opère encore au sud et à l'ouest du Piémont avec les eaux de la *Sture*, du *Gesso*, de la *Macra*, de la *Mellea*, le *Pellice*, et autres rivières ou torrents d'où il dérive même des canaux domaniaux, ouverts dans la plaine fertile qui est comprise entre les limites de Carignano, Brà, Pollenzo, Alba et Savigliano. Cette partie haute du Piémont, qui comprend principalement les provinces de Coni, Saluces et Lignerolo, possède un très-grand nombre de dérivations.

Les principaux cours d'eau, affluents du Pô, qui sont mis à contribution, sur la rive droite de ce fleuve, en deçà et au delà de la Doire de Suze, qui est le plus important de ces affluents, sont : 1° le Giandone, le Pellice, la Chiamogna, le Chison, la Lemma, le Langone, et plusieurs ruisseaux provenant de sources importantes ; 2° la Doire elle-même, d'où il part une multitude de dérivations très-intéressantes, puis la Seconda, le Gesso, la Bendole, le Malone et la partie supérieure de l'Orco.

Sur l'autre rive on doit citer l'Ellero, le Pessio et le Brobio, rivières torrentielles qui versent le résidu de leurs eaux dans le Tanaro, la Sture, et ses affluents supérieurs, qui fournissent beaucoup de dérivations; enfin, la Mellea, la Grana, la Maira et la Varaita, qui se jettent dans le Pô.

Dans ces deux régions on ne compte pas moins d'une centaine de dérivations, de longueurs différentes et dont les largeurs vont de 1 mètre à 5 mètres, avec des portées d'eau variables de 500 litres à 2.500 litres par seconde.

Parmi les dérivations de la Sture, on remarque le canal de Soprana, propriété particulière, servant pour l'arrosage et les usines, ayant de 4^{m},50 à 5 mètres de largeur moyenne, et portant six roues d'eau de chacune 342 litres, ce qui fait plus de 2 mètres par seconde. Le canal de Chérasco, à la famille Salmatori, les canaux de Rovere, de Cuneo, de Leona, de Sture et de Pertusata, dont plusieurs sont possédés par les sociétés d'arrosants, sont d'une importance à peu près égale. Mais la plus importante des dérivations de la Sture est celle qui est désignée sous le nom de Naviglio de Brà et qui fait partie du domaine privé de S. M. le Roi Charles-Albert. Ce canal a, moyennement, plus de 6 mètres et porte 8 roues d'eau ou 2^{m}. 736 par seconde. Les canaux de Santa-Vittoria et de Pertusata, également dérivés de la Sture, appartiennent encore au domaine privé de ce souverain.

Sur le Tanaro, il n'y a qu'une dérivation importante, qui est le canal de Mussot, appartenant au marquis Alfiéri. Il est des mêmes dimensions et portées d'eau que le canal royal de Brà, dont je viens de parler.

Les canaux dérivés de l'Ellero et de la Mellea sont moins considérables. On remarque cependant le canal de Carrù, appartenant à diverses communes, le canal des Moulins, propriété de l'archevêché, ainsi que ceux de Montesino et de Centallo, avec trois ou quatre autres petits canaux, appartenant au gouvernement; la majeure partie des autres appartiennent aux usagers.

Les dérivations de la Varajta, affluent du cours supérieur du Pô, en amont de Turin, sont de médiocre importance; car le canal de Revello, appartenant à la famille de ce nom, et qui porte 1^{m}. 710 par seconde, principalement pour l'usage des moulins, n'est alimenté que par des eaux de source.

Ce grand nombre de canaux secondaires des provinces du Haut-Piémont, que je n'avais pas comprises dans mon premier résumé, ne portent pas moins de 250 roues d'eau, donnant, moyennement, 85 mètres cubes par seconde. Leurs irrigations, régulières et copieuses, s'étendent sur plus de 90.000 hectares. Mais, comme j'en avais déjà compté partiellement environ 8000 dans le résumé susdit, c'est 82.000 hectares qu'il faut ajouter au chiffre primitif de 110.000, pour avoir celui de 192.000 hectares qu'on peut regarder comme étant, aussi approximativement que possible, le total des superficies arrosées, en Piémont, à l'époque actuelle.

Supplément aux détails donnés sur l'étendue actuelle, et sur l'administration, des canaux du Piémont et de la Lombardie.

L'état de choses, d'après lequel c'est presque exclusivement dans ces deux pays que l'on peut aller étudier, avec fruit, l'irrigation, dans ses pratiques, ses grands résultats et ses difficultés, n'est point seulement l'ouvrage de la nature, il a fallu bien des efforts, des soins et de la persévérance pour créer un aussi vaste système de distribution de ces eaux qui, dans l'origine, étaient nuisibles à l'agriculture au lieu de lui être profitables; il faut encore aujourd'hui beaucoup de travaux intelligents et de surveillance pour conserver ce beau système tel qu'il a été successivement établi et pour obvier aux difficultés, aux contestations, qui naissent dans les rapports soit des usagers, soit des concessionnaires ou propriétaires de canaux, avec l'administration publique.

Sous ces divers rapports, j'ai pu voir, de mes propres yeux, combien, dans cette branche importante de la prospérité publique, on est redevable au zèle et aux soins éclairés des administrateurs, et des ingénieurs, qui ont dans leurs attributions les canaux d'irrigation. Dans le royaume Lombard ce sont principalement M. l'ingénieur Franchini, directeur général des travaux publics, et M. l'inspecteur Kreintzlin, attaché à l'administration centrale et succédant à M. l'ingénieur Fumagalli; en Piémont les mêmes attributions sont remplies par M. l'intendant général Marioni, qui a qualité d'inspecteur général des irrigations, et par M. l'ingénieur Michela, chargé de toute la partie d'art. Dans l'un et l'autre pays, les ingénieurs hydrauliciens, qui prennent part aux opérations nombreuses se rattachant à cette matière sont entièrement spéciaux. Les conditions d'admission que l'on exige d'eux, pour l'obtention de leur diplôme, sont très-sévères; aussi, leur instruction les met-elle sur la ligne des ingénieurs les plus distingués des autres pays?

Supplément au chapitre XXVII, livre VI, sur la pratique des irrigations.

Frais moyens de l'établissement des cultures arrosées. — Pour les grands et moyens canaux, comme il n'y en a qu'un très-petit nombre qui soient de construction récente, les données sur cet objet sont assez rares. Il faudrait d'ailleurs, en les indiquant, entrer dans un très-grand nombre de subdivisions pour arriver à connaître moyennement ce que coûte un kilomètre de canal d'une portée d'eau déterminée.

Je donnerai seulement ici quelques renseignements sur les frais moyens qu'exige la *mise à l'irrigation* d'un hectare de terres, ou de prés non arrosés. Ces frais sont toujours à la charge des propriétaires arrosants, soit qu'ils tirent les eaux d'un canal principal, soit qu'ils les empruntent à quelque cours d'eau naturel situé assez favorablement pour permettre la dérivation directe.

J'ai cité, dans le chapitre susdit, l'opération faite sur la ferme modèle de Tavernay (Saône-et-Loire), d'après laquelle les frais de mise à l'irrigation de prés non arrosés ne se sont élevés qu'à 75 fr. par hectare. Cette somme, comme je l'ai remarqué, est minime; mais il ne faut pas perdre de vue qu'il s'agit de prés déjà existants, dont le gazon, ou ce qu'on nomme vulgairement la *couenne*, pouvait être conservé. Du moment qu'il y a des labours, et surtout des terrassements, ces frais doublent au moins, ainsi qu'on va le voir par les autres évaluations qui suivent.

Opération de M. le comte d'Esterno. — M. le comte d'Esterno, qui porte un si vif intérêt aux progrès de l'irrigation en France, est un des premiers qui aient traité cette question avec la clarté et les détails nécessaires. Dans l'excellent mémoire qu'il a présenté au conseil général de l'agriculture, au commencement de 1842, sur la cherté des matières animales, il établit, d'après les bases suivantes, la dépense moyenne nécessaire pour convertir en pré arrosé une terre arable, ainsi que cet agronome distingué l'a exécuté, pour son propre compte, dans les environs d'Autun.

Frais généraux et conduite des eaux.

1° Prise d'eau avec vannages, plus un canal de dérivation portant 3 mètres de section, le tout pouvant coûter environ 3.000 fr. : si l'on suppose l'irrigation étendue à 100 hectares, il en résultera par hectare une dépense de. . . . . 30 fr.

2° Canaux secondaires : 100 mètres, au plus, d'un canal de 0m.70 de largeur moyenne, cubant 0.25 mètres par mètre courant. 25 mètres, à 16 c. le mètre 4

3° Rigoles principales et petites rigoles, avec pentes de 0m.003 à 0.007. 1 kilomètre. 8

4° Empellements. Deux empellements au prix de 6 fr. ou trois au prix de 4 fr. 12

5° Fossés d'assainissement, 100 mètres de fossés cubant 0.25 mètres par mètre courant. 4

Nivellements.

6° Deux labours pour ameublir. 40

7° Un fort hersage. 6

8° Nivellement avec le niveleur à bœufs. 10

9° Nivellement à bras. 50

Ensemencement et fumure.

10° Vingt-cinq hectolitres de chaux vive, y compris l'étendage. 60

11° Graines de prés et main-d'œuvre. 60

12° Trait de herse et rouleau. 6

13° Épierrage. 10

TOTAL. . . . . 300 fr.

M. d'Esterno pense que si les travaux sont bien dirigés, la dépense moyenne doit rester au-dessous de ce chiffre.

D'abord, parce qu'il a pris le cas le plus coûteux, celui de la transformation d'une terre arable en prairie ; et que s'il s'agit d'arroser un pré déjà fait, on économisera la semence, la charrue, le hersage, l'épierrage et le niveleur à bœufs. Il est vrai que le nivellement à la main deviendra plus coûteux, mais il sera loin d'atteindre au chiffre total de ces dépenses réunies. Si l'on traite un terrain calcaire, il n'est pas nécessaire d'y répandre de la chaux. L'épierrage n'est pas toujours nécessaire. Enfin, les travaux ci-dessus sont calculés dans l'hypothèse d'une irrigation très-abondante et il y a généralement économie dans les frais de rigolage quand on n'a d'eau que le strict nécessaire.

Opération de M. d'Angeville. — L'opération entreprise, en 1827, dans la commune de Loupnès (Ain), par l'honorable M. le comte d'Angeville, n'est ni moins intéressante, ni moins concluante. Cette opération, consistant dans la transformation de 40 hectares de terres froides et infertiles en une superficie égale de prés arrosés, a été faite dans des circonstances bien remarquables puisqu'il n'y avait, pour alimenter cette irrigation, ni source, ni cours d'eau. Les ressources nécessaires ont donc été uniquement obtenues par la création de réservoirs artificiels, destinés à recueillir les eaux de pluies et de neige qui existent abondamment pendant les six mois de la mauvaise saison. Ces réservoirs, au nombre de trois, ont ensemble une superficie de 2 hectares 94 ares, c'est-à-dire tout près de 3 hectares, et leur capacité réunie est de 78.000 mètres cubes d'eau, ce qui leur suppose une profondeur moyenne de 2^{m}. 60. Quant à leur profondeur maximum, elle va à 5 et 6 mètres. Ils se déversent les uns dans les autres, suivant des pentes très-considérables, puisque entre la surface de l'étage supérieur et les prés arrosés avec les eaux de l'étage inférieur, il n'y a pas moins de 120 mètres de différence de niveau.

La quantité d'eau qui peut être rassemblée annuellement dans ces réservoirs par les remplissages supplémentaires des étangs n°s 2 et 3 et par un demi-remplissage de l'étang n° 1 est de 159.000 mètres cubes, et ce volume, réparti sur 40 hectares, ne présente qu'un peu moins de 4.000 mètres cubes par hectare pour toute la saison, c'est-à-dire quatre arrosages à 0^{m}.10 de hauteur ou huit à 0^{m}.05. M. d'Angeville reconnaît que cette quantité d'eau est insuffisante; mais cependant, comme on va le voir à l'instant, elle ne laisse pas que de produire les meilleurs résultats. Il est vrai que le climat du département de l'Ain n'est pas exempt de pluies d'été, comme cela a lieu dans le midi de la France et le nord de l'Italie. Mais, enfin, un fait des plus importants à constater, c'est que l'irrigation effectuée, avec un plein succès, par M. le comte d'Angeville, sans le secours d'aucun cours d'eau, s'opère moyennant des eaux artificielles qui n'équivalent sensiblement qu'à un écoulement continu de 1/4 de litre par seconde, pour chaque hectare.

Cette opération a coûté : 1º pour construction des trois réservoirs et des principales rigoles de distribution, un peu moins de 500 francs par hectare, ci. . . . . 19.000 fr.

2º Pour semences, engrais, petites rigoles et épierrage (sur 34 hectares) environ 420 fr. par hectare, ci. 14.280

Total. . . . . 38.480 fr.

Avant l'arrosage, les 40 hectares de terres à seigle, avec quelques mauvais prés, ne donnaient qu'un revenu de 1.440 fr., soit 36 fr. par hectare. Après l'arrosage, le revenu net de la superficie est monté à 5.280 fr., ce qui donne une plus-value de 3.840 fr. Le capital dépensé étant de 33.480 fr., le revenu net de chaque hectare a été de 96 fr. Si l'on compare le total de la dépense à la superficie bonifiée, on trouve 837 fr. par hectare. Mais n'oublions pas qu'il s'agit d'une opération que la nécessité des réservoirs, comme unique ressource, place dans une condition exceptionnelle. On voit d'ailleurs, par le détail ci-dessus, que l'établissement de ces réservoirs avec les rigoles mères figure dans l'opération pour près de 500 fr. par hectare, ce qui ramène les frais, proprement dits, de la mise à l'irrigation à 337 fr. par hectare, somme qui rentre entièrement dans l'estimation de 300 à 400 fr. que j'ai adoptée plus haut, comme applicable pour la plupart des cas.

Dans les essais récents de la compagnie agricole d'Arcachon, les frais de défrichement, pour la mise à l'irrigation de 1 hectare de landes sablonneuses, ne s'élevaient qu'à 250 f. environ.

Addition au chapitre XXVIII (livre V), sur les quantités d'eau nécessaires aux irrigations.

J'ai dit, dans ce chapitre, que cette évaluation était difficile à donner, avec précision, autrement que pour telle ou telle localité, pour telle ou telle culture; attendu que de nombreuses circonstances en font varier le chiffre d'un point à un autre; que, cependant, il est du plus grand intérêt de connaître une évaluation moyenne qui puisse servir de règle dans les règlements et partages d'eau; et, d'après l'usage adopté jusqu'à ce jour, j'ai indiqué comme convenable, pour cette base moyenne, le chiffre de 1 litre d'eau continue par hectare.

De nouvelles recherches, auxquelles je me suis livré sur cette importante question, me donnent lieu, depuis l'impression du chapitre susdit, de regarder comme très-élevée cette évaluation que je n'avais d'abord présentée que comme un peu large. Je vais tâcher de justifier, en peu de mots, cette manière de voir qui va résumer d'une manière précise la conclusion que je n'avais pu donner qu'avec beaucoup de réserve à la fin du chapitre précité.

Il y a trois manières d'évaluer les quantités d'eau nécessaire à l'irrigation d'été; elles sont également usuelles et il est facile de les mettre en rapport entre elles, pour en faciliter l'usage aux agriculteurs, à qui ces sortes de calculs ne sont pas toujours familiers. Ces quantités peuvent se mesurer : 1° soit par la *hauteur* totale qu'occuperaient, sur le sol, les couches successives du liquide dépensé dans chaque arrosage, à supposer qu'elles fussent recueillies dans une cuvette imperméable, comme cela se fait quand on veut mesurer les eaux de pluie ; 2° soit par le *cube* ou le volume d'eau, effectivement employé, par arrosage ou par saison, sur une étendue déterminée de terrain, sur un hectare, par exemple ; 3° soit enfin, par l'écoulement continu d'un volume d'eau débité régulièrement, pendant toute la durée de la saison d'arrosage, dont, presque partout, le maximum est fixé à six mois.

Ces divers modes sont également exacts; mais, malgré l'extrême simplicité résultant des mesures métriques, l'évaluation des hauteurs d'eau et des cubes, correspondant à tel ou tel écoulement continu, sur une surface donnée, eu égard aux périodes de l'arrosage, réclame ici quelques simples explications.

Ainsi que je l'ai dit, tome II, p. 420, le débit continu d'un litre par seconde représente, par jour de vingt-quatre heures, 86 mètres cubes, 400 litres ; par mois 2.592$^{m.c.}$,000 ; et par saison de six mois 15.552$^{m.c.}$,000. Par conséquent, 1/2 litre continu par seconde donne exactement la moitié des produits ci-dessus, c'est-à-dire 43$^{m.c.}$,200$^{lit.}$ par jour et 7.776 mètres cubes, pour six mois d'écoulement.

Quelle hauteur d'eau représente sur 1 hectare ce dernier volume de 43,2 mètres cubes dépensé en vingt-quatre heures? Puisque, généralement, le cube est le produit de la surface par la hauteur, celle-ci s'obtient en divisant le cube par la surface ; et, dès lors, on a, dans le cas actuel, $\frac{43,2}{10.000} = 0^m,00432$. Ainsi un écoulement continu de ½ litre par seconde représente, journellement, sur 1 hectare de superficie, une couche d'eau d'un peu plus de 4 millimètres de hauteur. Or, une si petite quantité d'eau, donnée par simple irrigation, est, d'après son faible volume, en grande partie enlevée par l'évaporation. Il y aurait également de très-grandes difficultés pour en opérer l'égale répartition à la surface du sol; et, enfin, ce qu'il y a de plus positif, c'est que les prairies, pour lesquelles je raisonne en ce moment, ne réclament pas, en été, un arrosage continu, qui leur serait plus nuisible qu'utile. Que fait-on alors? on rend cet arrosage périodique afin de donner en une seule fois à cette étendue, de 1 hectare, le volume d'eau qu'elle aurait reçu, avec moins de profit, pendant un certain nombre de jours.

Une des périodes les plus usuelles, dans le climat auquel convient particulièrement l'irrigation, est celle de quatorze jours. Elle a l'avantage d'être bien en rapport avec les besoins réels du sol, eu égard à la chance, toujours existante, de quelques pluies d'été, et elle se prête au retour régulier des mêmes jours de la semaine pour les mêmes usages; ce qui n'est pas sans importance, à cause des nombreuses transactions qui ont lieu sur les horaires (1).

Dans cette hypothèse, ce sera donc $0^m.00432$ de hauteur d'eau multipliés par 14 ou $0^m.06048$; c'est-à-dire une couche d'un peu plus de 6 centimètres de hauteur que l'on aura, par chaque arrosage.

Or, tout le monde reconnaît qu'une forte pluie, qui ne représente cependant que $0^m.02$ à $0^m.03$ de hauteur, pénètre au moins à $0^m.08$ ou $0^m.10$ de profondeur, dans un sol en culture, un peu moins dans un sol en nature de pré; c'est-à-dire qu'elle est toujours complétement efficace, puisque non-seulement elle pénètre ainsi jusqu'au niveau inférieur des racines de l'herbe, mais qu'elle atteint la fraîcheur naturelle du sol, qui se trouve rarement au delà de cette profondeur, de $0^m.08$ à $0^m.10$; même après des périodes de sécheresse plus longues que celle dont il s'agit. C'est là un fait qu'il est facile à tout le monde de vérifier.

D'après cela on voit donc que l'on dépenserait encore près du

(1) *Voir* ce mot aux définitions supplémentaires.

double de l'eau nécessaire en donnant effectivement $0^{m}.06$ de hauteur d'eau par arrosage ou 600 mètres cubes par hectare, si l'on n'avait pas de pertes à éprouver et que l'on pût opérer à la surface du sol, au moyen de simples rigoles, une répartition aussi parfaite que celle qui a lieu naturellement avec la pluie du ciel. Mais, par ces derniers motifs, ce chiffre de 600 mètres cubes par chaque arrosage, pour les prairies, n'est que suffisant, d'après la longueur de la période normale de quatorze jours, dont il est ici question; car, eu égard aux filtrations dans les rigoles et à la forte déperdition qui peut avoir lieu par suite de l'évaporation si l'on est obligé d'arroser pendant la chaleur du jour, il pourra bien arriver que l'usager qui recevra, dans sa rigole principale, 600 mètres cubes d'eau, n'en puisse répartir utilement que moitié sur la surface de son terrain.

Dans les cas où, l'eau étant très-rare, on a le plus grand intérêt à la ménager, et où, par conséquent, on fait en sorte d'arroser sans colatures, il est positif que $\frac{1}{4}$ de litre par seconde représente à la rigueur un débit suffisant pour l'arrosage des prairies et à plus forte raison pour celui des autres cultures (hormis les jardins), j'en donnerai tout à l'heure la preuve. Mais je crois très-utile de montrer d'abord ce que représente un tel débit, c'est-à-dire de rendre appréciable pour tout le monde la ressource réelle qu'il représente comme moyen d'arrosage.

D'après les calculs donnés plus haut, il est établi que ce débit continu représente en vingt-quatre heures un cube de $21^{m.c.}$, $600^{lit.}$, et, en multipliant ce cube par 14, qui est toujours la rotation supposée, on trouve, pour le cube employé par hectare et par arrosage, $302^{m.c.}.400^{lit.}$, ou 302.400 litres. Enfin, en divisant cette quantité par 10.000, qui est le nombre de mètres superficiels que contient un hectare, on constate ce résultat remarquable que, dans cette hypothèse d'un débit en apparence si minime, chaque mètre carré de terrain reçoit encore *plus de trente litres d'eau*, si toutefois on la suppose également répartie. Or il n'est personne qui ne sache qu'avec un tel arrosage on peut humecter, à la profondeur voulue, un terrain très-sec.

Donc, si l'on pouvait disposer, en grand, d'un moyen de répartition aussi exact que celui que représentent les arrosoirs à l'usage des rues et des jardins, on pourrait, sans crainte, réduire à cette quantité l'eau à dépenser, pour l'arrosage d'été des prairies. Mais, je le répète, la difficulté de la répartir d'une manière parfaite, avec de simples rigoles, et surtout les filtrations que celles-ci éprouvent généralement, quand on y remet l'eau après la période ordinaire, sont des causes principales et presque inévitables d'un déchet, en vue duquel on doit toujours porter à un chiffre plus élevé le volume livré aux bouches de prise d'eau. C'est ce qui fait que, pour les prairies créées par l'arrosage, dans un climat méridional, on ne peut guère compter sur moins de $\frac{1}{2}$ litre d'eau continue pour l'irrigation d'un hectare. Et encore faut-il que cette eau soit employée avec soin et discernement. Cette irrigation normale, avec période de 14 jours, représente, chaque fois (sans compter les pertes), un peu plus de 6 centimètres de hauteur, et en tout, pour la saison de six mois, $0^{m},72$ de hauteur. Quant au cube réel, il est, dans les mêmes circonstances, de 600 litres par hectare et par arrosage, et pour toute la saison de 7.200 mètres cubes.

Il était important de remarquer que dans les attributions d'eau, faites suivant cette base, aux embouchures des canaux secondaires, on alloue plus du double du nécessaire, pour parer à l'inconvénient des pertes et filtrations. Il est donc permis de penser que plus les pratiques de l'arrosage iront en se perfectionnant, plus on obtiendra d'économie réelle sur cette portion d'eau perdue, qui ne profite à personne.

C'est à l'administration publique, chargée de diriger l'emploi des eaux courantes vers le bien général, qu'il appartient de surveiller de près l'usage, si important, des eaux d'irrigation, et de n'accorder, en conséquence, que ce qui est reconnu être véritablement nécessaire; car, si l'on s'en rapportait, sur ce point, aux usagers, il n'en est pas un seul qui ne réclamerait, par mesure de précaution, trois ou quatre fois autant d'eau qu'il peut en consommer utilement, et, de cette manière, la majeure partie du volume des cours d'eau serait dérivée sans profit, ou plutôt au préjudice des ayants droit.

Quand j'ai cité, dans le chapitre XXVIII, des observations tendant à établir que l'on consomme, moyennement, par l'irrigation, 1 litre d'eau continue par hectare, ou 1 mètre cube par mille hectares, il est bon de ne pas perdre de vue que cela doit s'entendre pour certaines localités de la Provence, où prédomine la culture des jardins, de telle sorte qu'il ne reste pas plus de $\frac{1}{2}$ litre pour les prairies; et pour le nord de l'Italie, eu égard aux colatures, qui sont une chose fort importante, puisque les premiers usagers sont presque toujours en possession de rétrocéder, sous cette forme, le quart ou le tiers des eaux qui leur sont affectées, et qui, d'après les chiffres de l'administration, ne vont pas à 1 litre par hectare.

Il ne manque pas d'ailleurs d'exemples récents pour établir que quand il ne s'agit que de prairies, $\frac{1}{2}$ litre est une évaluation maximum. Les ingénieurs de la compagnie agricole d'Arcachon, après avoir, comme je l'ai dit dans une note précédente, constaté le grave préjudice occasionné au sol par l'emploi inconsidéré d'un arrosage à eau claire, calculé à raison de 1 litre par hectare, se sont arrêtés définitivement, pour toutes les attributions d'eau à faire désormais dans cette localité, au terme de $\frac{1}{2}$ litre. — Dans le projet du canal Zola, dont s'occupe en ce moment la ville d'Aix, malgré la chaleur du climat et la création probable d'une grande étendue de cultures maraîchères, on n'a compté que $\frac{1}{1200}$ de mètre cube par hectare, ce qui équivaut à $0^{\text{lit.}},83$; moyenne qui me semble très-bonne pour cette localité.— Dans les études et avant-projets d'irrigation dont on s'occupe en faveur des plaines de la Haute-Garonne, on a toujours compté, également en moyenne, sur moins de 1 litre par hectare.

Enfin, dans le département des Pyrénées-Orientales, ainsi qu'en Espagne, on a pu s'assurer que des arrosages, convenablement desservis, ne consomment cependant que de $0^{\text{lit.}},25$ à $0^{\text{lit.}},30$ d'eau par seconde. M. l'ingénieur Longeon, qui a fait dernièrement un bon travail sur le projet de partage des eaux du Tech, entre les divers usagers prétendant à ces eaux, tout en admettant, comme un maximum absolu, le débit normal de 1 litre, pour faire face aux pertes de toute espèce, cite un assez grand nombre de cas, observés par lui, où l'on a du superflu, et même des colatures régulièrement utilisées, au moyen de $0^{\text{lit.}},6$ à $0^{\text{lit.}},7$ d'eau.

J'ai cité, dans le tome II, page 424, une note de M. Jaubert de Passa, que je persiste à considérer comme renfermant une erreur, ou, tout au moins, comme constatant un état anormal, attendu qu'elle indiquait moins de $0^{\text{lit.}},17$ pour 1 hectare. Mais, indépendamment de cette note, j'ai eu depuis communication de divers autres documents émanés de ce savant agronome, et dans lesquels il constate, sous le climat si chaud des Pyrénées-Orientales, des arrosages suffisamment pourvus avec un peu plus de $\frac{1}{4}$ de litre ; sans qu'à la vérité il y ait des colatures.

Il résulte de ces considérations nouvelles, que les quantités réelles d'eau que réclament, *effectivement*, pour l'irrigation d'été, les trois classes de culture que j'ai désignées dans le tableau (tome II, page 438), varient, suivant les modifications du climat, entre les limites suivantes :

Jardins : de $0^{lit.},50$ à $1^{lit.},50$ d'eau continue. — Hauteurs d'eau correspondantes par saison de 180 jours : de $0^{m},40$ à $2^{m},352$. Cette saison, eu égard à la courte période de 2 à 3 jours, doit se partager en 40, 60, 80, ou 90 arrosages, de chacun $0^{m},02$ à $0^{m},03$ de hauteur. — Cubes correspondants : de $7.800^{m.c.}$ à $23.500^{m.c.}$ par hectare.

Prés : de $0^{lit.},25$ à $0^{lit.},50$ d'eau continue, donnant, par saison, des hauteurs totales de $0^{m},40$ à $0^{m},78$, à partager en 10 à 12 arrosages, de $0^{m},04$ à $0^{m},07$ de hauteur chacun, et des cubes de $4.000^{m.c.}$ à $7.800^{m.c.}$ par hectare.

Céréales, maïs, prairies : moitié des quantités applicables aux prairies.

Dès lors, en allouant tout ce qu'il est raisonnable d'allouer pour les pertes dans les rigoles, dans les martellières et autres ouvrages d'art, et tout en favorisant l'irrigation avec colatures ; on voit que, dans les évaluations générales, c'est prendre *une moyenne très-large que d'adopter* $0^{lit.},75$ *par hectare, ou, ce qui revient au même, de considérer que* 1 *litre d'eau continue doit pouvoir arroser* $1^{h.},50$; $1^{m.c.}$, 1.500 *hectares* ; $2^{m.c.}$, 3.000 *hectares*, etc.

Il est d'ailleurs bien entendu que je ne considère ici que l'irrigation proprement dite, celle d'été, qui a pour but de combattre les effets de la sécheresse, dans laquelle l'eau, toujours rare, doit n'être dépensée qu'avec la plus grande économie. Ces calculs ne s'appliqueraient pas à l'emploi des eaux auquel on a recours dans les autres saisons, comme moyen d'amendement, et dans lequel leur volume, habituellement surabondant, qui n'est plus d'ailleurs qu'un véhicule, ne se calcule pas, la plupart du temps, et s'élève, dans tous les cas, à des quantités infiniment plus grandes que celles que je viens de faire ressortir.

Je pense qu'on ne peut s'expliquer que de cette manière les chiffres indiqués dans l'intéressant mémoire qu'a publié dernièrement, sur l'irrigation, M. Puvis, ancien député et agriculteur distingué du département de l'Ain ; car il cite des exemples d'arrosage, avec des eaux de rivières, d'après lesquels certaines prairies, et notamment celles de la Reyssouze, près Bourg, recevraient de 3 à 4 mètres de hauteur d'eau, ce qui est énorme.

Mais dans cette matière, qui exclut presque les généralités, tout est possible quand on apprécie les circonstances locales, et tandis qu'on verra tel agriculteur, mal conseillé, appauvrir et déprécier son terrain, en y répandant, dans un été, $0^m,50$ de hauteur d'eau d'une certaine qualité, tel autre agriculteur, mieux entendu, améliorera le sien en y employant surabondamment des eaux bonifiantes qui laissent au sol des principes de richesse au lieu de lui en enlever.

NOTE

Sur les cultures usuelles et sur les principaux assolements adoptés dans les pays d'irrigation.

N'ayant pour but que de donner ici une idée sommaire des avantages que l'on peut retirer d'un bon emploi des eaux, là où l'arrosage d'été est praticable, je dirai succinctement quelques mots sur les pratiques agricoles qui sont adoptées dans les Pyrénées, la Provence, le Piémont et la Lombardie.

En ce qui concerne la région des Pyrénées, si admirablement dotée en eaux courantes, je prendrai pour type le département des Pyrénées-Orientales, aussi remarquable par le climat et la richesse du sol que par le soin avec lequel on y a, depuis longtemps, mis à profit la précieuse ressource de l'irrigation.

Cultures arrosées dans le département des Pyrénées-Orientales et dans les départements voisins. — L'agriculture varie dans ce département, comme dans tous les pays de montagnes, réunissant plusieurs climats. La température de cet intéressant département se modifiant à mesure qu'on s'élève sur les différentes ramifications qui descendent du mont Canigou, dont le sommet dépasse de 3.800 mètres le niveau de la mer, la culture des terres s'y modifie aussi forcément, avec les conditions atmosphériques. Mais, malgré la multiplicité des pratiques agricoles usitées dans le Roussillon, le voyageur est surtout frappé par le contraste qui existe entre les terres irriguées et celles qui ne le sont pas.

Les nombreux cours d'eau qui naissent dans la chaîne des Pyrénées, se répandent dans les vallées et la plaine du Roussillon, pour se dégorger dans la Méditerranée; on en a détourné plusieurs de leur lit naturel pour les amener dans des canaux creusés de main d'homme, servant à l'arrosage de vastes étendues de terrain et au mouvement d'une infinité d'usines. Mais toutes les rivières ne sont pas encore utilisées, et un volume considérable va se perdre dans la mer.

La portion du sol qui ne reçoit pas les bienfaits de l'irrigation, est d'un produit très-minime, les pluies étant fort rares dans les plaines du Roussillon et le soleil constamment brûlant. Ces terrains sont appelés *aspres* (arides) dans l'idiome catalan. Les propriétaires aspres des ont presque tous adopté le système de jachères, parce que les prairies artificielles sont toujours nulles ou de peu de valeur sur ces terrains, tantôt sablonneux, tantôt argilo-siliceux, et quelquefois purement argileux. On y cultive le seigle et le froment. Dans les années ordinaires, leur produit quadruple rarement la quantité de grain semée; dans les années de sécheresse, ou lorsque les vents de l'est (*la marinada*) poussent les brouillards de la Méditerranée sur la plaine et vers les montagnes, au moment de la floraison des céréales, la récolte est à peu près perdue, ce qui arrive trop souvent. A peine les aspres rendent-ils alors le double ou le triple de la semence. Dans ce cas le cultivateur est en perte. C'est d'après le misérable revenu de ces terres qu'on les laisse reposer un an, et souvent deux années consécutives.

Il est bon de faire observer qu'il existe une autre classe de terres qu'on n'irrigue point, parce qu'elles sont naturellement humides. Cette humidité provient des infiltrations qui s'opèrent dans un sous-sol, assis sur une couche imperméable.

Pour donner plus de valeur aux *aspres*, dans beaucoup de localités on les a couverts de vignes, d'oliviers et de mûriers. Mais il faut jouir d'une certaine aisance lorsqu'on se livre à de pareilles améliorations, car la vigne ne commence à couvrir les frais de culture qu'elle exige qu'à la cinquième ou sixième année, et l'olivier au bout de vingt ans seulement. Le mûrier ne peut être dépouillé qu'après sa sixième feuille. Les sacrifices considérables qu'on doit supporter pour obtenir un résultat, expliquent le peu d'entreprises de cette nature qui se font dans les Pyrénées-Orientales.

Mais si on est assez heureux pour pouvoir amener des eaux courantes sur ces terrains, à demi stériles, on voit aussitôt l'aspect du pays changer, et s'harmoniser, par ses richesses agricoles, avec l'un des plus beaux ciels de l'Europe. Alors, plus d'intervalle entre les récoltes, plus de repos à la terre; le blé qu'on sème au mois de novembre, dans la plaine, est moissonné à la mi-juin. Les céréales demandent une faible quantité d'eau, et la vigueur qu'elle donne à leur végétation leur permet de résister plus longtemps aux désastreux effets des brouillards. Les produits des terres irriguées rendent ordinairement en céréales de 15 à 18 fois la quantité de grain semée. Le bénéfice que procure un pareil résultat, donne au cultivateur la possibilité d'employer un préservatif puissant contre les brouillards, quoiqu'il soit assez coûteux; il consiste dans l'emploi d'une corde de spart, que deux femmes traînent sur les épis en la tenant à peu près tendue, et en marchant dans la même direction. L'action de cette corde secoue l'humidité, qui tombe sur le sol. Quand les blés ainsi attaqués par les brouillards ne sont pas irrigués, les alvéoles du grain sont aussitôt recouverts d'une poussière humide et jaunâtre, qui est une véritable rouille, et le coulage en est la conséquence immédiate, car cette maladie ne peut être combattue que par l'abondance et la vigueur de la séve, due à l'arrosage.

L'irrigation des blés, qui consomme d'ailleurs si peu d'eau, fournit des pailles abondantes, auxquelles on doit l'augmentation des engrais. D'un autre côté, sur presque tous les terrains irrigués, la culture du blé barbu du Roussillon, si recherché dans le Languedoc, comme semence, remplace celle du seigle. Ces avantages ne sont pas moins précieux que l'abondance des produits.

Huit jours avant la moisson, on irrigue les blés, non dans leur intérêt, puisqu'ils sont à peu près mûrs, mais pour faciliter la préparation du sol destiné à recevoir immédiatement une autre récolte de tardanneries. On peut semer indistinctement sur le chaume, et après un seul labour, des haricots tardifs, du maïs, du sarrasin, du millet, ou toutes autres plantes trimestrielles. Dans les premiers jours d'octobre, tous ces produits sont récoltés, après deux binages à la main, exécutés par des femmes.

Sur un seul labour, donné à ces terres, et après les avoir bien fumées, on y sème, selon la nature du sol, du lin d'hiver, du trèfle incarnat, connu aussi sous le nom de trèfle du Roussillon, que les agronomes du nord ont improprement appelé *farouch*, parce qu'ils ont entendu nommer *farratche* les prairies artificielles de toute nature, à l'exception toutefois des luzernes, qu'on cultive dans les Pyrénées-Orientales. On y sème encore des lupins, des vesces et des lentilles fourragères, des navets d'hiver et navets turneps, dits *naps buals* (navets de bœuf).

Après deux labours, et lorsque le sol est bien amendé, on peut semer, au lieu des plantes ci-dessus, de l'orge ou de l'avoine, mais il faut alors donner une bonne fumure.

Les terrains semés en luzerne sont ordinairement occupés 7 ou 8 ans par cette plante. Le trèfle ordinaire dure trois ans. Au printemps, après avoir retourné les prairies artificielles, on fume la terre et on la prépare de nouveau pour le blé. Quelquefois on sème encore, au mois d'avril, après avoir fait manger sur place les plantes fourragères, des haricots, du maïs ou du chanvre, après quoi on sème du blé.

Par ce moyen les champs sont, comme dans la fertile Égypte, continuellement couverts de récoltes variées, et les cultivateurs de l'ancien Roussillon ne connaissent pas de saison morte.

Quant aux prairies ordinaires, c'est sur elles que porte principalement l'amélioration obtenue par l'emploi des eaux; car elles sont d'autant plus précieuses que le climat est plus sec et s'oppose davantage à la croissance naturelle des plantes herbacées. Les prés qui existent, sans arrosage, dans les parties basses, mais non marécageuses, de la plaine du Roussillon, ne donnent qu'une coupe assez abondante, à la fin de mai ou au commencement de juin. Mais la deuxième herbe est presque toujours brûlée par le soleil, et ne fournit, la plupart du temps, qu'un maigre pâturage, tandis qu'avec le secours de l'irrigation, sous un climat aussi chaud, on peut prétendre à trois bonnes coupes, ou tout au moins à deux, dans le courant de l'été, avec un fort regain à la fin de l'automne.

Parmi les prairies artificielles, la luzerne, qui est très-recherchée dans ce pays, donne ordinairement quatre coupes, même sans eau d'irrigation, pourvu cependant que l'été ne soit pas absolument sec. L'arrosage procure une cinquième coupe, ou, dans tous les cas, augmente d'une manière très-notable le volume des quatre premières. Mais il ne faut pas perdre de vue que la luzerne craint beaucoup l'excès d'humidité, et qu'on ne peut l'arroser qu'avec circonspection. Des cultivateurs inexpérimentés, qui n'ont pas observé ce précepte, ont amené promptement la pourriture des racines, et ont détruit en moins de quatre ans des luzernes qui auraient duré dix ans et plus.

Il y a, dans le département des Pyrénées-Orientales, un système d'assolement fort remarquable, dû presque entièrement à l'irrigation. Il se pratique surtout dans la vallée supérieure du

Tech, notamment depuis Olette jusqu'à Ille. On sème du blé ou du seigle dans le mois d'octobre, et on moissonne en juin ; le jour même de la moisson, et aussitôt que la meule a été placée dans un coin du champ, on le laboure et on sème, sur le chaume, du maïs ou blé de Turquie. En août, ou juillet, le maïs est sarclé et bêché par des femmes, et l'on sème sur cette récolte les fourrages d'hiver, tels que le lupin, la vesce, ou le trèfle rouge ; on récolte le maïs en octobre ou novembre, et aussitôt après on conduit sur place les moutons, qui broutent le fourrage pendant les mois de décembre, janvier, février et mars. En avril, on laboure la terre. Si elle était semée de lupins ou de vesces on la fume et on y sème des haricots, que l'on récolte en août ou en septembre ; après quoi on fume de nouveau, et on recommence la rotation ci-dessus qui commence aux céréales. Si, en avril, la terre était semée de trèfle rouge, après que les moutons l'ont brouté on se contente de l'arroser, et il repousse très-rapidement ; on en fait alors une coupe, puis on laboure, on fume, et on sème des pommes de terre, que l'on récolte en septembre ou octobre. En résumé, dans ce système on a consécutivement quatre récoltes dans deux ans, savoir : du blé, du maïs, des fourrages d'hiver, et des haricots ; ou même cinq : du blé, du maïs, des fourrages d'hiver, une coupe de trèfle, et des pommes de terre.

Dans plusieurs autres vallées on alterne les cultures d'une manière différente : on sème le blé en novembre, pour le récolter en juin ; la terre est ensuite labourée et semée, en septembre, de sainfoin ou de farrouch, qui est très-favorable aux moutons, étant brouté sur pied pendant l'hiver. La même terre est ensuite retournée, en février, et on y sème, en mars, des pommes de terre, du maïs, des haricots et des févrolles. Ces deux derniers produits se récoltent à la fin de juillet, les pommes de terre et le maïs au commencement d'octobre, et l'on remet le blé en novembre.

En général, même dans les terres arrosées, on évite de reproduire la culture du blé deux ans de suite dans le même champ, à l'exception toutefois des terres provenant des luzernes nouvellement retournées.

D'après l'ouverture de sa vallée, vers le levant, le climat du département des Pyrénées-Orientales est le plus chaud de toute la région des Pyrénées françaises.

Les départements de l'Ariége, de la Haute-Garonne, des Hautes-Pyrénées et du Gers, situés sur le même versant septentrional des Pyrénées, ne sont pas, à beaucoup près, exposés à une température aussi élevée. Il en résulte que la consommation moyenne de l'eau nécessaire à l'arrosage y est très-modérée. Ce que l'on désire particulièrement dans ces localités, c'est l'irrigation du printemps, du commencement et du milieu de l'été, de manière à assurer une bonne seconde coupe des prairies. Car le climat tempéré dont je viens de parler ne permet pas de profiter, en automne, de la culture des tardanneries, ou arriérages, culture très-profitable, qui paraît jusqu'à présent réservée au sol privilégié du Roussillon et de la Provence, où les blés mûrissent vers le milieu de juin. Le maïse ne réclame généralement plus d'arrosag, à partir du mois d'août, et les cultures maraîchères y sont peu pratiquées. D'après cela on considère, avec raison, que l'irrigation de ces contrées serait largement dotée avec une allocation moyenne d'environ un demi-litre d'eau, par seconde, pour chaque hectare. Si on réfléchit en même temps à la riche alimentation naturelle qui caractérise les cours d'eau de tout le versant septentrional des Pyrénées, notamment dans le département de la Haute-Garonne, on doit en conclure que cette région est aujourd'hui celle où l'agriculture française peut réaliser les plus grandes améliorations, au moyen des immenses ressources qui lui sont offertes dans ce genre.

Un assez grand nombre d'irrigations partielles sont déjà effectuées dans la partie haute de ce département; de plus, dans les Hautes-Pyrénées, et dans le Gers, le canal Alaric fournit, depuis des siècles, un précieux arrosage à une partie de la plaine qui s'étend depuis Tarbes jusqu'à l'Arros. Mais ce qu'il y a de plus essentiel à remarquer, c'est que la qualité des eaux de ce versant des Pyrénées est généralement excellente. Plusieurs cours d'eau qui traversent les parties schisteuses et calcaires de cette grande chaîne, sont troubles et très-fécondants. Dans tous les cas ces eaux, en descendant des versants supérieurs, se chargent de détritus nombreux, provenant de vieilles forêts de sapins, où beaucoup d'arbres séculaires meurent de leur belle mort et tombent en pourriture; ces mêmes eaux ramassent aussi les fientes des nombreux troupeaux qui paissent sur les coteaux les plus élevés. Il n'est donc pas étonnant qu'elles soient éminemment fertilisantes, et chargées, dans beaucoup de cas, d'un véritable engrais;

elles doivent donc être assimilées aux meilleures eaux connues, pour l'arrosage.

Avec de l'eau toutes les cultures sont assurées dans cet heureux climat, et on pourrait s'étonner de voir qu'on ait si longtemps négligé les moyens d'utiliser celle qui lui a été départie. Outre la création et l'amélioration des prairies permanentes, le premier emploi de l'eau que doit faire un cultivateur intelligent, consiste dans le remplacement de la culture triennale, avec jachère, par un assolement plus long qui comporte l'emploi des plantes fourragères.

Dans les départements dont je viens de m'occuper en dernier lieu, tous les terrains non arrosés ne présentent que cet ancien système d'assolement, avec jachère, que l'on chercherait inutilement à modifier. Seulement, dans les terres argileuses le maïs remplace utilement les autres grains. Voilà pourquoi l'élève du bétail, qui peut y prendre une si grande extension, est resté dans un état arriéré. Car les prairies artificielles, elles-mêmes, n'ont joué jusqu'à présent qu'un rôle peu important dans les assolements le plus généralement adoptés.

Mais, je le répète, avec une quantité très-modérée d'eau d'irrigation, tout le système de culture de cette contrée peut s'améliorer, comme par enchantement. Alors les fèves, le trèfle incarnat, et les autres variétés de trèfle, l'avoine d'hiver, les luzernes, le millet, le sarrazin et autres cultures fourragères viendront concourir, avec les prairies naturelles, à l'accroissement de la production du bétail.

Ce qui manque dans cette intéressante localité, ce n'est donc ni l'abondance ni la qualité des eaux ; c'est l'ordre et la régularité dans leur emploi. La plupart des particuliers qui s'en servent l'ont fait, jusqu'à présent, sans règle ni mesure. Personne n'en sait ni la quantité ni le prix, et là où il y a plusieurs usagers d'un même cours d'eau, c'est, bien souvent, à coups de poing que se vident les contestations. Un tel état de choses ne pourrait durer; il s'agit d'intérêts trop grands, et le gouvernement sait que c'est pour lui un devoir de les régler.

Cultures arrosées en Provence. — Les eaux précieuses de la Durance ont été depuis longtemps utilisées sur les terres de cette contrée. C'est par elles que le département de Vaucluse est devenu un de nos premiers départements agricoles; c'est par elles seules que l'on a pu créer, dans celui des Bouches-du-Rhône, des cultures admirables, et ces vertes prairies, qui apparaissent, comme autant d'oasis, au milieu du désert aride de la Crau.

Le jardinage qui fait la richesse des communes de Cavaillon et de Château-Renard, est un des beaux résultats qu'on ait pu obtenir à l'aide de l'irrigation. Cette spécialité exige, il est vrai, beaucoup d'eau, beaucoup de main-d'œuvre et beaucoup d'engrais; mais, néanmoins, les profits qui y correspondent sont plus élevés que ceux des autres cultures arrosées. Ce n'est pas d'ailleurs sur une petite échelle que celle-ci s'opère. Cavaillon seul produit, chaque été, plus de deux millions de melons, lesquels, vendus sur place à 0fr.25 ou 0fr.30 la pièce, donnent un produit brut de 500.000 à 600.000 francs. La même commune retire encore deux ou trois fois cette somme du reste de son jardinage, qui consiste en artichauts, vendus de 0fr.20 à 0fr.25 la pièce, en oignons, aulx, poivrons, etc., qui fournissent non-seulement à la consommation locale d'un rayon considérable, mais à une véritable exportation. Il y a des époques de l'année où le marché d'Avignon présente, par l'abondance de ces produits, un spectacle vraiment curieux.

Les territoires susdits sont d'ailleurs jusqu'à présent les seuls sur lesquels on se soit livré aussi en grand à la culture maraîchère. Sur tout le reste des superficies arrosées par la Durance, les cultures usuelles se subdivisent ainsi : 1° prairies permanentes; 2° prairies temporaires, improprement désignées sous le nom de prairies artificielles, et consistant principalement en trèfle incarnat, sainfoin et luzerne; 3° vergers d'oliviers, et pépinières de mûriers; 4° garances. Les prairies, qui ont été créées avec ces eaux, reçoivent beaucoup d'eau, qui est mal répartie. Quand elle est abondante, on leur en donne, tous les sept ou huit jours, plus qu'elles ne réclameraient tous les quinze jours, étant bien aménagées. Cela a lieu ainsi non-seulement au détriment des usagers inférieurs, qui, la plupart du temps n'arrosent pas du tout, mais au détriment des terrains supérieurs eux-mêmes, sur lesquels on ne doit pas s'étonner d'avoir à dépenser une quantité d'engrais très-considérable, pour entretenir une fertilité que rien ne compromet autant qu'un arrosage superflu. Cet état de choses et les rixes déplorables qu'il engendre si souvent, entre les usagers, a sa principale cause dans l'absence d'un mode exact de distribution de l'eau, *au volume*; car on la distribue encore par éminée, ou par hectare, c'est-à-dire les yeux fermés, de manière qu'on laisse son emploi, à peu de chose près, à la discrétion des usagers supérieurs, qui, au risque même de détériorer leurs terres, ont souvent la mauvaise pensée d'user trop d'eau pour en priver leurs voisins. C'est seulement ainsi que l'on peut s'expliquer comment on laisse se perdre, en Provence, une si grande quantité d'eau d'irrigation. Cela se remarque notamment pour les eaux de Crapone et des Alpines, employées sur les territoires d'Istres, Miramas, Saint-Chamas, etc. Cet inconvénient aggrave beaucoup celui, déjà si grand, de l'insalubrité à laquelle est exposée cette région par suite de la surabondance des eaux stagnantes qui existent sur cette partie du littoral de la Méditerranée.

Les oliviers, et les jeunes mûriers, que l'on est dans l'usage d'arroser, en Provence, sont, avec les blés, dans la classe des récoltes consommant le moins d'eau, parce que les intervalles d'arrosage peuvent être fort longs. On ne compte donc pour cet emploi que sur environ le tiers ou au plus la moitié de la quantité d'eau réclamée par les prairies. Tout dépend à cet égard du climat, mais aussi des usages. Ainsi, en Provence, comme dans le Roussillon, il y a des localités où l'on se trouve très-bien d'arroser les jeunes vignes, sans que cela nuise sensiblement à la qualité du raisin, dont la quantité est notablement augmentée. Il y a un fait important à citer, à l'appui de cette pratique : c'est que le précieux vignoble des environs d'Alicante, en Espagne, n'a de récolte assurée qu'à la faveur d'un arrosage artificiel, obtenu à l'aide de grands réservoirs.

Quant aux garances, dont j'ai parlé ci-dessus, elles ne font point partie des cultures irrigables proprement dites, puisqu'elles végètent bien sans le secours de l'eau; mais on a été amené à en faire usage pour cette récolte, si importante dans les départements de Vaucluse et des Bouches-du-Rhône, en remarquant que de mouiller abondamment le sol au moment de l'arrachage des racines de garance, facilitait extraordinairement cette dispendieuse opération, qui, sans cela, absorbe à elle seule, dans les terres fortes, convenables pour cette plante, plus de la moitié des frais généraux de sa culture.

La plupart des engrais indiqués dans le chapitre XXVII, s'emploient avec avantage, dans ces localités, pour assurer la succession des récoltes que permet l'irrigation. Cependant celui qui jouit de la faveur la plus méritée consiste dans les tourteaux de colza et de sésame, qui sont maintenant, dans tout le midi de la France, l'objet d'un grand commerce. Et le fait est que partout où l'abondance de cette matière permet de l'obtenir à un prix modéré, on ne saurait trouver un meilleur engrais.

Cultures arrosées dans la Lombardie, et particulièrement dans le Milanais. — L'état avancé de l'agriculture, la richesse et la variété de ses produits, dans les provinces arrosées du nord de l'Italie, sont une des choses les plus intéressantes qui puissent être offertes à l'attention d'un observateur. Le succès obtenu sur les territoires arrosés du royaume lombard, depuis Milan jusqu'à Vérone, ont fait désigner, avec raison, cette contrée comme le jardin de l'Italie. Mais c'est surtout depuis un demi-siècle que l'agriculture y a marché rapidement dans la carrière du progrès, et que les résultats ont dépassé les espérances.

Les prairies et les rizières sont les deux grandes cultures qui se disputent en quelque sorte l'emploi des eaux, dans ce pays. Mais comme les mêmes localités ne leur conviennent pas, les rizières ont été définitivement réservées aux lieux bas et naturellement humides, tandis que les prairies arrosées réclament des terres d'une situation plus saine, soit qu'on les établisse d'une manière permanente, soit qu'on les fasse entrer avec les céréales dans des assolements avantageux. Comme je donne, plus loin, une note spéciale sur la culture du riz en Italie, il me reste à dire ici quelques mots sur les prairies et sur les autres cultures arrosées, en indiquant leurs produits.

J'ai fait connaître, dans le livre III, les vastes ressources dont on dispose pour l'irrigation des territoires, si favorisés sous ce rapport, dans les provinces de Milan, Pavie et Lodi, comprises entre le Tessin et l'Adda. C'est là qu'il faut aller constater l'excellent aménagement des prairies, ou plutôt celui de toutes les terres en culture. Car, sous l'influence des assolements, le bienfait de l'irrigation réagit aussi sur les cultures qui ne réclament point, pour elles-mêmes, l'emploi direct des eaux. Ce fait, qui pourrait paraître paradoxal, repose sur un principe extrêmement simple, qu'il suffit d'indiquer. La culture arrosée des plantes fourragères et autres, qui dans ce pays se fait généralement à l'aide d'engrais, est très-améliorante pour la culture subséquente des céréales, ne réclamant que peu ou point d'eau.

Voilà pourquoi, dans les grands et les petits domaines, on compte toujours au moins un quart de la superficie totale occupé par des récoltes qu'on n'arrose pas, et qui cependant participe à la plus-value générale procurée par l'arrosage. C'est là un fait des plus importants à apprécier dans le calcul des avantages de l'irrigation.

Tout le monde sait quelles sont les puissantes ressources d'une agriculture basée sur la prépondérance des prairies : abondance des matières animales, abondance d'engrais, agissant immédiatement sur l'accroissement de tous les autres produits du sol ; économie du temps et des fatigues de la classe agricole, qui retire d'une petite superficie, bien fumée, plus de grains que n'en donnerait une grande étendue, cultivée, comme cela a lieu si souvent, avec pénurie d'engrais ; tels sont, en abrégé, les principaux avantages de l'agriculture pastorale, créée à l'aide des eaux d'arrosage, dans des contrées où, sans cela, elle eût été impossible.

C'est, jusqu'à présent, dans la province de Lodi, que l'on est entré le plus avant dans cette voie progressive. La vaste plaine comprise entre l'Adda et le Lambro offre à l'œil du voyageur des prairies qui s'étendent, à perte de vue, en nappes verdoyantes dont la fraîcheur est perpétuellement entretenue par les eaux de la Muzza. C'est là que l'on nourrit le plus grand nombre de vaches sur une même superficie de terrain, c'est là que l'irrigation d'hiver reçoit le développement le plus remarquable, et que les produits nets du sol atteignent au chiffre le plus élevé. Quant aux prés secs, ou non arrosés, ils sont dans les provinces de Lodi et de Milan, comme dans le reste de la Lombardie, restreints à une très-petite étendue de terres naturellement humides, ou condamnés à une médiocrité de produits qui fait, de jour en jour, renoncer à en conserver.

Les prairies entretenues par la double ressource de l'irrigation et des engrais, sont dans la classe de celles qui peuvent se perpétuer avec le moins de déchet. Cependant les agriculteurs les plus habiles trouvent plus d'avantage à ne les rendre que temporaires, en les alternant, à des intervalles convenables, avec des récoltes de maïs ou d'autres céréales. La durée des prairies à laquelle on paraît devoir donner la préférence dans ces assolements remarquables, est de trois à cinq années ; après quoi on a, sans interruption, mais encore avec le secours des engrais, une succession de céréales, de sorte que, dans ce système, on ne connaît pas de jachère.

Le climat du Milanais, quoique assez septentrional, se trouvant abrité au nord par la chaîne des Alpes, jouit d'une température élevée qui y permet l'emploi des cultures supplémentaires ou trimestrielles, qu'on désigne dans le midi de la France sous les noms d'arrérages et de tardanneries; la récolte en est toujours assurée, avant les froids, un peu plus tard cependant que cela n'a lieu en Roussillon ou en Provence. Dans tous les cas, lors-même que l'on n'a pas ensemencé en herbe le champ où l'on récolte le blé du 15 au 20 juillet, on en tire toujours un parti remarquable par le pâturage abondant que le moindre arrosage suffit pour y déterminer spontanément.

Ce fait, qui a étonné quelques personnes, est facile à expliquer, d'après l'excellente qualité des prairies du pays, dans lesquelles on a depuis longtemps extirpé toutes les mauvaises herbes, et par l'abondant emploi qui se fait, sur toutes les terres en culture, des fumiers d'étable dans lesquels il reste toujours, en grande quantité, des semences capables de reproduire le fourrage qui a été consommé par les bestiaux. On peut admettre aussi que ces semences de prés, dans lesquelles domine toujours le trèfle blanc, se conservent ensevelies dans la terre pendant la culture prépondérante d'une céréale non arrosée, mais qu'elles se développent dès qu'elles peuvent végéter librement et à la faveur d'un sol humide. Ainsi, tout en ne supposant que les frais d'une seule culture, on n'en a pas moins deux récoltes intéressantes, dans la même année, pendant la sole des céréales.

Quant à l'engrais, il est tellement abondant qu'on ne regarde pas comme une chose onéreuse d'avoir à en employer chaque année, sauf, toutefois, pendant celle où l'on cultive le blé. C'est particulièrement pendant les trois ou quatre ans de prairie qu'il est avantageux de l'employer, dans cet excellent système d'assolement. Comme les fumiers d'étable très-consommés, ainsi qu'on les préfère dans ce pays, seraient un engrais trop chaud, on a soin de les mélanger, ainsi que je l'ai dit précédemment, avec des terres de curage, ou même avec des terres meubles quelconques, ce qui offre le double avantage de les économiser et de faire cesser tout le danger qu'il y aurait de les employer purs.

Ainsi donc, l'assolement remarquable de six à sept ans, sans aucune jachère, qui domine dans les terres si bien traitées de la province de Lodi, est le suivant : 1° blé récolté à la mi-juillet; 2° prairie, formée naturellement, et que l'on maintient pendant trois et même quatre années; 3° lin, récolté à la fin de juin, puis immédiatement millet, produit très-estimé dans le pays, et dont la maturité a lieu en octobre de la même année; 4° enfin, maïs. Chacune de ces récoltes, excepté celle du blé, réclame le double secours d'un arrosage modéré et des engrais.

Dans quelques localités favorisées, où l'on peut disposer de l'eau en assez grande abondance, on rend cet assolement encore plus profitable en y introduisant, après la sole du maïs, trois années de riz, qui, avec peu d'engrais, s'alterne très-bien avec les récoltes précédentes, et qui a l'avantage de préparer parfaitement le sol, pour la culture du blé. Cet assolement, dont la période atteint alors jusqu'à 10 années, est le plus avantageux de tous ceux qui se pratiquent dans le nord de l'Italie; mais il exige, comme je viens de le dire, des localités particulières pour pouvoir être exécuté.

Au surplus, sans qu'on ait besoin d'atteindre jusqu'à cette longue période, l'introduction des prairies dans l'assolement des céréales et des récoltes tardives, est une des combinaisons les plus puissantes que l'on ait employées, pour atteindre au plus haut degré de la production agricole. Cette combinaison, uniquement fondée sur les ressources d'une irrigation abondante et assurée, n'a été, jusqu'à présent, pratiquée, en grand, que dans le nord de l'Italie. Il a été remarqué, avec raison, qu'on n'en trouve, en petit, quelques exemples que dans les montagnes du Tyrol, dans la Styrie et la Carinthie, pays jouissant, même pendant les chaleurs de l'été, d'une humidité naturelle qui favorise ce genre de culture.

C'est encore dans la province de Lodi, admirablement dotée par les eaux de la Muzza, que l'on trouve à leur plus grand développement les *marcite* ou prés d'hiver, qui sont le *nec plus ultrà* de la production du fourrage, dans les localités, d'un climat convenable, où l'on a su tirer ce beau parti de l'abondance des eaux. L'assolement de 9 à 10 ans, avec prés et riz triennal, y est également d'un succès assuré. Il n'est donc pas étonnant que l'art agricole ait fait un pas immense dans cette localité privilégiée, et que, sous ce rapport, elle se trouve à la tête de toutes les contrées voisines. Depuis moins de quinze ans, la valeur du sol a doublé par suite des améliorations successives obtenues à l'aide de l'irrigation, et cependant le taux des rentes foncières y est encore plus avantageux que dans le reste de la Lombardie.

Dans cette contrée, où tout roule sur l'irrigation, il est d'usage d'estimer approximativement le revenu des propriétés rurales à tant par vache. En moyenne c'est 250 francs; de sorte qu'une ferme de 50 vaches donne effectivement un produit brut de 12.500 francs. Mais dans le Lodigian cette moyenne est très-dépassée, et l'on compte sur 400 francs par vache; et alors des métairies de 100 ou 150 vaches, comme il n'est pas rare d'en rencontrer dans cette province, ne produisent pas moins de 40.000 à 60.000 francs. Les céréales occupent une place minime dans l'étendue de ces terres, et les prairies permanentes ou alternes en font au contraire la principale base.

Pour expliquer cette production si remarquable, il suffit de faire remarquer qu'outre la richesse du sol, outre l'abondance des eaux et des engrais, la province de Lodi est, depuis longtemps, la métropole d'une fabrication très-importante, celle du fromage vulgairement connu sous le nom de *parmesan*, mais qui devrait plutôt porter le nom de *lodigian*. Il constitue un des produits remarquables de la Lombardie, car il entre pour plus de 20 millions de francs dans la balance de sa production brute, et fournit à une vaste exportation. La soie représente, il est vrai, une valeur triple, dans ce petit royaume de deux millions d'habitants, mais quelle différence dans la valeur intrinsèque et dans l'extension de la culture!

Les avantages très-réels de ce fromage sont d'offrir une nourriture très-saine, d'être d'une conservation assurée et d'un transport facile, pour les voyages de long cours; car il ne subit pas d'altération, même dans les régions équinoxiales. Ces seules qualités suffiront toujours pour le faire rechercher des navigateurs et pour en maintenir le prix. Ce prix est d'ailleurs modéré, car les marchands en gros l'achètent, dans les fermes, à raison de 110 à 120 francs le quintal métrique, ce qui ne représente que $1^{fr.},10$ à $1^{fr.},20$ le kilogramme.

Il est livré en petites meules de 15 à 30 kilogrammes, que ces marchands en gros conservent, généralement pendant trois ans, dans des magasins, où ils les classent par qualités. Le meilleur se vend, frais, aux marchands en détail, pour la consommation du pays. Ils le payent 2fr.,50 à 3 fr. le kilogramme, et le consommateur 10 pour 100 en sus de ce prix. Plus ce fromage de première qualité est ancien, plus il est estimé. Le moins cher se consomme dans le midi de l'Italie, et spécialement dans la Romagne et les Calabres. Le bon parmesan doit être d'un jaune clair, être gras, et même filer quand il est frais ou qu'on le chauffe. Son odeur doit être à la fois agréable et forte; il ne doit présenter aucune moisissure, ou veine noire, ce qui fait au contraire le mérite du *stracchino*, fromage également célèbre, dont la fabrication a lieu dans un territoire voisin, entre Milan et Venise, et dont Gorgonzolo est le centre. Il y a d'intéressants détails à donner sur cette fabrication économique du parmesan, dans laquelle tout est mis à profit, et qui représente, comme je l'ai dit, l'emploi le plus productif du lait dans les pays où l'on a obtenu par l'irrigation une abondance extraordinaire de fourrage. Sa fabrication en grand est la seule qui soit très-profitable; voilà pourquoi elle est surtout réservée aux grandes propriétés, sur lesquelles les vaches se comptent par centaines. Les petits propriétaires se réunissent, entre voisins, pour le même objet, et mettent en commun leurs produits, ainsi que cela se fait, plus en petit, dans les montagnes du Jura, dans les associations dites *fruitières*.

Le système actuel des étables construites dans les grandes propriétés du Lodigian est très-remarquable. Ce sont de vastes hangars établis autant que possible à l'exposition du levant, sur des piliers en briques de 7 à 8 mètres de hauteur. Les toitures sont en tuiles creuses avec une très-forte saillie, et une inclinaison moyenne qui ne va pas à un pour un. Au milieu de cette première enceinte se trouve une construction basse, qui est l'étable proprement dite. Elle est pourvue d'une double rangée de fenêtres cintrées, qui permettent un aérage complet pendant les chaleurs de l'été, et qui se réduisent, à volonté, à l'état de très-petites baies pendant l'hiver. De cette manière les vaches, si productives, qui, à part quelques promenades de santé, se tiennent toujours dans ces étables, y jouissent constamment d'une température moyenne et régulière, très-favorable à la santé du bétail. Elles y mangent, été comme hiver, mais seulement à la faveur des *marcite*, une herbe verte et tendre, qu'elles ont en outre l'avantage de choisir à leur gré, car on leur en présente deux ou trois fois plus que leur consommation, et le surplus est transformé en foin. Le sol incliné de ces étables facilite leur assainissement et permet de récolter des urines abondantes, qui entrent, quand elles sont putréfiées, dans la composition des meilleurs engrais.

Elles n'ont pour plafond que de simples clayonnages, au travers desquels s'absorbe l'abondante transpiration des bêtes bovines, nourries surtout constamment au vert. Des étables voûtées ou même plafonnées seraient inadmissibles. Enfin, au-dessus de ces étables sont de vastes greniers à foin, qui sont pleins en hiver, ce qui empêche le froid de nuire à la santé des vaches et même à la production de leur lait, qui n'est pas sensiblement diminuée pendant les trois mois de saison rigoureuse qu'on éprouve dans ce pays. Telle est la disposition ingénieuse des étables, qui paraissent avoir été adoptées d'abord dans la province de Bergame, car elles portent, dans le Milanais, le nom de *bergamine*.

Cultures arrosées dans le Piémont. — Les assolements correspondants aux cultures arrosées ont, dans le Piémont, beaucoup d'analogie avec ceux dont il vient d'être question. Je n'y reviendrai donc pas, me bornant à signaler ici l'agriculture piémontaise comme une des plus avancées et des mieux entendues que l'on connaisse. La partie montagneuse, constituant la Savoie et une partie du haut Piémont, jouit, dans les hautes et fraîches vallées des Alpes, d'une irrigation presque naturelle, comme cela a lieu dans la Suisse, en Tyrol, etc. Et quant aux vastes plaines du Verceillais, du Novarais, de la Lumelline, de nombreux canaux ont été établis, avec art, pour y porter le bienfait des eaux. On ne doit donc pas s'étonner de voir combien est considérable, relativement à la superficie de ce pays, sa production en fourrages et l'exportation qu'il fait des bestiaux.

Le riz est en Piémont un produit d'une grande importance : on y voit des rizières immenses ; il n'est pas rare qu'un seul propriétaire en possède qui ont jusqu'à 1.000 ou 1.200 hectares, d'une seule pièce. Ce sont principalement des rizières perpétuelles, entretenues dans des terrains bas et humides, à l'aide de quelques engrais. On tire moins de parti qu'en Lombardie du riz et des prairies temporaires introduits dans les assolements ; et cependant on en fait aussi usage. Les rizières et les prairies d'été se partagent presque seules l'énorme volume des eaux dérivées, pendant la saison d'arrosage, des nombreux cours d'eau qui descendent des Alpes, car on y mêle peu de cultures accessoires. Dans le Piémont, plus encore que dans la Lombardie, les soies sont un des articles les plus importants, et comme on tient beaucoup à conserver à ces soies leur ancienne réputation, on craint pour les mûriers le voisinage des terres arrosées, dont l'humidité donnerait à la feuille une consistance trop charnue qui réagirait inévitablement sur la finesse de la soie.

NOTE

Sur la culture du riz et sur les pratiques qui s'y rattachent, notamment dans le nord de l'Italie.

« *Oriza nascitur, nutritur et crescit aquæ beneficio.* »
PECCHIUS, cap. IX, quest. VIII.

Observations générales sur la nature du riz et sur sa culture. — Le riz alimente plus des deux tiers du genre humain ; et cette seule circonstance suffirait pour faire concevoir combien sa culture est importante. Cette culture est, de plus, quand elle est bien conduite, une des plus lucratives que l'on puisse entreprendre; il est remarquable qu'elle peut être très-avantageuse même dans les mauvais terrains, pourvu toutefois que ceux-ci se prêtent à une inondation temporaire, condition *sine quâ non* du succès des rizières.

Cette graminée semi-aquatique, dont le type primitif est le riz barbu, qu'on croit être originaire de Chine, et qui, dans son ensemble, a la plus grande analogie avec notre orge commune, jouit de qualités précieuses, qui justifient bien le grand développement de sa culture.

Le riz, tirant sa principale nourriture de l'eau, et surtout des principes fécondants qu'elle peut renfermer, n'est point épuisant pour le sol. Au contraire, sa culture, pendant deux ou trois années, a le rare avantage de réparer ceux qui sont fatigués par la production des céréales ; toutes les terres lui conviennent, pourvu qu'elles soient aptes à retenir les eaux, sur les superficies horizontales que l'on établit pour les rizières. Le riz en grains, quand il est bien récolté, est susceptible d'une conservation indéfinie, sans subir d'altération ; l'humidité lui fait moins de tort qu'à toutes les autres céréales, et l'eau froide n'a que peu d'action sur lui. Enfin il peut se manger presque sans préparation préalable, puisqu'il n'exige le secours ni du meunier ni du boulanger. Les préparations qu'on en fait varient suivant les pays et les usages, et il serait curieux de rechercher à quel nombre étonnant elles arrivent sur toute la surface du globe, depuis les rives du Pô jusqu'à celles du Gange, depuis l'Espagne jusqu'à l'Amérique du Sud.

Le riz est une plante annuelle, n'exigeant, pour accomplir sa végétation, que la durée ordinaire de la belle saison, qui est d'environ six mois dans toute la partie tempérée du globe; c'est pour cela que sa culture peut être pratiquée avec avantage dans tous les climats où il a la possibilité de mûrir avant les premiers froids de l'automne. On peut même le regarder, sous ce rapport, comme un puissant moyen de défrichement; car il n'est pas de terrain, si inculte qu'il soit, qui ne puisse, avec très-peu de culture, produire, par le bénéfice des eaux, une belle récolte de riz, à la suite de laquelle ce même terrain, pris à l'état de friche, aura déjà gagné plus de 100 pour 100 de sa valeur. Car lors même qu'on viendrait à l'abandonner de nouveau, il se trouverait dans les meilleures conditions pour produire un abondant pâturage.

Dans quelque terrain que soit cultivé le riz, il réclame une bonne exposition. Toute ombre, et particulièrement celle des grands arbres, lui serait extrêmement contraire; c'est pourquoi on a toujours soin d'en éloigner les rizières, ou d'abattre les arbres trop rapprochés de celles dont l'emplacement ne peut pas varier. Pour peu que le riz soit ombragé pendant sa végétation, il ne mûrit pas, et ne peut dès lors être récolté; il resterait dans tous les cas de qualité inférieure.

L'eau est l'agent fondamental et indispensable de la végétation du riz; on doit pouvoir en disposer en quantité plus considérable que pour une simple irrigation, car on la donne ici suivant un mode tout à fait exceptionnel, c'est-à-dire par voie d'inondation. En effet, elle agit non-seulement, ainsi que dans les cas de simple irrigation, comme moyen d'humecter, de diviser et d'amender le sol, mais elle agit principalement comme support de la plante, qui naît trop tendre et trop frêle pour supporter les influences atmosphériques et surtout l'action du vent, de sorte qu'elle a besoin de végéter, pendant les premiers temps de sa croissance, dans un milieu plus dense, et avec le secours d'un liquide protecteur, qui l'accompagne jusqu'à l'époque où elle a acquis assez de force pour se soutenir elle-même.

Dans le climat du Piémont et de la Lombardie, cette époque arrive ordinairement dans la deuxième quinzaine de juin, et alors on retire graduellement l'eau des rizières, quand on a acquis la certitude que les tiges du riz ont acquis la vigueur nécessaire pour supporter cette transition. C'est pour elle une crise analogue à celle qu'éprouve un fœtus qui reçoit pour la première fois le contact de l'air, après avoir vécu, pendant un certain temps, renfermé dans le sein maternel. Bien qu'on ait soin d'éviter, autant que possible, dans cette opération, qui demande des ménagements, l'action directe du vent ou du soleil, ce premier sevrage fait toujours souffrir le riz, qui n'a guère atteint que la moitié de sa hauteur. De vert foncé qu'il était il passe au vert clair, et prend bien souvent une teinte jaunâtre, qui, plus prononcée, serait le signe d'une maturité anticipée qu'on doit toujours redouter. Mais, à moins de circonstances très-défavorables, il reprend en peu de jours son état normal et entre dans la seconde période de sa croissance, pendant laquelle on ne le remet en contact avec l'eau qu'à des intervalles de plus en plus éloignés. C'est sous ce régime qu'il acquiert le plus de force et complète sa végétation.

Telles sont les dispositions caractéristiques de la culture du riz. Elle s'éloigne, comme on le voit, de toutes les autres cultures connues; et, quelque avantageuse qu'elle soit, elle n'est pas de celles qui peuvent se propager rapidement, car les conditions spéciales qu'elle exige, et l'insalubrité de sa pratique, l'ont fait rester, jusqu'à présent, circonscrite dans les contrées qui s'y prêtaient le mieux, où elle est d'ailleurs établie depuis des siècles. Cependant, par cela seul qu'elle est une culture lucrative, elle tend aujourd'hui à prendre beaucoup d'extension, non-seulement dans le nord de l'Italie, mais dans d'autres états d'Europe qui, ayant déjà à souffrir de l'existence de terrains marécageux et insalubres, ne peuvent mieux faire que de les utiliser ainsi. Sous ce rapport, tout le littoral méditerranéen du midi de la France, qui souffre d'une manière si marquée de l'excédant d'humidité et des miasmes produits, en été, par de vastes étangs presque tous situés au-dessous du niveau de la mer, aurait, je crois, un immense progrès à réaliser, en utilisant, pour la riche culture du riz, des terrains qu'on abandonne faute de pouvoir en tirer parti. La salure prononcée de la plupart de ces terrains serait une circonstance heureuse qui exercerait une action puissante sur le succès de cette plante.

Les terres argileuses, capables de bien conserver les eaux, quand leur surface est ameublie par une petite proportion de sable ou de terres légères, sont les plus favorables à l'établissement des rizières. C'est dans cette situation que le riz profite naturellement, et peut donner, avec très-peu d'engrais, pendant plusieurs années de suite, d'abondantes récoltes. Quant aux terrains marécageux, qui ne pourraient être labourés à la charrue, le riz est la seule plante très-productive qui puisse y être cultivée ; mais il est à remarquer qu'on doit pouvoir opérer sur ces terrains un désséchement au moins partiel, attendu que l'on tâche ordinairement que la maturation du riz s'achève dans des emplacements seulement arrosés et non constamment inondés. Cependant on voit des localités où l'on se trouve très-bien de laisser le riz constamment dans l'eau, depuis la semaille jusqu'à la récolte.

Le terrain d'une rizière doit être horizontal : c'est là une condition essentielle, attendu que, la plante devant, au moins dans la première période de sa végétation, se trouver baignée, uniformément, par une nappe d'eau de $0^m,15$, $0^m,20$, et plus de hauteur, on ne peut obtenir ce résultat que par le parallélisme entre la surface du sol et celle de l'eau dromante, qui est, comme l'on sait, le meilleur de tous les niveaux. D'après cela, attendu qu'il n'existe presque jamais de terrains ayant naturellement leur superficie parfaitement horizontale, que, de plus, il faudrait des terrassements souvent impossibles et toujours trop coûteux, pour obtenir cette disposition en grand, sur un seul et même plan horizontal, on exécute, dans l'établissement d'une rizière, les terrassements nécessaires pour la partager en un nombre convenable de bassins ou encaissements, entourés de petites digues ou banquettes (*arginelli*), ayant, du côté d'aval, une hauteur uniforme dépassant de la quantité convenable le niveau de l'eau que l'on doit maintenir dans la rizière, et ayant, du côté d'amont, des hauteurs plus fortes, comprenant les chutes ou escarpements à l'aide desquels on rachète la pente naturelle du terrain. On conçoit, d'après cela, que le nombre de ces digues augmente, du moins dans le sens longitudinal, en raison de la plus forte inclinaison de cette pente, car on est très-limité dans les terrassements de cette espèce, par les remblais qui ne peuvent généralement avoir qu'une hauteur restreinte, vu la difficulté de les étancher.

La hauteur d'eau qu'il est d'usage d'entretenir sur les rizières, dans les premiers mois de la végétation du riz, n'excède pas habituellement de $0^m,12$ à $0^m,15$. Mais les digues doivent être plus élevées, car, dans quelques cas, on est obligé d'y faire monter l'eau jusqu'à $0^m,40$ ou $0^m,50$, c'est-à-dire jusqu'aux épis, pour combattre certaines maladies du riz, dont il est question plus loin.

Ainsi donc, la disposition essentielle à donner à un terrain sec, pour y établir une rizière, consiste à le terrasser de manière à ce qu'il ne présente plus que des superficies horizontales, entre des encaissements capables de recevoir et de conserver l'eau d'inondation qu'il est nécessaire d'entretenir, à un niveau constant, pendant les premiers mois de la végétation du riz. La faible pente superficielle qui assure à l'eau un léger mouvement de progression, sans lequel elle ne manquerait pas de se corrompre, s'établit naturellement à sa surface, par le seul fait de l'introduction régulière du volume nécessaire à l'entretien de la rizière, et par un abaissement suffisant dans une partie de la digue d'aval qui fait fonction de déversoir pour transmettre l'eau au bassin inférieur.

On voit, d'après cela, que l'étendue de ces bassins et le nombre de digues qui servent à les encaisser, dépendent surtout de la disposition, plus ou moins inclinée, du terrain naturel. Il y a cependant une certaine latitude, et en parcourant les rizières du nord de l'Italie, on voit que, dans des terrains de situation analogue, on s'est arrêté à des dimensions très-différentes. Ainsi les rizières du Novarais et de la Lumelline, ainsi qu'une partie de celles du Milanais, ont bien plus de subdivisions que celles qui existent dans le Mantouan, le Véronais, le Ferrarais, etc. On ne sait trop à quoi attribuer cette différence. A égale inclinaison du terrain, la disposition par petits bassins doit être plus avantageuse, attendu que, dans l'autre système, il faut plus de terrassements pour aplanir le sol, et surtout des digues plus élevées.

Beaucoup de bons cultivateurs considèrent qu'à hauteur d'eau égale la disposition en grands ou en petits bassins est de peu d'influence sur le succès de la récolte du riz. Il y a cependant une question de température qui paraît devoir être prise en considération; car si l'eau, au lieu de s'étendre en une seule nappe à un niveau assez déprimé, est obligée de n'arriver à ce niveau qu'après plusieurs déversements successifs, sur les digues intermédiaires, elle se réchauffe et s'aère sensiblement, ce qui représente un double et grand avantage, pour la qualité de la récolte. Les rizières d'une petite étendue sont d'un entretien plus facile pour la conservation des niveaux constants qu'elles réclament; les opérations de mise en eau et de mise à sec y sont plus promptes et plus faciles, en ce qu'elles s'opèrent d'une manière successive, et c'est un grand avantage pour l'exécution complète des travaux que le cultivateur doit faire, dans le cours de la saison. Enfin, dans les soins particuliers que réclame le riz, lorsqu'il est menacé de maladies pouvant compromettre sa récolte, il est presque indispensable de pouvoir opérer partiellement, sur de petits encaissements. Et l'on peut regarder comme tels ceux qui, dans les exploitations ordinaires, n'ont que trois ou quatre hectares de superficie.

Variations locales dans la culture. — Le riz étant très-anciennement connu, dans diverses contrées d'un climat différent, il y a des modifications assez importantes dans la manière de le cultiver. On y emploie également des quantités d'eau différentes, suivant qu'on peut en disposer plus abondamment. Ainsi on la renouvelle beaucoup plus dans les rizières de la Basse-Égypte et de l'Amérique du Sud, que dans celles de l'Italie et de l'Espagne. On est obligé d'agir ainsi par la crainte de l'insalubrité des eaux stagnantes, sous des climats aussi chauds. Dans les Indes, la Chine, le Japon, où le riz fait la base principale de la nourriture du peuple, on a eu recours, depuis longtemps, pour l'extension de sa culture, à la construction de réservoirs artificiels retenant l'eau dans le haut des vallées. On en élève même, par des machines et à bras d'hommes, à des hauteurs considérables. Il y a des pays où l'on trouve de l'avantage à semer le riz, en rayons, dans des trous de quelques centimètres de profondeur, où l'on met trois ou quatre graines. Dans quelques localités où l'on a besoin de hâter sa croissance pour pouvoir le récolter avant les froids, on est dans l'habitude de le semer sur des couches, ou tout au moins sur des terrains très-meubles, pour le repiquer ensuite (comme cela se fait beaucoup aujourd'hui pour les betteraves), dans les emplacements destinés à la culture en grand, où on le traite ensuite de la manière ordinaire. Les variétés de riz sont nombreuses, et leur différence de précocité, surtout sous des climats différents, influe sur le temps de sa végétation. Quant aux modes de culture, de récolte et de blanchîment, ils diffèrent peu, au fond, des pratiques suivies dans la Lombardie et le Piémont, et dont je vais parler en peu de mots.

Préparation et disposition du sol. — Le terrain destiné à une rizière étant disposé, comme il vient d'être dit, par superficies horizontales, avec des encaissements convenables, et bien dépouillé de tous herbages, on le laboure au printemps, soit à la charrue, si on le peut, soit à la bêche, si le sol est trop humide, et on y introduit l'eau une première fois, pour vérifier et perfectionner le parfait aplanissement du sol qui doit correspondre à la profondeur uniforme de l'eau d'inondation. Cette première mise en eau sert également à terminer les digues d'enceinte; la terre forte qui les compose étant ramollie ou détrempée, les cultivateurs la battent ou la foulent aux pieds, de manière qu'une fois endurcie sous l'influence de l'air et du soleil, ces digues deviennent bien étanches pour toute la durée de la saison. Afin de tirer parti de tout, la partie supérieure de ces digues en terre, principalement si elles ont un peu de largeur, est ensemencée en herbe, qui, à l'aide de l'humidité environnante, procure une récolte accessoire dont le produit est souvent fort intéressant. On ne craint pas le voisinage des graminées pour les rizières, parce qu'il n'en résulte pas sensiblement d'ombre, et que les semences qui pourraient s'en détacher ne peuvent croître dans le même emplacement que le riz, puisqu'il commence par être pendant plus de trois mois sous l'eau.

Après la mise en eau, ces digues, que l'on peut parcourir à pied sec, offrent aux cultivateurs un moyen de surveillance très-utile sur la rizière. Car il faut y observer journellement : l'égale distribution des eaux; les affouillements occasionnés, soit par les taupes, ou autres animaux nuisibles, soit par vice de construction des digues, ou par la mauvaise qualité du sol; on doit aussi examiner attentivement la bonne ou mauvaise venue du riz, surtout dans les premiers temps de sa croissance, les maladies qu'il peut contracter, etc. Les gardes ou eygadiers préposés à la conduite des rizières ont donc besoin d'une attention et d'une vigilance continuelles, car les accidents qu'ils ont pour mission de prévenir sont tous dans la classe de ceux qui exigent d'être réparés avec célérité et même d'urgence. L'œil du maître ne serait même jamais plus nécessaire que dans de telles exploitations. Mais, dans le nord de l'Italie, les grands propriétaires qui possèdent des rizières sont dans l'usage de se reposer sur des régisseurs, qui ont toute leur confiance.

Ensemencement des rizières. — C'est au printemps que l'on sème le riz. Cela se fait, dans le nord de l'Italie, du commencement de mars à la fin d'avril, au plus tard. Le sol étant préparé et humecté, comme il vient d'être dit, cette semaille se fait, à peu de chose près, dans la boue, ce qui est très-pénible pour le cultivateur. Le riz que l'on conserve pour semence est le riz brut (*rizone*), encore recouvert de ses enveloppes naturelles, et n'ayant pas passé sous les foulons. Il doit être d'une maturité parfaite; le plus pesant est le meilleur. Quelque inaltérable que soit ce grain, on a soin de conserver celui qui est destiné à la semence sur des greniers parfaitement secs, pour éviter toute espèce de fermentation. Avant de le semer on le crible pour expulser toutes les menues graines d'herbes aquatiques, les seules avec lesquelles il pourrait se trouver mélangé. On a soin d'humecter le riz, pendant environ un jour, avant de le semer, et si l'on prend cette précaution, c'est moins pour y déterminer un commencement de végétation que pour l'empêcher de surnager sur l'eau de la rizière, ce qui serait un très-mauvais résultat.

Toutes les rizières ne pouvant être ensemencées en même temps, on commence par celles qui sont neuves ou qui n'ont pas encore produit. Quant à celles qui ont déjà été mises en eau pendant une ou plusieurs années, le terrain qui conserve un excès d'humidité se trouve par là fort refroidi, et a besoin de recevoir quelque temps l'influence du soleil; alors on les sème quinze jours ou trois semaines plus tard. On a soin que la semence ne soit pas trop épaisse, surtout dans les bons sols, car alors les jeunes plantes qui naissent trop serrées ne peuvent se fortifier, et ne donnent qu'une faible récolte. Plus la terre est forte et substantielle, plus on doit diminuer la quantité de la semence.

Ainsi que je l'ai dit ci-dessus, le riz se sème aussitôt après la première introduction de l'eau dans l'emplacement qui lui est destiné. On a essayé diverses machines, traînées par des chevaux ou des bœufs, pour éviter aux cultivateurs cette opération pénible et insalubre, mais il ne paraît pas qu'elles aient eu de succès, car presque partout le riz continue d'être semé par des hommes, à la volée, à peu de chose près comme les autres grains. Seulement, ils n'en jettent une poignée que tous les deux pas, parce qu'il ne demande pas à être aussi épais que le blé. Un vent un peu fort pouvant nuire beaucoup à cette opération, en détruisant l'égale répartition de la semence, les cultivateurs expérimentés ont soin d'orienter leur marche de manière que l'action du vent agisse d'une manière uniforme, ou bien ils sèment très-près de terre, de manière à se mettre à l'abri de son influence. Les quantités de semences à employer sont très-variables, suivant les diverses qualités du sol; mais généralement on en sème bien plus que le strict nécessaire, parce qu'il y a toujours un grand nombre de grains qui ne peuvent arriver à bien, par suite du déchet que causent les insectes, les vents, et certaines maladies particulières. Pour les époques de la semaille, on tient compte aussi de la qualité des graines. Les riz nouveaux se sèment les premiers, c'est-à-dire, au plus tard, dans le courant du mois de mars, et les riz plus anciens dans tout le mois d'avril.

Croissance, maturité, récolte et blanchiment du riz.—Douze ou quinze jours au plus après l'époque de la semaille, le riz commence à sortir de terre et à grandir rapidement. A mesure qu'il croît on a soin d'augmenter graduellement la hauteur de l'eau, de manière à ne laisser à l'extérieur que les cimes des jeunes tiges. L'époque de la floraison du riz arrive ordinairement, dans le nord de l'Italie, de la mi-juillet à la mi-août. Dès avant cette époque, on a fait cesser l'emploi de l'eau continue, que la plante réclame dans sa jeunesse, pour lui substituer une simple irrigation, très-abondante, il est vrai, et dont les périodes peuvent être fort rapprochées, si la chaleur de la saison le permet. Quand les grains, bien formés, commencent à remplir les épis, quand les tiges durcissent et perdent leur couleur vert foncé pour devenir d'un vert clair tirant sur le jaune; c'est le signe qu'on doit cesser totalement l'usage de l'eau, même comme simple irrigation. On lève alors les petites vannes de fond, qui sont ménagées pour cela, dans la partie inférieure des digues transversales, séparant les bassins consécutifs; et en commençant par les plus bas, on opère ainsi l'écoulement complet de l'eau, que l'on ne renouvelle plus, dans le but d'assécher les rizières. Cet assèchement a pour but de faciliter la récolte, qui se fait à la faux dans les grandes exploitations, et à la faucille dans les petites. Suivant la qualité des terres, la nature plus ou moins précoce des variétés semées, l'exposition, le climat, ou la nature des eaux, l'époque de la récolte des rizières varie depuis le milieu de septembre jusqu'aux premiers jours d'octobre. On dispose le riz en petites bottes du poids de 12 à 15 kilogrammes, et on leur donne habituellement une longueur constante de $0^m,48$ à $0^m,50$, de sorte que, quand les tiges se trouvent plus longues, on les coupe très-haut. Ce chaume profite au sol dans lequel on l'enfouit comme engrais.

Les grains de riz se détachent des épis plus facilement que ceux du blé : aussi le battage en est-il plus prompt ; il suffit même de frapper contre terre les petites gerbes, quand la maturité est complète, pour en faire sortir le grain. Mais dans les exploitations un peu importantes on trouve plus expéditif d'étendre ces gerbes sur une aire circulaire, où l'on fait trotter un certain nombre de chevaux ou mulets.

Le grain ainsi obtenu, qui est le rizon (*rizone*), ou riz brut, est étendu au soleil pendant plusieurs jours, et ensuite déposé dans les greniers. Si le battage est facile, il est une autre opération qui ne l'est pas : c'est le décorticage ou blanchîment des graines de riz, qui ont une adhérence extraordinaire avec une ou plusieurs enveloppes de couleur brune ou grise, sans la destruction desquelles il n'est pas admis dans le commerce. Ce décorticage s'exécute dans des pilons disposés *ad hoc* (*piste*), qui sont généralement établis à proximité des rizières, et mis en jeu seulement en hiver, avec les eaux courantes, moins chères en cette saison, qui sont rendues disponibles par la cessation des cultures arrosées en été.

Des maladies du riz. — Le riz récolté, quand il est bien mûr, est d'une conservation facile, car il est à l'abri des principales causes d'altération qu'on doit craindre pour les autres grains. Au contraire, dans les rizières il est exposé à un assez grand nombre d'avaries, qu'on nomme, en Italie, les maladies du riz, et sur le développement desquelles on doit veiller avec le plus grand soin. Ce sont généralement des vers, des limaçons, ou des insectes aquatiques qui produisent ces altérations, soit en dévorant, en terre, les graines avant leur germination, soit en suçant la séve des tiges, qui finissent par être énervées avant leur croissance, soit en se logeant dans les épis eux-mêmes, pour vivre de la substance du grain avant qu'il ne soit formé. Toutes ces maladies ont des noms particuliers ; elles sont plus ou moins à craindre suivant les dispositions particulières du terrain, du climat, des semences, de la nature des eaux, etc. Ce n'est point ici le lieu d'en parler avec détails ; je me borne donc à dire que l'on n'emploie guère d'autres moyens de les combattre, en les prenant en temps utile, que des manœuvres d'eau, c'est-à-dire en enlevant ou en rendant les eaux d'inondation à la partie attaquée de la rizière, parce que les insectes nuisibles dont il s'agit n'ayant pas, comme le riz lui-même, la propriété de vivre dans l'eau ou hors de l'eau, sont inévitablement détruits par quelques heures de l'influence de l'élément qui n'est pas le leur. Voilà comment on peut, avec des soins et de la surveillance, combattre victorieusement les nombreux ennemis qui tendent à s'opposer au succès des rizières.

Produit des rizières. — Ces produits sont très-variables en raison du climat, des engrais dont on dispose, de la qualité et de la régularité des eaux ; je ne dis pas de la nature du sol, car le riz a la propriété de croître d'une manière à peu près indépendante de la valeur intrinsèque du terrain où on le place. L'eau est, au contraire, son élément normal.

Les rizières perpétuelles, qui reçoivent une très-petite quantité d'engrais, et qui sont généralement dans des lieux naturellement bas et marécageux, où nulle autre culture ne pourrait réussir, donnent des produits moins avantageux que les rizières alternes, dont je parle plus loin. Dans le Mantouan et le Véronais, ainsi que dans le Novarais, où les rizières permanentes existent sur de grandes étendues, on ne compte moyennement que sur un produit de 28 à 30 hectolitres par hectare, tandis que les rizières à rotation, dans ces mêmes provinces et dans les provinces voisines, donnent au moins un cinquième en sus, c'est-à-dire de 34 à 36 hectolitres. On cite, dans le Piémont et dans le bas Milanais, des localités où les rizières de cette espèce donnent bien davantage, et dont le produit peut aller, dit-on, jusqu'à 60 ou 70 hectolitres et plus. Mais en ne comptant même que sur un rendement moyen de 45 à 50 hectolitres, et eu égard à ce que le riz brut éprouve dans l'opération du blanchîment une réduction de plus de moitié, on peut considérer que l'on obtient moyennement par hectare, tant en Piémont qu'en Lombardie, de 20 à 22 hectolitres de riz mondé, pesant, suivant qu'il est plus ou moins sec, de 80 à 90 kilogrammes par hectolitre.

Le prix du riz de première qualité ne varie guère que de 52 à 58 francs les 100 kilogrammes, ce qui représente 44 à 45 fr. par hectolitre. C'est le double de ce que coûte moyennement le bon blé en France. Or le riz, qui est ordinairement d'un débit assuré, ne coûte pas, généralement parlant, deux fois autant à cultiver que le blé. Voilà pourquoi sa culture est si recherchée dans les localités où elle peut prospérer, en vertu d'avantages naturels. Ces avantages sont tout, pour le produit net des rizières; car s'il faut se procurer de l'eau à grands frais, et en user une trop grande quantité, dans des terrains sujets aux filtrations, ou bien si, au contraire, on ne peut jamais assainir suffisamment les terrains marécageux, alors on peut perdre en faux-frais la majeure partie des bénéfices; car les prix régulateurs d'une récolte ont un cours indépendant de la réussite de telle ou telle exploitation. Mais, en résumé, dans tout pays d'un climat un peu chaud, c'est-à-dire où les blés peuvent être récoltés vers la deuxième quinzaine de juin, et où en même temps on peut disposer d'une quantité d'eau suffisante, il est peu d'emplois du sol qui puissent être plus avantageux. C'est ce qui fait que l'on est obligé d'avoir recours à des règlements, pour empêcher que la culture du riz ne devienne trop envahissante, et ne propage son insalubrité jusqu'à la porte des villes.

Rizières alternes, ou introduction du riz dans les assolements.— Bien que le riz, surtout à l'aide des ressources réunies que représentent : une situation favorable, des eaux fécondes, et, au besoin, des engrais, soit une des plantes que l'on puisse, sans inconvénient, cultiver, dans le même terrain, pendant le plus grand nombre d'années consécutives, on a fini par reconnaître que, pour cette récolte, comme pour toutes les autres, il y avait un avantage notable à l'alterner avec d'autres, convenablement choisies; et, d'après cela, on a été conduit, comme on le fait en Lombardie, depuis surtout une vingtaine d'années, avec le plus grand succès, à introduire le riz dans les assolements à longs termes dont j'ai parlé précédemment. La destruction, comme le rétablissement périodique des petites digues formant l'encaissement des rizières, sont des opérations très-peu coûteuses, qui n'ajoutent qu'une faible augmentation à la culture ordinaire du sol, et l'on est d'ailleurs bien dédommagé de ces menus frais par la puissance productive que l'on procure au sol en y établissant une succession de récoltes dissemblables, si propres à ménager ses principes de production. Le séjour des eaux, presque dormantes, sur les rizières, les éléments de fertilité qu'elles y déposent toujours, la destruction complète des mauvaises herbes, non aquatiques, sont des avantages inappréciables, de telle sorte que les trois ou quatre années de la sole des rizières représentent pour le terrain destiné à d'autres cultures, et notamment à celle des prairies, un repos presque aussi réel que le procurerait une jachère. Et c'est un repos éminemment productif, car, à superficie égale, il y a peu d'autres productions qui puissent équivaloir à une bonne récolte de riz. On peut donc regarder les rizières alternes et les beaux assolements qu'elles procurent comme un des plus grands progrès réalisés dans l'agriculture du nord de l'Italie.

Quantité et mode d'emploi des eaux pour les rizières. — La majeure partie des cultures irrigables proprement dites ne réclame l'eau que d'une manière intermittente, à intervalles plus ou moins rapprochés. Le riz, au contraire, dans les premiers temps de sa croissance, réclame l'emploi d'un volume d'eau continu, puisqu'il s'agit d'entretenir, pour lui, à un niveau réglé, de véritables étangs, où l'eau est soumise à des consommations fixes, qui sont l'évaporation, et l'absorption par le végétal, et aussi à des consommations éventuelles, dont la principale, qui est très-variable, consiste dans les filtrations auxquelles le sol de certaines rizières peut se trouver exposé. Si, dans la partie basse d'une plaine, ce sol est d'une nature argileuse et compacte, naturellement propre à retenir les eaux, alors les filtrations étant nulles, ou presque nulles, la dépense d'eau est réduite à son minimum. Si, au contraire, il s'agissait d'un terrain maigre et perméable, ou placé dans une situation élevée, non-seulement alors la dépense d'eau serait très-grande, mais il arriverait quelquefois qu'on ne pourrait jamais parvenir à étancher suffisamment le bassin destiné à la culture du riz, de manière à l'entretenir au niveau convenable avec un débit modéré, débit auquel on est obligé de regarder, d'après le prix élevé des eaux dans les pays d'irrigation.

Entre ces deux cas extrêmes de la culture du riz, il y a des moyennes consacrées par l'usage. Et celle qu'on peut considérer comme très-approximative, pour le nord de l'Italie, est d'environ 1$^{\text{lit.}}$,50 à 1$^{\text{lit.}}$,75 d'eau continue par hectare de rizière.

En effet, on compte environ une once milanaise pour 25 à 30 hectares de rizières, ou un quadretto de Vérone pour 27 hectares, ce qui rentre dans l'estimation ci-dessus. C'est donc à peu peu près le double de la quantité moyenne applicable à l'irrigation desprairies, sur lesquelles on n'emploie que l'irrigation périodique.

Dans le midi de la France, où la température est plus élevée, et où l'évaporation est considérable, la consommation moyenne de l'eau pour les rizières pourrait aller à un débit de 2 litres par seconde et par hectare. Il est facile, d'ailleurs, de démontrer, *à priori*, que cette quantité est très-suffisante. Ce calcul est même plus facile à faire pour les rizières, qui réclament l'eau continue, que pour les cultures à irrigation périodique. Deux litres par seconde, d'eau continue, produisent, en 24 heures, $172^{m.c.}$,$800^{lit.}$. Cette quantité, répartie sur un hectare, qui est de 10.000 mètres, y représente une lame d'eau de 0^{m},01728 d'épaisseur. L'évaporation, dans le nord de l'Italie et le centre de la France, varie de 0^{m},002 à 0^{m},003 par jour; mais elle va jusqu'à 0^{m},004 et 0^{m},005 dans le midi, surtout sous l'influence du terrible mistral et d'autres vents, durables dans cette contrée.

En adoptant ce maximum, et en supposant que la végétation du riz absorbe, en 24 heures, soit à l'état liquide, soit par voie de décomposition, une quantité d'eau représentant 0^{m},00028 de hauteur, on voit que, dans cette hypothèse d'une dépense de 2 litres par seconde, il restera 0^{m},015 de hauteur d'eau, ou effectivement 150 mètre cubes, par hectare et par 24 heures, pour faire face aux chances de filtration. C'est beaucoup si l'on considère une rizière d'une situation normale, c'est-à-dire établie dans un terrain bas et marécageux, qui peut n'éprouver aucune filtration; mais ce sera trop peu si l'on veut appliquer ce chiffre à une rizière établie dans un terrain assez perméable. Sans doute, si l'eau alimentaire ne coûtait rien, les avantages de la culture du riz sont assez grands pour que l'on ne dût pas craindre de l'étendre, sauf à subvenir, dans des limites plus étendues, à la déperdition occasionnée par les filtrations. Mais là où il existe des rizières, les autres cultures irrigables sont également pratiquées depuis longtemps, et dès lors il faut compter, au minimum, sur une dépense annuelle de 15 à 18 francs par chaque demi-litre d'eau continue, qui ne représente, par 24 heures, qu'un peu plus de 43 mètres cubes à allouer aux filtrations, là où on ne peut les éviter. C'est cette considération financière qui limite l'extension que l'on serait tenté de donner aux rizières, au delà des terrains qui y sont particulièrement convenables.

Il y aurait encore une quantité de détails intéressants à donner sur le mode d'emploi et de distribution des eaux dans les rizières, sur les soins que celles-ci réclament, sur l'arrachage, en temps opportun, des herbes aquatiques, dont la croissance rapide tendrait à annuler presque entièrement la récolte du riz, enfin, sur les diverses manipulations et préparations que l'on fait subir à ce grain précieux, avant de le livrer au commerce. Mais je n'ai voulu donner ici qu'un simple aperçu sur sa culture, entièrement subordonnée à l'emploi des eaux, pour en faire comprendre l'importance.

Insalubrité de la culture du riz. — Dispositions règlementaires. — Dans tous les pays où la culture du riz est en usage, on s'est préoccupé, depuis très-longtemps, de la question de savoir si cette culture, qui est incontestablement malsaine, exerce une influence assez marquée sur la santé publique pour qu'on doive l'interdire à de grandes distances des lieux habités. Mais il y a du pour et du contre dans cette question, et l'on peut en juger d'après les vicissitudes de cette réglementation, qui a été essayée près de trois siècles dans le Milanais.

La culture du riz, qui remonte à une époque immémoriale en Égypte, dans les Indes, la Chine et plusieurs autres contrées d'Asie, ne fut introduite en Europe que beaucoup plus tard. On présume que ce sont les Maures qui ont apporté cette plante en Espagne, vers la fin du XIIIe ou au commencement du XIVe siècle. Cette conjecture paraît d'autant plus fondée que plusieurs des principaux canaux d'arrosage de ce pays datent de cette même époque. Après la conquête du royaume de Valence par les chrétiens, les vainqueurs se montrèrent d'abord très-disposés à conserver les rizières, mais bientôt elles furent prohibées sur les plaintes des habitants de la ville, d'abord sur son territoire, puis, en 1403, sur toute l'étendue du royaume. Depuis cette époque, dit M. Joubert de Passa, la culture du riz a été successivement tolérée, permise ou défendue, suivant qu'elle rencontrait des défenseurs habiles ou des magistrats sévères. C'est exactement ce qui est arrivé en Italie.

Au commencement du XVe siècle, le riz, introduit d'abord dans les provinces vénitiennes, et notamment dans celle de Vérone, se propagea bientôt dans le reste de la Lombardie. Mais sa grande extension dans le Milanais date du milieu du XVIe siècle, par la raison très-simple qu'elle se trouvait subordonnée aux moyens d'irrigation, qui n'ont pris tout leur développement qu'à cette même époque. En Italie, comme en Espagne, des plaintes sur l'insalubrité causée par les rizières se manifestèrent peu de temps après leur création, et des règlements, plus ou moins prohibitifs, firent droit à ces plaintes; mais ils furent, presque toujours, en grande partie éludés.

Le plus ancien règlement que l'on connaisse sur la défense d'étendre les rizières, au delà d'un certain rayon des lieux habités, et d'une certaine étendue sur chaque territoire, date du 4 septembre 1575. Les motifs de ces dispositions furent : 1° le maintien d'un équilibre nécessaire à conserver entre cette nouvelle culture et celle des autres produits alimentaires, tels que le froment, le vin, le foin, etc.; 2° la crainte d'insalubrité. Les mêmes défenses furent renouvelées en 1576, 1585, et 1593. Ce dernier règlement fixa à six milles (10.700^{m}) la distance à laquelle il était interdit de semer le riz, à partir des murs de Milan, et à cinq milles (8.900^{m}) la même distance pour les autres villes.

Plus tard, il y a eu beaucoup de réclamations à ce sujet : on prétendit que l'influence de la culture du riz sur l'insalubrité de l'air n'était que présumée; qu'il était donc injuste de voir le gouvernement s'interposer ainsi, sans motifs fondés, dans l'exercice naturel du droit de propriété, et venir, sur de simples conjectures, arrêter l'essor de l'industrie agricole, si intimement liée à la prospérité publique; qu'en conséquence, jusqu'à ce que des expériences et des faits positifs en aient démontré l'inconvénient, il convenait de laisser facultative l'extension de la culture du riz, et notamment sur les terrains qui, naturellement bas et marécageux, n'étaient pas propres à donner d'autres récoltes.

Ces objections, quoique prises en considération, ne firent pas renoncer totalement aux mesures adoptées; mais on en modéra la rigueur, en restreignant les distances, savoir : à *quatre milles* (7.100^{m}) pour Milan, et à *trois milles* (5.350^{m}) pour les autres villes du Milanais. Plus tard, il y eut tendance plutôt à relâcher qu'à maintenir la sévérité de cette prohibition, de sorte qu'en réalité elle ne fut jamais bien exécutée. Ceux qui voulaient l'éluder le pouvaient d'ailleurs, puisqu'il ne s'agissait que d'être pourvu d'une dispense, ou autorisation motivée, qui se délivrait par les officiers de santé, d'abord moyennant une certaine somme, et par la suite gratuitement.

En 1600, sous le gouvernement espagnol, les distances prohibitives furent encore légèrement restreintes.

Mais, à la suite de la nouvelle peste qui désola le Milanais en 1630, les plaintes et les réclamations, contre la culture du riz, recommencèrent avec une nouvelle force. Peu à peu, cependant, les inquiétudes se calmèrent, et, en 1661, après des conférences et des consultations, dans lesquelles on entendit presque toujours tous les médecins du pays, il fut adopté, en principe, que cette influence nuisible, que l'on avait tant redoutée, était au moins douteuse; que le préjudice causé à l'agriculture par le système restrictif était très-grand, tandis que le préjudice causé à la santé publique par la tolérance n'avait jamais été bien démontré. Cependant les dernières restrictions furent, au moins nominalement, maintenues; mais on ne tint pas la main à leur exécution, et le gouvernement lui-même, tout en reconnaissant le principe, se montra disposé à mitiger la règle; notamment en consentant à appliquer, dans cette circonstance, un petit mille de 1636^{m} au lieu du mille commun de 1784^{m}, ce qui, du reste, ne fut pas maintenu.

Par un édit du mois de décembre 1678, rendu sur la réclamation des propriétaires, la distance, pour la culture du riz, fut de nouveau restreinte à 3 milles, pour Milan, et à 2 milles, pour les autres villes. Les magistrats ne consentirent néanmoins à son exécution qu'après avoir pris l'avis des médecins et des ingénieurs, quant aux effets que pourrait avoir l'introduction de cette culture, sur la stagnation des eaux et sur les miasmes atmosphériques. Enfin, en août 1692, une nouvelle réduction résulta de ce que l'on expliquait la distance prescrite, comme partant, non plus de l'enceinte extérieure, mais du centre de la ville; outre la conservation du petit mille. De longues discussions eurent lieu, à ce sujet, entre l'autorité supérieure, qui tenait à protéger l'agriculture, et les magistrats de Milan, qui s'inquiétaient exclusivement de l'insalubrité.

Mais, par un autre édit du 25 février 1694, le roi d'Espagne remit en vigueur l'ancienne prescription de 4 milles (7.136^{m}) de distance, à partir des murs de la ville, et en adoptant le grand mille de 3.000 bras, ou de 1.784^{m}.

Les dernières dispositions sur cette matière n'ont pas été plus stables que celles qui viennent d'être citées. Ces dispositions consistent dans le décret du 3 février 1809 qui a prescrit: 1° qu'à l'avenir on ne pourrait convertir son terrain en rizière sans la permission de l'autorité administrative, sous peine d'une amende égale au double de la valeur du produit d'une année du terrain converti sans permission en rizière ; 2° que les permissions de ce genre ne seraient jamais accordées sur les terrains qui ne sont pas au moins distants de 8 kilomètres de la capitale, de 5 kilomètres des communes de première classe et des places fortes, de 2 kilomètres des communes de deuxième classe, enfin de ½ kilomètre des communes de troisième classe, les distances ci-dessus devant d'ailleurs être mesurées en ligne droite du pied des murs, pour les communes qui en sont pourvues, et des dernières maisons faisant partie de l'agglomération, pour les autres communes.

Des mesures transitoires étaient adoptées, quant au maintien provisoire des rizières existantes en deçà des distances prescrites ; et l'on se réservait de statuer définitivement, en ce qui les concerne, après avoir consulté les conseils municipaux et ceux des départements intéressés. Mais ces avis, appuyés de ceux d'un grand nombre de propriétaires, furent entièrement contraires à la réglementation dont il s'agit. Et, d'après cela, un second décret du 11 mars 1812 a suspendu l'exécution du premier jusqu'à la publication d'un code rural, dont, depuis lors, il n'a plus été question.

Tout est donc resté dans la plus complète incertitude, quant aux distances légales, pour les rizières. Cependant l'administration publique a toujours senti qu'elle ne pouvait se dessaisir entièrement de sa surveillance sur cette culture toute particulière, par cela seul qu'elle est basée sur un large emploi des eaux. Et le décret de 1809, à peu près annulé, quant aux rayons prohibitifs qu'il établissait, fut, au contraire, confirmé par la législation postérieure, quant à la nécessité d'une permission administrative pour la création de nouvelles rizières. Un arrêté du gouvernement impérial et royal, en date du 19 mai 1819, trace la marche à suivre pour l'instruction des demandes de cette nature, instruction qui s'opère par l'intermédiaire des ingénieurs, ou autres hommes de l'art.

Les choses ne sont pas plus avancées en Piémont, où la culture du riz a beaucoup d'importance, c'est-à-dire qu'on ne paraît pas y avoir d'opinion arrêtée sur la question de l'insalubrité. M. l'avocat Gioranetti, qui est en position de faire autorité sur cette matière, a exprimé, dans son savant mémoire sur le régime des eaux, dont j'ai déjà fait mention, des idées qui paraissent très-judicieuses. L'expérience prouve, dit-il, que l'on vit aussi longtemps au milieu des rizières que partout ailleurs, et que l'on peut remédier aux inconvénients dont on les accuse, par des soins relatifs à la propreté des habitations, à la nourriture des paysans et particulièrement par les précautions à prendre pour préserver les eaux potables des infiltrations de l'eau impure des rizières. Il cite l'opinion de Diemenbroch qui, très-anciennement, avait observé que même les eaux corrompues par la macération du chanvre ou du lin, ne sont réellement nuisibles que quand elles sont mises en communication avec celles servant à la boisson.

M. l'abbé Voisin, qui, après de longs voyages et un séjour de huit années en Chine, s'est retiré depuis quelques années à Paris, aux Missions-Étrangères, a rapporté de ce pays des notions très-précises sur la culture du riz, qui y est si étendue, et qui a déjà donné lieu, de sa part, à des communications intéressantes. J'ai eu de lui la confirmation complète de ce fait important : que la culture en question n'est point regardée comme nuisible à la santé publique, ni même à celle des cultivateurs, mais cela moyennant un régime particulier et des soins hygiéniques qui sont observés avec le plus grand soin. Voici, en abrégé, en quoi consiste ce régime : pendant tout le temps qu'ils travaillent à la plantation ou à la récolte du riz, les paysans chinois font largement usage du thé : ils en prennent dès le matin, dans l'intervalle de leurs repas et à leurs repas, seulement dans ce dernier cas, ils y joignent un peu de vin de riz ou de millet (si l'on peut donner à cette boisson le nom de vin); communément aussi, ils fument, dans le cours de la journée, plusieurs pipes de tabac. Avant d'aller prendre leur repos, ils ne manquent pas de se laver tout le corps avec de l'eau bien chaude et ces lotions sont souvent répétées plusieurs fois par jour; *avec cette manière de vivre on les voit toujours bien portants.*

Cependant quant au mode de culture, le riz se traite en Chine à peu de chose près comme en Italie; c'est-à-dire que pour le semer, le sarcler, le moissonner, les paysans sont obligés d'être dans l'eau presque jusqu'aux genoux, outre les autres opérations de la même culture dans lesquelles on a à manier de la vase plutôt que de la terre, car il y a en Chine une très-grande quantité de rizières perpétuelles établies dans des marais où l'asséchement complet est impossible. On considère d'ailleurs dans ce pays le riz ou du moins la variété qui y est préférée, comme une plante entièrement aquatique, dont la végétation ne s'accomplit jamais mieux que dans son élément normal, et l'on ne suit pas le système lombard qui est de ne donner au riz qu'une espèce d'irrigation, dans la 2e moitié de la saison où il végète. En résumé l'expérience de la Chine est d'un grand poids pour faire conclure qu'à l'aide de soins, de propreté, et d'une alimentation convenable, il est possible de combattre, avec un plein succès, les influences maladives que l'on attribue à la culture insalubre du riz.

C'est donc peut-être prématurément que l'on aurait renoncé à cette importante culture dans le midi de la France, en Toscane et dans quelques provinces de Piémont où elle fut en usage autrefois. Ce qu'il y a de certain, c'est qu'on peut, par son moyen, transformer, avec quelques travaux préalables, de vastes étendues de marais sans valeur en terrains très-productifs, en y diminuant, sinon tout à fait, du moins notablement, l'insalubrité de l'air, pour le pays environnant. Quant à la classe agricole, elle est sans contredit exposée à des maladies dues à cette culture malsaine ; mais puisqu'il existe des moyens de les éloigner, comment ne s'efforcerait-on pas d'arriver le plus tôt possible à cette amélioration?

C'est presque exclusivement dans les mains des grands propriétaires que se trouve la culture du riz, en Italie comme ailleurs, Cette culture n'est possible en effet qu'avec des capitaux considérables ; elle n'est profitable que sur de grandes étendues de terrain, jouissant de ressources assurées, en eau et en engrais. Les fermiers mêmes ont à faire bien plus d'avances que dans tous les autres genres de culture. Il y a donc ici un devoir à remplir non-seulement pour l'administration publique, mais pour la grande propriété.

Que le sort des paysans voués à ces pénibles travaux soit rendu moins précaire, qu'on les laisse moins à la merci de régisseurs avides et sans pitié qui leur refusent quelquefois jusqu'aux moyens de se soigner dans leurs maladies, qu'ils soient éclairés et guidés sur les soins et le régime à l'aide desquels ils peuvent se préserver de ces funestes maladies ; que les propriétaires sentent qu'il y va de leur propre intérêt d'effectuer, le plus promptement possible, ces améliorations, et l'on verra cesser les causes du principal obstacle que l'on oppose à l'extension de la culture du riz.

NOTE

Sur les marcite, ou prés d'hiver, dans le système milanais.

Le Milanais est bien la terre classique des irrigations. Ce fait se trouve démontré par tous les résultats remarquables qui y sont obtenus, dans les voies ordinaires ; il me reste à dire ici quelques mots des procédés employés dans ce pays pour combattre la nature elle-même, pour la faire produire quand elle devrait se reposer ; pour obtenir en un mot, sur des terrains privilégiés, de l'herbe verte et savoureuse, au cœur de l'hiver, et lorsque les terrains environnants sont couvirts de neige, ou durcis par la gelée. Au premier abord il n'y a rien là qui paraisse très-étonnant, puisque cette conservation locale de la chaleur propre à continuer la végétation s'opère perpétuellement sous nos yeux, très en petit il est vrai, à l'aide de couvertures vitrées. Mais ici on opère sur une plus grande échelle, c'est-à-dire sur des milliers d'hectares, et la couverture dont on se sert est une couverture liquide qui, de plus, est essentiellement formée d'un liquide continuellement en mouvement ; c'est-à-dire que l'on fait couler sur la surface des prés de ce système, pendant toute la saison rigoureuse, et principalement pendant les nuits les plus froides, une nappe d'eau très-mince qui fait fonction d'un voile léger, mais suffisant, pour remplir l'objet dont il s'agit.

Le hasard seul a dû conduire très-anciennement à cette découverte, dans un pays où il s'emploie une si grande masse d'eau d'irrigation. Quoi qu'il en soit, il n'est personne qui ne comprenne de suite qu'il y a là un intérêt immense pour la production des fourrages, pour celle des bestiaux, et notamment pour celle du laitage qui trouve une destination si productive dans les fromageries de ce pays. Mais on conçoit, en même temps, qu'il faut à cette culture extraordinaire des conditions toutes spéciales de température qui ne peuvent se rencontrer que dans un petit nombre de localités. En effet dans les pays où le thermomètre descend habituellement à 7 ou 8 degrés au-dessous de zéro, c'est en vain que l'on voudrait faire couler une mince nappe d'eau sur des surfaces inclinées. Cette eau, fût-elle même très-voisine de sa source, gèlerait inévitablement ainsi que le sol, et ferait alors beaucoup plus de mal que si l'on eût laissé celui-ci dans son état naturel. D'un autre côté il est des pays, comme le midi de l'Espagne, les Calabres, la Sicile, etc. où il ne gèle guère qu'accidentellement et dans lesquels dès lors on n'aurait que peu ou point d'intérêt à opérer de cette manière. Voilà ce qui explique comment les *marcite* ne peuvent convenir qu'à une zone assez restreinte, et comment le Milanais est jusqu'ici le seul pays qui ait utilisé en grand ce mode admirable de culture.

Pour les prés de ce système, comme pour les autres terres arrosées, le tracé des rigoles, qu'il est si important de bien établir, est laissé, la plupart du temps, aux simples eygadiers ou *campari*. Mais dans les provinces de Pavie, Lodi et Milan, ces hommes ont une telle habitude des opérations de cette espèce, qu'ils sont devenus comme de véritables ingénieurs. Un point essentiel à remarquer pour connaître l'économie de ce système, c'est que dans les soins préalables tels que terrassements, tracé des rigoles, semences, culture, amendements, etc., tout doit être fait avec le plus grand soin ; et les principes exposés plus haut, en ce qui concerne les procédés de l'irrigation ordinaire, doivent trouver ici une rigoureuse observation. C'est seulement dans le système de ces prés à irrigation perpétuelle que l'on donne le nom d'*ailes* aux vèrsants opposés que forment les espèces de billons à l'aide desquels est établi, sur une étendue déterminée, le système de rigoles principales et de colateurs qui procure l'écoulement lent et continuel qu'il s'agit d'obtenir. L'observation des pentes et des niveaux convenables dans cette disposition du sol est de la plus grande importance, pour le succès de l'opération ; si les pentes étaient insuffisantes l'eau n'aurait pas assez d'écoulement et deviendrait stagnante, dans des places que l'on ne pourrait plus assainir ; si elles étaient trop fortes, la même eau, donnée comme on le sait en grand volume, ravinerait le sol en déracinant l'herbe au lieu de la faire pousser. C'est du reste dans chaque cas particulier et pour telle ou telle nature de sol que l'on peut déterminer le degré exact de ces inclinaisons.

La première condition pour l'établissement des *marcite* est d'avoir à sa disposition : 1° Le volume d'eau ordinaire réclamé par l'irrigation d'été ; 2° un volume d'eau beaucoup plus considérable pour la préservation et l'arrosage du même terrain pendant l'hiver. Sans doute on pourrait soumettre à ce mode de culture des prés qui ne recevraient pas d'arrosage en été, mais cela n'en serait qu'une application incomplète et ses produits ne répondraient pas suffisamment aux frais de culture. Je n'entrerai pas ici dans le détail des soins que l'on doit observer pour mettre à l'état de *marcite* soit une prairie déjà constituée, soit un terrain qui jusqu'alors avait été labouré. En négligeant, dans ces détails, la partie purement agricole, je me bornerai à faire remarquer que dans la situation la plus favorable, qui est celle des terrains en plaine ayant une faible inclinaison générale, la disposition du sol par billons se fait d'une manière aussi complète que possible seulement avec la charrue. Les cultivateurs milanais ont pour cela beaucoup d'habileté ; avec la seule précaution d'incliner le soc dans une direction convenable de manière à rejeter à droite ou à gauche la terre des sillons, ils exécutent de véritables terrassements qui sont très-économiques puisqu'ils ne réclament guère plus de temps que le labour proprement dit ; c'est ce qu'ils appellent monter les ailes.

L'expérience a prouvé qu'il y avait de l'avantage à faire les ailes d'une petite largeur, c'est-à-dire de six à huit mètres au plus. On conçoit bien en effet que pour assurer l'écoulement des eaux en une nappe uniforme sur un plan incliné d'une plus grande largeur, il faudrait lui donner plus d'inclinaison, ce qui amènerait des chances presque inévitables de ravinement.

La consommation d'eau pour les prés d'hiver est très-grande, comparativement à celle que réclament les prés arrosés en été. On ne pourrait pas déduire ces consommations l'une de l'autre, car si l'on était obligé de donner d'une manière continue pendant tout l'hiver le même volume d'eau que l'on donne périodiquement pour l'irrigation estivale des prairies, on arriverait à un chiffre énorme. En effet n'aurait-on qu'une lame d'eau de $0^m,002$ d'épaisseur, qui se renouvellerait avec une vitesse de $0^m,01$ par seconde sur la surface d'un hectare, cela représenterait une dépense de 200 litres d'eau continue, avec lesquels on arrose en temps ordinaire plus de 300 hectares de prés en été. Mais on n'est pas toujours obligé de donner l'eau d'une manière entièrement continue, par la raison que les eaux les plus recherchées pour cet usage sont les eaux de source qui ont une température propre d'au moins onze à douze degrés centigrades ; de sorte que, par cette précieuse qualité, il suffit souvent d'humecter la surface du terrain pour empêcher la gelée de l'atteindre. Avec de bonnes eaux, un écoulement continu de 20 à 25 litres par seconde est ordinairement plus que suffisant pour l'entretien d'un hectare de *marcite*; avec des eaux froides trois fois cette quantité pourraient ne pas suffire. Pendant les temps doux de l'hiver, on peut se dispenser de faire couler l'eau sur les *marcite*. Mais quand cette eau est fécondante on en continue l'emploi, non plus comme moyen de préservation, mais comme moyen d'amendement.

Lorsque les nivellements, labours et préparations préalables sont achevés, on ensemence les prés de cette nature de graines choisies dont la composition la plus ordinaire par hectare est de 4 kil. d'ivraie vivace (*Lolium perenne*) et de 12 kil. de trèfle, que l'on est dans l'usage de mêler avec 140 kil. d'avoine.

On a bien soin, pour répandre ces semences, de choisir un jour où la terre ne soit pas mouillée, sans quoi on y causerait beaucoup de dégât en marchant; on y passe le rouleau, comme à l'ordinaire, et ce n'est qu'après cette opération que l'on ouvre les petits fossés colateurs qui, pour des ailes de 6 à 8 mètres, n'ont guère que $0^m,30$ de largeur sur $0^m,20$ à $0^m,25$ de profondeur.

Quand le printemps est sec, on peut arroser, sans crainte, dès que les jeunes brins d'herbe commencent à paraître. Dans tous les cas il s'agit d'abord d'une irrigation estivale, à opérer suivant les procédés ordinaires, et on la répète aussi souvent que le pré paraît en avoir besoin. C'est dans cette première mise en eau que l'on observe avec soin si les pentes adoptées pour les ailes ont la déclivité qui convient à la nature du sol. Dans les années très-favorables, il arrive quelquefois que l'on peut déjà faucher en août une première coupe, mais ordinairement cela ne se fait pas et alors c'est sur cette herbe, déjà forte, que l'on commence, dans les premiers jours de septembre, à donner l'eau d'hiver qui, sauf les restrictions dont j'ai parlé plus haut, est employée jour et nuit, d'une manière continue. C'est alors que l'on cure les fossés et rigoles et que l'eygadier en chef, en s'aidant du cours de l'eau elle-même, procède au nivellement et au dressement exact de ces rigoles, de manière que l'eau déverse uniformément par dessus les rives et se répande sur toute la surface du pré, où, par analogie avec ce qui se fait dans les rizières, des hommes munis de bêches et de houes, abattent et répandent les parties culminantes accusées par ce premier écoulement du liquide; ils détruisent également les taupinières et exhaussent au contraire, en introduisant par dessous de la terre amendée, les dépressions qui peuvent exister dans la couche de gazon (*cotico*). De cette manière l'eau finit par parcourir, d'une manière uniforme, toute la surface du pré.

Avec ces précautions et une surveillance attentive, pour éviter l'effet des premières gelées, on peut faucher dès la fin de décembre, une coupe très-abondante d'herbe fraîche qui est mise immédiatement à la disposition des vaches dans leurs étables.

L'époque de cette première coupe d'hiver est d'ailleurs une chose à peu près indifférente ; elle peut être retardée, sans inconvénient, pendant tout le mois de janvier. Le point essentiel c'est qu'il ne s'en fait pas moins de cinq dans le cours de l'année. On conçoit aisément que leur produit est plus considérable dans les mois d'été que dans ceux d'hiver ; mais enfin le total de ces coupes successives sur l'étendue d'un hectare s'élève, au bout de l'année, au poids énorme de 50 à 60 mille kilogr. qui, vu la qualité très-aqueuse de l'herbe, ne donnerait, en foin sec, qu'environ $\frac{1}{4}$ de ce poids, c'est-à-dire de 12 à 15 mille kilog., ce qui est encore un beau produit, comparativement à celui des prés arrosés seulement en été.

Il est vrai que ces résultats étonnants ne s'obtiennent qu'avec de fortes dépenses, moins pour la location d'un grand volume d'eau d'hiver, dont le prix est partout inférieur à celui de l'eau d'été, que pour les frais de main-d'œuvre, de surveillance, et d'engrais dont la consommation sur ces prairies si fécondes, se règle, à peu de chose près, sur la même échelle que leur fertilité. Néanmoins quand elles sont bien conduites, c'est un des emplois du sol qui donnent les plus grands produits nets.

On avait soulevé, à différentes époques, une question d'insalubrité pour faire restreindre l'étendue des prés d'hiver qui, à partir du 16e siècle, se sont accrus rapidement et tendent toujours à s'accroître, dans le Milanais. Mais il n'a pas fallu un bien long examen pour prouver que ces craintes étaient chimériques, et malgré l'existence de quelques règlements prohibitifs, l'extension de cette culture est restée facultative à tous ceux qui ont assez d'eau pour l'entreprendre. L'avocat Berra, de Milan, qui a publié, il y a une vingtaine d'années, un écrit intéressant sur les marcite, en a consacré la majeure partie à démontrer, par des documents officiels, que les craintes d'insalubrité sont sans fondement, et tout le monde le concevra aisément en réfléchissant que l'abondance de l'humidité n'est pas à craindre en hiver. Ce peu de mots ne saurait donner une idée complète de cette belle culture, mais il suffisait pour la définir et pour faire concevoir combien elle est intéressante.

NOTE

Sur l'arrosage à l'aide des machines.

Machines diverses. — Je ne dois pas passer sous silence l'arrosage à l'aide des machines à élever l'eau, moyen qui, sans être généralement comparable, pour ses avantages, à l'irrigation proprement dite, peut néanmoins présenter, dans quelques localités, des chances réelles de succès. Le grand inconvénient de toutes les machines consiste moins dans la dépense de leur premier établissement que dans celle de la force motrice qu'elles exigent, et souvent dans les frais coûteux de leur entretien.

Les seuls moteurs vraiment économiques sont ceux que représentent les agents naturels, tels que l'eau courante et le vent. Mais dans les arrosages opérés par simple dérivation, le moteur de l'eau est plus économique encore ; en effet, il n'est autre chose que la gravité elle-même, qui est une des lois fondamentales du système du monde. L'eau courante, prise à un niveau supérieur à celui des terres sur lesquelles on veut qu'elle se répande, tend d'elle-même à obéir constamment à cette loi immuable, et il ne s'agit plus que de diriger sa marche, que de répartir convenablement son volume. Au contraire, quand on n'a pas d'autre moyen que de prendre l'eau alimentaire à un niveau inférieur à celui du sol, il faut supporter la dépense continuelle d'un moteur capable d'en opérer l'élévation. Je dirai rapidement quelques mots sur les diverses machines dont on peut se servir en pareille circonstance.

Et d'abord les machines qui ont pour moteur la force humaine ne peuvent guère être employées, si ce n'est qu'accidentellement et pour une irrigation peu considérable, car les frais qu'elles occasionnent sont trop grands. Et quand, pour un seul hectare, il s'agirait d'élever, dans le cours d'une saison, même le minimum de 5.000 à 6.000 mètres cubes d'eau à la hauteur de 3 ou 4 mètres, on aurait bientôt dépensé de cette manière, non-seulement la valeur de la récolte, mais souvent celle du terrain lui-même. Toutes machines à élever l'eau, mues à bras d'hommes, telles que les pompes, la vis d'Archimède, etc., doivent être comprises dans cette exclusion, à moins toutefois qu'il ne s'agisse de l'arrosage d'une petite superficie dont on doit retirer un grand profit ou un grand agrément. Je fais (mais toujours pour de très-petites étendues de terrain) une exception en faveur de deux procédés, extrêmement simples, qui sont le baquetage et la poulie. Quand on a l'eau à un niveau constant à une très-petite profondeur au-dessous du sol à arroser, le baquetage, c'est-à-dire le simple puisage au seau, opéré par un ou deux hommes, est un des modes d'épuisement qui, pour une même dépense de force, produit le plus grand effet utile. Pour adapter ce moyen à l'arrosage, il suffit d'avoir une maîtresse rigole, soit en terre, soit en bois, qui du lieu du puisage conduit l'eau sur le point où s'en opère la répartition, et dans beaucoup de cas cette répartition peut s'opérer convenablement.

Pour des élévations plus considérables, la poulie, pourvue d'un double seau, est également une des machines très-simples dont l'effet est le plus satisfaisant. La dépense d'établissement en est presque nulle, et cependant le produit peut rivaliser avec celui des pompes, qui, avec le même moteur, sont dix ou douze fois plus coûteuses.

Après les machines mues par les hommes, viennent celles qui sont mues par des chevaux. Elles consistent principalement en norias, roues à chapelet, vis, et pompes à manége. Celles-ci, opérant sur des masses plus considérables, sont déjà d'un emploi moins désavantageux que les premières, mais encore, vu le prix élevé de la main d'œuvre, ne peut-on pas penser à opérer en grand par leur moyen.

Ensuite viennent celles qui ont pour moteur l'eau courante ou le vent, et qui profitent nécessairement des avantages de ces moteurs économiques. Enfin les machines à vapeur, qui sont, pour l'objet dont il s'agit, les plus intéressantes de toutes, et dont je me propose de dire particulièrement quelques mots à la fin de cette note.

Les frais annuels nécessités par l'emploi d'une machine, quelle qu'elle soit, se décomposent ainsi : 1° Intérêt du capital d'acquisition ou d'établissement; 2° Dépérissement annuel; 3° Entretien et réparations; 4° Consommation, en main-d'œuvre, combustible, etc.

En appliquant cette évaluation aux divers systèmes de machines dont je viens de parler, on trouve que les prix d'arrosage, par hectare, en supposant l'eau élevée à une hauteur moyenne de 3 mètres, reviendraient approximativement aux prix ci-après

1° Pompes mues par des hommes, de. . . . . 350 à 400 fr.;

2° Baquetage à bras ou à l'aide de poulies, de. 200 à 260 fr.;

3° Pompes, vis, ou roues à manége, mues par un ou deux chevaux, de. . . . . 100 à 200 fr.;

4° Mêmes machines mues par des ailes de moulin à vent, et établies dans une situation favorable, de. . . . . 80 à 160 fr.;

5° Mêmes machines mues, par une chute ou un courant d'eau, dont on suppose le loyer ou la redevance établis sur des bases modérées, de. . . . . 45 à 60 fr.;

6° Mêmes machines mues par la vapeur, suivant le prix de la houille et celui des machines, de. . . . . 20 à 45 fr.

Ces résultats approximatifs, qui sont tous basés sur des expériences, démontrent bien que c'est seulement dans les derniers termes de la série ci-dessus que l'on peut chercher des moyens, praticables en grand, d'arroser par les machines. A bien dire, il n'y a même que les machines à vapeur sur lesquelles on puisse compter partout; car la difficulté de rencontrer des chutes d'eau sur le point même où l'on doit faire une irrigation, et la difficulté d'admettre des roues motrices sur le bord des rivières navigables ou flottables, font que ce moyen n'est que rarement praticable. Je me bornerai donc à dire ici quelques mots sur les prix auxquels peut revenir, dans diverses circonstances, l'arrosage au moyen des pompes à feu.

Machines à vapeur. — La première application des machines à vapeur à l'irrigation du sol, a été faite en 1836, dans le delta du Rhône, par M. A. Peyret-Lallier. Cet essai n'a pas eu d'abord de résultats satisfaisants; mais, comme les causes de non succès ont été en dehors de l'entreprise elle-même, on ne pourrait pas en tirer la conséquence que l'opération n'était pas bonne. Il y a lieu de croire, au contraire, que dans beaucoup de localités, et notamment dans le bas des fleuves qui ont un grand volume d'eau, mais trop peu de pente pour permettre des dérivations, l'élévation des eaux, au moyen des machines à vapeur, peut suppléer très-avantageusement à des dérivations qui auraient une trop grande longueur.

On ne peut pas donner un aperçu général des frais résultant de l'irrigation au moyen des machines à vapeur, attendu que ces frais sont très-variables, d'après les éléments suivants : hauteur à laquelle l'eau doit être élevée ; prix du combustible ; prix des machines à vapeur, ainsi que de la main d'œuvre, nécessaire à leur manœuvre et à leur entretien ; en second lieu, on doit aussi remarquer qu'ici, comme dans bien d'autres cas analogues, les frais correspondants à l'unité de force sont moindres dans les grandes machines que dans les petites ; ce qui serait favorable à la formation d'associations organisées de manière à profiter en commun, d'après des partages convenables, des eaux élevées par une même machine, comme cela se fait entre les usagers d'un même canal principal.

On a quelques données pouvant servir à faire apprécier les prix de revient de l'eau d'irrigation obtenue par ce moyen.

Pour le prix d'acquisition des machines à vapeur on peut supposer approximativement environ 1000 fr. par force de cheval ; pour leur consommation en charbon de terre, elle peut varier entre 1 et 4 kilogrammes par heure et par cheval. Quant au prix de la houille, il varie extrêmement, suivant la plus ou moins grande proximité des mines, les difficultés d'extraction et de transport, la qualité du charbon, etc. En France, le prix de l'hectolitre de ce combustible, de qualité moyenne, va depuis 1 franc jusqu'à 5 francs. Vendu au poids, les mêmes variations ont lieu dans le prix de la tonne métrique, qui va depuis 12 et 15 francs jusqu'à 50 fr., 60 fr., et plus, suivant les distances et les difficultés du transport.

Voici, d'après des notes récentes qu'a bien voulu me fournir M. Peyret-Lallier, un aperçu des frais que coûterait l'arrosage, par la vapeur, dans une localité semblable à celle de l'île de la Camargue, dans les environs d'Arles (Bouches-du-Rhône), en supposant que l'on y employât une machine à vapeur à haute pression, de la force de 10 chevaux.

1° *Frais d'établissement.*

Achat de la machine à Saint-Étienne (Loire). . .	7,500 fr.
Transport et pose de la machine.	2,500
Roue à tympans pour élever l'eau.	2,000
Total.	12,000 fr

2° *Frais annuels.*

Houille : 4 kilogrammes par heure et par force de cheval, ou en 150 jours de travail continu, 144 tonnes à 20 fr.		2,880 fr.
Un machiniste, à 4 fr. par jour.	600	1050
Un aide-machiniste, à 3 fr.	450	
Entretien annuel de la machine, etc., 5 o/o. . . .		600
Intérêt du capital, à 5 o/o.		600
Total.		5,130 fr.

En supposant que l'on obtienne un effet utile égal aux deux tiers de la puissance motrice, la quantité d'eau élevée à 1 mètre sera de 6,480,000 mètres cubes, pouvant arroser, à raison de 10,000 mètres cubes par hectare. . . . . 648 hectares,

à 1^m,50 —	4,869,000 m. cub.,	pouvant	arroser	486	—
à 2^m,00 —	3,240,000	—	—	324	—
à 3^m,00 —	2,160,000	—	—	216	—

La dépense de l'irrigation sera donc, par hectare,

en élevant l'eau à 1^m,00.	7 fr.	92 c.
à 1^m,50.	10	55
à 2^m,00.	15	84
à 3^m,00.	23	76

Il existe un projet d'amélioration de la Camargue, qui fut étudié en 1837, par M. Poulle, ingénieur en chef des ponts et chaussées; un canal de dérivation du Rhône, d'une portée de 20 mètres cubes d'eau par seconde, devait être établi, entre la Roche de Comps, en amont de Beaucaire, et la tête de l'île. La dépense d'établissement de ce canal était évaluée à 5.200.000 fr., y compris un capital de 600.000 francs, représentant les frais d'entretien. L'intérêt à 5 pour 100 de cette somme étant de 260,000 francs, et la superficie à irriguer d'environ 20,000 hectares, le prix de l'arrosage serait revenu, à ses fondateurs, à 13 francs par hectare, ce qui, d'après le calcul ci-dessus, ne correspondrait qu'à l'élévation de l'eau par machines à vapeur, à un peu moins de 2 mètres au-dessus de son niveau. Dans l'une et l'autre hypothèse, ces calculs ne doivent être regardés que comme approximatifs; mais ils sont basés sur la consommation moyenne de 1 mètre cube d'eau pour 1000 hectares, ce qui, d'après mes dernières recherches, est une base très-élevée : dès lors il y aurait, d'après cela, plutôt diminution qu'augmentation sur le prix de revient de l'arrosage.

NOTE INDICATIVE

De quelques anciens écrits sur les irrigations.

Ouvrage arabe. — Abou-Zacharia-iahia-Aben-Mohammed-ben-Ahmed-Ebn-el-Awam, de Séville, a écrit un traité d'agriculture au VIe siècle de l'Hégire, qui correspond au XIIe siècle de l'ère chrétienne. La bibliothèque royale de Paris, et celle de Leyde, possèdent chacune, dans leurs collections de manuscrits arabes, la première partie du *Traité d'agriculture* d'Ebn-el-Avam. L'ouvrage complet existe à la bibliothèque de l'Escurial. C'est un manuscrit in-4° de 426 pages, en papier de coton. En 1802, Don Joseph Banqueri, prieur de la cathédrale de Tortose et savant orientaliste, en a publié le texte arabe complet, avec la traduction espagnole en regard, en 2 vol. petit in-folio.

Le chapitre III traite des diverses qualités des eaux d'arrosage, pour les arbres et pour les plantes, et de leur rapport avec les objets de la culture; de l'établissement des puits et norias dans les jardins; du nivellement de la terre pour que l'eau puisse s'y répandre et l'arroser complétement; des signes auxquels on reconnaît si l'eau est près ou loin de la surface du sol, etc.

Le chapitre XII a pour objet l'arrosage des arbres, et le temps qui convient à cette opération; le plus ou moins d'eau que réclame chaque espèce, d'après les écrits d'Aben-Hajaj, Abou-Abdallah, Ebn-el-Fasel, Haj, Abou-el-Jair, et autres auteurs arabes.

Les autres chapitres traitent de la semaille des grains dans les terrains secs ou arrosés; de la culture et de la récolte du riz, du millet, du panis, des lentilles, des haricots et du sésame; des légumes et plantes diverses, tels que le carthame, le coton, le chanvre, le safran, etc.

Ouvrage chinois. — Le deuxième ouvrage que je désire signaler à la curiosité de mes lecteurs, est le Traité d'agriculture composé par Sin-Kuang-Ki, ministre de l'empereur, vers l'an 1400 de notre ère. Cet ouvrage, formant un gros volume, et que l'on compte parmi les manuscrits précieux de la Bibliothèque royale de Paris, est rédigé sous la forme d'un rapport au souverain. Le ministre y considère les irrigations comme un des plus puissants moyens de combattre la famine, ce grand épouvantail de la population chinoise.

Après s'être livré à des considérations préliminaires sur les eaux en général, c'est-à-dire sur les sources, les lacs, les rivières, etc., il examine l'utilité des réservoirs artificiels. L'auteur compare l'importance d'un bon aménagement des eaux, dans ce pays, à celle de la circulation régulière du sang dans le corps humain. Il rappelle que sous la dynastie de Tchi-Ou, mille ans avant l'ère chrétienne, les règlements sur l'irrigation marchaient de pair avec les premières lois sur la propriété du sol.

L'ouvrage est divisé en vingt-deux livres, dont deux sont consacrés aux irrigations européennes, d'après des communications faites par le savant missionnaire Mathieu Ritchi (Li-Mateou), qui fut, à ce qu'il paraît, l'instituteur du ministre.

Les autres divisions principales de l'ouvrage traitent séparément des irrigations du sud-est et du sud-ouest de l'empire, et on y indique les procédés suivis par les agriculteurs de ces diverses localités, dans la pratique des irrigations. Un assez grand nombre de dessins sur papyrus font connaître les diverses machines auxquelles les Chinois ont recours pour les irrigations, quand ils ne peuvent pas profiter de la pente naturelle du terrain, qu'on a appelée, avec raison, la grande machine agricole, au point de vue de l'arrosage. On voit dans ces dessins des roues à chapelet, de toute force, mues par des hommes, ou des bœufs, des mulets, etc.; des roues à augets, faites de tubes de bambou, et déversant les eaux dans de longues conduites du même bois, qui, dans ce pays, où il est indigène, atteint des dimensions très-avantageuses pour cet usage. Les mêmes dessins indiquent, dans diverses circonstances, l'emploi des buffles, comme étant les moteurs animés que l'on préfère dans la mise en jeu de plusieurs machines usuelles, notamment pour celles qui se rattachent aux manipulations du riz. Cette circonstance tend à constater l'analogie qui existe entre le climat du midi de la Chine et celui du midi de l'Italie, où les buffles sont presque exclusivement employés aux travaux agricoles.

TABLE GÉNÉRALE

DES MATIÈRES.

TOME Ier.

Pages

Pages.

LIVRE II.

CANAUX DU PIÉMONT.

LIVRE III.

CANAUX DE LA LOMBARDIE.

TOME II.

LIVRE IV.

MESURE ET DISTRIBUTION DES EAUX.

PREMIÈRE PARTIE.

JAUGEAGES, OU MESURES APPROXIMATIVES DU VOLUME DES EAUX COURANTES.

DEUXIÈME PARTIE.

MODULES, OU MESURES EXACTES DU VOLUME DES EAUX COURANTES.

LIVRE V.

TRACÉ, ÉTABLISSEMENT ET ENTRETIEN DES CANAUX.

LIVRE VI.

PRINCIPES GÉNÉRAUX DE LA PRATIQUE DES IRRIGATIONS.

TOME III.

LIVRE VII.

DE LA LÉGISLATION LA PLUS FAVORABLE AUX PROGRÈS DES IRRIGATIONS, ET EN PARTICULIER DU DROIT D'AQUEDUC.

Pages

LIVRE VIII.

ADMINISTRATION, ENTRETIEN ET CURAGE DES CANAUX.

LIVRE IX.

CONTENTIEUX.

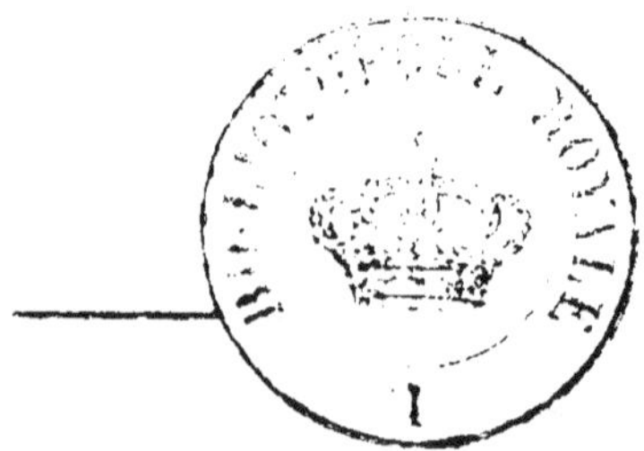

SUITE DES CORRECTIONS ET ADDITIONS.

TOME Ier.

P. 46, l. 24, *au lieu de* un soin et un succès remarquable, — *lisez* : soin et succès.
P. 71, l. 6, *au lieu de* aquidotto, — *lisez* : acquedotto.
P. 80, l. 8, *au lieu de* giaccia, — *lisez* : glaccio.
P. 83, l. 19, *au lieu de* Lucre, — *lisez* : Luere.
P. 102, l. 28, *au lieu de* Sostegno, — *lisez* : Sostegni.
P. 114, l. 6, *au lieu de* modello, — *lisez* : modulo.
P. 118, l. 2, *au lieu de* ponto, — *lisez* : punto.
P. 155, l. 12, *au lieu de* janvier, — *lisez* : février.
P. 224, l. 21, *au lieu de* tracés, — *lisez* : tracé.
P. 250, l. 16, *au lieu de* en maçonnerie, — *lisez* : en pieux et maçonnerie.
P. 251, l. 10, *au lieu de* $0^m,80$ et 1^m, — *lisez* : $0^m,50$ et $0^m,60$.
P. 254, l. 12, *au lieu de* dans le canal, — *lisez* : sous le canal.
Ibid., l. 13, *au lieu de* Gravellina, — *lisez* : Gravellino.
Ibid., l. 17, *au lieu de* Gorla, — *lisez* : Garla.
P. 255, l. 17, *au lieu de* d'Azigliano, — *lisez* : de Tronzano et d'Azigliano.
P. 256, l. 26, *supprimez* Tronzano.
Ibid., l. 29, *au lieu de* Viemmino, — *lisez* : Viennino.
P. 259, l. 1, *au lieu de* Rona, — *lisez* : Rocca.
Ibid., l. 3, *au lieu de* en maçonnerie, — *lisez* : en pieux et maçonnerie.
P. 260, l. 10, *au lieu de* Corisio, — *lisez* Carisio.
P. 262, l. 5, *au lieu de* dernière dérivation, — *lisez* : dernière dérivation à gauche.
Ibid., l. 11, *au lieu de* Rivarossa, — *lisez* : Rivarotta.
Ibid., l. 12, *au lieu de* route de Rondizzone, — *lisez* : route de Rondizzone à Milan.
P. 263, l. 16, *au lieu de* 100 onces, — *lisez* : 80 onces.
Ibid., l. 17, *au lieu de* Cazavino, — *lisez* : Caravino.
Ibid., l. 20, *au lieu de* se termine, — *lisez* : se divise.
P. 267, l. 21, *au lieu de* $\frac{1}{5}$, — *lisez* : $\frac{1}{6}$.
P. 268, l. 5, *au lieu de* 52 onces, — *lisez* 48 onces.

Ibid., l. 19, *au lieu de* barrage fixe de maçonnerie, — *lisez* : barrage instable.

P. 269, l. 29, *au lieu de* moellons, — *lisez* : briques.

P. 270, l. 5, *au lieu de* Madenzone, — *lisez* : Merdanzone.

P. 274, l. 12, *au lieu de* 8 roues, — *lisez* : 4 roues.

Ibid., l. 19, *au lieu de* en Piémont, — *lisez* : compris entre l'Orco et la Sesia.

P. 278, l. 3, *au lieu de* Gistarengo, — *lisez* : Gislarengo.

Ibid., l. 2, *au lieu de* Buzenzo, — *lisez* : Buronzo.

Ibid., l. 6, *au lieu de* Bassono, — *lisez* : Balocco.

P. 279, l. 27, *au lieu de* rive droite, — *lisez* : rive gauche.

P. 280, l. 29, *au lieu de* Arcenati, — *lisez* : Arconati.

P. 282, l. 3, *au lieu de* Carpignano, — *lisez* : Caspignano.

Ibid., l. 14, *au lieu de* Brenne, — *lisez* : Brême.

P. 291, l. 19, *au lieu de* en Piémont, — *lisez* : dans les provinces du nord et de l'est du Piémont.

P. 298, l. 6, superficie du lac Majeur, *au lieu de* 432 hectares, — *lisez* : 20.000 hectares.

Ibid., l. 8, *au lieu de* Lerius, — *lisez* : Larius.

P. 300, l. 27, dans les crues du Tessin, — *ajoutez* : 1829, $3^{m},95$.

P. 301, l. 19, *au lieu de* Puziano, — *lisez* : Pusiano.

P. 303, l. 24, *au lieu de* Toccia, — *lisez* : Tocce.

P. 305, l. 28, *au lieu de* 200 mètres cubes, — *lisez* : 120 m. c.

P. 306, l. 2 et 7, *au lieu de* 6.000 mètres cubes, — *lisez* : 2.000.

Ibid., *ibid.*, *au lieu de* 3.600 onces, — *lisez* : 44.000 onces.

P. 310, l. 19, *au lieu de* Varanno, — *lisez* : Varano.

P. 311, l. 19, *au lieu de* du Novarais, — *lisez* : de la Suisse.

P. 312, l. 22 et 23, *au lieu de* le Mincio qui en sort en conservant son nom, — *lisez* : la Sarca qui en sort en prenant le nom de Mincio.

Ibid., l. 25, *au lieu de* le Sério, — *lisez* : le Sério et le Brembo.

P. 313, l. 17, *au lieu de* qui vient se perdre, — *lisez* : qui traverse.

P. 317, l. 4, *au lieu de* Mouza, — *lisez* : Monza.

P. 337, l. 7, *au lieu de* Castelleto, — *lisez* : Castelletto.

Ibid., l. 16, *au lieu de* Binasco, — *lisez* : Castelletto.

Ibid., l. 23, *au lieu de* Binasco, — *lisez* : Gaggiano.

P. 339, l. 1, *au lieu de* $0^{m}.55$, — *lisez* : $0^{m}.13$.

P. 357, l. 26, *au lieu de* Motta, Visconti, — *lisez* : Motta Visconti.

P. 401, l. 22, *au lieu de* Groppolo, — *lisez* : Gropello.

P. 403, l. 27, *id.* *id.*

P. 404, l. 14, *au lieu de* de chacune $19^{m},50$, *lisez* — : ayant ensemble environ 10 mètres.

Ibid., l. 27, *au lieu de* Groppolo, — *lisez* : Gropello.

Ibid., *ibid* *au lieu de* Crezcuzago, — *lisez* : Crescenzago.

P. 404, l. 4. *au lieu de* Groppolo, — *lisez* : Gropello.

P. 417, l. 4, *au lieu de* minime, — *lisez : minima*.
P. 420, l. 20, *au lieu de* Isseo, — *lisez :* Iseo.
P. 421, l. 3, *au lieu de* Tivico, — *lisez :* Civico.
P. 422, l. 1, *au lieu de* Soriola, — *lisez :* Seriola.
Ibid., l. 6, *au lieu de* Soriola Alinina, — *lisez :* Seriola Alchina.
P. 427, l. 17, *au lieu de* Medale, — Medole.
Ibid., l. 23, *au lieu de* Colatures, — *lisez :* Colateurs.

TOME II.

P. 18, l. 6, *au lieu de* lits réguliers, — *lisez :* lits irréguliers.
Ibid., l. 25, *au lieu de* 0,04, — *lisez :* 0,40.
P. 56, l. 28, *au lieu de* § III, — *lisez* § IV.

TOME III.

P. 179, l. 29. Sur le prix des eaux, l'hypothèse envisagée est celle du prix *maximum* et non celle du prix *minimum*, qui correspond à un chiffre moitié moindre. La moyenne, par mètre cube employé, est de 750.000 fr. en capital, et de 33.000 fr. en rentes, au taux d'environ 4 1/2 pour 100.

Dans le vocabulaire placé en tête du livre Ier, je ne m'étais pas d'abord attaché à donner toujours, dans les équivalents italiens, les noms techniques ou usuels. Dans le but de ne laisser aucun doute sur le sens et la synonymie de ces mots, j'ai cru utile de compléter les premières indications du vocabulaire par le tableau ci-après :

Affouillement (scalzamento). — Amarres (gomene). — Amont, Aval (a monte, a valle). — Appareil (struttura, apparecchio). — Araser (conguagliare. — Assise (filare, corso). — Assolement (avvicendamento). — Avant-Becs (rostri, parti-acqua). — Barrage (chiusa, levata). — Batardeau (cassero, tusa). — Béton (getto, smalto). — Bief (tronco di canale). — Busc (capotagliato, capriata). — Cadastre (catastro, mappa, censimento). — Caractères ou Seuils (briglie). — Carreaux et Boutisses (chiavi et fasce). — Chaine en pierre (fascia, catena di pietre, legato). — Chaux hydraulique (calci forte). — Chômage des canaux (asciutta). — Ciment (polvere laterizia). — Clayonnage (graticcio). — Clapet (ventola). — Colateur (colatore, dugale). — Contre-fort (contraforte, sperone). — Coursier (doccia, cailone, corsia). — Corroi (strati d'argilla). — Crampon (arpese). — Crapaudine (ralla). — Dalle (lastra, lastrone). — Damage (pestamento). — Débit (portata, erogazione, esito, deflusso). — Déblais, Remblais (sterri, riporti). — Déversoir (deversivo, livello). — Digue (argine). — Dragage (attozione). — Écluse (sostegno, conca). — Endiguement (arginatura, arginamento). — Enrochement (fondamento a scogliere, a getto). — Épi (penello). — Épuisement (esaurimento, agottatura.) — Faîte (cima, giogaja). — Faucardement (falciatura, sgherbamento. — Flache (stagno, pozza). — Franc-Bord (rastara). — Friche (brughiera). — Frette (viera). — Fuite (gemito, perdita). — Galets (sassuoli, ciottoli, cogoli). — Glacis (platea, scarpa). — Jalons (paline, paletti). — Jaugeage (misura delle acque). — Lachure (scarico, sgorgata). — Levée (argine, arginello, levadone). — Libages (macigni, massi, lastroni). — Module (modulo, modellatore). — Moulan (ruota, macina). — Partage d'eau (riparto, ripartimento). — Pente (declivita, pendio). — Pénurie (scarsezza, penuria). — Pertuis (bocca d'erogazione, orifizio, lume). — Pilots, Pilotis (pali, palata, palafitta). — Potelets (potrelle, agucchie) — Préposé (custode, camparo). — Prise (incile). — Radier (platea). — Recépage (taglio, recisione, scapizzamento). — Régalage (spianamento). — Régime (regime). — Repère (caposaldo, riscontro). — Risberme (scarpa, scogliera). — Syndicat (consortio, comprensorio). — Vantellerie (doppiaja, etc.).

FIN DU VOLUME TROISIÈME ET DERNIER.

TABLE

DES CHAPITRES DU TOME TROISIÈME.

LIVRE VII.

DE LA LÉGISLATION LA PLUS FAVORABLE AUX PROGRÈS DES IRRIGATIONS, ET EN PARTICULIER DU DROIT D'AQUEDUC.

LIVRE VIII.

ADMINISTRATION, ENTRETIEN ET CURAGE DES CANAUX.

LIVRE IX.

CONTENTIEUX. — EXAMEN DES PRINCIPALES CONTESTATIONS AUXQUELLES DONNENT LIEU LES DÉRIVATIONS ET LES EAUX QU'ELLES RENFERMENT.

FIN DE LA TABLE.

Paris. — Imprimerie de FAIN et THUNOT, rue Racine, 28, près de l'Odéon.

Plan pour l'intelligence de la situation contentieuse, des arrosants de Miramas et de St Chamas (Bes du Rhône)

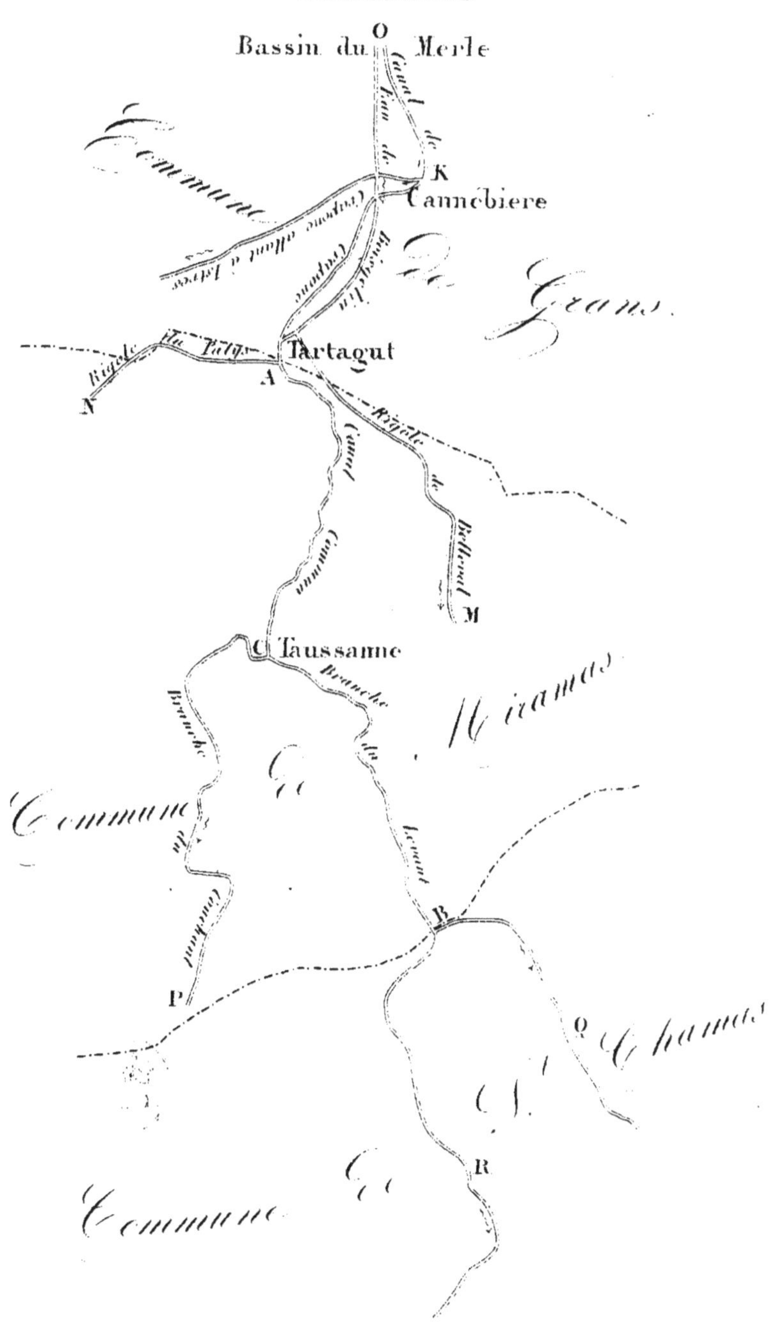

www.ingramcontent.com/pod-product-compliance
Lightning Source LLC
LaVergne TN
LVHW010119230826
846091LV00001BA/85

* 9 7 8 2 3 2 9 3 0 7 5 1 0 *